JN163731

物質・材料テキストシリーズ　藤原毅夫・藤森　淳・勝藤拓郎 監修

結晶学と構造物性

入門から応用，実践まで

野田　幸男 著

内田老鶴圃

物質・材料テキストシリーズ発刊にあたり

現代の科学技術の著しい進歩は，これまでに蓄積された知識や技術が次の世代に引き継がれて発展していくことの上に成り立っている．また，若い世代が先達の知識や技術を真剣に学ぶ過程で，好奇心・探求心が刺激され新しい発想が芽生えることが科学技術をさらに発展させてきた．蓄積された知識や技術の継承は世代間に限らない．現代の分化し専門化した様々な学問分野は常に再編や融合を模索しており，複数の既存分野の境界領域に多くの新しい発見や新技術が生まれる原動力となっている．このような状況においては，若い世代に限らず第一線で活躍する研究者・技術者も，周辺分野の知識と技術を学ぶ必要性が頻繁に生じてくる．とくに，科学技術を基礎から支える物質科学，材料科学は，物理学，化学，工学，さらには生命科学にわたる広範な学問分野にまたがっているため，幅広い知識と視野が必要とされ，基礎的な知識の十分な理解が必須となってきている．

以上を背景に企画された本テキストシリーズは，物質科学，材料科学の研究を始める大学院学生，新しい研究分野に飛び込もうとする若手研究者，周辺分野に研究領域を広げようとする第一線の研究者・技術者が必要とする質の高い日本語のテキストを作ることを目的としている．科学技術の分野は国際化が進んでおり学術論文は大部分が英語で書かれているので，教科書・入門書も英語化が時代の流れであると考えがちである．しかし，母国語の優れた教科書はその国の科学技術水準を反映したもので，その国の将来の発展のポテンシャルを示すものでもある．大学院生や他分野の研究者の入門を目的とした優れた日本語のテキストは，我が国の科学技術の水準，ひいては文化水準を押し上げる役目を果たすと考える．

本シリーズがカバーする主題は，将来の実用材料として期待されている様々な物質，興味深い構造や物性を示す物質・材料に加えて，物質・材料研究に欠かせない様々な測定・解析手法，理論解析法に及んでいる．執筆はそれぞれの分野において活躍されている第一人者にお願いし，「研究室に入ってきた学生に最初に読ませたい本」を目指してご執筆いただいている．本シリーズが，学生，若手研究者，第一線の研究者・技術者が新しい分野を基礎から系統的に学ぶことの助けとなり．我が国の科学技術の発展に少しでも貢献できれば幸いである．

監修　　藤原毅夫　　藤森　淳　　勝藤拓郎

まえがき

結晶学は古くから発展してきた学問で，鉄や半導体が産業の基盤と同じように，固体物理，材料科学，無機有機化学，構造生物学など，様々な学問の基礎となるものです．ブラッグ親子が最初に NaCl やダイヤモンドなどの簡単な物質の構造を決めて以来，構造解析でたくさんのノーベル賞受賞者が出ています．日本では，例えば「X 線結晶学」という本で有名な仁田勇はふぐ毒の構造解明で文化勲章を受けています．現在では，ウィルス全体の構造解析までできる時代です．

ところが，結晶学の授業がまともに行われている大学はほとんどありません．ある時期，大学から構造解析を専門に行う物理の分野が消えてしまいました．ちょうどその頃，高温超伝導体発見の騒ぎが起こります (1986 年)．発見者のミュラー (Karl Alexander Müller) はもともと強誘電体の研究者で，電気を通さない強誘電体の近くに超伝導が起こりうると信じて研究を行い，新しい超伝導体の発見につながりました．日本にもすぐにこの高温超伝導フィーバーは飛び火しましたが，このとき，日本では合成した物質の構造を決めることができる研究室はほとんど残っていませんでした．そのとき活躍したのが，つくば市にあった当時の無機材質研究所 (NIRIM) と高エネルギー加速器研究所の中性子施設 (KENS) でした．今から見れば非力なパルス中性子を使って結晶構造を解明し，構造研究の重要性を世に知らしめました．それ以降，新しい高温超伝導体の論文には構造のデータも必要となりました．

構造物性という言葉が 1980 年代後半頃から使われ出しました．この言葉は，構造生物学という言葉が使われたのに伴いあちこちで使われ始めたのですが，そもそもは「物の性質=物性」は構造と密接に関係しているという認識から，結晶構造と物性の関係を詳しく調べる学問分野です．構造解析は今では誰でもやっています．その実験手法の中心は X 線粉末回折とリートベルト法の組み合わせです．論文を査読すると時々とんでもないことを書いているのに驚かされます．ほんの少し結晶学の知識があればそのような間違いは起こさないのですが，コンピュータが打ち出した結果は「神の声」のように，そのまま信じて論文にする人が多数います．1800年代には結晶学の基本的なところは完成しているので，使っている数学は簡単なものです．しかしながら，きっちりと教育しない状態が続いていくと先生も学生もコンピュータのブラックボックスだけに頼って研究するという困った状態になっていきます．結晶学のような古い学問はもう必要ないと公言する偉い先生もいます．しかしながら，現在でも多くの新しい実験装置や解析方法あるいは方法論が考え出されている源は基礎となっている結晶学であり，ユーザーがリートベルト法などの便利なプログラムの恩恵にあずかっているのも，このような基礎的なことを十分に理解した結晶学者達のおかげなのです．

本書の基本的なところは，1990年から8年間千葉大学理学部物理の2年生の講義として使用した講義ノートを元にしています．物理の学生だけでなく地学や化学の学生も参加可能な授業でしたので，物理寄りの記述になっていますが，化学や生物の学生にとってもそれほど難しくないと思っています．大学院の授業で行った相転移論の入門的なところも少し取り込んでいます．また，これらの一部分は1999年から4年間東北大学理学部物理の4年生の授業としても行い，あちこちの大学での集中講義でも使用しました．今回，教科書にまとめてみると，装置の大きな進展により，今日的な問題を多数加筆する必要も生じてきました．そこで，最新の装置を利用するときに戸惑わないように，原理的なところを色々と付け加えています．本書の第2章から5章までは結晶学の基礎となるところ，第6章から8章まではX線や中性子回折実験の基礎と応用，第9章では構造相転移，第10章では結晶・磁気構造解析の実例の話を書いています．結晶学は一見取っつきにくそうですが，とても簡単です．学生だけでなく，耳学問で構造解析を行っている一線の研究者にも大変役に立つ内容が多数書かれています．そのような意味で，この教科書は結晶学に初めて接する学生の入門コースとしてだけでなく，専門家と言っている人々にとっても新しい切り口の入門コースになっているのではないかと思います．他の本を参考にしなくてもこの本だけで分かるように書きましたので，ぜひ基礎からきっちりと勉強してください．この本がそのような方々の役に立つのなら大変光栄です．

2016年10月

野田 幸男

目　次

第1章 はじめに

1

皆さんは「構造物性」という言葉を聞いたことがあるでしょうか．これは，物の性質 (物性) はその物質のもっている構造に由来しているので，構造と物性の関係を詳しく調べましょうという学問です．ここで，物質というとき，気体や液体や非晶質の場合もありますが，大部分は結晶です．結晶の詳しい性質を調べる学問分野として古くから結晶学というものがありました．皆さんは，「$Imm2$」という記号が何を意味していて，それから何がいえるかが分かるでしょうか．ちんぷんかんぷんの方も多いでしょう．でも，結晶学の基礎を知っていたり，この本の 1/3 ぐらいを読んだ方は簡単に以下のことが分かります．これは結晶のもつ対称性,「空間群」の記号で，結晶の単位胞は直方晶 (斜方晶) で $a{\neq}b{\neq}c$, $\alpha{=}\beta{=}\gamma{=}90°$ である．体心構造をしていて，電気分極が c 軸方向に発生している可能性がある．もし，この本を全部読んだ方なら，さらに，高温で常誘電相に相転移して，単位胞の大きさはそれほど変化せずに，その空間群は $Immm$ になる可能性が大きい，と．たった一つの記号でここまで分かります．逆に，強誘電相なのにその空間群は $Immm$ などと学会で発表している偉い先生がたまにいますが，そのようなときには,「この先生は何も分からずにしゃべっているのだな」と思って聞いて下さい．この本を本屋で立ち読みしているあなた，よもやあなた自身がそのような発表はしていないでしょうね．

それでは，結晶というものを少し振り返ってみましょう．物質をどんどん拡大して小さい領域を見ていくと原子にたどり着きます．このような描像は，ギリシャ時代に哲学として到達した考え方です．そもそも，原子 (atom) というのはこの最小単位の物質を指した言葉でした．では，原子という実態が科学として確立したのはいつ頃でしょうか．それには，錬金術師達の活躍が必要でした．現代の化学者です．色々な物質の合成から，物質の反応はある単位で起こっていることを突き止め，今でいうモル比という概念に到達しました．その究極として，いわゆるアボガドロ数というものを突き止めます．これは，1 モルの中にある分子の数で，原子量と関係します．簡単のために分子ではなくて原子で考えると，1 モルは原子量の重さ分 (g) で，その中に原子が $6.0{\times}10^{23}$ 個あります．これが，アボガドロ数です．アボガドロ (Avogadro) は 1776–1856 に生きた人ですので，原子が科学として定量的にとらえられたのは 1800 年代後半といってよいでしょう．

一方，山師達の活躍もありました．現代の鉱物学者です．彼らは山に入り，色々な宝石を探してきました．Crystal という言葉は，英語の辞書を見ると最初に出てくるのは「氷のように透明な鉱石」で，次が「水晶」です．つまり，きらきら輝く面をもつ鉱石を指していました．三番目に出てくるのが「結晶」です．この本では Crystal という言葉を「結晶」として使います．見つけてきた結晶を分類して調べていくと，その外形に，ある規則が見つかります．その規則に関する論文がすでに 1669 年に N. Steno により出されており,「面角一定の法則」と呼ばれています．例えば，水晶は見かけ上はどの山から取ってきたのかで外形が違って見えます．しかしながら，水晶の面の間の角度を測定すると全て同じ値をもちます．それだけでなく，水晶でない鉱石でも全く同じ面角をもつ鉱石が色々と存在します．これらの鉱石では，60°, 90°, 120° などが特徴的な値です．**図 1.1** は手元にあった二種類の水晶の写真です．左上は典型的に見られる縦長の六角形の水晶で，右下は宝石に分類されるニューヨーク近郊で取れた水晶 (ハーキマーダイヤモンドと名前が付けられている) です．見かけは随分違いますが，面の間の関係は同じです．さらに重要なことは，例えば水晶なら，鉱石のどの部分を切り出しても同じ性質をもちますし，どの山から取ってきた水晶でも同じ性質をもちます．

それでは，この法則が生じる原因は何でしょうか．うまく説明できるモデル

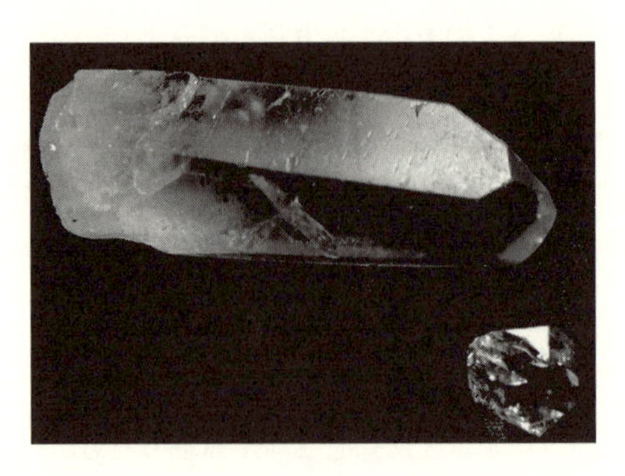

図 1.1　色々な所で取れた水晶の外形．

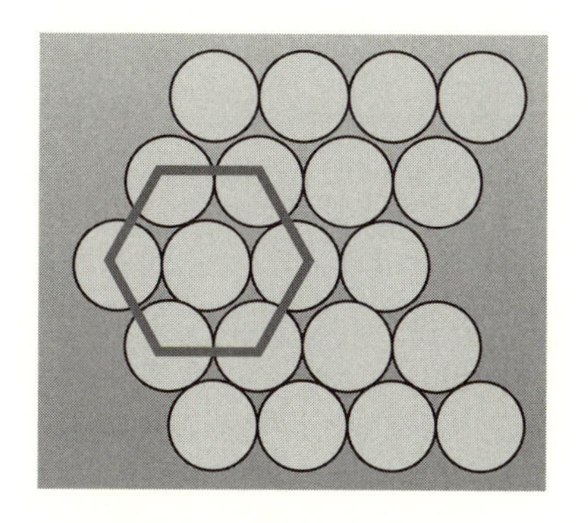

図 1.2　結晶のモデル．

として考え出されたのが，『結晶は小さな粒が規則的に並んでいる』というものです．小さなボールを透明な箱に入れて揺すると，**図 1.2** のように最密充填して六角形に並びます．この粒の並びで面を作ると，水晶で見られる特徴的な面角が全て出てきます．ところで，このような教育用機材は昔から作られており，例えば ULVAC が昔売っていました．箱を斜めにして揺すると，気体状態や液体状態，さらには結晶を作ることができます．揺すり方によれば，六方格子だけでなく正方格子を作ったり，点欠陥や線欠陥を作ったり，あるいはアニールして線欠陥を消したりと，色々楽しめます．視覚的に結晶というモデルのイメージがよく分かります．磁石を使って凝ったものを作ってデモをしている人もいました．

結晶の形態を調べるという「形態結晶学」は 1600 年代からすでに行われており，鉱物学者はすでに「原子」が作る結晶というモデルに早くから到達していました．このような結晶モデルに立脚して，1800 年代には数学としてその対称性が盛んに研究されました．例えば，1801 年には R. J. Hauy の有理指数の法則 (面の方向を表す指数が整数)，1808 年の C. S. Weiss の晶帯の法則，1824 年の L. A. Seeler による三次元規則配列の点からなる数学的結晶モデル，1830 年の J. F. C. Hassel による 32 晶族の存在の証明，1839 年の W. H. Miller による結晶記述法の確立，1849 年のブラベ (A. Bravais) による格子モデルによる結晶の対称性の解明，1867 年の A. Gadolin による結晶の巨視的対象理論の完成，1879 年の L. Sohncke による空間群 (第一種対称操作のみ) の決定，です．そして，1885 年頃には，230 全ての空間群が E. S. Federov, A. M. Schönflies,

W. Barlowらにより決定されました．つまり，1800年代後半には,「結晶は原子の三次元規則配列でできている」というモデルとその群論的性質が確立したといえるでしょう．

1900年代に入ると科学は大きく変わります．結晶学も同様で,「形態結晶学」から「回折結晶学」へと変貌します．これにはもちろんレントゲン (Wilhelm Conrad Röntgen) によるX線の発見が大きく寄与しました．1895年のこの発見により，レントゲンは1901年のノーベル賞第一号受賞者となりました．次に重要な貢献は1912年のラウエ (Max Theodor Felix von Laue) による「結晶によるX線回折」です．この発見も1914年のノーベル賞受賞となりました．ラウエの発見直後から非常に多くの人がX線回折の実験を開始し，翌年の1913年には多くの構造解析も行われました．その一つとして，ブラッグ親子 (W. H. Bragg と W. L. Bragg) による NaCl やダイヤモンドの結晶構造の解明があり，1915年に「X線回折による結晶構造解析」でノーベル賞受賞となります．日本でも1913年に寺田寅彦や西川正治によりX線回折実験が行われ，1915年には空間群を利用した結晶構造の決定が行われています．日本の仕事もノーベル賞に値する業績でしたが，東洋の端の国などは相手にされない時代でした．西川は後にアメリカにおいてワイコッフ (Wyckoff) に空間群を使用した構造解析の方法を伝授して，今日の結晶構造解析の方法へとつながります．ここであげた結晶学の歴史は,「日本の結晶学 －その歴史的展望－」という本に詳しく書かれていて[1]，歴史的な面白い話が色々と分かります．

ここで少しラウエの仕事の意味を振り返ってみましょう．よく間違えられるのは，ラウエは結晶がX線回折をするのを発見して結晶の性質を明らかにしたことでノーベル賞をもらったと思われていることです．事実は逆です．X線とは，当時は未知のエネルギー流でした．粒子線という説と波という説がありました．だからこそ未知のエネルギー流，X線だったのです．そこで，ラウエは，もし波なら干渉効果により回折現象を示すだろうと考えました．エネルギーは分かっていたので，電磁波だとその波長は容易に推測できました．推定された波長は1 Å程度 (100 pm) です．そこで，これと同程度の周期性をもつ回折格子を探しました．すでに，結晶が周期的な原子の並びということは分かっていました．その周期も簡単に推定できます．ラウエは有名な理論物理学者ゾンマフェルト (Sommerfeld) の研究室の講師でしたし，隣の研究室はレントゲンの研究室でした．また，ドイツは結晶学の先進国でもありました．そこで，簡単

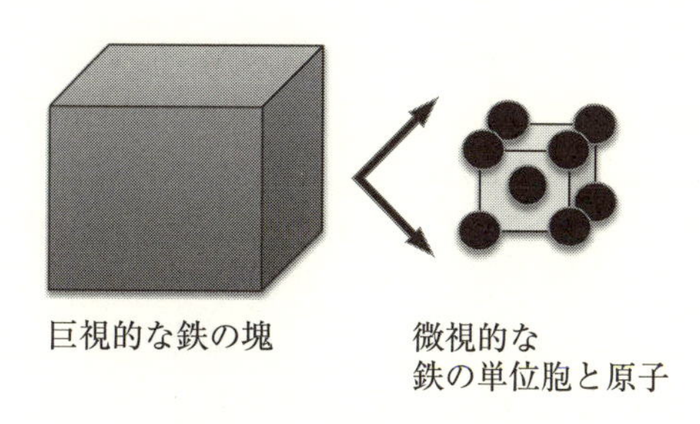

図 1.3　鉄の塊と単位胞.

な計算をしてみましょう. **図 1.3** に示すような 1 m 角の鉄の塊を考えて下さい. 重さは計れば分かります. 7.874 ton です. そこで密度が分かります. 密度は 7874 kg/m^3 です. 鉄の原子量は 55.845 ですので, 1 モルが 55.845 g です. これだけの情報があると, 鉄の結晶の単位胞の格子定数（周期性）が分かります. そうです, 1900 年頃には, この程度の知識はありました. もし, 周期的な箱の中に一つの鉄原子があるとするとその箱の大きさ（格子定数）は 2.3 Å(230 pm) となります. 自分で計算して下さい. 本当は, 箱の中に鉄原子が二つ入っているので, 2.9 Å(290 pm) となりますが, 本質的な違いはありません. ラウエはレントゲンの研究室の助手をしていた W. Friedrich やゾンマフェルトの学生の P. Knipping に命じて ZnS 結晶を用いて実験をやらせ, X 線による回折を確認しました. 予想どおり X 線とは 1 Å 程度の波長をもつ電磁波だったのです. 論文は 1912 年の春に発表され, ノーベル賞受賞は 1914 年という驚くべき早さでした. この時代は, 弟子が実験をしても先生がノーベル賞をもらうものでした. 今の時代から見れば随分理不尽ですが.

ノーベル賞に絡んでブラッグ親子のノーベル賞の話もしてみましょう. 父親の William Henry Bragg はイギリスからオーストラリアに移住しアデレード大学に勤めます. 子の William Lawrence Bragg はアデレード大学を卒業しています. ブラッグ親子は 1909 年に W. L. Bragg のアデレード大学卒業とともにイギリスに戻っています. ブラッグ親子のノーベル賞受賞理由は結晶による X 線回折の理論的解釈です. もう少し具体的にいうと, ラウエの実験に今日的な意味での回折理論を与えて, 実際の物質の構造解析をしたことです. 最初, 1913 年に発表された仕事で父親の W. H. Bragg が 1914 年のノーベル賞候補者となりましたが, ラウエのノーベル賞受賞で見送られました. そこでよく調べると，この発見に本当に寄与したのは子供の W. L. Bragg で，父親の W. H. Bragg は実験のお膳立てをしたということが審査員の手紙で分かります．すでに，父親のブラッグは有名でしたが，子供のブラッグは大学出たての若者でした．そこで，急遽，ブラッグ親子での 1915 年のノーベル賞受賞となったのです．このときも，驚くべき早さの受賞です．面白い言葉として，「Braggs' law or Bragg's law ?」というのがあります．その心は，ブラッグ親子ではなくて子供のブラッグの法則だということです．W. L. Bragg の 25 歳でのノーベル賞受賞は最年少記録で，科学分野のノーベル賞としては未だこの記録は破られていません．

第2章 結晶のもつ対称性

2.1　結晶のもつ並進対称性

結晶はどの部分を取っても同じ性質をもちます．これを説明するために，結晶は小さな箱（レンガといってもよい）の積み重ねでできているという**図 2.1**のようなモデルが生まれました．それでは，このことを数学的に記述するのにはどうすればよいでしょうか．ここから使う数学は，ベクトルの演算とマトリックスの演算程度です．大学 2 年生までに習う数学ですから，それほど難しくはないと思います．では，結晶という概念を数式で表す方法を考えてみましょう．一番単純な方法は，まず原点にそれぞれの辺のベクトルが $\mathbf{a}$, $\mathbf{b}$, $\mathbf{c}$ で表される平行六面体の箱を置き，このただ一種類の箱を積み重ねていくことです．n 番目の箱の位置は $\mathbf{t}_n$ と書け，原点にある箱の中の位置 $\mathbf{r}_{oj}$ と同じ性質を $\mathbf{r}_{nj}$ でももちます．数式で書くと次のようになります．

$$
\begin{aligned}
\mathbf{r}_{nj} &= \mathbf{r}_{oj} + \mathbf{t}_n \\
\mathbf{t}_n &= n_1\mathbf{a} + n_2\mathbf{b} + n_3\mathbf{c}, \quad (n_1, n_2, n_3 : \text{整数})
\end{aligned}
\tag{2.1}
$$

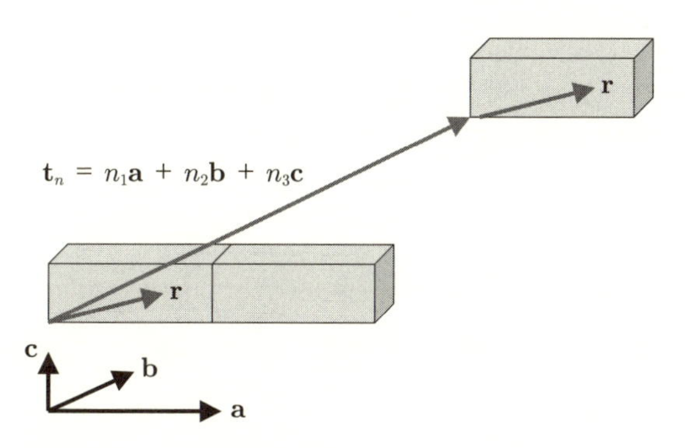

図 2.1　レンガの積み重ねとしての結晶のモデル．

この性質を結晶の並進対称性 (translational symmetry) と呼びます．n_1, n_2, n_3 は当然のことながら整数です．それぞれの箱の原点を格子点 (lattice point) といいます． これは数学的な意味での点です．箱の中に原子を置くとき，必ずしも格子点に原子を置く必要はありませんが，箱の中に一つしか原子がないときは原点である格子点に置くのが分かりやすいです．また，ここで考えた箱のことを単位格子とか単位胞 (unit cell) といいます． 特に，最小の大きさの単位格子を基本単位格子あるいは単純格子 (primitive unit cell) と呼びます． なぜ，このような区別をするかというと，結晶の並進対称性を満たすためだけには必ずしも基本単位格子でなくてもよくて，もっと大きな箱を用いてもよいからです．

基本単位格子と単位格子を区別する理由をもう少し分かりやすく見てみましょう．**図 2.2** の丸い点は数学的な意味での格子点です (本来は大きさのない点です)．この点を原点とする箱の取り方は必ずしも一義的ではありません．図 2.2 (a) に描いた二種類の単位格子は形は違いますが，体積（二次元なので面積ですが）は同じですので，全て基本単位格子です．もし，角度が 90° などと対称性が高く取れるのならそのように取ります．もちろん人間には分かりやすいので単位格子は当然そのように取ることでしょう．それでは図 2.2 (b) のような場合はどうなるでしょうか．図では三種類の単位格子が示されています．どれも格子点を原点とした箱で，並進対称性を満たしています．しかしながら体積は違います．小さい二つが基本単位格子です．基本単位格子には格子点は一つしかありません．それに対して大きい方の単位格子は格子点が原点だけでなく内部にもあります．格子点の数が二倍になったことに対応して単位胞の体積 (面積) も二倍になっています．このように内部に格子点が取り込まれた場合は複合格子 (complex lattice) と呼ばれます．図の場合は，面の中心に格子点が取り込まれていますので，面心格子です．なぜこのような単位胞を取るのかといえば，

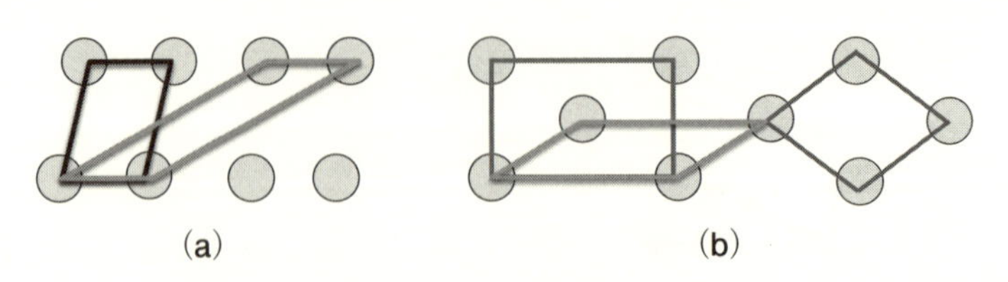

図 2.2　二次元での基本単位格子と複合格子．

ひとえに人間の感性だけの問題です．人間は何故か 90° があると心地よく感じます．ただそれだけの理由です．コンピュータだけで処理するときは基本単位格子を取るのが普通です．もちろん，90° のおかげで複合格子の対称性は見かけ上高くなります．見かけ上といったのは，格子点の分布は同じでその上に描いた箱だけの問題ですから基本的な対称性は同じです．つまり，図 2.2 (b) の基本単位格子は，図の右側のように取ると $a=b$ と対称性が高くなります．$a=b$ で角度が 90 ° でない方が好みなのか，$a \neq b$ で角度を 90° にする方が好みなのか，基本的には単に好みだけの問題なのです．この点はもう一度 2.3 節と 2.5.8 節で詳細します．

結晶学は上で述べたような単純な式 (2.1) から成り立っています．少なくとも 200 年近くこの式で問題はありませんでした．しかしながら，この式から導かれる結果と矛盾する物質が 20 世紀最後の頃に Dan Shechtman により発見されます．そのような物質は準結晶 (quasicrystal) と呼ばれ，この研究で 2011 年にノーベル賞を受賞しています．詳しいことは次の 2.2 節で述べるとして，常に頭に置いておくことは，上で述べた結晶という描像はあくまでも『どの部分をとっても同じ性質』をうまく表すためのモデルだということです．このモデルで多くのことが説明できるということは非常に重要です．でも，そのモデルで全てを説明できるかは必ずしも保証されていません．新しい現象の発見は新しいモデルや拡張したモデルの構築へと続き，科学は進歩していきます．これが科学のもつ特徴なのです．今までのモデルや理論では説明できないことの発見は，大発見であり，なかなか人には受け入れてもらえなくてもやがては科学の進歩に大きな貢献をします．

2.2　格子点の回転対称性

我々が知りたいのは原子を $\mathbf{r}_{nj}$ に置く方法が何通りあるかです．もし可能性が無限にあるのならお手上げです．幸いなことに，この世の中の物質では 230 通りのパターンしかありません．結晶学を学ぶ一つの理由は，何故この可能性が有限なのかを理解し，可能なパターンがどのように導き出されているかを勉強するためです．そして，得られたパターンをどのように利用すればよいかを知るためです．

これを考えるために，最終目標の原子を箱の中に置く可能性の数ではなく，まずは箱の形，つまり箱の原点の格子点の配置の仕方のパターンはどれだけあるかという質問をします．これに答えるためには格子点の回転対称性を調べる必要があります．物事を分類するのに便利でうち漏らすことなく計算できる数学は群論です．ここでは，厳密な群論の取り扱いはせず，むしろ直感で分かる範囲で取り扱います．

知っておくべきことは，並進対称性 $\mathbf{t}_n = n_1\mathbf{a} + n_2\mathbf{b} + n_3\mathbf{c}$ により作られた格子点は，反転，回転および鏡映の対称性をもっていることです．一番簡単な対称操作は，何もしないことで，これを恒等操作といいます．記号として，1 と書きます．何もしないのですから，格子点の位置 (x, y, z) に恒等操作を施しても $1 \cdot (x, y, z) = (x, y, z)$ と何も変化しません．恒等操作 1 を行列で書くと，

$$\begin{pmatrix} 1 & 0 & 0 \\ 0 & 1 & 0 \\ 0 & 0 & 1 \end{pmatrix} \tag{2.2}$$

となります．

反転対称（inversion symmetry）とは，$\mathbf{r}$ の位置を $-\mathbf{r}$ に移す操作を意味します．記号としては i と書いたり $\overline{1}$ と書いたりします．対称操作を数式で書くと $\overline{1} \cdot \mathbf{r} = -\mathbf{r}$ で，$\overline{1}$ の数学的表現は行列で以下のように書けます．

$$\begin{pmatrix} -1 & 0 & 0 \\ 0 & -1 & 0 \\ 0 & 0 & -1 \end{pmatrix} \tag{2.3}$$

反転の操作により (x, y, z) は $(\overline{x}, \overline{y}, \overline{z})$ に移ります．今考えている格子点の集合は $\mathbf{t}_{-n} = -\mathbf{t}_n$ という性質をもつので，必ず $+\mathbf{t}$ と $-\mathbf{t}$ とに格子点があります．したがって，格子点はどのような場合でも反転対称性をもっています．つまり，格子点は，$\{1, \overline{1}\}$ の二つの対称操作を必ずもちます．

回転対称とは，$\frac{2\pi}{n}$ 回転で格子が自分自身に重なることをいい，このとき n 回軸があるといいます．例えば，z 軸の周りで $180°$ 回転をして自分自身に重なるとすると，z 軸方向に 2 回軸があるといいます．つまり，$\frac{2\pi}{2}$ 回転です．記号として 2_z と書いたり $2(00z)$ と書いたりします．方向が複雑にならないときは，簡単な 2_z で書くこととしましょう．2_z の操作により，(x, y, z) は $(\overline{x}, \overline{y}, z)$ に移ります．対称操作を数式で書くと $2_z \cdot (x, y, z) = (\overline{x}, \overline{y}, z)$ です．2_z の数学的表

現は行列で以下のように書けます.

$$\begin{pmatrix} -1 & 0 & 0 \\ 0 & -1 & 0 \\ 0 & 0 & 1 \end{pmatrix} \tag{2.4}$$

鏡映対称とは鏡を置いて $\mathbf{r}$ を鏡の中に写し込むことです. 例えば, z 軸に垂直な z 面に鏡を置くと, (x,y,z) は $(x,y,\overline{z})$ に移ります. 記号として z 軸に垂直な鏡ということで, m_z と書きます. あるいは $m(xy0)$ と, 鏡のある平面で書く場合もありますが, 複雑な位置にある場合を除いて, ここでは m_z の記号を使用します. 数式で書くと $m_z \cdot (x,y,z)=(x,y,\overline{z})$ です. m_z の数学的表現は行列で以下のように書けます.

$$\begin{pmatrix} 1 & 0 & 0 \\ 0 & 1 & 0 \\ 0 & 0 & -1 \end{pmatrix} \tag{2.5}$$

対称操作を続けて行うとどうなるでしょうか. 例えば, 2 回軸で回転してから反転を行うとします. 式で書くと, $\overline{1} \cdot 2_z \cdot (x,y,z)=(x,y,\overline{z})$ ですが, これは $m_z \cdot (x,y,z)=(x,y,\overline{z})$ と等しくなります. マトリックスで書くと,

$$\begin{pmatrix} -1 & 0 & 0 \\ 0 & -1 & 0 \\ 0 & 0 & -1 \end{pmatrix}\begin{pmatrix} -1 & 0 & 0 \\ 0 & -1 & 0 \\ 0 & 0 & 1 \end{pmatrix}=\begin{pmatrix} 1 & 0 & 0 \\ 0 & 1 & 0 \\ 0 & 0 & -1 \end{pmatrix} \tag{2.6}$$

です. つまり, 鏡映とは 2 回軸と反転を続けて行うことと等価です. もともと, n 回軸回転操作をしてから反転を行った操作は回反と呼ばれていて, n 回回反軸 $(\overline{n})$ と呼ばれます. そのうち, 2 回回反軸 $(\overline{2})$ だけは直感的に分かりやすい鏡映 (m) と書くのが普通で, $\overline{2}=m$ です.

それでは, どのような回転対称性が存在するのでしょうか. 分かりやすい二次元格子点の対称性で見てみましょう. 数学的な点の集まりである格子を任意の角度 ϕ だけ回転して自分自身に重なった場合です. ϕ だけ回転する操作を $R(\phi)$ と書いたときの ϕ の条件です. あるいは, $\frac{2\pi}{n}$ 回転の回転対称性があるというとき, 可能な n はどれだけあるのでしょうか. 一見何の制限もないように見えます. しかしながら, 回転対称性だけでなく, 結晶の並進対称性も同時に満たさなければいけないというところがポイントです.

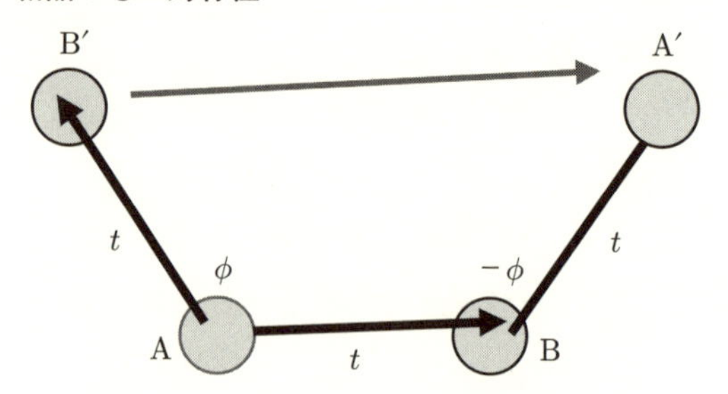

図 2.3　二次元での可能な回転対称性.

答えは n=1, 2, 3, 4, 6 だけです．n=5 や n=8 や n=10 などは取り得ないというのが答えです．証明のヒントは，**図 2.3** のようになります．距離 t で隣り合った格子点 A と B を考えます．まず，A を中心に角度 ϕ だけ操作 $R(\phi)$ で回転したことにより B は B′ に重なったとします．次に，B を中心に操作 $R(-\phi)$ で角度 $-\phi$ だけ回転したことにより A は A′ に重なったとします．操作 $R(\phi)$ が存在すれば，操作 $R(-\phi)$ で元に戻るので，必ず両者は存在します．ここで，回転によりできた格子点 A′ も B′ も結晶の並進対称性を満たす必要があります．つまり，A′B′ の長さは AB の長さの整数倍でなければなりません．式で書くと，

$$\mathrm{A'B'} = mt = t - 2t\cos\phi \tag{2.7}$$

です．当然，

$$|\cos\phi| \leq 1 \tag{2.8}$$

です．この結果，ϕ=0, 60, 90, 120, 180° しか取り得ません．n 回軸という表現では，n=1, 6, 4, 3, 2 のみとなります．この計算は自分で確かめましょう．

2.1 節の最後で述べた準結晶は，10 回対称や 20 回対称軸をもちます．自然がこのような性質をもつということは謙虚に受け止めなければなりません．それでは，どこに問題があったかというと，空間を埋め尽くすレンガの取り方は，式 (2.1) しかないのか，ということです．このときの考え方のポイントは，ただ一種類のレンガを考えたことです．これを拡張して，二種類のレンガを使って空間を隙間なく埋め尽くすことができるということが証明されています．このときには，式 (2.1) のように簡単には表せません．**図 2.4** に示したのは二次元の例で，ペンローズパターンと呼ばれています．この図の特徴は，二種類の

図 2.4 二次元での準結晶のモデル (ペンローズパターン).

菱形を組み合わせていることです．大きい方の菱形では，狭い方の角度が 72°，小さい方の菱形では狭い方の角度が 36° です．辺の長さは全て等しいとします．図の右下のブロックを見て下さい．72° の菱形の頂点を五つ連続して並べると五角形の星形ができ，これで閉じてしまいます．この並べ方で，3 個目で次の 2 個のつなぎ方を変えると 15 個の 72° の菱形で 5 回対称のリングを作り，これで閉じます．このリングが，11 個や 5 個のところで途切れて隣の途切れたリングにつながるようなリングもあります．このつながりも，最後には端がないようにつながります．そして，最後に空いた隙間を 36° の菱形で埋めます．並進対称性は簡単な意味では満たしていないのですが，全てのパーツは 36° あるいは 72° 回転して移動すると重なります．その意味では，何らかの秩序性があります．大事なことは，このような新しいモデルの導入により，今まで知られていなかった新しい形態の結晶が存在してもよいということになったのです．ただし，この本では，旧来の，式 (2.1) で書ける結晶のみを扱います．ちなみに，式 (2.1) を準結晶に拡張した数式はまだ発見されていません．国際結晶学連合 (International Union of Crystallography : IUCr) では，ついには式 (2.1) のような実空間での結晶の定義をあきらめて，後の章で説明する逆格子で長距離秩序が存在するものを結晶と定義することにしました．その新しい定義によれば，準結晶も結晶となります．

2.3　二次元の格子点と単位胞

次に考えることは，回転対称と単位胞の形との関係です．別のいい方をすると，単位胞のそれぞれの辺の長さと間の角度，格子定数のもつ特徴です．まずは，分かりやすい例として二次元で考えて，4 回軸を取り上げましょう．これを**図 2.5** (a) に示します．二次元の面は xy 面です．90° 回転しても重なるわけですから，$a = b$ となります，間の角度は γ=90° となります．つまり，正方格子となります．このとき，さらに a 軸，b 軸に垂直な鏡映面 (m) と [110] 方向に垂直な鏡映面 (m') が発生します．もう一つ付け加えておくことは，4 回軸回転操作を 2 回続けて行うと 2 回軸と等価になることで，当然，2 回軸もあると考えて下さい．次の 2.4 節で詳細する三次元の点群の表記では，点群 $4mm$ の断面に対応します．

4 回軸をもう少し複雑にしたのが 6 回軸と 3 回軸です．6 回軸は 60° 回転しても重なるわけですから，やはり $a = b$ となります．習慣的には，間の角度が γ=120° となるように単位胞を取ります．つまり，3 回軸となるように取りま

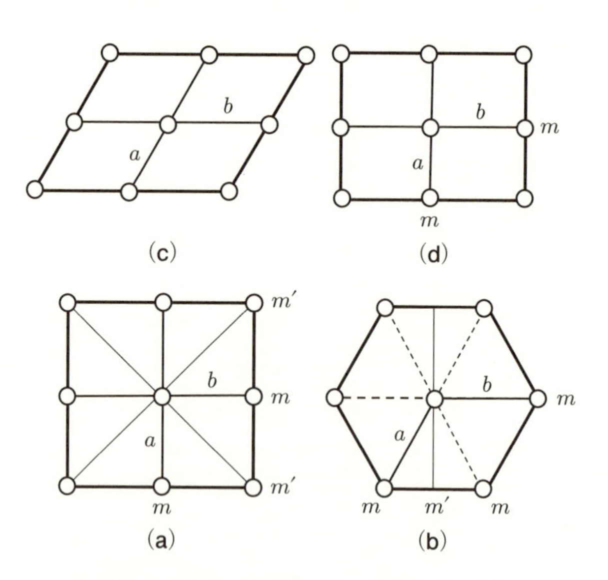

図 2.5　二次元での回転対称性と格子の形．

す．これは，6 回軸回転操作を 2 回続けて行うと 3 回軸になるから，6 回軸があるときには必ず 3 回軸があるからです．このような格子を六方格子といいます．六方格子でも，6 回軸回転操作を続けて 3 回行うと 180° 回転ですから，当然，2 回軸もあると考えて下さい．このとき，さらに b 軸上に鏡映面 (m)，[110] 軸上に鏡映面 (m) が発生します．六方格子が複雑なのは，[210] 軸の上にも鏡映面 (m') が発生することです．三次元の点群の表記では点群 $6mm$ の断面に対応します．これを図 2.5 (b) に示します．

一番単純な例は，2 回軸のみの場合です．ただし，注意しておくことは，$\mathbf{t}_{-n}=-\mathbf{t}_n$ の性質から格子点はいつも反転対称性をもっていたので，二次元では反転対称性と 2 回軸が同等となることです．つまり，対称操作を何もしないという恒等操作 1 だけの場合と，2 回軸 2_z があるというのが，二次元では反転対称と組み合わさることにより同等となることです．この場合は，格子定数の a と b の間の関係も特別なことはなく $a{\neq}b$ ですし，間の角度も特別な値は取りません $(\gamma \neq 90°)$．このような格子は斜方格子といいます．三次元の点群の表記では，点群 2 に対応します．これを図 2.5 (c) に示します．

最後に直交格子の説明をします．先ほどの説明で，全ての二次元格子点は 2 回軸があるといいましたが，これに鏡映面が付け加わった場合です．このときには，$a{\neq}b$ ですが，間の角度は $\gamma{=}90°$ となります．a 軸，b 軸それぞれに垂直な鏡映面が発生します．三次元の点群の表記では，点群 $2mm$ に対応します．これを図 2.5 (d) に示します．

ここで，複合格子について再度触れることにします．今までの単位胞では，$a = b$ で $\gamma \neq 90°$ あるいは $\gamma \neq 60°$ というものはありませんでした．**図 2.6** (a) に示すように，$a = b$ のような格子では [110] 軸上に鏡映面 m' が発生します．これと 2 回軸を合わせると直交格子になります．つまり，図 2.6 (b) の新しく取り直した主軸 a と b は直交して新しい角度は $\gamma = 90°$ となります．ただし，新しい軸の長さは $a{\neq}b$ です．そして，一番重要なことですが，格子点を一つ単位胞の中に取り込んで，面心格子 (face centered cell) にしていることです．直交格子以外では基本格子 (primitive cell) しか取りませんでしたが，直交格子では，このように基本格子 (P) 以外に面心格子 (F) も取ることができます．

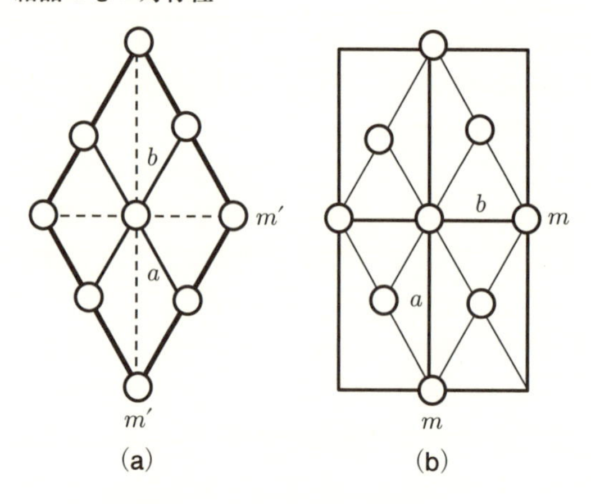

図 2.6　二次元での複合格子.

2.4　三次元の格子点と単位胞

単位胞の形と対称性の議論を三次元に適用しましょう．格子点は $\mathbf{t}_{-n}=-\mathbf{t}_n$ の性質から，対称操作として必ず恒等操作 1 と反転操作 $\bar{1}$ を $\{1,\bar{1}\}$ としてもちます．二次元の場合は反転操作 $\bar{1}$ と 2 回軸が同等でしたが，三次元の格子点では同等ではありません．つまり，三次元では，1 と $\bar{1}$ のみが存在していて 2 回軸が存在しない場合もあり得ます．これが，箱として最も一般的な場合で，$a\neq b\neq c$ で $\alpha\neq\beta\neq\gamma$ となる三斜晶系 (triclinic lattice) です．

ここで，回転対称と格子定数の角度との関係をもう一度おさらいしておきましょう．もし，2 回軸が存在すると単位胞の格子定数，つまり，結晶の並進対称性の格子ベクトル $\mathbf{a}, \mathbf{b}, \mathbf{c}$ の間に特別の関係が必要となります．今，2 回軸が c 軸方向にあるとしましょう．**図 2.7** の c 軸方向に示したのが 2 回軸の記号です．平面内にあるときは矢印で，その矢印を上から見るときには両端のとがった楕円で表します．図は ac 面を示していると考えて下さい．図中の $\mathbf{a}$ 軸の先にある白丸で表した格子点を 2 回軸の回転対称操作で移動させて移った格子点が $2_z\cdot\mathbf{a}$ のベクトルの先にある白丸で表されています．次に反転対称で $\mathbf{a}$ 軸を移動させた格子点が $\bar{1}\cdot\mathbf{a}=-\mathbf{a}$ です．この二つのベクトルの合成 $(2_z\cdot\mathbf{a})+(\bar{1}\cdot\mathbf{a})$ で作られた $-\mathbf{a}'$ 軸は $\mathbf{c}$ 軸に垂直となります．つまり，2 回軸が $\mathbf{c}$ 軸にあると，それと

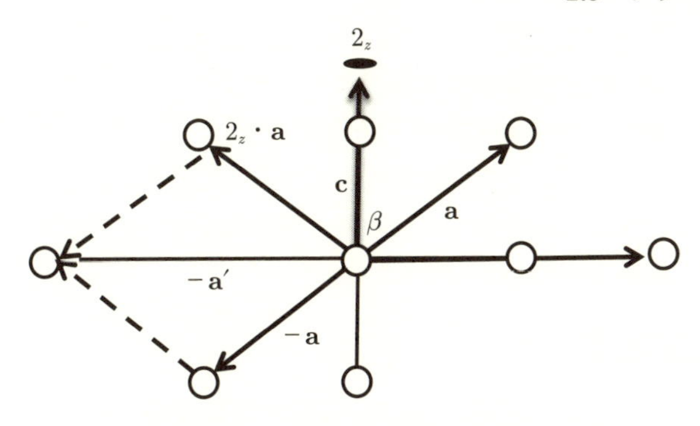

図 2.7　2 回軸と直交する主軸.

垂直に新たに a 軸 (a′ 軸のこと) を取ることができます．同じ議論を行えば，2 回軸が c 軸にあると，それと垂直に b 軸を取ることができます．つまり，2 回軸が c 軸にあると $\alpha = \beta = 90°$ となります．4 回軸が c 軸にある場合も同じで，4_z を 2 回続けて行うと 2_z となりますし，6 回軸でも 6_z を 3 回続けて行うと 2_z となりますので，これらの単位胞では $\alpha = \beta = 90°$ となります．つまり，2 回軸という対称操作が格子の形を制限していることになります．

可能な回転対称操作，1, 2, 3, 4, 6 と反転対称操作 $\overline{1}$ の組み合わせで三次元格子点の形とその格子の対称性を分類したのが，いわゆるブラベ格子 (Bravais lattice) です．反転対称操作 $\overline{1}$ と回転対称操作の 2, 3, 4, 6 の掛け算から，$\overline{2}, \overline{3}, \overline{4}, \overline{6}$ が作られ，これらは回反あるいは回反軸と呼ばれます．$\overline{2}$ は式 (2.6) で示されているように鏡映 (m) と同じですので，通常は鏡映として表されます．

2.5　ブラベ格子

三次元格子点の形とその格子の対称性をどのようにして分類をすればよいのか，ここからは少し天下り的になりますが，群論が有効な手段となります．三次元で可能な対称操作を全て数えておいて，その中からいくつかの対称操作を抜き出します．もし，抜き出した対称操作だけで群を作っていると (subgroup)，可能な格子となります．考えるべき対称操作は，恒等操作 1，反転対称操作 $\overline{1}$，回転対称操作の 2, 3, 4, 6 です．通常の教科書では，ブラベ格子はさらに天下り的に何の説明もせずに単位胞の形の特徴を述べて終わりですが，この教科書では，第 3 章で述べる空間群や第 4 章の結晶の物理的性質と対称性の議論の準備のために，対称性と格子の形を少し詳しく述べていくことにします．少しくどく思われるかも分かりませんが，空間群がどのような考えで作られているかの基本となりますので，ここでは頑張って読み進んで下さい．この本では，直感的に分かりやすくするために，最低限の対称操作から出発して，回転軸を付け加えていく方法で説明しましょう．

2.5.1　三斜晶系

具体的に示しましょう．$\bar{1}$ を含んでいる一番簡単な部分群は，$\{1, \bar{1}\}$ でできます．つまり，$1\cdot 1{=}1$, $1\cdot\bar{1}{=}\bar{1}$, $\bar{1}\cdot\bar{1}{=}1$ で対称操作の掛け算がこれらの対称操作の中で閉じていて，グループを作っています．もちろん，恒等操作 1 も存在し，逆演算も存在しています $(a\cdot a^{-1}{=}1)$．(1) グループを作る，(2) 恒等操作がある，(3) 逆演算がある，というのが群の定義です．この，$\{1, \bar{1}\}$ でできた群の対称操作で作られる格子が三斜晶系 (triclinic lattice) です．格子定数の角度も格子の長さも何も制限しないので，$a{\neq}b{\neq}c$ で $\alpha{\neq}\beta{\neq}\gamma$ です．実は，ここで行っている議論は，単位格子の形，結晶系の分類よりも晶族と呼ばれるもう少し拡張した分類に使われている群で (数学でいう点群)，格子点だけを考えると，一番対称性の高い点群を選んでいることになります．つまり，$\{1\}$ と $\{1, \bar{1}\}$ の両点群ともに三斜晶系の単位胞 (単位胞の形は $a{\neq}b{\neq}c$ で $\alpha{\neq}\beta{\neq}\gamma$) を作りますが，一番対称性の高い (つまりは $\bar{1}$ を含んでいる)$\{1, \bar{1}\}$ で議論を行います．つまり，点群 $\bar{1}$ です．このことについては，次のより対称性の高い晶系で見る方が分かりやすいでしょう．

2.5.2　単斜晶系

次に対称操作の数が多い群は，$\{1, \bar{1}, 2_z, m_z\}$ でできます．これは，$\{1, \bar{1}\}$ に 2_z 軸を付け加えたら単位胞はどうなるのか，また，群としての対称操作はどうなるのかという問題です．掛け算として，

$$1\cdot 1{=}1,\ 1\cdot\bar{1}{=}\bar{1},\ \bar{1}\cdot\bar{1}{=}1,\ 1\cdot 2_z{=}2_z,\ \bar{1}\cdot 2_z{=}m_z,\ 1\cdot m_z{=}m_z,\ \bar{1}\cdot m_z{=}2_z,$$
$$2_z\cdot m_z{=}\bar{1},\ 2_z\cdot 2_z{=}1,\ m_z\cdot m_z{=}1$$

のようになり，群を作ります．ここで，2_z があることから，$\alpha{=}\beta{=}90°$ と制限が入り，$a{\neq}b{\neq}c$, $\alpha{=}\beta{=}90°$, $\gamma{\neq}90°$ の格子となり，単斜晶系 (monoclinic lattice) と呼ばれます．対称操作の掛け算が難しいと思うかも分かりませんが，ようは

$2_z \cdot m_z \cdot \mathbf{r}$ の掛け算をしているだけで，(x, y, z) がどこに移動するかを計算しています．もし式 (2.2)–(2.5) のようにマトリックスで書くならば，式 (2.6) のように線形代数の計算をしているだけです．

ここでは，対称操作を全て書いて，$\{1, \bar{1}, 2_z, m_z\}$ でできている群と書きましたが，出発となる対称操作 $(1, \bar{1}, 2_z)$ だけを書いて，生成元 (generator) あるいは基本対称操作と呼ぶこともあります．つまり，基本対称操作間の掛け算でできた全ての対称操作で群を作るわけです．一番対称性の高い点群は，点群 $2/m$ です．

2.5.3 直方(斜方)晶系

さらに対称操作の数が多い部分群は $\{1, \bar{1}, 2_x, 2_y, 2_z, m_x, m_y, m_z\}$ でできます．これは，単斜晶系にさらにもう一つ別の 2 回軸を付け加えたときです．基本対称操作としては $(1, \bar{1}, 2_y, 2_z)$ となり，これらから上記の対称操作が作られます．掛け算の表がどんどんと多くなるので，全部は書きませんが，例えば，$2_y \cdot 2_z{=}2_x$, $\bar{1} \cdot 2_z{=}m_z$, $m_z \cdot 2_z{=}\bar{1}$ のようになり，群を作ります．ここで，2_x, 2_y, 2_z があることから，$\alpha{=}\beta{=}\gamma{=}90°$ と制限が入り，$a{\neq}b{\neq}c$, の格子となります．このような格子は斜方晶系 (orthorhombic lattice) と呼ばれます．一番対称性の高い点群は，点群 mmm です．なお，斜方晶系という言葉は非常に誤解を招きやすく，まるで 90° から傾いているような印象を受けるので，むしろ直方体晶系とか直交晶系，あるいは直方晶系のような言葉の方が誤解を生まないものと思います．英語の表現も，orthogonal は直交でよいのですが，rhombic は結晶成長の外形の菱形に由来していて，直方体の格子をイメージさせるものではありません．このような指摘は色々な本でされており，この言葉は将来変更されていくと思われます．日本結晶学会では，これからは「直方晶系」という言葉を使おうと決めています．この教科書では，このような観点から直方 (斜方) 晶系と書くことにします．

2.5.4 正方晶系

次が，4 回軸の入った正方晶系 (tetragonal lattice) です．$\{1, \bar{1}\}$ に 4 回軸の 4_z^+ が追加された場合です．ここで，4_z^+ とは，+方向に $\frac{2\pi}{4}$ 回転の操作を表しており，− 方向に $\frac{2\pi}{4}$ 回転は 4_z^- と書きます．$4_z^+ \cdot 4_z^+{=}2_z$, $4_z^+ \cdot 4_z^+ \cdot 4_z^+{=}4_z^-$ です．4_z 軸があると，a 軸と b 軸は等価になり $(a{=}b)$ その間の角度 γ は 90° とな

ります．また，4_z 軸を2回操作して 2_z 軸もありますので $\alpha=\beta=90°$ となります．したがって，単位胞の形は，$a=b\neq c$ で $\alpha=\beta=\gamma=90°$ となります．対称操作としては，$(1, \overline{1}, 4_z^+)$ を基本対称操作として，

$\{1, 4_z^+, 2_z, 4_z^-, \overline{1}, \overline{4}_z^+, m_z, \overline{4}_z^-\}$

の8個の対称操作で群を作ります．点群の名前は $4/m$ です．

ここから少し話が複雑化していきます．もし，さらに何か対称操作を付け加えたら，単位胞の形は変わるでしょうか．もし，変わらずに $a=b\neq c$ で $\alpha=\beta=\gamma=90°$ のままなら，そちらの方が対称性が高くなります．それが，$\{1, \overline{1}\}$ に 4_z^+ と 2_x が追加された場合です．基本対称操作としては $(1, \overline{1}, 4_z^+, 2_x)$ となり，これから作られる16個の対称操作で群を作ります．全ての対称操作を書くと，

$\{1, 4_z^+, 2_z, 4_z^-, 2_x, 2_y, 2_{110}, 2_{1\overline{1}0}, \overline{1}, \overline{4}_z^+, m_z, \overline{4}_z^-, m_x, m_y, m_{110}, m_{1\overline{1}0}\}$

です．主軸に垂直な鏡映面，例えば z 軸に垂直な鏡映面 m_z は，$m(xy0)$ のように $(xy0)$ 面上にあるという書き方もされます．[110] に垂直な鏡映面 m_{110} を $m(x\overline{x}z)$ と座標を指定した書き方も同様です．また，[110] 方向など対角線方向の鏡映面は m' と書かれることが多いです．正方晶系では，$2_x, 2_y, 2_z$ のために $\alpha=\beta=\gamma=90°$ と制限が入り，かつ，4_z のために $a=b$ となります．一番対称性の高い点群は，点群 $4/mmm$ です．練習のため，基本対称操作 $(1, \overline{1}, 4_z^+, 2_x)$ から点群 $4/mmm$ の16個の対称操作を各自で作ってみましょう．

2.5.5　六方晶系

次は，6回軸の入った六方晶系 (hexagonal lattice) です．このときも事情は正方晶系と同じです．まずは，$\{1, \overline{1}\}$ に6回軸の 6_z^+ が追加された場合です．ここで，6_z^+ とは，$+$方向に $\frac{2\pi}{6}$ 回転の操作を表しており，$-$ 方向に $\frac{2\pi}{6}$ 回転は 6_z^- と書きます．$6_z^+ \cdot 6_z^+=3_z^+$, $6_z^+ \cdot 6_z^+ \cdot 6_z^+=2_z$, $6_z^+ \cdot 6_z^+ \cdot 6_z^+ \cdot 6_z^+=3_z^-$ です．6_z 軸があると，a 軸と b 軸は等価になり $(a=b)$ その間の角度 γ は $60°$ となります．ただし，習慣として単位胞の角度はできるだけ $90°$ 以上に取りましょうとなっていて，そのために単位胞は 3_z 軸に対応する $\gamma=120°$ と取ります．また，6_z 軸を3回操作して 2_z 軸もありますので $\alpha=\beta=90°$ となります．したがって，単位胞の形は，$a=b\neq c$ で $\alpha=\beta=90°$, $\gamma=120°$ となります．対称操作としては，$(1, \overline{1}, 6_z^+)$ を基本対称操作として，

$\{1, 6_z^+, 3_z^+, 2_z, 3_z^-, 6_z^-, \overline{1}, \overline{6}_z^+, \overline{3}_z^+, m_z, \overline{3}_z^-, \overline{6}_z^-\}$

の12個の対称操作で群を作ります．点群の名前は $6/m$ です．

もし，さらに何か対称操作を付け加えたら，単位胞の形は変わるでしょうか．もし，変わらずに $a=b\neq c$ で $\alpha=\beta=90°$, $\gamma=120°$ のままなら，そちらの方が対称性が高くなります．それが，$\{1, \overline{1}\}$ に 6_z^+ と 2_x が追加された場合です．対称操作は，$(1, \overline{1}, 6_z^+, 2_x)$ を基本対称操作として作られ，

$$\{1, 6_z^+, 3_z^+, 2_z, 3_z^-, 6_z^-, 2_x, 2_y, 2_{110}, 2_{1\overline{1}0}, 2_{120}, 2_{210}, \\ \overline{1}, \overline{6}_z^+, \overline{3}_z^+, m_z, \overline{3}_z^-, \overline{6}_z^-, m_x, m_y, m_{110}, m_{1\overline{1}0}, m_{120}, m_{210}\}$$

の 24 個の対称操作ができます．この一番対称性の高い点群は，点群 $6/mmm$ です．

2.5.6　三方晶系

回転対称性として付け加えるのに残っているのは 3 回軸です．3 回軸は z 軸方向に 3_z^+ とする場合と [111] 方向に 3_{111}^+ とする場合が考えられます．まずは，[111] 方向に 3_{111}^+ とする場合を考えましょう．これは，三方晶系 (rhombohedral lattice) と呼ばれますが，三方晶系には三方晶系 (trigonal lattice) という 3_z^+ と取った場合もあり，すぐ後でもう一度まとめます．まずは，$\{1, \overline{1}\}$ に 3_{111}^+ が追加された場合です．$3_{111}^+ \cdot 3_{111}^+ = 3_{111}^-$ です．3_{111} 軸があると，a 軸と b 軸と c 軸は等価になり $(a=b=c)$ その間の角度も $\alpha=\beta=\gamma$ $(\neq 90°)$ となります．この単位胞を菱面体格子といい，対称操作としては，$(1, \overline{1}, 3_{111}^+)$ を基本対称操作として，

$$\{1, 3_{111}^+, 3_{111}^-, \overline{1}, \overline{3}_{111}^+, \overline{3}_{111}^-\}$$

の 6 個の対称操作で群を作ります．点群は $\overline{3}$ です．

さらに何か対称操作を付け加えて単位胞の形が変わらない場合を考えます．もし，変わらずに $a=b=c$ で $\alpha=\beta=\gamma$ $(\neq 90°)$ のままなら，そちらの方が対称性が高くなります．それが，$\{1, \overline{1}\}$ に 3_{111}^+ と $2_{1\overline{1}0}$ が追加された場合です．2 回軸は主軸方向ではなく軸の間で 3_{111}^+ に垂直に通っていることに注意して下さい．対称操作としては，$(1, \overline{1}, 3_{111}^+, 2_{1\overline{1}0})$ を基本対称操作として，

$$\{1, 3_{111}^+, 3_{111}^-, 2_{1\overline{1}0}, 2_{01\overline{1}}, 2_{\overline{1}01}, \overline{1}, \overline{3}_{111}^+, \overline{3}_{111}^-, m_{1\overline{1}0}, m_{01\overline{1}}, m_{\overline{1}01}\}$$

の 12 個の対称操作で群を作ります．点群は $\overline{3}m$ です．

次に，3 回軸の方向を c 軸と取り 3_z とした三方晶系 (trigonal lattice) です．つまり，$\{1, \overline{1}\}$ に 3_z^+ が追加された場合です．3_z 軸があると，a 軸と b 軸は等価になり $(a=b)$ その間の角度 γ は 120° となります．少し追加すべき説明は，2_z 軸のときと同様に 3_z 軸のときも c 軸方向の z 軸に垂直に他の主軸を取り直

せることです．つまり，$\alpha=\beta=90^\circ$ となります．単位胞の形は六方晶と同じく $a=b\neq c$ で $\alpha=\beta=90^\circ$, $\gamma=120^\circ$ となります．六方晶系とあくまで違う点は 6_z ではない点です．対称操作としては，$(1, \overline{1}, 3_z^+)$ を基本対称操作として，

$$\{1, 3_z^+, 3_z^-, \overline{1}, \overline{3}_z^+, \overline{3}_z^-\}$$

の6個の対称操作で群を作ります．点群の名前は $\overline{3}$ です．

$\{1, \overline{1}\}$ に 3_z^+ とさらに 2_{110} を付け加えても格子の形は変わりません．基本対称操作は $(1, \overline{1}, 3_z^+, 2_{110})$ となり，これから作られる12個の対称操作で群を作ります．

$$\{1, 3_z^+, 3_z^-, 2_{1\overline{1}0}, 2_{120}, 2_{210}, \overline{1}, \overline{3}_z^+, \overline{3}_z^-, m_{1\overline{1}0}, m_{120}, m_{210}\}$$

注意してもらいたいのは，2回軸が $[1\overline{1}0]$ 方向だということです．点群の名前は $\overline{3}1m$ です．

2.5.7　立方晶系

次は，立方晶系 (cubic lattice) です．立方晶系は一番簡単と思われていますが，実はとても難しい一面があります．ここで一番重要な働きをするのが三方晶系と同様に [111] 方向にある3回軸 3_{111} です．これにプラスして主軸方向に2回軸 2_z を取ります．3_{111} のために a 軸と b 軸と c 軸は等価になり $(a=b=c)$ その間の角度も $\alpha=\beta=\gamma$ となりますが，さらに，主軸の2回軸のために $\alpha=\beta=\gamma=90^\circ$ となり，三方晶系の単位胞とは同じ形ではありません．基本対称操作としては $(1, \overline{1}, 3_{111}^+, 2_x, 2_y)$ となり，これらから作られる24個の対称操作で群を作ります．点群は $m3$ です．最近では，点群 $m\overline{3}$ という書き方が用いられています．

単位胞の形，$a=b=c$, $\alpha=\beta=\gamma=90^\circ$ が変わらない範囲でさらに対称操作を付け加えることができるか考えましょう．それが，$\{1, \overline{1}\}$ に 3_{111}^+, 2_x, 2_y とさらに 2_{110} を付け加えた場合です．基本対称操作としては $(1, \overline{1}, 3_{111}^+, 2_x, 2_y, 2_{110})$ となり，これらから作られる48個の対称操作で群を作ります．この一番対称性の高い点群は，点群 $m3m$ です．最近では，点群 $m\overline{3}m$ という書き方が用いられています．

以上見てきたように，単位胞の形は対称性と密接に関係しています．その形がなぜ出てきたかは，簡単な回転操作の考察から自分で導出できることがこれで分かったことと思います．

2.5.8　ブラベ格子のまとめと複合格子

ここまでの分類で得られた七つの単位格子の形は結晶系と呼ばれ，まとめると，

(1) 三斜晶系 (triclinic)，[P]　$a{\neq}b{\neq}c$ で $\alpha{\neq}\beta{\neq}\gamma$

(2) 単斜晶系 (monoclinic)，[P, B]　$a{\neq}b{\neq}c$ で $\alpha{=}\beta{=}90°$, $\gamma \neq 90°$

(3) 直方 (斜方) 晶系 (orthorhombic)，[P, C, I, F]

$a{\neq}b{\neq}c$ で $\alpha{=}\beta{=}\gamma{=}90°$

(4) 正方晶系 (tetragonal)，[P, I]　$a{=}b \neq c$ で $\alpha{=}\beta{=}\gamma{=}90°$

(5) 六方晶系 (hexagonal)，[P]　$a{=}b \neq c$ で $\alpha{=}\beta{=}90°$, $\gamma{=}120°$

(6) 三方晶系 (rhombohedral)，[R]　$a{=}b{=}c$ で $\alpha{=}\beta{=}\gamma \neq 90°$,

三方晶系 (trigonal)，[P, R]　$a = b \neq c$ で $\alpha{=}\beta{=}90°$, $\gamma{=}120°$

(7) 立方晶系 (cubic)，[P, I, F]　$a{=}b{=}c$ で $\alpha{=}\beta{=}\gamma{=}90°$

となります．これらを図で書くと**図 2.8** となります．この図では以下で説明する複合格子も示されています．

今までは，箱に一つの格子点しかないという基本単位格子 (P) を考えてきましたが，結晶系によっては複合格子も考えられます．ただし，三次元の場合は複合格子に取るときに注意が必要です．例えば，三斜晶系の中に新たな格子点をもち込んでも，もっと小さな三斜晶系に単位胞を取り直すことができます．このように，体積が変化しても対称性が変化しないときは，複合格子を取っても意味がないので，そのような場合は考えません．

そこで，単斜晶系の場合を見てみます．もし，c 軸に 2 回軸があるとして，$\alpha{=}\beta{=}90°$, $\gamma \neq 90°$ とします．このときに，c 軸に垂直な c 面の面心位置，$(\frac{1}{2}, \frac{1}{2}, 0)$ に格子点をもち込んでも，単位胞を取り直せばやはり $\alpha{=}\beta{=}90°$, $\gamma \neq 90°$ となって箱の対称性は変わりません．しかしながら，b 面の面心位置，$(\frac{1}{2}, 0, \frac{1}{2})$ に格子点をもち込めば，事情は違ってきます．b 面は長方形ですので，$(0, 0, 0)$ と $(\frac{1}{2}, 0, \frac{1}{2})$ の格子点を結んで作る基本単位格子では，$a' = b'$ のような性質をもつ三斜晶系になりますが，$\alpha{=}\beta{=}90°$ という性質を好むために複合格子を作ることができます．もう一つ大事なことは，c 軸に 2 回軸があるということを単位胞の形の分類にちゃんと取り込むことです．前に「好みの問題」と書きましたが，このためにも複合格子として取り扱う方が理にかなっています．この複合格子は，b 面の中心に格子点をもち込んでいるので，B 底心格子 (B-centered lattice) と

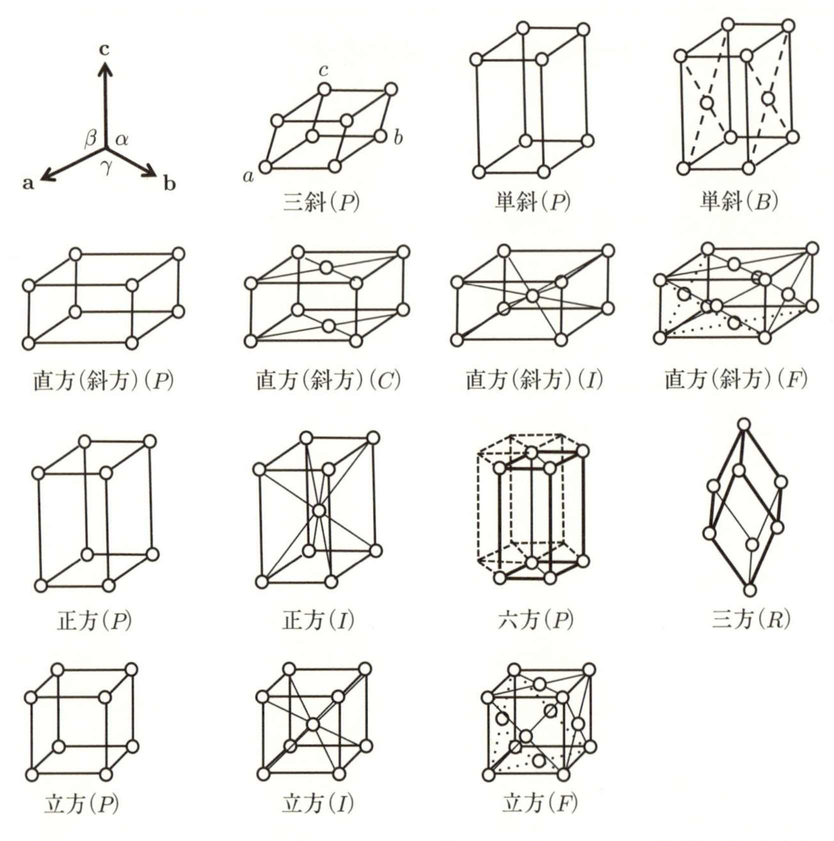

図 2.8　三次元でのブラベ格子．格子定数 a, b, c, α, β, γ の関係や値は本文参照．

いいます．同様に，a 面の中心に格子点をもち込んで A 底心格子 (A-centered lattice) を作ることができますが，これは，a 軸と b 軸の名前を入れ替えただけで性質は同じですので，別物とは数えません．単斜晶系で，時々，体心格子の表記が存在します．これは，箱の中心 $(\frac{1}{2}, \frac{1}{2}, \frac{1}{2})$ に格子点をもち込んだときで，体心格子，あるいは I 格子 (body centered lattice) といいます．しかしながら，単斜晶系の I 格子は底辺の対角線を新しい主軸に取り直すと単斜晶系の底心格子 (B) になります．したがって，習慣的には底心格子のみを考えます．

次に，直方 (斜方) 晶系を見てみましょう．直方体の底面，長方形の中心に格子点をもち込んで底心格子を単斜晶系のときと同様に作ることができます．c 面の中心，$(\frac{1}{2},\frac{1}{2},0)$ なので，C 底心格子 (C-centered lattice) といいます．直方 (斜方) 晶系の場合は，A 底心格子，B 底心格子，C 底心格子も取れますが，座標軸の呼び方を変えるだけですので，これらは同じものとして取り扱います．直方体の全ての面の中心，$(\frac{1}{2},\frac{1}{2},0)$, $(0,\frac{1}{2},\frac{1}{2})$, $(\frac{1}{2},0,\frac{1}{2})$ に格子点をもち込んだときは，面心格子，あるいは F 格子 (face centered lattice) といいます．また，直方体の箱の中心，$(\frac{1}{2},\frac{1}{2},\frac{1}{2})$ に格子点をもち込んだときは，体心格子，あるいは I 格子 (body centered lattice) といいます．直方 (斜方) 晶系の I 格子も長方形の対角線上に主軸を取り直すと，一見すると面心格子になったように見えます．しかしながら，このときには角度が 90° でなくなってしまうので，もはや直方 (斜方) 晶系ではなくなり，そのような軸の取り直しは許されません．

正方晶系では底心格子はあり得ません．なぜなら，c 軸に 4 回軸があるとして，A 格子や B 格子にすると 4 回軸がなくなります．また，C 格子にすると，$(0,0,0)$ と $(\frac{1}{2},\frac{1}{2},0)$ とを結んでできる小さな正方格子が基本単位格子 (P 格子) となってしまうからです．面心格子と体心格子は作ることができます．しかしながら，この両者は c 軸周りに 45° 回転して軸を取り直すと同じものになります．そこで，習慣的には，直方体の箱の中心，$(\frac{1}{2},\frac{1}{2},\frac{1}{2})$ に格子点をもち込んだ体心格子 (I-lattice) を取って，体心正方格子 (body centered tetragonal lattice; bct) と呼びます．

次は立方格子です．正方格子と同じ理由で底心格子はあり得ません．なぜなら，3_{111} の対称性を満たせないからです．立方格子の場合は，面心格子と体心格子を作ることができて，独立です．立方体の箱の中心，$(\frac{1}{2},\frac{1}{2},\frac{1}{2})$ に格子点をもち込んだ体心格子 (I-lattice) は体心立方格子 (body centered cubic lattice; bcc) と呼ばれます．一方，立方体の箱のそれぞれの面の中心，$(\frac{1}{2},\frac{1}{2},0)$, $(\frac{1}{2},0,\frac{1}{2})$, $(0,\frac{1}{2},\frac{1}{2})$ に格子点をもち込んだ面心格子 (F-lattice) は面心立方格子 (face centered cubic lattice; fcc) と呼ばれます．

fcc を基本単位格子 (P) に取り直すと，

$$
\begin{aligned}
\mathbf{a}_{\mathrm{p}} &= (\mathbf{a}_{\mathrm{f}} + \mathbf{c}_{\mathrm{f}})/2 \\
\mathbf{b}_{\mathrm{p}} &= (\mathbf{a}_{\mathrm{f}} + \mathbf{b}_{\mathrm{f}})/2 \\
\mathbf{c}_{\mathrm{p}} &= (\mathbf{b}_{\mathrm{f}} + \mathbf{c}_{\mathrm{f}})/2 \qquad (2.9)
\end{aligned}
$$

となって，$a_{\mathrm{p}}{=}b_{\mathrm{p}}{=}c_{\mathrm{p}}$ で $\alpha{=}60^\circ$ の菱面体格子となります．体積の関係は，

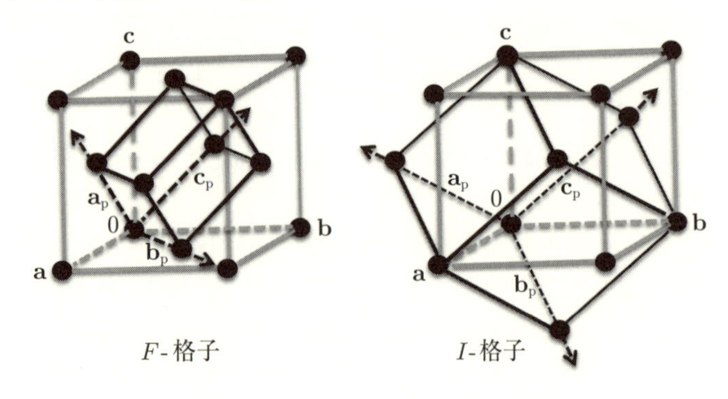

図 2.9　面心立方格子と体心立方格子．

$V_\mathrm{p}=\frac{1}{4}V_\mathrm{f}$ です．これが**図 2.9** の左に示されています．*bcc* を基本単位格子 (P) に取るとすると，

$$
\begin{aligned}
\mathbf{a}_\mathrm{p} &= (\mathbf{a}_\mathrm{b} - \mathbf{b}_\mathrm{b} + \mathbf{c}_\mathrm{b})/2 \\
\mathbf{b}_\mathrm{p} &= (\mathbf{a}_\mathrm{b} + \mathbf{b}_\mathrm{b} - \mathbf{c}_\mathrm{b})/2 \\
\mathbf{c}_\mathrm{p} &= (-\mathbf{a}_\mathrm{b} + \mathbf{b}_\mathrm{b} + \mathbf{c}_\mathrm{b})/2
\end{aligned}
\tag{2.10}
$$

となって，$a_\mathrm{p}=b_\mathrm{p}=c_\mathrm{p}$ で $\alpha=109.47°$ の菱面体格子となります．体積の関係は，$V_\mathrm{p}=\frac{1}{2}V_\mathrm{b}$ です．これらは図 2.9 の右に示されています．角度がこのようになることは各自計算して下さい．

最後は三方晶系 (rhombohedral) の三方格子です．これはかなり複雑です．まず，菱面体格子 (rhombohedral lattice) の 特徴は 3_{111} でしたが，底心格子ではこの対称性を満たせません．面心格子を取ると，軸を取り直して小さな菱面体格子に取り直すだけです．したがって，三方晶系 (rhombohedral) としては基本格子 P のみです．一方，三方晶系 (trigonal) も六方晶系と同じ意味で基本格子 P のみです．ところが，複雑なのは，三方晶系 (rhombohedral) を軸変換して三方晶系 (trigonal) と取り直すことができることです．このとき，菱面体格子で 3_{111} と読んでいた対称操作が六方格子で 3_z に変わります．格子定数も，菱面体格子から六方格子へと軸変換され，

$$
\begin{aligned}
\mathbf{a}_\mathrm{h} &= \mathbf{a}_\mathrm{r} - \mathbf{b}_\mathrm{r} \\
\mathbf{b}_\mathrm{h} &= \mathbf{b}_\mathrm{r} - \mathbf{c}_\mathrm{r}
\end{aligned}
$$

$$\mathbf{c}_\mathrm{h} = \mathbf{a}_\mathrm{r} + \mathbf{b}_\mathrm{r} + \mathbf{c}_\mathrm{r} \tag{2.11}$$

となり，体積が大きくなります．ここで，$\mathbf{a}_\mathrm{h} \cdot \mathbf{c}_\mathrm{h}=\mathbf{b}_\mathrm{h} \cdot \mathbf{c}_\mathrm{h}=0$ と六方格子の c 軸が a 軸と b 軸に垂直であることと，$(\mathbf{a}_\mathrm{h} \cdot \mathbf{b}_\mathrm{h})/|\,\mathbf{a}_\mathrm{h}\,||\,\mathbf{b}_\mathrm{h}\,|=-\frac{1}{2}$ と，a 軸と b 軸の間の角度が 120° であることを上式から各自計算して下さい．また，単位胞の体積が，$V_\mathrm{h}=3V_\mathrm{r}$ であることも確かめて下さい．つまり，六方格子の内部には菱面体格子での格子点が余分に取り込まれていることになります．この複合格子をさして菱面体格子と呼ぶこともあります．その位置は，六方格子の座標で，(0,0,0), $(\frac{2}{3}, \frac{1}{3}, \frac{1}{3})$, $(\frac{1}{3}, \frac{2}{3}, \frac{2}{3})$ です．これは，六方格子から菱面体格子への逆方向の軸変換で分かります．

$$\begin{aligned}
\mathbf{a}_\mathrm{r} &= (2\mathbf{a}_\mathrm{h} + \mathbf{b}_\mathrm{h} + \mathbf{c}_\mathrm{h})/3 \\
\mathbf{b}_\mathrm{r} &= (-\mathbf{a}_\mathrm{h} + \mathbf{b}_\mathrm{h} + \mathbf{c}_\mathrm{h})/3 \\
\mathbf{c}_\mathrm{r} &= (-\mathbf{a}_\mathrm{h} - 2\mathbf{b}_\mathrm{h} + \mathbf{c}_\mathrm{h})/3
\end{aligned} \tag{2.12}$$

この式も自分で確かめましょう．六方格子の中に取り込まれているのは，$\mathbf{a}_\mathrm{r}$ と $\mathbf{a}_\mathrm{r}+\mathbf{b}_\mathrm{r}$ です．菱面体格子と六方格子の関係を**図 2.10** に示します．

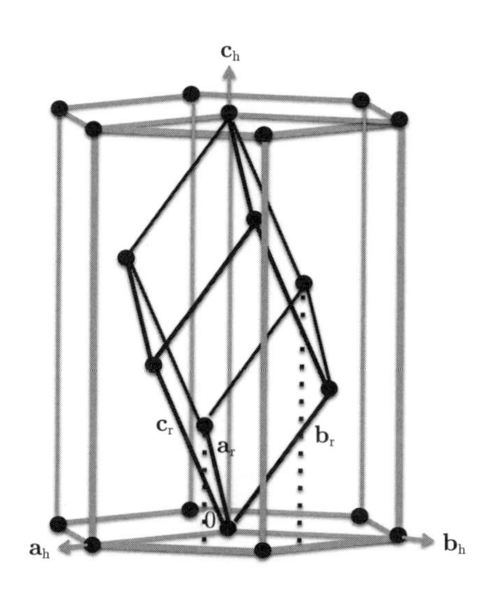

図 2.10　菱面体格子と六方格子の関係.

表 2.1　複合格子の等価な内部格子点．R-格子は六方格子で取った場合．

複合格子	$\mathbf{r}_1$	$\mathbf{r}_2$	$\mathbf{r}_3$	$\mathbf{r}_4$
F-格子	$\mathbf{r}_0 + 000$	$\mathbf{r}_0 + \frac{1}{2}\frac{1}{2}0$	$\mathbf{r}_0 + \frac{1}{2}0\frac{1}{2}$	$\mathbf{r}_0 + 0\frac{1}{2}\frac{1}{2}$
I-格子	$\mathbf{r}_0 + 000$	$\mathbf{r}_0 + \frac{1}{2}\frac{1}{2}\frac{1}{2}$		
A-格子	$\mathbf{r}_0 + 000$	$\mathbf{r}_0 + 0\frac{1}{2}\frac{1}{2}$		
B-格子	$\mathbf{r}_0 + 000$	$\mathbf{r}_0 + \frac{1}{2}0\frac{1}{2}$		
C-格子	$\mathbf{r}_0 + 000$	$\mathbf{r}_0 + \frac{1}{2}\frac{1}{2}0$		
R-格子 (hex)	$\mathbf{r}_0 + 000$	$\mathbf{r}_0 + \frac{2}{3}\frac{1}{3}\frac{1}{3}$	$\mathbf{r}_0 + \frac{1}{3}\frac{2}{3}\frac{2}{3}$	

この章の最初にまとめた結晶系の図 2.8 には基本単位格子 (P) 以外に取り得る複合格子の種類も記しています．再度注意しておきますが，底心の記号は 2 回軸の方向をどう取るのか，a, b, c 軸をどう取るのかで名前が変わってきます．また，正方晶系で I-格子を取っていますが，F-格子を取ってももちろんよく，相転移に絡んで対称性が変化したときには，bct ではなく fct に取った方が理解しやすい場合もあります．

F-格子，I-格子，A-格子，B-格子，C-格子，R-格子の複合格子の内部に取り込まれた格子点と座標値を**表 2.1** にまとめておきます．これらの複合格子では，等価な座標値が表 2.1 のように表されます．例えば，I-格子では等価な原子が $\mathbf{r}_1$ と $\mathbf{r}_2$ に存在します．

第3章

3 第一種空間群 (シンモルフィックな空間群)

いよいよ，箱の中に原子を詰めていきましょう．歴史的に見ると，最初に考察されたのが，第2章で考えてきた対称操作で原子を置くパターンの分類です．つまり，通常の回転，鏡映の操作です．このように分類したものを第一種空間群あるいはシンモルフィックな空間群と呼びます．全部で73通りあります．シンモルフィックでない空間群（ノンシンモルフィックな空間群）は157個あり，その説明は第5章でします．すでに，前節のブラベ格子で必要なことはほとんど述べているので，この範囲ですと後は簡単です．ここからの話は一見退屈でかつあまり役に立ちそうにないように見えますが，実はものすごく単純な話で，その上御利益がとてもある話です．また，この教科書では，理解しやすさを優先して通常の教科書で記されている対称性の順番とは少し変えています．この章が退屈と感じる方，空間群はコンピュータが自動生成した物を利用するだけでよいと思われる方，どのような原理で作られているかに興味のない方は，この章を飛ばしても大丈夫です．

3.1　三斜晶系の空間群

まず，三斜晶系 (triclinic lattice) の箱の中に原子を入れてみましょう．前節では箱の原点の対称操作を考えましたが，別の見方をすると，原子を一つだけ箱の原点に置いたと見ても同じです．ここからは，任意の場所に原子を置きます．箱の原点にだけ原子を置いた場合の対称性は $\{1, \bar{1}\}$ でした．点群としては点群 $\bar{1}$ です．前章では，これが一番対称性の高い場合と説明しました．それでは，三斜晶系の箱の性質，$a \neq b \neq c$ と $\alpha \neq \beta \neq \gamma$ を満たすそれよりも低い対称操作の部分群はあるのでしょうか．それは，$\{1\}$ だけの群です．点群 1 です．あまりにも簡単なので逆に理解しづらいかも分かりませんが，$1 \cdot 1 = 1$ でグループを作る，恒等操作がある，逆操作があるという群の性質を満たしています．一方，$\{\bar{1}\}$ は群となりません．なぜなら，$\bar{1} \cdot \bar{1} = 1$ でグループ外の操作が出てくるからです．そこで，三斜晶系の格子の形を保つことができる群は，$\{1\}$ と $\{1, \bar{1}\}$ の

二つです．これと，格子が基本単位格子か複合格子かの区別も付けて，空間群の記号として

$$P1, P\bar{1}$$

と書きます．

原子を任意の位置 (x, y, z) に置いたときに，$P1$ の対称操作では (x, y, z) から移動しませんが，$P\bar{1}$ では (x, y, z) は $(\bar{x}, \bar{y}, \bar{z})$ に移動して，同じ性質 (等価なという言葉を使います) をもつ原子がもう一つ現れます．あるいは，(x, y, z) と $(\bar{x}, \bar{y}, \bar{z})$ に等価な原子がいないと $P\bar{1}$ の性質を満たしません．原子の位置がどこにあるのかを決めるという立場から見ると，$P\bar{1}$ では等価な二つの原子のうち一方だけ決めればよく，もう一つの原子の位置は対称操作で自動的に決まってきます．これが，空間群を使うメリットです．なお，原子座標 (x, y, z) の意味ですが，英語では fractional coordinate と書かれていて，分率座標とか規格化座標とも訳されています．これは，単位胞の (a, b, c) 軸方向の分率座標で，0 から 1 までの値を取ります．

3.2　単斜晶系の空間群

三斜晶系の例が簡単すぎたので逆に分かりづらかったかもしれません．次の単斜晶系の方が分かりやすいかもしれません．単斜晶系 (monoclinic lattice) の箱の形 $a \neq b \neq c$ で $\alpha = \beta = 90°$, $\gamma \neq 90°$ を満たす一番対称性の高い点群は $2/m$ で $\{1, \bar{1}, 2_z, m_z\}$ の対称操作でした．空間群の記号として，基本単位格子 (P-lattice) のときは，$P11\,2/m$ と書きます．3 個書いた記号は順番に a 軸方向，b 軸方向，c 軸方向を表しています．ここで，2 回軸が c 軸方向にあり，それに垂直に鏡映 m があるということを表しています．a 軸，b 軸方向には特別の対称操作がないことも示しています．この表記を完全表記といいますが，2 回軸がどの方向にあるかは場合によるので，簡略化して $P2/m$ とも書きます．つまり，空間群の記号を見るだけで，単斜晶系であることが分かり，単位胞の形も分かりますし，完全表記だと対称操作の空間的配置まで分かります．原子を (x, y, z) に置いたときに，$P11\,2/m$ の対称操作では (x, y, z) は $(\bar{x}, \bar{y}, \bar{z})$, $(\bar{x}, \bar{y}, z)$, $(x, y, \bar{z})$ に移動して，等価な原子が四つになります．逆にいうと，(x, y, z), $(\bar{x}, \bar{y}, \bar{z})$, $(\bar{x}, \bar{y}, z)$, $(x, y, \bar{z})$ に等価な原子がいないと $P11\,2/m$ の性質を満たしません．

では，箱の形を変えないで，それよりも低い対称操作の部分群はあるでしょ

うか．それは，$\{1,\, 2_z\}$ と $\{1,\, m_z\}$ です．格子定数の $\alpha{=}\beta{=}90°$ の性質を出していたのは 2 回軸 (2_z) ですから，$\{1,\, 2_z\}$ が最低条件となります．ここで，$m_z{=}\overline{2}_z$ だったことも思い出して下さい．$\{1,\, 2_z\}$ では，$1\cdot 2_z{=}2_z,\, 2_z\cdot 2_z{=}1$ で群を作っています．同様に，$\{1,\, m_z\}$ では $1\cdot m_z{=}m_z,\, m_z\cdot m_z{=}1$ で群を作ります．つまり，グループ内で閉じている，恒等操作がある，逆操作があるという群の性質を満たしています．それぞれの点群の名前は，点群 2 と点群 m です．対称操作を全てまとめると，

点群 $2/m$:　$\{1,\, \overline{1},\, 2_z,\, m_z\}$
点群 2:　$\{1,\, 2_z\}$
点群 m:　$\{1,\, m_z\}$

となります．空間群の表記は $P11\,2/m$, $P112$ と $P11m$ です．簡略化した表記では，$P2/m$, $P2$ と Pm です．$P112$ では，対称操作で (x,y,z) は $(\overline{x},\overline{y},z)$ に移動して，等価な原子が二つになります．逆にいうと，(x,y,z) と $(\overline{x},\overline{y},z)$ に等価な原子がいないと $P112$ の性質を満たしません．同様に，$P11m$ では，対称操作で (x,y,z) は $(x,y,\overline{z})$ に移動して，等価な原子が二つになります．逆にいうと，(x,y,z) と $(x,y,\overline{z})$ に等価な原子がいないと $P11m$ の性質を満たしません．

ここまでくると空間群を使うありがたみが分かってきます．$P11\,2/m$ では，等価な原子が四つありますが，そのうちの一つの座標さえ決めればよいということです．あとの三つの等価な原子の座標は自動的に決まります．未知数の座標は 12 だったのが 3 にまで減っています．これは，実際の作業では大きな助けです．

ここまでは基本単位格子で議論しましたが，単斜晶系では複合格子を取ることができます．シンモルフィックな空間群の特色は，全ての対称操作が原点の $(0,0,0)$ を通っていることで，基本的には点群の取り扱いと変わりはありません．複合格子にとっても同じです．前章では複合格子として B 底心を取りましたが，ここでは複合格子として A 底心の格子を取ってみましょう．空間群は，$A112/m$, $A112$, $A11m$ です．簡略化して書くと $A2/m$, $A2$, Am です．A 底心格子とは，格子点が $(0,0,0)$ と $(0,\, \frac{1}{2},\, \frac{1}{2})$ にあるもので，この二つは元々等価です．つまり，原点 $(0,0,0)$ の周りと，内部に取り込まれた格子点 $(0,\, \frac{1}{2},\, \frac{1}{2})$ の周りの性質は同じです．したがって，式 (2.1) で書かれた原子の位置も全く同じように書かれます．$A112/m$ だと，原点 $(0,0,0)$ の周りで，$(0,0,0)+\{(x,y,z),$

$(\overline{x},\overline{y},\overline{z})$, $(\overline{x},\overline{y},z)$, $(x,y,\overline{z})\}$ に等価な原子がいましたが，$(0, \frac{1}{2}, \frac{1}{2})$ から見ても同様で，$(0, \frac{1}{2}, \frac{1}{2})+\{(x,y,z), (\overline{x},\overline{y},\overline{z}), (\overline{x},\overline{y},z), (x,y,\overline{z})\}$ にも等価な原子がいます．つまり，等価な原子は8個になります．実験的にこの8個の原子の座標値，24個のパラメータを決めるときには，ただ一つの原子の座標値，(x,y,z) を決めるだけでよいことになります．座標を取り直した B 格子だと，$B11\,2/m$ となって，等価な座標は $\{(0,0,0), (\frac{1}{2}, 0, \frac{1}{2})\}+\{(x,y,z), (\overline{x},\overline{y},\overline{z}), (\overline{x},\overline{y},z), (x,y,\overline{z})\}$ となります．

実際の論文を読むときの注意として，単斜晶系では歴史的に b 軸に2回軸，2_y があるように取るのが普通です．そのために，空間群は，

$P1\,2/m\,1$, $P121$, $P1m1$, $A1\,2/m\,1$, $A121$, $A1m1$

の6通りです．単位胞の形は，$a{\neq}b{\neq}c$ で $\alpha{=}\gamma{=}90^\circ$, $\beta \neq 90^\circ$ となります．簡略化した記号ではどちらの方向に2回軸があるか区別が付かなくなって，

$P2/m, P2$, Pm, $A2/m$, $A2$, Am

です．同じ対称性の空間群でも名前が変わると混乱しますが，これらの対称操作や原子位置は図入りで国際結晶学連合 (IUCr) から International Table という名前の本やデータベースとして発行されており，軸を取り直して名前が変わったものも示されています．結晶を取り扱う研究室には必須の本です．

3.3　直方(斜方)晶系の空間群

もう少し例を続けましょう．まだ簡単に計算できる直方 (斜方) 晶系 (orthorhombic lattice) の場合です．$a{\neq}b{\neq}c$ で $\alpha{=}\beta{=}\gamma{=}90^\circ$ の箱の形をしていて，P-格子以外に，A-, I-, F-の複合格子を取ります．一番高い対称操作の群は，$\{1, \overline{1}, 2_x, 2_y, 2_z, m_x, m_y, m_z\}$ でした．これよりも少ない対称操作でできる部分群は，上記も含めて，

点群 mmm:　$\{1, \overline{1}, 2_x, 2_y, 2_z, m_x, m_y, m_z\}$
点群 $mm2$:　$\{1, m_x, m_y, 2_z\}$
点群 222:　$\{1, 2_x, 2_y, 2_z\}$

です．$\alpha{=}\beta{=}\gamma{=}90^\circ$ の条件を満たすためには，$\{1, 2_x, 2_y, 2_z\}$ が最低条件です．点群として，点群 $2/m\,2/m\,2/m$，点群 $mm2$，点群 222 となります．点群 $2/m\,2/m\,2/m$ は簡略化して mmm と呼ばれます．同様に空間群 $P2/m\,2/m\,2/m$ は簡略化して $Pmmm$ と書かれます．完全表記だと，2回軸があり，それに垂

直に鏡映があるとすぐ分かりますが，簡略化されると，分かる人には分かるという具合で，すこし不親切ですね．他の二つは，完全表記でも $Pmm2$，$P222$ です．$mm2$ などの順番は a 軸, b 軸, c 軸の順番です．複合格子などの名前と組み合わせると，

$Pmmm$，$Pmm2$，$P222$

$Fmmm$，$Fmm2$，$F222$

$Immm$，$Imm2$，$I222$

$Ammm$，$Amm2$，$Cmm2$，$A222$

の 13 個の空間群が直方 (斜方) 格子の空間群となります．等価な原子の数は，P 格子なら対称操作の数だけ，F 格子ならその 4 倍，I 格子なら 2 倍，A 格子なら 2 倍となります．一番数が多くなる $Fmmm$ では 32 個の等価な原子があり，96 個の座標値が求めなくてはいけないパラメータの数です．でも，空間群のおかげで一つの原子位置，3 個のパラメータを決めれば後は自動的に決まります．

ここで，少し追加して説明が必要なのが Cmm2 です．$Amm2$ も $Bmm2$ も $Cmm2$ も座標の名前の付け直しで同じではないかと思われるかもしれませんが，少し違います．ここで，c 軸方向に 2_z があるということに注意して下さい．a 軸と b 軸を入れ替えれば $Amm2$ と $Bmm2$ は同じものです．また，これらは，2_z として箱の側面に取り込まれた格子点があります．一方，$Cmm2$ では底面に取り込まれた格子点があり，性質が違います．また，座標の名付け方が色々な場合があり得ることにも注意して下さい．例えば b 軸と c 軸を入れ替えたとすれば，$Amm2, Bmm2, Cmm2$ は，$Am2m, Cm2m$, $Bm2m$ となります．これらも，International Table には図入りで示されています．ここで，$Amm2$ と $Cmm2$ の等価な座標を示しておきましょう．

$Amm2$: $\{(0,0,0)+\ (0,\ \frac{1}{2},\ \frac{1}{2})+\}\{(x,y,z),(\overline{x},y,z),(x,\overline{y},z),(\overline{x},\overline{y},z)\}$

$Cmm2$: $\{(0,0,0)+\ (\frac{1}{2},\ \frac{1}{2},\ 0)+\}\{(x,y,z),(\overline{x},y,z),(x,\overline{y},z),(\overline{x},\overline{y},z)\}$

が等価な原子の座標で，等価位置ともいいます．

原子座標がどこにあるかは簡単な図を書くとすぐに分かりますが，ここでは International Table の使い方も含めて，**図 3.1** に示します．ここに示したのは，International Table の $Imm2$ のページの一部を少し修正したものです．図 3.1 右下の部分に注目して下さい．原子位置がどのように対称操作で移動するかが図示されています．座標原点は左上の隅です．そこから下向きに a 軸，右向きに b 軸，紙面に垂直に c 軸があります．図の原点近くに丸印が 4 個描かれてい

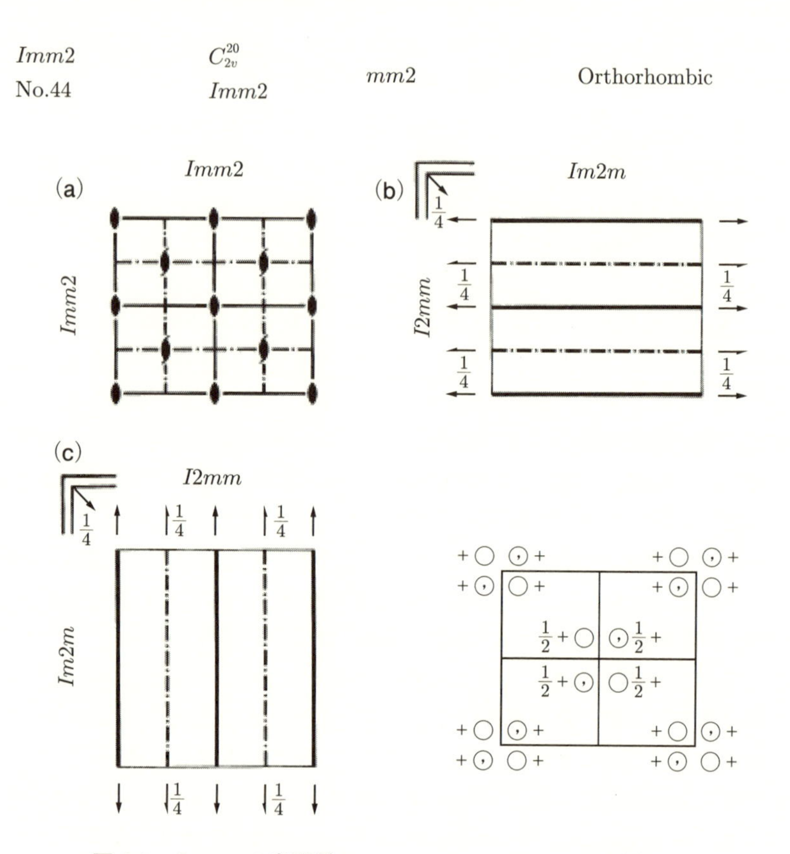

図 3.1　$Imm2$ の空間群の International Table での図.

ます．これが，対称操作で移動した原子位置です．+印は紙面より上，つまり，$+z$ にあることを示しています．二種類の丸印は $\bar{1}$ や m で移った鏡像の関係であることを示しています．原点を通る，m_x, m_y, 2_z の対称操作で最初の 1 個の原子は別の 3 箇所に移動します．さらに，I 格子のために $(\frac{1}{2}, \frac{1}{2}, \frac{1}{2})$ だけ移動したところにも同じ原子がいます．この章で示されているシンモルフィックな 73 個の空間群は対称操作がすべて原点を通っているので，自分でこの図を書くのはそれほど難しくないと思います．

対称操作の空間配置は，図中の別の 3 個の図 (a), (b), (c) で示されています．

空間群 $Imm2$ ですから，図左上の (a) の部分を見ます．常に原点は左上隅で下向きが a 軸で右向きが b 軸です．原点にある両端がとがった楕円形が 2 回軸の印で，2_z を表しています．そこを通る実線が鏡映面で，それぞれ m_x，m_y です．図中にある一点鎖線のような他の記号はここではまだ述べませんが，後の章 (第 5 章) で出てきます．軸を取り直したのが右上 (b) と左下 (c) の図です．実はこの二つは，左上 (a) の三次元図を右に倒したときと下方向に倒したときの投影図に対応しています．ただし，軸の読み方は，常に図を見たときの左上隅を原点として，下向きに a 軸，右向きに b 軸に固定します．これにより，軸変換に対応して空間群の表式がどのように変わるかが示されています．つまり，座標変換の早見表になっています．例えば，図右上 (b) の部分で $Im2m$ と読めるように図を置いたときも原点と軸の取り方は同じで，右向きの b 軸方向に 2_y 軸があり，図中の原点を通る矢印がそれにあたります．その (b) 図の左上隅に示されている紙面に平行な直角の実線で表されているのが m_z です．また，b 軸に沿って太めの実線で描かれているのが $m(0yz)$ で，m_x のことです．この (b) 図を 90° 回して $I2mm$ と読めるようにしたときには，回した状態でやはり左上が原点で下向きに a 軸になるので，矢印の向きは a 軸になり 2_x となります．図左下 (c) の部分も同様で，$I2mm$ と読めるように置いたときには，2 回軸は下向きの a 軸方向を向いていて 2_x です．この (c) 図の左上隅に示されている紙面に平行な直角の実線で表されているのが m_z です．また，a 軸に沿って太めの実線で描かれているのが $m(x0z)$ で，m_y のことです．

空間群 $Imm2$ の詳しい原子位置は，International Table にある図 3.1 のテーブルの次のページに示されています．それを**図 3.2** に示します．図の左下に書かれている $2a$ という記号に注目して下さい．この項は，Multiplicity と Wyckoff letter と呼ばれます．ここでは，$2a$ サイトと呼ぶことにします．2a サイトの座標は $(0, 0, z)$ です．一方，一番上にある $8e$ サイトでは，座標は (x, y, z), $(\overline{x}, \overline{y}, z)$, $(x, \overline{y}, z)$, $(\overline{x}, y, z)$ の四つが書かれています．さらに上には，$(0, 0, 0)+$, $(\frac{1}{2}, \frac{1}{2}, \frac{1}{2})+$ と書かれていて，これが体心格子に対応しています．つまり，$8e$ サイトでは全部で 8 個の等価な原子位置があること，$2a$ サイトでは全部で 2 個の等価な原子位置があることを表しています．なお，Wyckoff letter の一番上に書かれている座標を一般位置と呼びます．それ以外の座標を特殊位置と呼びます．つまり，xyz の値が，何か特殊な値に固定されている座標位置です．例えば，$8e$ サイトで，x=0, y=0 と置くと，全て $(0, 0, z)$ になり，四つとも同じ位置になります．

Multiplicity, Wyckoff letter, Site symmetry			Coordinates $(0, 0, 0) + (\frac{1}{2}, \frac{1}{2}, \frac{1}{2}) +$			
8	e	1	(1) x, y, z	(2) $\bar{x}, \bar{y}, z$	(3) $x, \bar{y}, z$	(4) $\bar{x}, y, z$
4	d	$m..$	$0, y, z$	$0, \bar{y}, z$		
4	c	$.m.$	$x, 0, z$	$\bar{x}, 0, z$		
2	b	$mm2$	$0, \frac{1}{2}, z$			
2	a	$mm2$	$0, 0, z$			

図 3.2　$Imm2$ の原子座標.

ここで，三斜晶系と単斜晶系と直方 (斜方) 晶系の等価な原子の数を見積もる方法を書いておきましょう．完全表記で書いたとき，a 軸, b 軸, c 軸の順番は決まっています．そこで，対称操作がいくつあるかは数えることができます．$2/m\,2/m\,2/m$ ならここに書かれている 6 個の対称操作と恒等操作 1 と反転操作 $\bar{1}$ の 8 個です．2 回軸とそれに垂直な鏡映 m が存在すれば反転操作 $\bar{1}$ が必ず存在します．これに複合格子で生じる格子点の数 (P なら 1，F なら 4，I なら 2，A なら 2) を掛ければ空間並進対称性も含めた対称操作の数が計算できて，つまりは等価位置 (一般座標) の数が分かります.

3.4　正方晶系の空間群

正方格子 (tetragonal lattice) から先は対称操作の数がどんどん多くなるので，やり方は同じで簡単なのですが，紙面を大幅に取るので詳細な議論は省いて結論だけ書いていきます.

正方晶系の空間群は，4 回軸が中心となります．一番対称操作が多い場合は，点群 $4/m\,2/m\,2/m$ で作られる格子でした．その対称操作を再度書いておきます.

点群 $4/mmm$:

$\{1,\, 4_z^+,\, 2_z,\, 4_z^-,\, 2_x,\, 2_y,\, 2_{110},\, 2_{1\bar{1}0},\, \bar{1},\, \bar{4}_z^+,\, m_z,\, \bar{4}_z^-,\, m_x,\, m_y,\, m_{110},\, m_{1\bar{1}0}\}$

空間群としては $P4/m\,2/m\,2/m$ です．簡略化して $P4/mmm$ と書きます．ここで軸の順番ですが，今までと違ってきます．一番重要な主軸を通る回転軸から書きます．正方晶系の場合は 4 回軸ですから，4_z として，c 軸が最初に来ます．$P4/m\,2/m\,2/m$ の場合は，4_z^+ とそれに垂直な m_z が書かれています．次に，2 番目に重要な主軸を通る回転軸を書きます．正方晶系の場合は 4 回軸のために a 軸と b 軸が等価ですから，2_x として，a 軸が 2 番目に書かれます．2_x とそれに垂直な m_x が書かれています．当然，b 軸は同じ対称性をもちます．3 番目に書かれるのが次に重要な回転軸です．正方晶系の場合は [110] 方向にある 2 回軸です．2_{110} とそれに垂直な m_{110} が書かれています．点群 $4/m\,2/m\,2/m$ の対称操作の数は 16 個です．これは，直方 (斜方) 晶系 $2/m\,2/m\,2/m$ で作った等価な位置 8 個をさらに 4 回軸で 90° 回して等価な b 軸でも作るので 16 個の等価な位置が生じるからです．

次に，$a{=}b \neq c$ で $\alpha{=}\beta{=}\gamma{=}90°$ の箱の性質を保ちながら，対称操作の数を減らして部分群を探します．そして，P 格子と I 格子で空間群を作ります．$a{=}b$ で $\alpha{=}\beta{=}\gamma{=}90°$ の性質を満たすための最低条件は，

点群 4: $\{1, 4_z^+, 2_z, 4_z^-\}$

です． 4_z^+ で $a{=}b$ と $\gamma{=}90°$ を， 2_z で $\alpha{=}\beta{=}90°$ の性質を作ります．可能な正方晶の点群で点群 $4/mmm$ 以外の対称操作をまとめると以下のようになります．

点群 $4mm$: $\{1,\ 4_z^+,\ 2_z,\ 4_z^-,\ m_x,\ m_y,\ m_{110},\ m_{1\bar{1}0}\}$
点群 $\bar{4}2m$: $\{1,\ 2_z,\ 2_x,\ 2_y,\ \bar{4}_z^+,\ \bar{4}_z^-,\ m_{110},\ m_{1\bar{1}0}\}$
点群 $\bar{4}m2$: $\{1,\ 2_z,\ 2_{110},\ 2_{1\bar{1}0},\ \bar{4}_z^+,\ \bar{4}_z^-,\ m_x,\ m_y\}$
点群 422: $\{1,\ 4_z^+,\ 2_z,\ 4_z^-,\ 2_x,\ 2_y,\ 2_{110},\ 2_{1\bar{1}0}\}$
点群 $4/m$: $\{1,\ 4_z^+,\ 2_z,\ 4_z^-,\ \bar{1},\ \bar{4}_z^+,\ m_z,\ \bar{4}_z^-\}$
点群 $\bar{4}$: $\{1, \bar{4}_z^+, 2_z, \bar{4}_z^-\}$
点群 4: $\{1, 4_z^+, 2_z, 4_z^-\}$

対称操作の一番多い群から一番少ない群まで，可能な空間群は簡略化した書き方で

$P4/mmm$, $P4mm$, $P\bar{4}2m$, $P\bar{4}m2$, $P422$, $P4/m$, $P\bar{4}$, $P4$,

$I4/mmm$, $I4mm$, $I\bar{4}2m$, $I\bar{4}m2$, $I422$, $I4/m$, $I\bar{4}$, $I4$

の 16 個です．説明が必要なのは $\bar{4}2m$ と $\bar{4}m2$ の違いぐらいでしょうか．まず，c 軸に 4 回回反軸があります．違うのは 2 回軸の方向で，前者は a 軸に，後者は [110] にあります．鏡映もそれぞれ違っていて，前者は [110] に垂直に，後者

は a 軸に垂直にあります．注意しておくことは，単純に点群というと結晶の単位胞を考えていないので繰り返し周期の方向は考えに入りません．そのために，正方格子を 45° 回しても通常の点群は変わらず，$\overline{4}2m$ と $\overline{4}m2$ は同じ点群として扱われます．一方，結晶点群として単位胞を意識するときは $\overline{4}2m$ と $\overline{4}m2$ に違いが生じてきます．

点群 $\overline{4}2m$, $\overline{4}m2$, $4mm$, 422, $4/m$ では対称操作の数は 8 個で，等価な点も 8 個です．一方，点群 $\overline{4}$ と 4 の対称操作の数は 4 個で，等価な点も 4 個です．P 格子の空間群ではこの数だけの等価な原子が存在します．一方 I 格子では，複合格子の数だけ増えて，等価な点はそれぞれの対称操作の数に対して 2 倍する必要があります．

3.5　六方晶系の空間群

六方晶系 (hexagonal lattice) の空間群は，6 回軸が中心となります．一番対称操作が多い場合は $P6/m\,2/m\,2/m$ です．簡略化して $P6/mmm$ と書きます．軸の順番は正方晶系と同じ規則で，一番重要な主軸を通る回転軸から書き (c 軸の 6_z^+)，次に 2 番目に重要な主軸を通る回転軸 (a 軸の 2_x) を書きます．3 番目に書かれるのが次に重要な回転軸で [110] 方向にある 2 回軸 2_{110} です．$P6/m\,2/m\,2/m$ の対称操作の数は 24 個で，等価な位置は 24 個です．これは，直方 (斜方) 晶系 $2/m\,2/m\,2/m$ で作った等価な位置 8 個をさらに 6 回軸で 60° 回した分と，6 回軸を 2 回続けて 120° 回した b 軸周りでも作るので，24 個の等価な位置が生じます．$a{=}b \neq c$ で $\alpha{=}\beta{=}90°$, $\gamma{=}120°$ の箱の性質を出すための最低条件は，

$$\{1, 6_z^+, 3_z^+, 2_z, 3_z^-, 6_z^-\}$$

です．ここで，基本対称操作は $\{1, 6_z^+\}$ です．3_z^+ で $a{=}b$ と $\gamma{=}120°$ を，2_z で $\alpha{=}\beta{=}90°$ の性質を作ります．対称操作の一番多い群から一番少ない群まで，可能な空間群は簡略化した書き方で

$$P6/mmm,\ P\overline{6}2m,\ P\overline{6}m2,\ P6mm,\ P622,\ P6/m,\ P\overline{6},\ P6$$

の 8 個です．正方晶系と基本的には同じ形式の空間群が並びますが，六方晶系では複合格子がないので，この 8 個だけです．

3.6　三方晶系 (菱面体晶系) の空間群

次が三方晶系 (trigonal lattice) と菱面体晶系 (rhombohedral lattice) です．ここでは，主軸方向の 3 回軸，あるいは [111] 方向の 3 回軸が主役となります．菱面体晶系は六方格子に取ったときの複合格子だと理解して下さい．ここの話は少し複雑に見えますが，前章の説明をもう一度思い出して下さい．三方晶系は，点群 23 や点群 $m\overline{3}$ の立方晶系，あるいは六方晶系ともよく似ています．箱の形は，六方晶と同じに $a{=}b \neq c$ で $\alpha{=}\beta{=}90°$, $\gamma{=}120°$ とも取れるし，菱面体晶系になると $a{=}b{=}c$ で $\alpha{=}\beta{=}\gamma \neq 90°$ と基本単位格子にも取れます．まず，分かりやすくするために，六方格子の箱から話をします．一番対称性の高いのは c 軸に 3_z をもち a 軸方向に $2/m$ がある場合と，c 軸に 3_z をもち $[1\overline{1}0]$ 方向に $2/m$ がある場合です．完全表記では $P\overline{3}2/m1$ と $P\overline{3}12/m$ です．簡単化して，$P\overline{3}m1$ と $P\overline{3}1m$ とも書きます．記述の仕方は正方晶や六方晶と同じです．一番重要な主軸を通る回転軸や回映軸から書き (c 軸の 3_z^+)，次に 2 番目に重要な主軸を通る回転軸 (a 軸の 2_x や [110] 方向にある 2 回軸 2_{110}) や回映軸を書きます．3 番目に書かれるのが次に重要な回転軸や回映軸で，$[1\overline{1}0]$ 方向や [120] 方向にある 2 回軸 $2_{1\overline{1}0}$ や 2_{120} です．対称操作の数は 12 個で，12 の等価位置が存在します．

点群 $\overline{3}$m1: $\{1, 3_z^+, 3_z^-, 2_{110}, 2_x, 2_y,$
$\overline{1}, \overline{3}_z^+, \overline{3}_z^-, m(x, \overline{x}, z), m(x, 2x, z), m(2x, x, z)\}$

点群 $\overline{3}$1m: $\{1, 3_z^+, 3_z^-, 2_{1\overline{1}0}, 2_{120}, 2_{210},$
$\overline{1}, \overline{3}_z^+, \overline{3}_z^-, m(x, x, z), m(x, 0, z), m(0, y, z)\}$

単位胞の形を $a{=}b \neq c$ で $\alpha{=}\beta{=}90°$，$\gamma{=}120°$ として与える最低条件は，$\{1, 3_z^+, 3_z^-\}$ で，基本対称操作は $\{1, 3_z^+\}$ です．対称操作の数を減らした部分群は，

点群 $3m1$: $\{1, 3_z^+, 3_z^-, m(x, \overline{x}, z), m(x, 2x, z), m(2x, x, z)\}$
点群 $31m$: $\{1, 3_z^+, 3_z^-, m(x, x, z), m(x, 0, z), m(0, y, z)\}$
点群 321: $\{1, 3_z^+, 3_z^-, 2_{110}, 2_x, 2_y\}$
点群 312: $\{1, 3_z^+, 3_z^-, 2_{1\overline{1}0}, 2_{120}, 2_{210}\}$
点群 $\overline{3}$: $\{1, 3_z^+, 3_z^-, \overline{1}, \overline{3}_z^+, \overline{3}_z^-\}$

点群 3：　$\{1, 3_z^+, 3_z^-\}$

となります．最低限の点群 3 に何かの対称操作を付け加えていって，一番対称操作の数の多い点群にすると考えても同じです．trigonal の基本単位格子 (P) を考えますので，全てをまとめると，完全表記では

$P\overline{3}\,2/m1$, $P\overline{3}12/m$, $P3m1$, $P31m$, $P321$, $P312$, $P\overline{3}$, $P3$

簡略化したときには

$P\overline{3}m1$, $P\overline{3}1m$, $P3m1$, $P31m$, $P321$, $P312$, $P\overline{3}$, $P3$

となります．注意しておくことは，正方晶系のときと同様に，単純に点群というと結晶の単位胞を考えていないので繰り返し周期の方向は考えに入りません．そのために，$3m1$ と $31m$ は同じ点群 $3m$ として扱われます．一方，結晶点群として単位胞を意識するときは $3m1$ と $31m$ に違いが生じてきます．

三方晶系の最後が菱面体晶系です．菱面体格子は a=b=c, α=β=$\gamma \neq 90°$ で常に基本単位格子なので P 格子なのですが，六方格子に取り直すと複合格子として R 格子となります．そのために，記号としては菱面体格子の基本単位格子であっても，六方格子の複合格子でも R を頭に付けて書きます．対称操作としては菱面体格子で考えると，一番対称性が高いのは，

点群 $\overline{3}m$: $\{1, 3_{111}^+, 3_{111}^-, 2_{\overline{1}01}, 2_{1\overline{1}0}, 2_{01\overline{1}},$
$\qquad\overline{1}, \overline{3}_{111}^+, \overline{3}_{111}^-, m(x,y,x), m(x,x,z), m(x,y,y)\}$

です．逆に，菱面体格子の性質を保ちながら一番対称操作の少ないのは，

点群 3:　$\{1, 3_{111}^+, 3_{111}^-\}$

です．これらは，座標変換して六方格子に単位胞を取り直すと，

点群 $\overline{3}m$: $\{1, 3_z^+, 3_z^-, 2_{110}, 2_{100}, 2_{010},$
$\qquad\overline{1}, \overline{3}_z^+, \overline{3}_z^-, m(x,\overline{x},z), m(x,2x,z), m(2x,x,z)\}$

点群 3:　$\{1, 3_z^+, 3_z^-\}$

となります．この座標変換に伴い，もとの格子点の一部は内部に取り込まれ，$(0,0,0)$, $(\frac{2}{3}, \frac{1}{3}, \frac{1}{3})$, $(\frac{1}{3}, \frac{2}{3}, \frac{2}{3})$ が等価な複合格子になります．対称操作の一番多い群から一番少ない群まで，可能な空間群は簡略化した書き方では

$R\overline{3}m$, $R3m$, $R32$, $R\overline{3}$, $R3$

の 5 個です．ここで，完全表記と違っているのは，$R\overline{3}m$ で，完全表記では $R\overline{3}2/m$ となります．大変複雑に見えますが，International Table には必要な図とテーブルが全てのっているので，実際に取り扱うときには International Table を

見ればよく，自分で作り出す必要はありません.

三方晶系を取り扱うときには注意が必要です．空間群が P として書かれているものは必ず六方格子を取るのですが，菱面体格子で空間群が R として書かれている三方晶系では格子をどちらで書いているか必ず明示しないと混乱することです．つまり，[110] 方向といっても，六方格子と取っての $[110]_{\mathrm{h}}$ なのか，菱面体格子と取っての $[110]_{\mathrm{R}}$ なのかを明示しないと間違いを起こすことです.

最近になり機能性材料として取り扱われている物質で三方晶系が多く存在します．三方晶系と六方晶系は複雑でよく間違いを起こすので，六方格子に取ったときの軸関係をもう一度説明しておきます．格子定数だけを書くと，$a = b \neq c$ で $\alpha = \beta = 90°$, $\gamma = 120°$ で同じです．しかしながら，対称性が違うので注意が必要です.

六方晶や三方晶で現れる対称操作 m_x とは a 軸つまり [100] 方向に垂直な鏡映面ですので，$m(x, 2x, z)$ とも書けて，[120] と [001] で作られる面に鏡映面が存在します．逆に，m_{120} とは，[120] 軸に垂直な鏡映面ですので，$m(x, 0, z)$ と書けて，[100] と [001] で作られる面に鏡映面が存在します．**図 3.3** (a) は六方晶で，c 軸方向に 6 回軸が存在しますので 60° ごとに等価となります．一方，格子定数は $\gamma \geq 90°$ と取るのを習慣としますので，$\gamma = 120°$ と 3 回軸と同じになります．このために，[110] は [100] や [010] と等価となります．六方晶のときは，c 軸周りで a 軸を 60° 回して [110] 軸を新しく a 軸に取り直しても問題ありません.

図 3.3 (b) の三方晶では，c 軸方向に 3 回軸が存在しますので 120° ごとに等価となります．つまり，60° 回した [110] 方向は [100] 方向や [010] 方向とは等

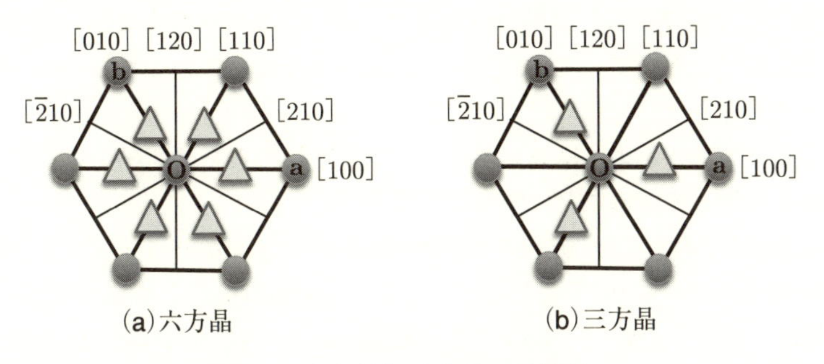

図 3.3　六方晶と三方晶の軸関係.

価となりません．したがって，c 軸周りで a 軸を 60° 回して [110] 軸を新しく a 軸に取り直してはいけません．実験で格子定数から a 軸と決めても，[110] 軸の可能性があるので必ず対称性から正しく a 軸であるかを確認する必要があります．回折実験でブラッグ反射のパターンから決めますが，かなり高度な知識が必要です．

3.7　立方晶系の空間群

立方晶系 (cubic lattice) は一番簡単と思われていますが，実は一番大変です．立方晶系では主軸方向の 2 回軸と [111] 方向の 3 回軸が中心となります．立方晶系の空間群は，一番対称操作が多い場合は $P4/m\,\bar{3}\,2/m$ です．簡略化して $Pm\bar{3}m$ と書きます．軸の順番は正方晶系とほぼ同じ規則で，一番重要な主軸を通る回転軸から書き (c 軸の 4_z^+)，次に 2 番目に重要な回転軸 ([111] 軸の $\bar{3}$) を書きます．3 番目に書かれるのが次に重要な回転軸で [110] 方向にある 2 回軸 2_{110} です．$P4/m\,\bar{3}\,2/m$ の対称操作の数は 48 個で，等価な位置は 48 個です．これは，直方 (斜方) 晶系 $2/m\,2/m\,2/m$ で作った等価な位置 8 個をさらに 4 回軸で 90° 回して 16 個作り，さらに [111] 方向の 3 回軸で a 軸，b 軸，c 軸周りで作るので 3 倍して，48 個となります．可能な空間群は簡略化した書き方で

$Pm\bar{3}m$, $P\bar{4}3m$, $P432$, $Pm\bar{3}$, $P23$

$Fm\bar{3}m$, $F\bar{4}3m$, $F432$, $Fm\bar{3}$, $F23$

$Im\bar{3}m$, $I\bar{4}3m$, $I432$, $Im\bar{3}$, $I23$

の 15 個です．完全表記と簡略した表記が違うのは，$m\bar{3}m$ 以外にもう一つあって，$m\bar{3}$ です．完全表記では $2/m\,\bar{3}$ となります．一番等価位置が多くなるのは $Fm\bar{3}m$ で，192 個です．実験で決めなければいけない座標値は 576 個です．でも，空間群のおかげで，実際に決める必要があるのはそのうちの一つ，座標値は 3 個ですみます．

立方晶系で，皆がよく勘違いすることは，さいころをイメージして必ず 4 回軸があると思っていることです．しかしながら，$a{=}b{=}c$ で $\alpha{=}\beta{=}\gamma{=}90°$ の箱を作っていたのは，[111] 方向の 3 回軸 ($a{=}b{=}c$ と $\alpha{=}\beta{=}\gamma$ を作る) と主軸方向の 2 回軸 ($\alpha{=}\beta{=}\gamma{=}90°$) でした．つまり，4 回軸は必ずしも必要ないのです．4 回軸は，後からついてくるのです．実際，$a{=}b{=}c$ で $\alpha{=}\beta{=}\gamma{=}90°$ の性質を作る最低条件は，点群 23 の対称操作で

点群 23：$\{1, 2_x, 2_y, 2_z, 3^+_{111}, 3^-_{111}, 3^+_{\bar{1}\bar{1}1}, 3^-_{\bar{1}\bar{1}1}, 3^+_{1\bar{1}\bar{1}}, 3^-_{1\bar{1}\bar{1}}, 3^+_{\bar{1}1\bar{1}}, 3^-_{\bar{1}1\bar{1}}\}$
であり，12 個の対称操作の中には 4 回軸がありません．ここで，基本対称操作は $\{1, 2_x, 2_y, 3^+_{111}\}$ です．ですから，立方体ですが 90° 回しても原子の分布は同じにはなりません．点群 $m\bar{3}$ も同じで，24 個の対称操作がありますが 4 回軸はありません．ですから，この場合も立方体ですが 90° 回しても原子の分布は同じにはなりません．また，2_{110} も m_{110} もありませんから，[110] 軸で折り返すような対称性はありません．

ここまで少し長々と空間群の導出を行いましたが，第一種の空間群は簡単な群論の知識さえあれば自分で導出して原子位置も自分で計算できることが分かったと思います．もちろん，実際に使用するときは International Table を見るか，最近のコンピュータプログラムではブラックボックス的に何故か自動でできますから，何も心配する必要はありません．重要なことは，どうすれば自分で導出できるのか，あるいはコンピュータが何をやっているのかを理解しておくことです．

3.8　簡単な構造の例

それでは，シンモルフィックな空間群で書き表される簡単な例を見てみましょう．**図 3.4** に示すのは，$NaNO_2$ という分子性結晶の構造です．この物質では，NO_2 分子が電気分極をもっていることに由来して，強誘電相転移を行います．

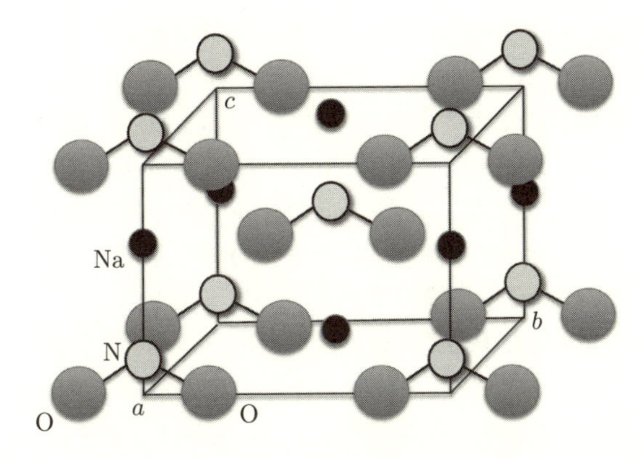

図 3.4　$NaNO_2$ の室温強誘電相の構造．

高温では常誘電相で，温度を下げると複雑な中間相 (不整合相と呼ばれる) を通って，室温では強誘電相になります．空間群は $Imm2$ です．ここで，$Imm2$ と書いているのを見るだけでかなりのことが分かります．まず，$mm2$ という記号です．3 回軸の 3, 4 回軸の 4, 6 回軸の 6 の記号がないので，立方晶，正方晶，六方晶，三方晶でないことはすぐに分かります．また，記号が三つそろって書かれているので，単斜晶でなく直方 (斜方) 晶であることが分かります．つまり，単位胞の格子定数は，$a \neq b \neq c$ で $\alpha = \beta = \gamma = 90°$ であることが何の説明もなしで分かります．さらに，2_z 軸があり，これは図 3.4 の c 軸に対応します．つまり，NO_2 分子は傾いておらず，c 軸の周りで対称的です．また，N 原子は c 軸上にあることも分かります．同様に，Na 原子も c 軸の上にあることになります．また，m_x があるということは，図 3.4 を眺めると NO_2 分子は a 面の上に乗っていることがすぐに分かります．次に，$Imm2$ の最初にある記号 I です．これで体心格子であることが分かります．つまりは，体心直方 (斜方) 格子 (bco) です．すると，単位胞に 2 分子が存在することになります．原点の周りにある分子と，それを$+(\frac{1}{2}, \frac{1}{2}, \frac{1}{2})$ だけ移動した分子です．原点周りの NO_2 分子が下向きの電気分極をもっているとすると，$(\frac{1}{2}, \frac{1}{2}, \frac{1}{2})$ 周りの NO_2 分子も同様に下向きの電気分極をもっていることになります．つまり，単位胞内の全ての電気分極がそろっていることになります．これが，強誘電体の特徴の一つです．

ここで見たように，空間群の記号 $Imm2$ だけで非常に多くのことが分かります．さらに詳しいことは，International Table の $Imm2$ の項を見ます．対称操作と原子の配置は前に出てきた図 3.1 に示されています．もう少し詳しい原子位置は，図 3.2 に示されています．これらと図 3.4 の構造図を眺めれば，N 原子は 2a サイトに，Na 原子も 2a サイトにいることが分かります．もちろん，それぞれの z の値は，この対称性の議論だけでは分かりません．

次が O 原子です．NO_2 分子で単位胞に 2 分子ですから 4 個あるはずです．つまり，b 面上の 4c サイトか a 面上の 4d サイトです．対称性からだけではここは決まりません．先ほどの議論で m_x があるから NO_2 分子は a 面の上に乗っていると述べていますが，これは構造解析の結果からいっているだけで，対称性だけだと m_y があるから NO_2 分子は b 面の上に乗っているという可能性もあります．つまり，4c サイトか 4d サイトかは構造解析で決めないと分かりません．また，その座標の値も構造解析をしないと決まりません．しかしながら，図 3.2 の表を頼りにすると，決めなければいけないパラメータの数は，N 原子

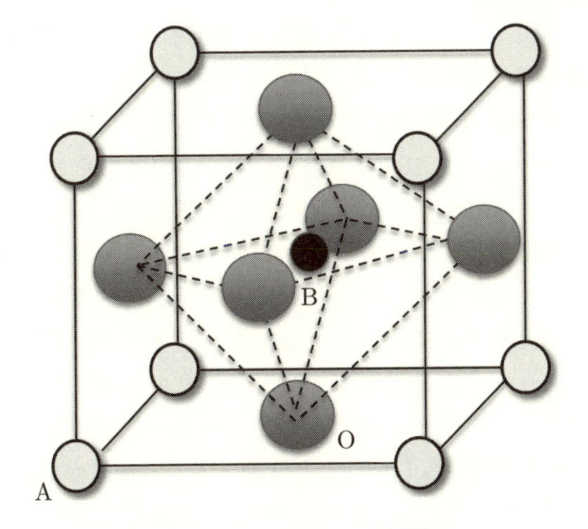

図 3.5 ペロブスカイト型構造.

の z, Na 原子の z, O 原子の y と z の四つだけだということが分かります. もちろん, 解析途中では, O 原子が b 面上にありその座標 $(x, 0, z)$ で合うのか合わないのかも確かめる必要があります.

次の例は**図 3.5** に示すペロブスカイト型構造 (perovskite type structure) です. ABO_3(O は酸素), ABX_3(X はハロゲン) の分子式をもつ一群の物質において, 図 3.5 に示す構造を示すものが多数存在します. この構造をペロブスカイト型構造といいます. ペロブスカイトというのは, $CaTiO_3$ という鉱物の名前で日本名は灰チタン石です. 発見したのは G. Rose という人ですが, 資金援助した L. Perovski にちなんで命名されています. この ABO_3 型物質は構造相転移のために何らかの意味で理想的な構造から歪んでいることが多いのですが, ここでは, 理想的な構造を考えましょう. そもそも, ペロブスカイト $CaTiO_3$ も理想構造から歪んでいます. 図 3.5 に示した理想構造の空間群は $Pm\bar{3}m$ です. 完全表記では $P4/m\,\bar{3}\,2/m$ です. この空間群の記号を見るだけで次のことが分かります. 3 回軸と 2 回軸それに 4 回軸が存在しているので立方晶です. したがって, 単位胞は $a{=}b{=}c$, $\alpha{=}\beta{=}\gamma{=}90°$ です. また, P という記号から基本単位格子であることが分かります. 単位胞に 1 分子です. 基本単位格子の立方晶の一般座標位置は 48 個あります. したがって, A 原子も B 原子も O 原子も特殊位置にいます. 具体的には, International Table で, A 原子と B 原子は Multiplicity

が1の所を，O原子はMultiplicityが3の所を探します．まず得られるのは，1aサイト$(0,0,0)$と1bサイト$(\frac{1}{2},\frac{1}{2},\frac{1}{2})$です．これらがA原子とB原子の位置です．次に，三つあるO原子は3cサイトの$(0,\frac{1}{2},\frac{1}{2}),(\frac{1}{2},0,\frac{1}{2}),(\frac{1}{2},\frac{1}{2},0)$か3dサイトの$(\frac{1}{2},0,0),(0,\frac{1}{2},0),(0,0,\frac{1}{2})$です．このどちらかは対称性だけからは決まりません．A原子が1aサイト，B原子が1bサイト，O原子が3cサイトであることは構造解析で決まります．この構造を決めるためには，原子座標値はパラメータとして存在しません．単に，A原子，B原子，O原子の可能なサイトのモデルを確かめるだけです．これが，空間群を利用する御利益です．

ペロブスカイトという言葉について少し注意しておきましょう．ペロブスカイト型構造の物質は温度や圧力を変えると多彩な相転移をします．構造が変わるだけでなく，強誘電性を示したりもします．また，構造が単純なため，物理の分野でも盛んに研究されてきて長い伝統があります．このペロブスカイト型物質の派生物質として高温超伝導体が発見され，様々な分野の人が新規のペロブスカイト型物質を発見しています．そのような場合，しばしばこれらの物質を何でもかんでも「ペロブスカイト」と呼ぶ人がいます．正しくは,「ペロブスカイト型物質」,「ペロブスカイト型構造の物質」です．ダイヤモンド構造のシリコンやゲルマニウムを「ダイヤモンド」という人はいません．もちろん，詐欺師は別ですが．不思議なことに，これらの人も英語で講演するときは,「Perovskite type structure」などと正しく表現します．仲間内の隠語ならともかく，科学用語は正しく使わないと議論の上で混乱を起こします．ごく最近になり，有機無機混合のペロブスカイト型物質が太陽光電池の性質を示すことが分かり，新たに参入してきた人が多数います．その人達の英語の論文が，これらの物質をペロブスカイトと呼び，論文の題名やアブストラクトを読んでも何のことか全く分からないのですが，本文を読むと有機無機混合ペロブスカイト型物質であることがやっと分かります．英語の科学用語の世界でも混乱が始まっています．科学用語は，その歴史的背景も含めてちゃんとした意味をもっていて，共通認識のもとで使われて初めてプロとしての議論が成り立ちます．少なくとも，この本の読者は，正しい用語を使ってほしいものです．

次に，立方晶なのに4回軸が存在しない$K_2PbCu(NO_2)_6$という物質の例を**図3.6**に示します．NO_2分子は$NaNO_2$で見たように平板な分子です．$Cu(NO_2)_6$という分子はBX_6という8面体(octahedron)を$90°$回転しても，平板なNO_2分子が重ならない配置をしています．もし，NO_2分子を丸い原子に置き換え

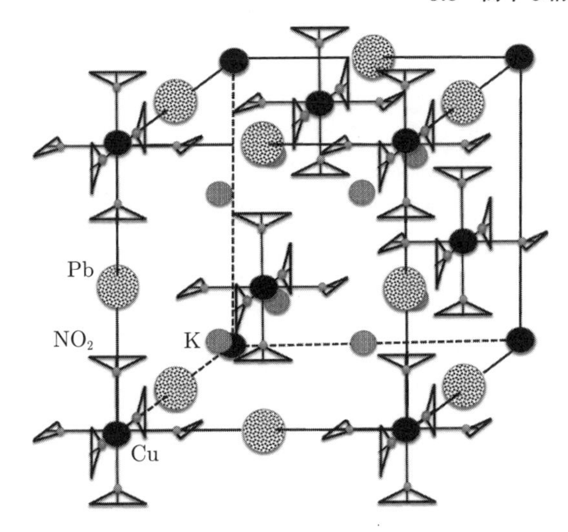

図 3.6 $K_2PbCu(NO_2)_6$ の構造.

ると図 3.6 には 4 回軸があります．しかしながら，この物質が取っている構造は，NO_2 分子のために 4 回軸が存在しません．図から分かるように面心立方格子 (fcc) です．空間群は，$Fm\overline{3}$ で，完全表記では $F2/m\ \overline{3}$ であり，4 回軸がありません．一般座標は 96i サイトですが，全ての原子は特殊位置にいます，分子量も含めて分子式を書くと $4K_2PbCu(NO_2)_6$ です．4a サイトの (0,0,0) には Cu 原子が，4b サイトの $(\frac{1}{2}, \frac{1}{2}, \frac{1}{2})$ には Pb 原子がいます．K 原子は 8 個あるので，8c サイトの $(\frac{1}{4}, \frac{1}{4}, \frac{1}{4})$ と $(\frac{3}{4}, \frac{3}{4}, \frac{3}{4})$ です．N 原子は 24 個あるので，24e サイトの $(x, 0, 0)$, $(\overline{x}, 0, 0)$, $(0, x, 0)$, $(0, \overline{x}, 0)$, $(0, 0, x)$, $(0, 0, \overline{x})$ となります．最後に O 原子は 48 個あるので 48h サイトとなります．その座標は，$(0, y, z)$, $(0, \overline{y}, z)$, $(0, y, \overline{z})$, $(0, \overline{y}, \overline{z})$, $(z, 0, y)$, $(\overline{z}, 0, y)$, $(z, 0, \overline{y})$, $(\overline{z}, 0, \overline{y})$, $(y, z, 0)$, $(\overline{y}, z, 0)$, $(y, \overline{z}, 0)$, $(\overline{y}, \overline{z}, 0)$ となります．ここで示した座標に F 格子の並進対称性，$(0, 0, 0)+$, $(\frac{1}{2}, \frac{1}{2}, 0)+$, $(\frac{1}{2}, 0, \frac{1}{2})+$, $(0, \frac{1}{2}, \frac{1}{2})+$ で 4 倍となっています．非常に複雑な構造に見えますが，構造解析で決めるべきパラメータは，N 原子の x と O 原子の y と z の 3 個です．

簡単な構造の例の最後として，稠密構造 (closed pack structure) について説明しておきます．構造解析の歴史では，初期の頃に一種類の元素だけからなる単体物質の構造として盛んに研究されたものです．**図 3.7** (a) に示したように直

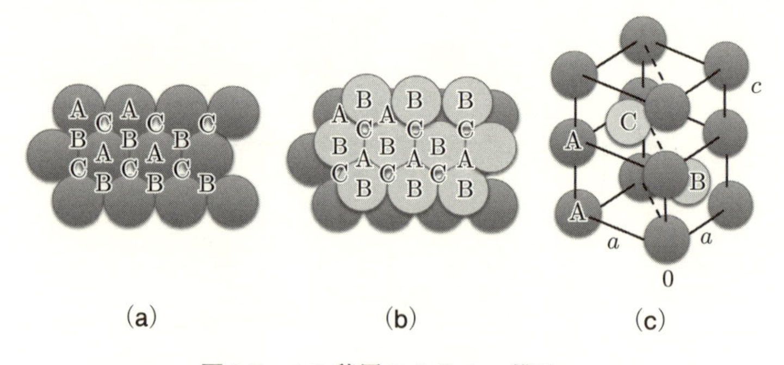

図 3.7　AB 積層による hcp 構造.

径 R の球を稠密に並べます．すると，平面に三角格子を作ります．この球を A と呼びます．面内の単位胞は，格子定数が $a = R$ の六方晶の底面となります．球の間に隙間ができますが，二種類の隙間があり，それぞれを B と C と呼びます．二段目として隙間 B に同じ大きさの球を並べます．このときも三角格子で稠密に並びます．この球を B と呼びます．図 3.7 (b) に示したように，二段目の球 B による三角格子にできた隙間は，A の真上と C の真上にできます．三段目として隙間 A に球を置くと，一段目と同じ構造になります．これを繰り返すと ABABAB と積層構造になり，これを AB 積層 (AB スタッキング) と呼びます．一方，四段目として C に球を置き，五段目に A の球を置いて繰り返すと ABACABAC の積層構造になります．自然界には，このような構造を取るものが多数あります．

ABAC 積層では，球 A の周りには，A 位置の球が 6 個，B 位置の球が上に 3 個，C 位置の球が下に 3 個で，合計 12 個接しています．つまり，12 配位しています．単位胞としては，図 3.7 (c) に示したように六方格子となります．原子が A 位置として (0,0,0) と $(0,0,\frac{1}{2})$，B 位置として $(\frac{2}{3},\frac{1}{3},\frac{1}{4})$，C 位置として $(\frac{1}{3},\frac{2}{3},\frac{3}{4})$ に存在します．図では，見やすくするために球の大きさを小さく描いています．格子定数は六方格子の a と $c = \sqrt{\frac{8}{3}}a$ となります．また，原子の単位胞に対する充填率は $\frac{\sqrt{2}}{6}\pi = 0.74$ となります．これらは，各自確かめて下さい．このような構造は六方稠密 (hcp) 構造 (hexagonal closed packed structure) と呼ばれます． このように理想的な hcp の場合は c/a=1.633 です．多くの単体物質で hcp 構造を取りますが，c/a は理想値から少しずれています．hcp 構造を取る単体物質としては，最外殻電子が s 電子で特徴付けられる元素として，Li, Na, Be, Mg, β-Ca, β-Sr, Zn, Cd, $3d$ 系の Ti, Cr, α-Co, Ni, $4d$ 系の Y, α-Zr, Ru, $5d$ 系の Hf, Re, Os, ランタノイド系列の La, Ce, Pr, Nd, Gd, Tb, Dy, Ho, Er, Tm, Lu, それ以外に He, Se, Tl, などがそうです．空間群は，これまで説明したシンモルフィックな空間群ではなくて，後で説明するノンシンモルフィックな空間群 ($P6_3/mmc$) なので，ここでは詳しくは述べないことにします．

それでは，三段目に A 位置ではなくて C の隙間に球を置くとどうなるでしょうか．このときも三角格子で稠密に並びます．この球を C と呼びます．三段目の球 C による三角格子にできた隙間は，A の真上と B の真上にできます．四段目として隙間 A に球を置くと，一段目と同じ構造になり，繰り返します．そこで，ABCABCABC と積層構造になり，これを ABC 積層 (ABC スタッキング) と呼びます．球 A の周りには，A 位置の球が 6 個，B 位置の球が上に 3 個ずつ，C 位置の球が下に 3 個ずつで合計 12 個接しています．つまり，この場合も 12 配位しています．単位胞は図 3.7 (b) からはなかなか想像できないのですが，**図 3.8** のように面心立方格子 (fcc) となります．図の [111] 方向から眺めたとき，A–A の [111] 軸の周りに B で作る三角形と C で作る三角形が積み重なっています．この図も見やすくするために球の大きさは小さく描いていま す．このような構造は立方稠密構造 (cubic closed packed structure) と呼ばれ

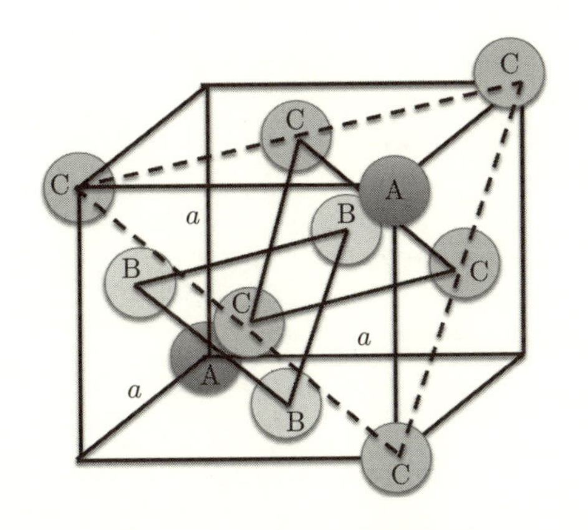

図 3.8 ABC 積層による立方稠密構造と fcc.

ます．格子定数は $a = \sqrt{2}R$ となります．充塡率は $\frac{\sqrt{2}}{6}\pi = 0.74$ と hcp と同じです．これらも，各自確かめて下さい．立方稠密構造の fcc 構造を取る単体物質としては，最外殻電子が s 電子で特徴付けられる元素として，Li, Ca, Sr, $3d$ 系の Sc, Cr, γ-Fe, Co, Ni, Cu, $4d$ 系の Mo, Rh, Pd, Ag, $5d$ 系の Ir, Pt, Au, ランタノイド系列の La, Ce, Pr, Yb, アクチノイド系列の Ac, Th, Pu, Am, 希ガスの β-He, Ne, Ar, Kr, Xe, それ以外に，Al, Pb, があります．空間群は，これまで説明したシンモルフィックな空間群で，$Fm\bar{3}m$ です．

ちなみに，稠密構造でない bcc 構造を取る単体物質としては，最外殻電子が s 電子で特徴付けられる元素として，Li, Na, K, γ-Ca, Rb, γ-Sr, Cs, Ba, $3d$ 系の β-Ti, V, Cr, α-Fe, δ-Fe, $4d$ 系の Zr, Nb, Mo, $5d$ 系の Ta, W, ランタノイド系列の Eu, アクチノイド系列の Th, γ-U, γ-Np, ϵ-Pu, それ以外に，Tl があります．hcp, fcc, bcc で同じ元素があるのは，温度や圧力が違って相転移した別の相です．

第4章

結晶の物理的性質と対称性

4

結晶に限らず物質を扱っている人は，何らかの意味で物理量の測定をします．例えば，誘電率，帯磁率 (磁化率)，電気分極，磁気分極 (磁化)，屈折率，弾性定数，圧電定数，電気機械定数，電気抵抗，等々です．これらの物理的性質は物性とも呼ばれます．物性はあくまでも固体全体で見た巨視的な量です．しかしながら，物性の現れ方は原子レベルで見た結晶の対称性に支配されています．簡単な例は立方晶で，3 回対称と物理的性質の関係から，あらゆる性質が少なくとも a 軸方向，b 軸方向，c 軸方向から眺めても同じことはすぐに分かると思います．この章では，結晶のもつ対称性 (点群) と物理量がどのように関係しているかを見ていきます．

調べるべき 32 の点群のリストを上げておきます．

三斜晶系　: $\bar{1}$, 1,
単斜晶系　: $2/m$, 2, m,
直方晶系　: mmm, $mm2$, 222,
正方晶系　: $4/mmm$, $4mm$, $\bar{4}2m$, ($\bar{4}m2$), 422, $4/m$, $\bar{4}$, 4,
六方晶系　: $6/mmm$, $6mm$, $\bar{6}m2$, ($\bar{6}2m$), 622, $6/m$, $\bar{6}$, 6,
立方晶系　: $m\bar{3}m$, $\bar{4}3m$, 432, $m\bar{3}$, 23,
三方晶系　: $\bar{3}m1$, ($\bar{3}1m$), $3m1$, ($31m$), 321, (312), $\bar{3}$, 3

ここで，括弧でくくったのは，点群としては，$\bar{4}m2$ と $\bar{4}2m$ とが，$\bar{6}m2$ と $\bar{6}2m$ とが，$\bar{3}m1$ と $\bar{3}1m$ とが，$3m1$ と $31m$ とが，そして 321 と 312 とが同一の点群として扱われ，それぞれ $\bar{4}2m$, $\bar{6}m2$, $\bar{3}m$, $3m$, 32 と表記されるためです．結晶の並進対称性からくる軸方向を考慮する結晶点群として取り扱うときには，これらは区別する必要があります．なお，この中で対称中心のある点群だけを**表 4.1** に抜き出しておきます．対称中心があるかないかは物性を考える上でしばしば重要な役割を果たします．

表 4.1　対称中心のある点群.

$\bar{1}$	$2/m$	mmm	$4/mmm$	$4/m$	$6/mmm$	$6/m$
$m\bar{3}m$	$m\bar{3}$	$\bar{3}m$	$\bar{3}$			

4.1　物理量の方向と結晶軸

物理量と結晶の対称性との関係を調べる前に，そもそもどの方向で物理量を測るのかを少し考えてみましょう．結晶の主軸が直交している直方 (斜方) 晶系，正方晶系，立方晶系の場合は明確です．なぜなら，結晶の方位と直交座標の軸の方向を一致させることができるからです．物理量は，結晶軸をもとに議論しても直交座標をもとに議論しても同じです．しかしながら，単斜晶系と六方晶系 (三方晶系を含む) では主軸となっている軸だけは直交座標と合わすことができますが，他の方向は直交座標の軸方向からはずれています．単斜晶系の格子では 2 回軸の方向およびそれに垂直な面のみが直交座標系と一致させることができます．六方格子では 6 回軸 (3 回軸) の方向とそれに垂直な面がまずは直交座標系と一致させることができます．

単斜晶系でもう少し詳しく見てみましょう．主軸を z 軸として，2_z 軸あるいは m_z があるとします．対称操作 R は座標の変換として表されます．つまり，$R \cdot \mathbf{r}{=}\mathbf{r}'$ です．ここで，座標は直交座標の 3 方向の軸，$\hat{\mathbf{x}}_1$, $\hat{\mathbf{x}}_2$, $\hat{\mathbf{x}}_3$ を使って，$\mathbf{r}{=}X\hat{\mathbf{x}}_1{+}Y\hat{\mathbf{x}}_2{+}Z\hat{\mathbf{x}}_3$ と書かれます．2 回軸は z 方向の $\hat{\mathbf{x}}_3$ に合わせます．ここで，座標を大文字 (X, Y, Z) で書いたのは，結晶の単位胞内の座標 (fractional coordinate) と区別するためです．

結晶の対称操作で座標を移すとき，$R \cdot (x, y, z){=}(x', y', z')$ となります．ここで，(x, y, z) の意味は，$\mathbf{r}{=}x\mathbf{a}{+}y\mathbf{b}{+}z\mathbf{c}$ であり，(x, y, z) は単位胞内の座標 (fractional coordinate) です．$\mathbf{a}, \mathbf{b}, \mathbf{c}$ は結晶単位胞の基本ベクトルであり必ずしも直交座標ではありません．

結晶の $\mathbf{c}$ 軸方向の物理量は $\hat{\mathbf{x}}_3$ の方向から測定すればよく，この方向の物理量を A_3 と書くとします．この物理量の源が，結晶の $\mathbf{c}$ 軸方向のためであってもそれに垂直な面 c 面のためであっても測定としては明確です．つまり，測定している方向の物理量か，それに垂直な物理量を見ているからです．それでは，c 面内にある $\mathbf{a}$ 軸方向の物理量を測定してみましょう．今，結晶の $\mathbf{a}$ 軸を直交

座標系の $\hat{\mathbf{x}}_1$ に合わせます．このとき考慮すべきことは，**a** 軸は a 面に垂直でないことです．後の章で出てきますが，a 面に垂直な軸は実空間の **a** 軸ではなくて逆格子の $\mathbf{a}^*$ 軸です．そうすると物理量 A_1 と書いても，**a** 軸方向の物理量を測りたいのか，a 面に垂直方向で測りたいのか，よほど明確にしないと混乱します．結晶の **a** 軸を $\hat{\mathbf{x}}_1$ 軸，**c** 軸を $\hat{\mathbf{x}}_3$ 軸に合わせると，座標軸の $\hat{\mathbf{x}}_2$ 軸は結晶の **b** 軸ではなく b 面に垂直な $\mathbf{b}^*$ 軸方向と一致します．つまり，直交座標軸に従って測定すると，A_1 は **a** 軸方向の物理量を測定しており，A_2 は b 面に垂直な方向 ($\mathbf{b}^*$ 方向) を測定していることになります．そして，A_3 だけが結晶の **c** 軸方向でありかつ c 面に垂直な方向 ($\mathbf{c}^*$ 方向) の測定となっています．

以下の取り扱いでも，結晶の主軸が直交している直方 (斜方) 晶系，正方晶系，立方晶系の場合は問題ないのですが，直交していない単斜晶系と六方晶系 (三方晶系を含む) では物理量の意味に注意する必要があります．

4.2 自発分極 P (極性ベクトル)

ある種の結晶では巨視的な自発分極 $\mathbf{P}=(P_x, P_y, P_z)$ が存在します．**P** はベクトル (1 階のテンソル) で，極性ベクトルの性質をもちます．このような自発分極 **P** をもつ物質は通常，焦電性物質といわれます．その理由は，分極 **P** が温度変化するのなら，$\mathbf{P}(T_1)$–$\mathbf{P}(T_2)$ に比例して表面電荷が発生するからです．例えば，電気石といわれる物質をたき火にくべれば電気が発生して火花が飛びます．このような現象は，古くローマ時代から知られています．一方，強誘電性とか強誘電体という言葉があります．この言葉は，比較的新しい言葉で，分極 **P** が外部電場 **E** で実際に反転可能という条件が，技術的理由から付け加えられています．

結晶内のある位置の局所分極は電気的な双極子モーメントとして $\mathbf{p}=Q(\mathbf{r}_1-\mathbf{r}_2)$ として表され，一般に，$\mathbf{p}=\sum Q_j\mathbf{r}_j$ として計算できます．ここで，Q は電荷量で，**r** は位置ベクトルです．単位は CGS 単位系では esu·cm，SI 単位系では C·m です．このような形で表されるベクトルは一般的に極性ベクトルと呼ばれます．極性ベクトルなら，どのような物理量でも以下の議論は同じように取り扱えます．巨視的な電気分極 **P** は単位体積あたりの双極子モーメントとして計算され，単位は esu/cm^2 あるいは C/m^2 となります．各自の練習のために，Q として電子一個，$(\mathbf{r}_1 - \mathbf{r}_2)$ として 1 Å，単位胞 $5 \times 5 \times 5$ Å^3 の中にただ一つの双極子モーメントがあるとして電気分極 P の値を計算してみて下さい.

それでは，巨視的な分極 $\mathbf{P}$ が結晶に存在する条件は何でしょうか．まず，結晶点群の対称操作として $\overline{1}$ が存在すると焦電性がないことは次のように簡単に分かります．$\overline{1}$ は $\overline{1}\cdot\mathbf{r}=-\mathbf{r}$ の対称操作です．もし，対称性 $\overline{1}$ が結晶の単位胞内のどこかにあると，$\mathbf{p}_2=\overline{1}\cdot\mathbf{p}_1=-\mathbf{p}_1$ として，必ず $\mathbf{p}_1$ と逆向きの分極 $\mathbf{p}_2$ を作ることになり，結晶全体としては巨視的な分極が存在しなくなります．$\overline{1}$ の存在する位置での分極は，$\mathbf{p}=\overline{1}\cdot\mathbf{p}=-\mathbf{p}$ となって，局所分極も $\mathbf{p}=0$ で存在しません．表 4.1 に示された点群で，セントロシンメトリックという表現で呼ばれる物質や性質は，対称性 $\overline{1}$ が単位胞内にあることに対応していて，しばしば物理的性質が消滅するのでこのような言葉で強調されたりします.

次に，主軸方向の n 回軸を考えてみましょう．2 回軸が z 軸方向にあるとき，$2_z\cdot(x,y,z)=(\overline{x},\overline{y},z)$ の変換を使用すると，巨視的分極は $P_x=P_y=0$ となり，P_z のみが生き残ることになります．4 回軸が z 軸方向にあるとき，対称操作としては $\{1,2_z,4_z^+,4_z^-\}$ が組として存在するので，やはり $P_x=P_y=0$ となり，P_z のみが生き残ることになります．3 回軸や 6 回軸が z 軸方向にあるときも全く同様で，$P_x=P_y=0$ となり，P_z のみが生き残ることになります.

次に鏡映面です．z 軸に垂直な鏡映 m_z があるとどうなるでしょう．$m_z\cdot(x,y,z)=(x,y,\overline{z})$ の変換を使用すると，P_z=0 となるので，$\mathbf{P}$ は xy 面内にのみ存在できることが分かります．n 回軸と鏡映面が同時に存在するとき ($2/m,4/m,6/m$ が存在するということは $\overline{1}$ が存在する) は必ず $\mathbf{P}$=0 となります．直交する 2 本の n 回軸が存在すると $\mathbf{P}$=0 となることも同様です．2 本の回転軸としては，点群 222 の 2_x, 2_y, 2_z 軸のように全て主軸の場合もあるし，点群 622 のように 6_z と 2_{110} のように他の 1 本は主軸上にない場合もあります．立方晶は，主軸方向の 2 回軸と 3_{111} で特徴付けられているので，当然ながら 3 本の直交する 2 回軸が存在していて，焦電性を示しません.

少し分かりにくいのが点群 $\overline{4}$ と点群 $\overline{6}$ での対称操作です．この場合も $\mathbf{P}$=0 となります．その理由は，点群 $\overline{4}_z$ の操作に対しては，$\{1,2_z,\overline{4}_z^+,\overline{4}_z^-\}$ の組み合わせが存在することです．これを，$\{1,2_z\}$ と $\{i4_z^+,i4_z^-\}$ に分けて考えます．回反 $\overline{4}_z^+$ は回転 4_z^+ と反転対称 $\overline{1}(i)$ の組み合わせです．前者からは $+P_z$ のみが生き残ります．後者からは，回転 4_z^+ で $+P_z$ のみが生き残りますが，これに反転対称 $\overline{1}(i)$ を施すので，結局は $-P_z$ のみが生き残ります．あるいは座標値の変換で書くと，対称操作 $\{1,2_z,\overline{4}_z^+,\overline{4}_z^-\}$ に対して，$\{(x,y,z)+(-x,-y,z)\}+$

表 4.2 焦電性のある点群.

1	2	m	$mm2$	4	$4mm$	3	$3m$	6	$6mm$

$\{(-y, x, -z) + (y, -x, -z)\}$ と考えてもよいでしょう．結局，巨視的な分極は $\mathbf{P}$=0 となります．点群 $\overline{6}$ の操作に対しては，$\{1, 3_z^+, 3_z^-, m_z, \overline{6}_z^+, \overline{6}_z^-\}$ の組み合わせが存在します．これを，$\{1, 3_z^+, 3_z^-\}$ と $\{i2_z, i6_z^+, i6_z^-\}$ に分けて考えます．前者からは $+P_z$ のみが生き残ります．後者からは $-P_z$ のみが生き残ります．結局，巨視的な分極は $\mathbf{P}$=0 となります．

以上の対称操作を具体的に 32 個の結晶点群で調べてみると，$\mathbf{P} \neq 0$ の条件を満たし得るのは，**表 4.2** に示した 10 個の点群だけです．つまり，焦電性を示す物質ではこの 10 個の点群以外には取りえませんし，それらによって作られる空間群を取ることも当然ながらあり得ません．逆に，ある結晶が焦電性 (あるいは強誘電性) をもっていることが実験的に分かったなら，表 4.2 の 10 個の点群のどれかに属していることが分かったことになります．しかも，分極の方向は点群を見るだけで一義的に決まる場合や $(2, mm2, 4, 4mm, 3, 3m, 6, 6mm)$，面内だけれども方向が決まらない (m) などということも分かります．

余談ですが，学会発表で年取った教授や若手の研究者が時々,「強誘電体のこの物質の空間群は何々だ」といって，対称中心のある空間群などを発表していることがあります．そのような間違いは，ここで述べた簡単な対称性の知識があるとすぐに分かることですが，いくら間違いだといっても聞き入れてもらえないことがあります.「何も分からずに研究しているのだな」と，皆から馬鹿にされるだけですので，読者の皆様も，恥をかかないようにこの章はしっかりと理解して下さい．

4.3 微小回転と磁気モーメント (軸性ベクトル)

ここでは分子の微小回転を考えましょう．**図 4.1** に示した原子に付随した矢印が原子変位ですが，分子としては微小回転していて，この微小回転を z 軸方向のベクトルとして表すことができます．磁気モーメントも考え方は同じです．磁気モーメントの電磁気学的な考え方は，環電流が作り出す磁場です．つまり，電荷と速度で，速度は単位時間あたりの変位です．したがって，電子が微小変

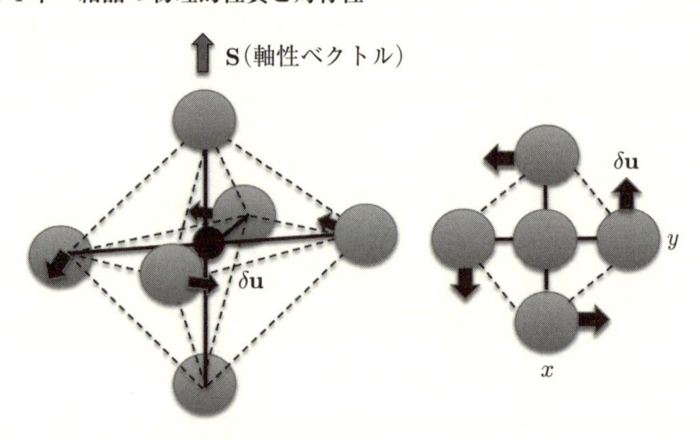

図 4.1　微小回転ベクトル.

位していると考え，その時間微分が含まれます．そのために，磁気モーメントの場合は，空間の対称操作以外に時間の対称操作も付け加わります．時間反転の対称性については，この節の最後で述べます．

ここで考えているベクトルは軸性ベクトルと呼ばれていて，前節で取り扱った分極 $\mathbf{P}$ などの極性ベクトルとは変換性が違っています．微小回転の軸性ベクトルを，図のように腕の長さ $\mathbf{r}$ と微小変位 $\delta\mathbf{u}$ を使って $\mathbf{S}=\mathbf{r}\times\delta\mathbf{u}$ で定義しましょう．まず，軸に垂直な鏡映対称性を見てみましょう．ベクトル $\mathbf{S}$ の方向を z 軸方向として，鏡映面 m_z を考えます．極性ベクトルなら，そのベクトルは反転しますが，図 4.1 の微小回転変位で作られる軸性ベクトルでは微小回転変位のパターンが鏡映対称でも変化しないのでそのままです．それでは，軸に平行な鏡映面ではどうなるでしょうか．鏡映面 m_x を考えます．微小回転の変位方向が逆転して逆回転となりますので，ベクトル $\mathbf{S}$ の方向は逆方向になります．軸の方向を取り直せば，ベクトル $\mathbf{S}$ の方向を x 軸方向として，鏡映面 m_z を考えた場合と同じです．これらの議論では，鏡映面を図 4.1 の平行八面体の中心を通るように置いても離れたところに置いても同じようになります．

もう少し対称性と対称操作の結果を見てみましょう．反転対称 $\bar{1}$ は微小回転変位のパターンを変えませんので，軸性ベクトルは変化しません．z 軸方向の 2 回軸 2_z は S_z を作る微小回転変位のパターンを変えませんが S_x を作る微小回転変位のパターンは逆回転にしますので S_x の符号を変えます．

まとめると，軸性ベクトル $\mathbf{S}$ に対する変換則は，

$$
\begin{aligned}
m_z \cdot (S_x, S_y, S_z) &= (-S_x, -S_y, S_z) \\
2_z \cdot (S_x, S_y, S_z) &= (-S_x, -S_y, S_z) \\
\overline{1} \cdot (S_x, S_y, S_z) &= (S_x, S_y, S_z)
\end{aligned} \tag{4.1}
$$

となり，極性ベクトルの場合の

$$
\begin{aligned}
m_z \cdot (P_x, P_y, P_z) &= (P_x, P_y, -P_z) \\
2_z \cdot (P_x, P_y, P_z) &= (-P_x, -P_y, P_z) \\
\overline{1} \cdot (P_x, P_y, P_z) &= (-P_x, -P_y, -P_z)
\end{aligned} \tag{4.2}
$$

と随分違います．当然ながら，$\overline{1} \cdot 2_z = m_z$ の関係はどちらでも成り立ちます．$2/m$ があると極性ベクトルでは分極がゼロとなりましたが軸性ベクトルの場合は 2 回軸方向あるいは鏡映面に垂直な方向の **S** の成分が存在できます．

ここで一つ注意しておくことは，ベクトルの方向が反転するということの意味です．もし，反転したベクトルが違う場所に存在するように変換されたときは，反強誘電体や反強磁性体の場合にあたります．局所的には反転したベクトルは存在できますが，結晶全体に足し算するとゼロとなります．一方，鏡映面や 2 回軸を図 4.1 の平行八面体の中心を通るようにおいて反転させたときには，自分自身が反転したものと同等となりますので，つまりはベクトルの大きさがゼロということになります．このときには，電気分極や磁気モーメントは局所的にも存在しないということです．言い方を変えると，対称性から軸性ベクトルあるいは極性ベクトルで表される物理量がそこに存在できるかどうかが議論できます．

磁気モーメントは環電流を考えればよいと述べました．電流は電荷の時間微分として $I{=}\frac{dQ}{dt}$ と表されます．時間反転があれば電流も反転し，磁気モーメントを環電流としてみれば磁気モーメントも反転します．そこで，時間反転を $1'$ という記号で表します．鏡映 m に時間反転を付け加えた記号は $m'{=}1' \cdot m$ です．2 回軸 2 に時間反転を付け加えた記号は $2'{=}1' \cdot 2$ です．磁気モーメントに時間反転を含んだ対称操作を施してみると，式 (4.1) の逆の磁気モーメントとなり，

$$
\begin{aligned}
m'_z \cdot (S_x, S_y, S_z) &= (S_x, S_y, -S_z) \\
2'_z \cdot (S_x, S_y, S_z) &= (S_x, S_y, -S_z)
\end{aligned}
$$

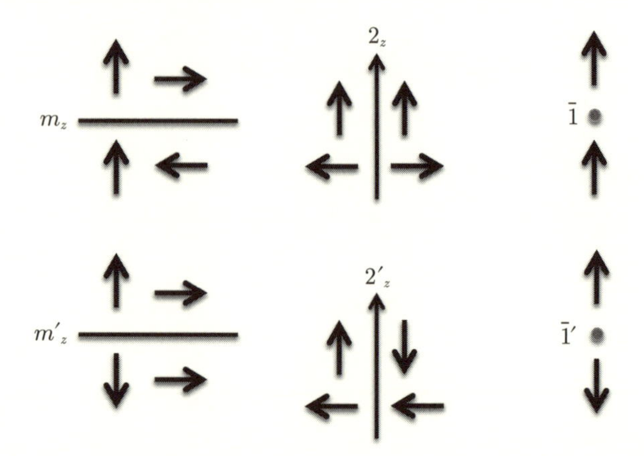

図 4.2　軸性ベクトル (磁気モーメントを含む) の空間対称性と時間対称性.

$$\begin{aligned} \bar{1}' \cdot (S_x, S_y, S_z) &= (-S_x, -S_y, -S_z) \\ 1' \cdot (S_x, S_y, S_z) &= (-S_x, -S_y, -S_z) \end{aligned} \tag{4.3}$$

となります. 図 4.1 で示した軸性ベクトル $\mathbf{S}$ の空間対称性, 時間対称性を**図 4.2** に示します.

4.4　テンソルとは

ベクトルの場合は簡単でしたが, それ以上に複雑な場合はテンソルという概念を用いると大変便利です. そこで, 以下でテンソルについて簡単におさらいしておきましょう.

簡単ために 2 階のテンソルで説明します. まず, 直交座標 x_k を回転して新しい座標 x'_i に変換すると

$$x'_i = \sum_{k=1}^{3} \Gamma_{ik} x_k \tag{4.4}$$

$$\sum_{k=1}^{3} \Gamma_{ik}\Gamma_{jk} = \sum_{k=1}^{3} \Gamma_{ki}\Gamma_{kj} = \delta_{ij} \tag{4.5}$$

です．ここで，$(x_1, x_2, x_3) = (x, y, z)$ です．回転の一番簡単な例は z 軸周りの回転で，そのようなとき，Γ_{ij} はよく知られた回転のマトリックスで表されます．

$$\begin{pmatrix} x'_1 \\ x'_2 \\ x'_3 \end{pmatrix} = \begin{pmatrix} \cos\theta & -\sin\theta & 0 \\ \sin\theta & \cos\theta & 0 \\ 0 & 0 & 1 \end{pmatrix} \begin{pmatrix} x_1 \\ x_2 \\ x_3 \end{pmatrix} \tag{4.6}$$

式 (4.5) は線形直交変換のための条件です．式 (4.6) に示した z 軸周りの回転の例を取れば，$\sum_k \Gamma_{1k}\Gamma_{1k} = \cos^2\theta + \sin^2\theta = 1 = \delta_{11}$ のように具体的に計算できます．

式 (4.4) の逆変換は次のように求まります．

$$\sum_{k=1}^{3} \Gamma_{ki} x'_k = \sum_{k=1}^{3} \Gamma_{ki} \sum_{l=1}^{3} \Gamma_{kl} x_l = \sum_{l}^{3} \left(\sum_{k}^{3} \Gamma_{ki}\Gamma_{kl} \right) x_l \tag{4.7}$$

ここで，式 (4.5) を使うと，

$$= \sum_{l}^{3} \delta_{il} x_l = x_i \tag{4.8}$$

となります．つまり，

$$x_i = \sum_{k}^{3} \Gamma_{ki} x'_k \tag{4.9}$$

です．

さて，2 階のテンソルです．一般に 2 階のテンソル A_{ij} は次の変換則をもつ量として定義されます．

$$A'_{ij} = \sum_{kl}^{3} \Gamma_{ik}\Gamma_{jl} A_{kl} \tag{4.10}$$

この逆変換は，

$$\begin{aligned} \sum_{kl}^{3} \Gamma_{ki}\Gamma_{lj} A'_{kl} &= \sum_{kl}^{3} \Gamma_{ki}\Gamma_{lj} \sum_{mn}^{3} \Gamma_{km}\Gamma_{ln} A_{mn} \\ &= \sum_{mn}^{3} \left(\sum_{k}^{3} \Gamma_{ki}\Gamma_{km} \right) \left(\sum_{l}^{3} \Gamma_{lj}\Gamma_{ln} \right) A_{mn} \end{aligned} \tag{4.11}$$

です．ここで，式 (4.5) を使うと，

$$= \sum_{mn}^{3} \delta_{im}\delta_{jn}A_{mn} = A_{ij} \tag{4.12}$$

となります．つまり，

$$A_{ij} = \sum_{kl}^{3} \Gamma_{ki}\Gamma_{lj}A'_{kl} \tag{4.13}$$

です．

テンソルという概念を利用する御利益は次のようなことです．座標変換の規則だけの問題なのでどのような物理量も同じ性質をもちます．そのために，簡単な座標の掛け算で作った量で置き換えて考えることができます．簡単なものは $x_i x_j$ です．式 (4.4) から，

$$x'_i x'_j = \sum_{k=1}^{3} \Gamma_{ik}x_k \sum_{l=1}^{3} \Gamma_{jl}x_l \tag{4.14}$$

なので，

$$(x'_i x'_j) = \sum_{kl}^{3} \Gamma_{ik}\Gamma_{jl}(x_k x_l) \tag{4.15}$$

となり，式 (4.10) で示した 2 階のテンソルの変換則となります．この変換は簡単に計算できます．具体例は次節以降に示します．

4.5　誘電率 ϵ_{ij}，分極率 α_{ij} (2 階のテンソル)

誘電率 ϵ_{ij}(dielectric constant, permittivity) は 外部電場 **E** と電束密度 **D** との関係を与える係数として，

$$D_i = \sum_{j}^{3} \epsilon_{ij}E_j \tag{4.16}$$

として与えられます．誘電率は，真空の誘電率で割り算して比誘電率と表されることもあります．あるいは類似の関係である分極率

$$P_i = \sum_{j}^{3} \alpha_{ij} E_j \tag{4.17}$$

の方が直感的で分かりやすいかも分かりません．ここで，α_{ij} は分極率，P_i は分極です．分極率は，帯電率 χ_{ij} とも呼ばれます．E_i はベクトル $\mathbf{E}$ の成分で，(1=x, 2=y, 3=z) と表しています．

ベクトル $\mathbf{P}$, $\mathbf{E}$, $\mathbf{D}$ は 1 階のテンソルであり x_j と同じ変換をします．ϵ_{ij}，α_{ij} は 2 階のテンソルです．2 階のテンソルのときは行列の要素としても表せます．2 階のテンソルであることは次のように分かります．式 (4.16) が座標変換しても成り立たなくてはいけないことから

$$D'_k = \sum_{l}^{3} \epsilon'_{kl} E'_l \tag{4.18}$$

です．式 (4.16) に左から Γ_{ki} を掛けて座標変換して D_i を D'_k に変換してやると，

$$\sum_{i}^{3} \Gamma_{ki} D_i = \sum_{i}^{3} \Gamma_{ki} \sum_{j}^{3} \epsilon_{ij} E_j \tag{4.19}$$

となります．ここで，E'_l から E_j への変換を代入すると式 (4.9) から，

$$D'_k = \sum_{i}^{3} \Gamma_{ki} \sum_{j}^{3} \epsilon_{ij} \sum_{l}^{3} \Gamma_{lj} E'_l \tag{4.20}$$

となるので，式 (4.20) と式 (4.18) を比較すると，

$$\epsilon'_{kl} = \sum_{ij}^{3} \Gamma_{ki} \epsilon_{ij} \Gamma_{lj} \tag{4.21}$$

となります．式 (4.10) と比較するために書き直すと，

$$\epsilon'_{kl} = \sum_{ij}^{3} \Gamma_{ki} \Gamma_{lj} \epsilon_{ij}$$

$$\epsilon'_{ij} = \sum_{kl}^{3} \Gamma_{ik} \Gamma_{jl} \epsilon_{kl} \tag{4.22}$$

となって，ϵ_{ij} が2階のテンソルであることが分かります．

一般に2階のテンソル A_{ij} は $x_i x_j$ と同じ変換をするので，A_{ij} の変換性をテンソルのときに説明した Γ_{ij} を使って直接調べるよりも，$x_i x_j$ を使って調べる方が便利なことが多いものです．例えば，対称操作で座標 x_i を変換したとき，$x'_i x'_j = -x_i x_j$ となれば，$A'_{ij} = -A_{ij}$ となります．つまり，そのマトリックスの要素は A_{ij}=0 となります．通常の物理量 A_{ij} は i と j の入れ替えを行っても $A_{ij} = A_{ji}$ の関係があります．このようなテンソルを特に対称テンソルと呼びます．もし，A_{ij} の起源が $x_i x_j$ と直接に関係していれば，$x_i x_j = x_j x_i$ となることですぐに分かることです．

誘電率 ϵ_{ij} の変換性をもう少し詳しく見てみます．最初は，テンソルの性質と Γ_{ij} を使った正攻法です．対称操作の例として $\bar{1}$ を考えてみましょう．まずは，ϵ_{12} を調べてみます．

$$\epsilon'_{12} = \sum_{ij}^{3} \Gamma_{1j}\Gamma_{2j}\epsilon_{ij} \tag{4.23}$$

対称操作 $\bar{1}$ は $\bar{1}\cdot\mathbf{r} = -\mathbf{r}$ を満たし，マトリックスの表現として

$$\Gamma_{ij} = \begin{pmatrix} -1 & 0 & 0 \\ 0 & -1 & 0 \\ 0 & 0 & -1 \end{pmatrix} \tag{4.24}$$

と書けます．Γ_{ij} としては，$\Gamma_{11} = \Gamma_{22} = \Gamma_{33} = -1$, $\Gamma_{ij}(i{\neq}j) = 0$ です．したがって，

$$\epsilon'_{12} = \Gamma_{11}\Gamma_{22}\epsilon_{12} = \epsilon_{12} \tag{4.25}$$

となります．つまり，$\epsilon_{12} = 0$ となる必要は対称操作からは生じませんので，一般に $\epsilon_{12}{\neq}0$ です．

次に，同じことを $x_i x_j$ の変換を使って調べてみましょう．$\bar{1}\cdot x_1 = -x_1$, $\bar{1}\cdot x_2 = -x_2$ なので，$x'_1 x'_2 = x_1 x_2$ と簡単に分かります．一般的に，$\bar{1}$ の対称操作では $x'_i x'_j = x_i x_j$ です．つまり，ϵ_{ij} の全ての要素はゼロにはなりません．したがって，三斜晶系の点群 $\bar{1}$ と 1 の物質の誘電率は

$$\epsilon_{ij} = \begin{pmatrix} \epsilon_{11} & \epsilon_{12} & \epsilon_{13} \\ \epsilon_{12} & \epsilon_{22} & \epsilon_{23} \\ \epsilon_{13} & \epsilon_{23} & \epsilon_{33} \end{pmatrix} \qquad (\text{三斜晶}) \tag{4.26}$$

と表されます．ここで，対称テンソルの性質を使っています．

次に 2_y の対称操作を考えてみましょう．$2_y\cdot(x,y,z)=(\overline{x},y,\overline{z})$ と変換されるので，$x'_1x'_2=-x_1x_2$, $x'_2x'_3=-x_2x_3$ となり $\epsilon_{12}=\epsilon_{23}=0$ が分かります．m_y の対称操作では，$m_y\cdot(x,y,z)=(x,\overline{y},z)$ と変換されるので，やはり $x'_1x'_2=-x_1x_2$, $x'_2x'_3=-x_2x_3$ となり $\epsilon_{12}=\epsilon_{23}=0$ となります．他の要素はゼロとならないので単斜晶系 ($\beta \neq 90°$) の点群 2, m, $2/m$ の誘電率は

$$\epsilon_{ij} = \begin{pmatrix} \epsilon_{11} & 0 & \epsilon_{13} \\ 0 & \epsilon_{22} & 0 \\ \epsilon_{13} & 0 & \epsilon_{33} \end{pmatrix} \qquad (\text{単斜晶}:12/m1, 1m1, 121) \qquad (4.27)$$

となります．

もう 1 本 2 回軸が追加されるとどうなるでしょうか．直方 (斜方) 晶系です．$2_z\cdot(x,y,z)=(\overline{x},\overline{y},z)$ と変換されるので，$x'_1x'_3=-x_1x_3$, $x'_2x'_3=-x_2x_3$ となり $\epsilon_{13}=\epsilon_{23}=0$ が分かります．m_z の対称操作も同様です．したがって，直方 (斜方) 晶系の 222, $mm2$, mmm の点群の誘電率は

$$\epsilon_{ij} = \begin{pmatrix} \epsilon_{11} & 0 & 0 \\ 0 & \epsilon_{22} & 0 \\ 0 & 0 & \epsilon_{33} \end{pmatrix} \qquad (\text{直方 (斜方) 晶}) \qquad (4.28)$$

となります．

次に正方晶系を考えましょう．点群 $4/mmm$，$\overline{4}2m$，($\overline{4}m2$)，422，$4mm$ では，2_x，2_y，2_z または m_x，m_y，m_z が存在するので，点群 222, $mm2$, mmm における誘電率の式 (4.28) を出発にして考えます．4 回軸が存在すると $4_z\cdot(x,y,z)=(y,x,z)$ と変換されるので，$x'_1x'_1=x_2x_2$ となり $\epsilon_{11}=\epsilon_{22}$ となります．したがって，正方晶系のこれら五つの点群の誘電率は

$$\epsilon_{ij} = \begin{pmatrix} \epsilon_{11} & 0 & 0 \\ 0 & \epsilon_{11} & 0 \\ 0 & 0 & \epsilon_{33} \end{pmatrix} \qquad (\text{正方晶}) \qquad (4.29)$$

となります．

2_x, 2_y のない点群 $4/m$, $\overline{4}$, 4 では，まず 2_z を考えます．式 (4.27) と同じようにして，2_z の存在で

$$\epsilon_{ij} = \begin{pmatrix} \epsilon_{11} & \epsilon_{12} & 0 \\ \epsilon_{12} & \epsilon_{22} & 0 \\ 0 & 0 & \epsilon_{33} \end{pmatrix} \qquad (\text{点群 } 112, 11m) \tag{4.30}$$

となります．m_z でも同じです．4 回軸または 4 回回反軸が存在するので $4_z \cdot (x,y,z)=(y,\overline{x},z)$ と変換されて，$x_1x_1 \to x_2x_2$ および $x_1x_2 \to -x_2x_1$ となり $\epsilon_{11}=\epsilon_{22}$，$\epsilon_{12}=0$ となります．つまり，点群 $4/m$, $\overline{4}$, 4 も点群 $4/mmm$, $\overline{4}2m$, $\overline{4}m2$, 422, $4mm$ と同じ誘電率の式となります．つまり，正方晶系では全て式 (4.29) となります．

次に立方晶です．立方晶は主軸の 2 回軸と 3_{111} です．主軸の 2 回軸のために点群 222 の式 (4.28) を出発とします．$3_{111} \cdot (x,y,z)=(z,x,y)$ と変換されるので，$x'_3x'_3=x_2x_2$，$x'_2x'_2=x_1x_1$ などとなり $\epsilon_{11}=\epsilon_{22}=\epsilon_{33}$ となります．したがって，立方晶系の五つの点群の誘電率は

$$\epsilon_{ij} = \begin{pmatrix} \epsilon_{11} & 0 & 0 \\ 0 & \epsilon_{11} & 0 \\ 0 & 0 & \epsilon_{11} \end{pmatrix} \qquad (\text{立方晶}) \tag{4.31}$$

となります．

六方晶系の $6/mmm$, $\overline{6}m2$, $(\overline{6}2m)$, $6mm$, 622, $6/m$, 6, $\overline{6}$ と三方晶系の $\overline{3}1m$, $(\overline{3}m)$, $3m1$, 312, (321), 3, $\overline{3}$ は複雑になるのでここでは割愛します．今までは誘電率 ϵ_{ij} で見てきましたが分極率 α_{ij} や帯電率 χ_{ij} も全く同じ対称性をもっているので，その要素の振る舞いも ϵ_{ij} と同じです．

最近話題になっているのが電気磁気効果です．これは，

$$P_i = \sum_j^3 \alpha_{ij} H_j, \quad M_i = \sum_j^3 \alpha_{ij}^t E_j \tag{4.32}$$

と，磁場 (H) で電気分極 (P) が誘起され，電場 (E) で磁気モーメント (M) が誘起されるときの係数です．その係数は，2 階のテンソルで，磁場から電気分極への係数 α と，電場から磁気モーメントへの係数 α^t とは転置行列の関係になっています．電気磁気結合係数は空間的な対称性だけでなく時間反転対称性も含んでいるので，単純に対称テンソルではなく，今までの議論の範囲では係数を計算できないので，ここでは割愛します．

4.6 テンソルの短縮記法

2 階のテンソルは二次元のマトリックスで書き表されて見通しが大変よかったのですが，3 階のテンソルとなると三次元のマトリックスを書かなくてはいけません．4 階のテンソルなら四次元のマトリックスです．そこで考え出されたのがテンソルの短縮記法 (マトリックス記法) です．

3 階のテンソル A_{ijk} が (jk) に関して対称な場合を考えます．つまり，$A_{ijk}=A_{ikj}$ の場合です．このような場合，

$$jk = 11 \to 1,\ 22 \to 2,\ 33 \to 3,\ 23 \to 4,\ 13 \to 5,\ 12 \to 6 \tag{4.33}$$

とインデックスの短縮を行います．(jk) に関して対称ですから，当然

$$32 \to 4,\ 31 \to 5,\ 21 \to 6$$

です．そうすると，3 階のテンソル A_{ijk} は 3 個のインデックスを用いた $3\times3\times3$ の表記から A_{ij} と 2 個のインデックスを用いた 3×6 の表記に書き換えられます．この場合は，3×6 のマトリックスとして書き表すことが可能です．この短縮表記ではインデックスが 2 個ですが，テンソルとしてはあくまでも 3 階のテンソルですので，注意して下さい．

4.7 応力 T_{ij} と歪み e_{ij}

以下の議論のために，ここでは応力 T_{ij} と歪み e_{ij} が対称テンソルであることを簡単に示しましょう．つまり，$T_{ij}=T_{ji}$, $e_{ij}=e_{ji}$ です．応力 T_{ij} は**図 4.3** で示した箱の x_j 面の単位面積あたりにかかる x_i 方向の力として定義されています．全体としては釣り合いがあり回転していない系では $T_{ij}=T_{ji}$ となるので対称テンソルです．歪み e_{ij} は次のように定義されています．直交座標 $\hat{\mathbf{x}}_i$ を使うと座標は $\mathbf{r}=x_1\hat{\mathbf{x}}_1+x_2\hat{\mathbf{x}}_2+x_3\hat{\mathbf{x}}_3$ となります．座標 $\mathbf{r}$ が変形して $\mathbf{r}+\delta\mathbf{r}$ となったとき，微小変形として $\delta\mathbf{r}=\sum_i u_i\hat{\mathbf{x}}_i$ と書いて

$$e_{ii} = \frac{\partial u_i}{\partial x_i}, \qquad e_{ij} = \frac{\partial u_i}{\partial x_j} + \frac{\partial u_j}{\partial x_i} \tag{4.34}$$

と定義されます．したがって，$e_{ij}=e_{ji}$ となるので対称テンソルです．

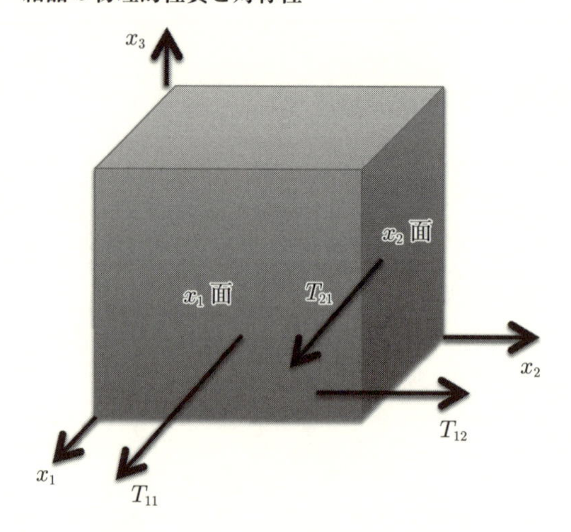

図 4.3　応力 T_{ij} と歪み e_{ij} の定義.

4.8　圧電定数 d_{ijk}，逆圧電定数 γ_{ijk} (3 階のテンソル)

圧電定数 d_{ijk} は応力 T_{ij} に対して発生する電束密度 D_i の応答係数として

$$D_i = \sum_{jk} d_{ijk} T_{jk} \tag{4.35}$$

と定義されています．D_i は 1 階のテンソル，T_{jk} は 2 階のテンソル，d_{ijk} は 3 階のテンソルです．この逆の関係は電場 E_k を印加したときに発生する歪み e_{ij} との関係で，逆圧電定数と呼ばれていて，やはり 3 階のテンソルです．

$$e_{ij} = \sum_{k} \gamma_{kij} E_k \tag{4.36}$$

3 階のテンソルは一般的に

$$A'_{ijk} = \sum_{lmn}^{3} \Gamma_{il} \Gamma_{jm} \Gamma_{kn} A_{lmn} \tag{4.37}$$

の変換を行う量として定義されています．このような量の変換則は 2 階のテン

ソル ϵ_{ij} で見たのと同様に，$x_i x_j x_k$ がどのように変換されるかを見るだけで簡単に分かる場合が多いものです．

応力 T_{ij} や歪み e_{ij} が対称テンソルですと，式 (4.35) や式 (4.36) から明らかなように d_{ijk}=d_{ikj}，γ_{ijk}=γ_{ikj} と，3 階のテンソル d_{ijk} や γ_{ijk} は (jk) に関して対称テンソルとなります．したがって，短縮表記で書くと，点群 1 での d_{ij} は 3×6 のマトリックスで表記できます．

$$d_{ij} = \begin{pmatrix} d_{11} & d_{12} & d_{13} & d_{14} & d_{15} & d_{16} \\ d_{21} & d_{22} & d_{23} & d_{24} & d_{25} & d_{26} \\ d_{31} & d_{32} & d_{33} & d_{34} & d_{35} & d_{36} \end{pmatrix} \qquad (点群\ 1) \qquad (4.38)$$

まず，反転対称性がある場合です．対称操作 $\overline{1}$ があると $\overline{1}{\cdot}x_i x_j x_k$=$-x_i x_j x_k$ となりますので，d'_{ijk}=$-d_{ijk}$ となります．つまり，全ての要素で d_{ijk}=0 となります．このように表 4.1 で示した反転対称がある結晶点群では圧電性を示しませんし圧電定数もゼロです．つまり，以下の点群

$\overline{1}$, $2/m$, mmm, $4/mmm$, $4/m$, $6/mmm$, $6/m$, $m\overline{3}m$, $m\overline{3}$, $\overline{3}m$, $\overline{3}$

は対象中心の存在のために圧電定数はゼロとなります．

調べる必要がある結晶点群は以下となります．

三斜晶系　: 1
単斜晶系　: 2, m
直方晶系　: $mm2$, 222
正方晶系　: $4mm$, $\overline{4}2m$, ($\overline{4}m2$), 422, $\overline{4}$, 4
立方晶系　: $\overline{4}3m$, 432, 23
六方晶系　: $6mm$, $\overline{6}m2$, ($\overline{6}2m$), 622, $\overline{6}$, 6
三方晶系　: $3m1$, ($31m$), 321, (312), 3

全てを調べるのは手間がかかるのですが，物理的性質と対称性の関係を理解するのには重要ですので，単斜晶から立方晶を少し詳しく調べてみましょう．

まずは，2_y 軸がある場合を見てみましょう．$2_y{\cdot}(x, y, z)$=$(\overline{x}, y, \overline{z})$ ですので，d_{iii} の項は

$x_1^3 \to -x_1^3, \qquad x_2^3 \to +x_2^3, \qquad x_3^3 \to -x_3^3,$

より，

$d_{111}=d_{333}=0,\qquad d_{222}\neq 0\qquad (d_{11}=d_{33}=0,\quad d_{22}\neq 0)$

となります．他の例としては，d_{15} だと $x_1x_1x_3\to -x_1x_1x_3$ から $d_{15}=0$ となります．27 通りの組み合わせを全て確かめると次のように 3×6 のマトリックスで表記できます．

$$d_{ij}=\begin{pmatrix} 0 & 0 & 0 & d_{14} & 0 & d_{16} \\ d_{21} & d_{22} & d_{23} & 0 & d_{25} & 0 \\ 0 & 0 & 0 & d_{34} & 0 & d_{36} \end{pmatrix}\qquad (\text{点群 } 121)\qquad (4.39)$$

これが点群 2 (軸の方向も示せば 121) の場合の圧電定数です．ゼロになる各項を自分で確かめて下さい．

m_y が存在する場合は，2_y のときとちょうど逆の関係になり，次のように 3×6 のマトリックスで表記できます．

$$d_{ij}=\begin{pmatrix} d_{11} & d_{12} & d_{13} & 0 & d_{15} & 0 \\ 0 & 0 & 0 & d_{24} & 0 & d_{26} \\ d_{31} & d_{32} & d_{33} & 0 & d_{35} & 0 \end{pmatrix}\qquad (\text{点群 } 1m1)\qquad (4.40)$$

これが点群 m (軸の方向も示せば $1m1$) のときの圧電定数です．ここでも，ゼロになる各項を自分で確かめて下さい．

次に，直方 (斜方) 晶系として 2_y に 2_z が付け加わった場合を考えてみましょう．式 (4.39) で，ゼロでない要素，d_{14}, d_{16}, d_{21}, d_{22}, d_{23}, d_{25}, d_{34}, d_{36} だけを調べます．対称操作 2_z により，$2_z\cdot(x,y,z)=(\overline{x},\overline{y},z)$ となりますから，ゼロでない要素は，d_{14}, d_{25}, d_{36} だけとなります．これにさらに対称操作 2_x を加えます．$2_x\cdot(x,y,z)=(x,\overline{y},\overline{z})$ ですから，ゼロでない要素 d_{14}, d_{25}, d_{36} の変換は，$d_{14}\to +d_{14}$, $d_{25}\to +d_{25}$, $d_{36}\to +d_{36}$ となって，これらはゼロになりません．最終的に点群 222 の場合の d_{ij} は次のように 3×6 のマトリックスで表記できます．

$$d_{ij}=\begin{pmatrix} 0 & 0 & 0 & d_{14} & 0 & 0 \\ 0 & 0 & 0 & 0 & d_{25} & 0 \\ 0 & 0 & 0 & 0 & 0 & d_{36} \end{pmatrix}\qquad (\text{点群 } 222)\qquad (4.41)$$

直方 (斜方) 晶系で残っているのは点群 $mm2$ です．対称操作 m_y で作った式 (4.40) に m_x の対称操作を付け加えます．$m_x\cdot(x,y,z)=(\overline{x},y,z)$ です．このために，d_{11}=d_{12}=d_{13}=0, d_{26}=d_{35}=0 となります．さらに，$2_z\cdot(x,y,z)=(\overline{x},\overline{y},z)$ で生き残っている d_{15}, d_{24}, d_{31}, d_{32}, d_{33} を調べます．それぞれは，インデックスだけ書くと (113)，(223)，(311)，(322)，(333) です．したがって，これらは全てゼロになりません．最終的に得られた点群 $mm2$ での圧電定数は以下のようになります．

$$d_{ij} = \begin{pmatrix} 0 & 0 & 0 & 0 & d_{15} & 0 \\ 0 & 0 & 0 & d_{24} & 0 & 0 \\ d_{31} & d_{32} & d_{33} & 0 & 0 & 0 \end{pmatrix} \qquad (\text{点群 } mm2) \qquad (4.42)$$

次は正方晶です．正方晶で一番対称性の高い $4/mmm$ の対称操作は以下のようでした．

$\{1,\ 4_z^+,\ 2_z,\ 4_z^-,\ 2_x,\ 2_y,\ 2_{110},\ 2_{1\overline{1}0},\ \overline{1},\ \overline{4}_z^+,\ m_z,\ \overline{4}_z^-,\ m_x,\ m_y,\ m_{110},\ m_{1\overline{1}0}\}$

ただし，正方晶系で調べるべき反転対称操作のない点群は 422, $4mm$, $\overline{4}2m$, ($\overline{4}m2$), $\overline{4}$, 4 です．

点群 4: $\{1, 4_z^+, 2_z, 4_z^-\}$
点群 $\overline{4}$: $\{1, \overline{4}_z^+, 2_z, \overline{4}_z^-\}$
点群 422: $\{1,\ 4_z^+,\ 2_z,\ 4_z^-,\ 2_x,\ 2_y,\ 2_{110},\ 2_{1\overline{1}0}\}$
点群 $4mm$: $\{1,\ 4_z^+,\ 2_z,\ 4_z^-,\ m_x,\ m_y,\ m_{110},\ m_{1\overline{1}0}\}$
点群 $\overline{4}m2$: $\{1,\ 2_z,\ 2_{110},\ 2_{1\overline{1}0},\ \overline{4}_z^+,\ \overline{4}_z^-,\ m_x,\ m_y\}$
点群 $\overline{4}2m$: $\{1,\ 2_z,\ 2_x,\ 2_y,\ \overline{4}_z^+,\ \overline{4}_z^-,\ m_{110},\ m_{1\overline{1}0}\}$

まず，点群 222 に 4_z 軸を付け加えた点群 422 で見てみましょう．422 は $2_x, 2_y, 2_z$ の対称操作をもっており，式 (4.41) で残っている d_{14}, d_{25}, d_{36} のみを調べればよいことになります．$4_z\cdot(x,y,z)=(\overline{y},x,z)$ ですので，これらは

$$x_1x_3x_2 \to -x_2x_3x_1, \quad x_2x_3x_1 \to -x_1x_3x_2, \quad x_3x_2x_1 \to -x_3x_1x_2,$$

より，

$$d_{14} = d_{132} = 0, \qquad d_{25} = d_{231} = 0, \qquad d_{36} = d_{321} = 0,$$

となります．つまり，点群 422 では圧電定数はすべてゼロです．

次に，同じく $2_x, 2_y, 2_z$ の対称操作をもっている点群 $\overline{4}2m$ を考えます．$\overline{4}_z^+\cdot(x,y,z)=(y,\overline{x},\overline{z})$ ですので，

$$x_1x_3x_2 \to x_2x_3x_1, \quad x_2x_3x_1 \to x_1x_3x_2, \quad x_3x_2x_1 \to x_3x_1x_2,$$

より，

$d_{132} = d_{231}, \qquad d_{321} = d_{312},$

となります．また，$m_{1\overline{1}0}\cdot(x,y,z)=(y,x,z)$ と $m_{110}\cdot(x,y,z)=(\overline{y},\overline{x},z)$ の場合も同様になります．つまり，点群 $\overline{4}2m$ では圧電定数は生き残って次のようになります．

$$d_{ij} = \begin{pmatrix} 0 & 0 & 0 & d_{14} & 0 & 0 \\ 0 & 0 & 0 & 0 & d_{14} & 0 \\ 0 & 0 & 0 & 0 & 0 & d_{36} \end{pmatrix} \qquad (\text{点群 } \overline{4}2m) \qquad (4.43)$$

点群 $4mm$ は対称操作 $\{2_z, m_x, m_y\}$ を調べた点群 $mm2$ の式 (4.42) を出発に考えます．つまり，d_{15}，d_{24}，d_{31}，d_{32}，d_{33} を残っている対称操作 $\{4_z^+, 4_z^-, m_{110}, m_{1\overline{1}0}\}$ で調べます．短縮記法ではなく全てのインデックスを書くと，$d_{131}, d_{232}, d_{311}, d_{322}, d_{333}$ です．$\overline{4}_z^+\cdot(x,y,z)=(y,\overline{x},\overline{z})$ から，

$x_1x_3x_1 \to -x_2x_3x_2, \quad x_2x_3x_2 \to -x_1x_3x_1,$

$x_3x_1x_1 \to -x_3x_2x_2, \quad x_3x_2x_2 \to -x_3x_1x_1, \quad x_3x_3x_3 \to -x_3x_3x_3$

となります．つまり，$d_{15}=-d_{24}, d_{31}=-d_{32}, d_{33}=0$ となります．マトリックスで書くと，

$$d_{ij} = \begin{pmatrix} 0 & 0 & 0 & 0 & d_{15} & 0 \\ 0 & 0 & 0 & -d_{15} & 0 & 0 \\ d_{31} & -d_{31} & 0 & 0 & 0 & 0 \end{pmatrix} \qquad (\text{点群 } 4mm) \qquad (4.44)$$

です．

残りの点群 $\overline{4}m2, \overline{4}, 4$ を調べるには，式 (4.39) の点群 2 を出発にします．ただし，2 回軸の方向を z 軸に取るので書き直すと，

$$d_{ij} = \begin{pmatrix} 0 & 0 & 0 & d_{14} & d_{15} & 0 \\ 0 & 0 & 0 & d_{24} & d_{25} & 0 \\ d_{31} & d_{32} & d_{33} & 0 & 0 & d_{36} \end{pmatrix} \qquad (\text{点群 } 112) \qquad (4.45)$$

が点群 (112) の圧電定数です．式 (4.43) と式 (4.44) はこの式を出発にして一部が生き残るとしても同じです．まず，点群 4 です．$d_{14}, d_{15}, d_{24}, d_{25}, d_{31}, d_{32}$, d_{33}, d_{36} を残っている対称操作 4_z^+ で調べます．短縮記法ではなく全てのインデックスを書くと，d_{132}, d_{131}, d_{232}, d_{231}, d_{311}, d_{322}, d_{333}, d_{321} です．

$4_z^+\cdot(x,y,z)=(\overline{y},x,z)$ から

$x_1x_3x_2 \to -x_2x_3x_1, \quad x_1x_3x_1 \to +x_2x_3x_2,$

$x_2x_3x_2 \to +x_1x_3x_1,\quad x_2x_3x_1 \to -x_1x_3x_2,$

$x_3x_1x_1 \to +x_3x_2x_2,\quad x_3x_2x_2 \to +x_3x_1x_1,$

$x_3x_3x_3 \to +x_3x_3x_3,\quad x_3x_2x_1 \to -x_3x_1x_2$

となります．つまり，d_{14}=$-d_{25}$, d_{15}=d_{24}, d_{31}=d_{32}, $d_{33} \neq 0$, d_{36}=0 となります．点群 4 の圧電定数をマトリックスで書くと

$$d_{ij} = \begin{pmatrix} 0 & 0 & 0 & d_{14} & d_{15} & 0 \\ 0 & 0 & 0 & d_{15} & -d_{14} & 0 \\ d_{31} & d_{31} & d_{33} & 0 & 0 & 0 \end{pmatrix} \qquad (\text{点群 } 4) \qquad (4.46)$$

となります．一方，点群 $\overline{4}$ の対称操作 $\overline{4}_z^+$ で調べてみると，
$\overline{4}_z^+ \cdot (x, y, z)$=$(y, \overline{x}, \overline{z})$ から

$x_1x_3x_2 \to +x_2x_3x_1,\quad x_1x_3x_1 \to -x_2x_3x_2,$

$x_2x_3x_2 \to -x_1x_3x_1,\quad x_2x_3x_1 \to +x_1x_3x_2,$

$x_3x_1x_1 \to -x_3x_2x_2,\quad x_3x_2x_2 \to -x_3x_1x_1,$

$x_3x_3x_3 \to -x_3x_3x_3,\quad x_3x_2x_1 \to +x_3x_1x_2$

となります．つまり，d_{14}=d_{25}, d_{15}=$-d_{24}$, d_{31}=$-d_{32}$, d_{33}=0, $d_{36} \neq 0$ となります．点群 $\overline{4}$ の圧電定数をマトリックスで書くと

$$d_{ij} = \begin{pmatrix} 0 & 0 & 0 & d_{14} & d_{15} & 0 \\ 0 & 0 & 0 & -d_{15} & d_{14} & 0 \\ d_{31} & -d_{31} & 0 & 0 & 0 & d_{36} \end{pmatrix} \qquad (\text{点群 } \overline{4}) \qquad (4.47)$$

となります．

正方晶系で残っているのは点群 $\overline{4}m2$ です．式 (4.47) を出発にして，m_x を付け加えて調べます．$m_x \cdot (x, y, z)$=$(\overline{x}, y, z)$ から

$x_1x_3x_2 \to -x_1x_3x_2,\quad x_1x_3x_1 \to +x_1x_3x_1,$

$x_3x_1x_1 \to +x_3x_1x_1,\quad x_3x_2x_1 \to -x_3x_2x_1$

となります．つまり，d_{14}=0, $d_{15} \neq 0$, $d_{31} \neq 0$, d_{36}=0 となります．$\overline{4}m2$ の圧電定数をマトリックスで書くと

$$d_{ij} = \begin{pmatrix} 0 & 0 & 0 & 0 & d_{15} & 0 \\ 0 & 0 & 0 & -d_{15} & 0 & 0 \\ d_{31} & -d_{31} & 0 & 0 & 0 & 0 \end{pmatrix} \qquad (\text{点群 } \overline{4}m2) \qquad (4.48)$$

となります．ここで，点群としては $\bar{4}m2$ と $\bar{4}2m$ は同じとして取り扱われるが，結晶の方向を考慮する結晶点群としては区別すると述べたことを思い出して下さい．式 (4.48) の $\bar{4}m2$ の場合と式 (4.43) の $\bar{4}2m$ の場合とを比べると，圧電定数として生き残っている項が違うことが分かると思います．

六方晶と三方晶は割愛して，最後に立方晶です．対称中心のない点群は，$\bar{4}3m, 432, 23$ です．これらの立方晶は，3_{111} と 2_x からできているので，まずは $\{2_x, 2_y, 2_z\}$ の式 (4.41) を出発にして 3 回軸を足してやります．すると，$d_{14} = d_{25} = d_{36}$ となりますので，点群 23 の圧電定数をマトリックスで書くと

$$d_{ij} = \begin{pmatrix} 0 & 0 & 0 & d_{14} & 0 & 0 \\ 0 & 0 & 0 & 0 & d_{14} & 0 \\ 0 & 0 & 0 & 0 & 0 & d_{14} \end{pmatrix} \qquad (\text{点群 } 23,\ \bar{4}3m) \qquad (4.49)$$

となります．

点群 432 では，これに 4_z を付け加えるので，$d_{14}{=}{-}d_{25}$, $d_{36}{=}{-}d_{36}$ となります．したがって，点群 432 では全ての圧電定数はゼロとなります．一方，点群 $\bar{4}3m$ では $\bar{4}_z$ を付け加えるので，d_{14}, d_{25}, d_{36} はゼロになりません．これは，m_{110} でも同じです．ですから，点群 $\bar{4}3m$ の圧電定数は式 (4.49) と同じになります．立方晶では点群 23 と $\bar{4}3m$ のみに d_{14} の圧電定数が残ります．

4.9　弾性率 C_{ijkl} (4 階のテンソル)

弾性率 C_{ijkl}(弾性スティフネス定数: elastic stiffness constant) は応力 T_{ij} と歪み e_{ij} との応答係数として

$$T_{ij} = \sum_{kl} C_{ijkl} e_{kl} \qquad (4.50)$$

と定義されています．e_{ij} も T_{ij} も 2 階の対称テンソル，弾性率 C_{ijkl} は 4 階のテンソルです．C_{ijkl} の $3^4{=}81$ 個の要素は (ij) に関して対称であり，また (kl) に関しても対称となります．ここで，短縮記号を用いると C_{ij} の $6{\times}6{=}36$ を調べればよいことが分かります．短縮記法では式 (4.50) は

$$T_i = \sum_j C_{ij} e_j \qquad (4.51)$$

と書かれます.

式 (4.50) の逆の関係は弾性定数 S_{ijkl}(弾性コンプライアンス定数) と呼ばれて,

$$e_{ij} = \sum_{kl} S_{ijkl} T_{kl} \tag{4.52}$$

と定義されています.

次に, 弾性率 C_{ijkl} は (ij) と (kl) の入れ替えに対しても対称であることを示します. つまり, 短縮記号で書いた C_{ij} は (ij) の入れ替えに対して対称です. これは, フックの法則が成り立つ範囲で弾性エネルギー密度 U と, U から得られる応力を計算すれば分かります.

$$U = \frac{1}{2} \sum_{ij} \widetilde{C}_{ij} e_i e_j \tag{4.53}$$

$$T_i = \frac{\partial U}{\partial e_i} = \frac{1}{2} \sum_{j} (\widetilde{C}_{ij} + \widetilde{C}_{ji}) e_j \tag{4.54}$$

つまり,

$$C_{ij} = \frac{1}{2} (\widetilde{C}_{ij} + \widetilde{C}_{ji}) \tag{4.55}$$

ということで, C_{ij} は (ij) の入れ替えに対して対称です. 式 (4.51) をマトリックスで書くと,

$$\begin{pmatrix} T_1 \\ T_2 \\ T_3 \\ T_4 \\ T_5 \\ T_6 \end{pmatrix} = \left(\begin{array}{ccc|ccc} C_{11} & C_{12} & C_{13} & C_{14} & C_{15} & C_{16} \\ C_{12} & C_{22} & C_{23} & C_{24} & C_{25} & C_{26} \\ C_{13} & C_{23} & C_{33} & C_{34} & C_{35} & C_{36} \\ \hline C_{14} & C_{24} & C_{34} & C_{44} & C_{45} & C_{46} \\ C_{15} & C_{25} & C_{35} & C_{45} & C_{55} & C_{56} \\ C_{16} & C_{26} & C_{36} & C_{46} & C_{56} & C_{66} \end{array}\right) \begin{pmatrix} e_1 \\ e_2 \\ e_3 \\ e_4 \\ e_5 \\ e_6 \end{pmatrix} \tag{4.56}$$

となります. ここではすでに, C_{ij}=C_{ji} としています. このマトリックスでは, i=1, 2, 3 では (11), (22), (33) なのでその性質が 3×3 の四つのブロックに分かれていることがこれから分かります.

それでは, ある点群に属する結晶の弾性率 C_{ij} のどの要素が有限でどの要素がゼロになるかを対称性から調べてみましょう. 今までのように, テンソルで $x_i x_j x_k x_l$ の変換を調べます. 一般的性質として, 左上のブロックにある C_{ii} と

C_{ij} $(i,j=1,2,3)$ では短縮記号の定義から分かるように同じ足が2回出るので常にプラス符号となります．また，右下のブロックの $C_{ii}(i=4,5,6)$ でも同じ足が2回出るので常にプラス符号となります．つまり，これらの要素はどのような対称操作を行ってもゼロになりません．

まず，2_y 軸が存在するときを見てみましょう．$2_y\cdot(x,y,z)=(\overline{x},y,\overline{z})$ ですが，右上のブロックで C_{i4} と C_{i6} が，右下のブロックでは C_{45} と C_{56} がゼロになることを示しましょう．一方，右上のブロックで C_{i5} が，右下のブロックでは C_{46} がゼロにならないことも示しましょう．C_{i4}=C_{ii32} $(i=1,2,3)$, C_{i6}=$C_{ii21}(i=1,2,3)$, C_{45}=C_{3231}, C_{56}=C_{3121}, C_{i5}=$C_{ii31}(i=1,2,3)$, C_{46}=C_{3221} ですので，

$$
\begin{aligned}
&x_ix_ix_3x_2 \to -x_ix_ix_3x_2, \quad && x_ix_ix_2x_1 \to -x_ix_ix_2x_1,\\
&x_3x_2x_3x_1 \to -x_3x_2x_3x_1, && x_3x_1x_2x_1 \to -x_3x_1x_2x_1,\\
&x_ix_ix_3x_1 \to +x_ix_ix_3x_1, && x_3x_2x_2x_1 \to +x_3x_2x_2x_1,
\end{aligned}
$$

となります．つまり，C_{14}=C_{24}=C_{34}=0, C_{16}=C_{26}=C_{36}=0, C_{45}=0, C_{56}=0 ですし，$C_{15}\neq 0$, $C_{25}\neq 0$, $C_{35}\neq 0$, $C_{46}\neq 0$ となります．

点群 2(方向も示すと 121) の弾性率をマトリックスで書くと

$$
C_{ij}=\left(\begin{array}{ccc|ccc}
C_{11} & C_{12} & C_{13} & 0 & C_{15} & 0\\
C_{12} & C_{22} & C_{23} & 0 & C_{25} & 0\\
C_{13} & C_{23} & C_{33} & 0 & C_{35} & 0\\
\hline
0 & 0 & 0 & C_{44} & 0 & C_{46}\\
C_{15} & C_{25} & C_{35} & 0 & C_{55} & 0\\
0 & 0 & 0 & C_{46} & 0 & C_{66}
\end{array}\right) \qquad (\text{点群 }121) \qquad (4.57)
$$

となります．

次に，点群 222 を見てみましょう．式 (4.57) に 2_x と 2_z が付け加わります．$2_x\cdot(x,y,z)=(x,\overline{y},\overline{z})$ により，右上のブロックで C_{i5} が，右下のブロックで C_{46} がゼロになることを示しましょう．C_{i5}=$C_{ii31}(i=1,2,3)$, C_{46}=C_{3221} ですので，

$$
x_ix_ix_3x_1 \to -x_ix_ix_3x_1, \quad x_3x_2x_2x_1 \to -x_3x_2x_2x_1,
$$

となります．つまり，C_{15}=C_{25}=C_{35}=0, C_{46}=0 となります．点群 222 の弾性率をマトリックスで書くと

$$C_{ij} = \left(\begin{array}{ccc|ccc} C_{11} & C_{12} & C_{13} & 0 & 0 & 0 \\ C_{12} & C_{22} & C_{23} & 0 & 0 & 0 \\ C_{13} & C_{23} & C_{33} & 0 & 0 & 0 \\ \hline 0 & 0 & 0 & C_{44} & 0 & 0 \\ 0 & 0 & 0 & 0 & C_{55} & 0 \\ 0 & 0 & 0 & 0 & 0 & C_{66} \end{array}\right) \quad (\text{直方 (斜方) 晶全て}) \tag{4.58}$$

となります．残っている要素は，どのような対称操作でもゼロにはならないので，これが直方 (斜方) 晶全ての弾性率となります．式 (4.58) の右下半分は対角化されているので，この部分だけをマトリックスで書くと，

$$\begin{pmatrix} T_4 \\ T_5 \\ T_6 \end{pmatrix} = \begin{pmatrix} C_{44} & 0 & 0 \\ 0 & C_{55} & 0 \\ 0 & 0 & C_{66} \end{pmatrix} \begin{pmatrix} e_4 \\ e_5 \\ e_6 \end{pmatrix} \tag{4.59}$$

となります．$e_4\,(=e_{23})$ の歪みに対して $T_4\,(=T_{23})$ の応力が C_{44} で結びつけられています．つまり，C_{44} は yz 面内の剪断歪みに対応します．9.8 節で示しますが，格子振動として伝搬するときには，[010] 方向に進んで [001] 方向に振動する横波の場合と，[001] 方向に進んで [010] 方向に振動する横波の場合がこの C_{44} に対応する波となります．

同様に，$e_5\,(=e_{13})$ の歪みに対して $T_5\,(=T_{13})$ の応力が C_{55} で，$e_6\,(=e_{12})$ の歪みに対して $T_6\,(=T_{12})$ の応力が C_{66} で結びつけられています．つまり，C_{55} は xz 面内の剪断歪みに，C_{66} は xy 面内の剪断歪みに対応します．格子振動として伝搬する場合は，C_{55} に対応する波は [100] 方向に進んで [001] 方向に振動する横波の場合と [001] 方向に進んで [100] 方向に振動する横波の場合であり，C_{66} に対応する波は [100] 方向に進んで [010] 方向に振動する横波の場合と [010] 方向に進んで [100] 方向に振動する横波の場合となります．

次に，点群 222 の対称操作に 3_{111} 軸が付け加わるとどうなるでしょうか．立方晶の点群です．$3_{111}\cdot(x,y,z)=(z,x,y)$ により，$C_{11}=C_{22}=C_{33}$ となり，$C_{44}=C_{55}=C_{66}$ となります．さらに，

$$x_1x_1x_2x_2 \to x_2x_2x_3x_3, \quad x_1x_1x_3x_3 \to x_2x_2x_1x_1,$$
$$x_2x_2x_3x_3 \to x_3x_3x_1x_1$$

なので，$C_{12}=C_{13}=C_{23}$ となります．立方晶の弾性率は

$$C_{ij} = \left(\begin{array}{ccc|ccc} C_{11} & C_{12} & C_{12} & 0 & 0 & 0 \\ C_{12} & C_{11} & C_{12} & 0 & 0 & 0 \\ C_{12} & C_{12} & C_{11} & 0 & 0 & 0 \\ \hline 0 & 0 & 0 & C_{44} & 0 & 0 \\ 0 & 0 & 0 & 0 & C_{44} & 0 \\ 0 & 0 & 0 & 0 & 0 & C_{44} \end{array}\right) \quad \text{(立方晶の全て)} \quad (4.60)$$

となります．独立な要素は，C_{11} と C_{12} と C_{44} の 3 個だけとなります．立方晶の全ての点群で，これ以外の対称操作をもち込んでも独立な要素は変化しないので，式 (4.60) は全ての立方晶で共通の表式となります．したがって，立方晶では弾性率 C_{11} と C_{12} と C_{44} の 3 個を実験で求めることとなります．

立方晶の場合の弾性エネルギーを計算して圧縮率や剪断定数を計算してみましょう．弾性エネルギーは，

$$\begin{aligned} U &= \frac{1}{2}\sum C_{ij}e_ie_j \\ &= \frac{1}{2}C_{11}(e_1^2 + e_2^2 + e_3^2) + \frac{1}{2}C_{44}(e_4^2 + e_5^2 + e_6^2) \\ &\quad + C_{12}(e_1e_2 + e_2e_3 + e_3e_1) \end{aligned} \quad (4.61)$$

となります．今，$e_1 = e_2 = e_3 = \frac{1}{3}\delta$, $e_4 = e_5 = e_6 = 0$ と一様変形 (膨張) を行ったとすると，

$$U = \frac{1}{2}\cdot\frac{1}{3}(C_{11} + 2C_{12})\delta^2 \quad (4.62)$$

となります．ここで，$B = \frac{1}{3}(C_{11} + 2C_{12})$ は体積膨張率，$\kappa = 1/B$ が圧縮率と呼ばれています．一方，$e_1 = -e_2 = \frac{1}{2}\delta$, $e_3 = e_4 = e_5 = e_6 = 0$ のときは，

$$U = \frac{1}{2}\cdot\frac{1}{2}(C_{11} - C_{12})\delta^2 \quad (4.63)$$

となります．ここで，$e_1 = -e_2$ は剪断歪みで，$C' = \frac{1}{2}(C_{11} - C_{12})$ は剪断定数と呼ばれています．

弾性率 C (弾性スティフネス定数) は，固体中の波の速度とも関係していて，立方晶の場合は，縦波から C_{11} が，横波から C_{44} や $C' = \frac{1}{2}(C_{11} - C_{12})$ が実験的に求められます．

第5章

第二種空間群と磁気空間群

5

第 2 章と第 3 章では，結晶の対称性を回転対称性 (1, 2, 3, 4, 6) と反転 ($\bar{1}$) 対称性および結晶並進対称性に由来するブラベ格子 (P, C, I, F, R) で分類して 73 の空間群を得ました．これらは，点群とブラベ格子の組み合わせと見なしてもよく，第一種空間群，あるいはシンモルフィックな空間群と呼ばれています．この取り扱いは数学として確立しました．数学では出発となる仮定を定義すればそれで論理的に閉じます．当然，別の定義を用いれば違った世界を作ることができます．この章で議論するのは，さらに別の対称操作を取り入れたらどうなるかです．

5.1 第二種空間群(ノンシンモルフィックな空間群)と対称操作

自然界では回転と並進が絡んだ対称性が見受けられます．例えば，朝顔の花と蔓の関係を思い出して下さい．蔓が伸びて 1 回転する間に花が 4 個咲いたとします．つまり，90° ごとに花が咲いているとします．すると，花と蔓で考えれば，$\frac{2\pi}{4}$ 回転と $\frac{1}{4}$ 並進で繰り返していることになります．このような配置をらせんといいます．朝顔の例では，4 回らせん軸 (screw axis) があるといいます．

数学的には次のように記述します．例えば，原点で回転対称性 R があるとき，$(R|000)$ と書きます．後半の (0,0,0) は並進対称性で，並進していないということです．当然，$(R|100)$ と書けば，a 軸方向に a だけ並進したことになります．一般的には，$(R|t)$ と書きます．らせん軸とは，例えば z 軸方向に 4 回らせん軸があると，$(4_z|00\frac{1}{4})$ と書きます．言葉としては，4_1 らせん軸があるといういい方をします．これで，回転対称性と並進対称性が絡んだ対称操作が定義できます．この本では，もう少し簡単化した記述として，$4_1(z)$ と書きます．つまり，z 軸方向に 4_1 らせん軸があるという表記です．らせん軸としては，2_1, 3_1, 4_1, 6_1 が可能です．一般的には，n_m らせん軸と表記できます．並進対称性は，n 回軸では $\frac{m}{n}$ が可能で，例えば 4 回らせんだと，並進対称性の部分は $\frac{1}{4}$, $\frac{2}{4}$, $\frac{3}{4}$

です．それぞれ，$4_1, 4_2, 4_3$ らせん軸といいます．ここで，$\frac{1}{n}$ の整数倍になっている理由は次のようなものです．例えば，$2_1(z)$ の操作を 2 回行うと，回転部分は恒等操作 1 となり，並進部分は $\mathbf{c}$ となり，隣の単位胞の等価な原子位置に移ります．つまり，結晶の並進対称操作に含まれてしまいます．z 軸の n_m らせん軸も同様で，n 回同じ操作を繰り返して行うと並進の部分は $m\mathbf{c}$ となって結晶並進操作に含まれる必要があります．したがって，らせん軸として可能な対称操作は，$2_1, 3_1, 3_2, 4_1, 4_2, 4_3, 6_1, 6_2, 6_3, 6_4, 6_5$ です．

らせん軸以外に，映進面というものも考えられます．これは，鏡映を取ってある軸方向に滑らすことを意味しています．数学的記号として，$(m|t)$ と書きます．例えば，z 軸に垂直な鏡映面で移動してから $\mathbf{a}$ 軸方向に $\frac{1}{2}\mathbf{a}$ 移動するとしたら，$(m_z|\frac{1}{2}00)$ と書きます．滑らす方向で，映進面の名前としては a-glide, b-glide, c-glide と呼ばれます．これらは，それぞれ $\frac{1}{2}\mathbf{a}$, $\frac{1}{2}\mathbf{b}$, $\frac{1}{2}\mathbf{c}$ だけ滑ります．また，対角線方向に滑る対角映進面，n-glide plane があります．この場合は，滑る方向として $\frac{1}{2}\mathbf{a}+\frac{1}{2}\mathbf{b}$, $\frac{1}{2}\mathbf{b}+\frac{1}{2}\mathbf{c}$, $\frac{1}{2}\mathbf{c}+\frac{1}{2}\mathbf{a}$ の 3 種類があります．最後に，[111] 方向に滑るダイヤモンド映進面，d-glide があります．この場合は，$\frac{1}{4}\mathbf{a}+\frac{1}{4}\mathbf{b}+\frac{1}{4}\mathbf{c}$ と滑ります．あるいは，$\frac{1}{4}\mathbf{a}+\frac{1}{4}\mathbf{b}$, $\frac{1}{4}\mathbf{a}+\frac{1}{4}\mathbf{c}$, $\frac{1}{4}\mathbf{b}+\frac{1}{4}\mathbf{c}$ と対角線方向に $\frac{1}{4}$ だけ滑る場合も含まれます．

ここに新たに導入したらせん軸と映進面も含めて空間群を拡張すると，全部で 230 の空間群が可能となります．これをノンシンモルフィックな空間群といいます．現実の物質では，このノンシンモルフィックな空間群が対応していることが分かっています．つまり，数学の世界ではなく，物理の世界では，色々な数学的モデルのうちどれが現実に対して本当に対応しているのかが重要となります．結果として，この世の中にある結晶は 230 通りの原子配置のパターンしか取り得ないことになります．

映進面の記号として，最近導入された e-glide の記号と その必要性についてここで説明しておきます．ある種の空間群では，対称操作として以下のようなことが起こります．

C-lattice + a-glide = b-glide, (C-lattice + b-glide = a-glide)

A-lattice + b-glide = c-glide, (A-lattice + c-glide = b-glide)

これらは，記号として a 軸と b 軸方向に同時に glide が存在している以下の空間群で現実的に起こります．

NO39 $Abm2$, NO41 $Aba2$, NO64 $Cmca$, NO67 $Cmma$, NO68 $Ccca$
NO42 $Fmm2$, NO69 $Fmmm$
NO88 $I4_1/a$, NO141 $I4_1/amd$, NO142 $I4_1/acd$
NO202 $Fm3$, NO206 $Ia3$
NO225 $Fm3m$, NO226 $Fm3c$, NO230 $Ia3d$

特に問題なのは，a 軸方向と b 軸方向が非等価な直方 (斜方) 晶で基本対称操作として映進面が存在する最初の 5 個の空間群です．これらは，今までの記号では，(A-lattice + b-glide) とか (C-lattice + a-glide) として表されていましたが，付加的に存在する映進面を顕わには表記していませんでした (逆に付加的といっているものを基本操作として空間群の記号を変えてもよいという立場です)．これを明記するために，e-glide という表記が導入されました．そこで，
(1) NO39 と NO41 の $Abm2$ と $Aba2$ では a 面に垂直に b-glide と c-glide がともに存在することを表す記号として $Aem2$ および $Aea2$ と記す．
(2) NO64, NO67 および NO68 の $Cmca$, $Cmma$, $Ccca$ では c 面に垂直に a-glide と b-glide がともに存在することを表す記号として $Cmce$, $Cmme$, $Ccce$ と記す．
(3) ($Fmm2$, $Fmmm$) ではもともと基本操作として映進面がないので，混乱は起こさず e-glide の表記を導入しない．
(4) 正方晶や立方晶ではもともと a 軸と b 軸が等価なので映進面が a 軸と b 軸方向に同時に存在しても不自然ではないので e-glide の表記を導入しない．

それでは，具体的な例として，この章で導入したらせん軸と映進面の例を見てみましょう．最初は，シンモルフィックな空間群としてすでに示した空間群 $Imm2$ (図 3.1) で見てみましょう．空間群 $Imm2$ は，もともとはらせん軸も映進面も考えずに作った空間群です．しかしながら，体心格子 (I) というのは，並進対称性として $\mathbf{t} = \frac{1}{2}\mathbf{a} + \frac{1}{2}\mathbf{b} + \frac{1}{2}\mathbf{c}$ です．そのために，付加的にらせん軸や映進面が発生します．図 3.1 の左上を見て下さい．第 3 章では説明しなかった記号として，台風のマークのような記号があります．これが 2_1 らせん軸を真上から見た記号で，$2_1(z)$ が $(\frac{1}{4}\frac{1}{4}z)$ を通っています．また，その位置を通る一点鎖線があります．これが映進面の記号です．この場合は c-glide で，$(m_x|00\frac{1}{2})$ と $(m_y|00\frac{1}{2})$ です．図の右上と左下の図では，新しい記号がいくつか見えます．2 回軸を表す矢印の横に，先端が半分しか書かれていない矢印がありますが，これが 2_1 らせん軸の記号です．図中で $\frac{1}{4}$ とあるのは，高さが $\frac{1}{4}$ の所をこのらせ

ん軸が通っていることを示しています．その図の左上にある直角の記号は鏡映面でしたが，それに矢印を付け加えたものが示されています．これが映進面を真上から眺めた記号で，矢印が滑る方向を表しています．図では，鏡映面が高さ0に，対角映進面が高さ $\frac{1}{4}$ にあることを示しています．

次に，空間群 $Imm2$ の座標で見てみましょう．一般座標は

$$(x,y,z),\ (\overline{x},\overline{y},z),\ (x,\overline{y},z),\ (\overline{x},y,z),$$
$$(\tfrac{1}{2}+x,\tfrac{1}{2}+y,\tfrac{1}{2}+z),\ (\tfrac{1}{2}+\overline{x},\tfrac{1}{2}+\overline{y},\tfrac{1}{2}+z),$$
$$(\tfrac{1}{2}+x,\tfrac{1}{2}+\overline{y},\tfrac{1}{2}+z),\ (\tfrac{1}{2}+\overline{x},\tfrac{1}{2}+y,\tfrac{1}{2}+z)$$

です．最初の四つが $(0,0,0)$ 周りでの $mm2$ 操作で移っています．後の四つは，体心格子のためにできています．基本単位格子に取っていれば結晶の並進対称性は $n_1\mathbf{a}+n_2\mathbf{b}+n_3\mathbf{c}$ でしたが，これらの格子点を内部に取り込んだ複合格子では，非整数の並進対称性へと変化しています．

図3.1 の左上の図を使って，$(\frac{1}{4}\frac{1}{4}z)$ を通っている $2_1(z)$ で (x,y,z) が何処に移動するかを見てみると，$(\frac{1}{2}-x,\frac{1}{2}-y,\frac{1}{2}+z)$ へと移動しています．この座標は，シンモルフィックな空間群として回転対称とブラベ格子のみを考えたときは，$(0,0,0)$ 周りでの 2_z に体心格子としての並進を加えて，$(2_z|\frac{1}{2}\frac{1}{2}\frac{1}{2})$ で作ったものです．つまり，空間群 $Imm2$ でのらせん軸は体心格子のために付加的に発生しています．

次は $x{=}\frac{1}{4}$，　$y{=}\frac{1}{4}$ を通る対角映進面 (n-glide) で移る座標を見てみましょう．これは，x に対して鏡映を取り $\frac{1}{2}\mathbf{a}+\frac{1}{2}\mathbf{b}$ の並進を行うことを意味しています．(x,y,z) は $(\frac{1}{2}-x,\frac{1}{2}+y,\frac{1}{2}+z)$ に移ります．この座標は，回転対称とブラベ格子のみを考えたときは $(0,0,0)$ 周りでの m_x に体心格子としての並進を加えて，$(m_x|\frac{1}{2}\frac{1}{2}\frac{1}{2})$ で作ったものです．つまり，空間群 $Imm2$ では対角映進面も体心格子のために付加的に発生しています．

図5.1 に International Table に現れる対称操作の記号を示します．左欄に回転軸，らせん軸，回反軸を，右欄に鏡映面と映進面を示しています．International Table の図の決まりとして，左上に原点を取り，下方向に a 軸，右方向に b 軸，紙面垂直方向に c 軸を取ります．そのために，正方格子の4回軸，六方格子に取ったときの6回軸や3回軸は c 軸から眺めた記号しかありません．一方，2回軸は，c 軸方向を向いた場合だけでなく，ab 面内の場合もあるので，矢印の記号が存在しています．立方格子の場合は，c 軸方向以外にも3回軸や4回軸があるのでもう少し複雑な記号が用いられていますが，ここでは割愛します．左

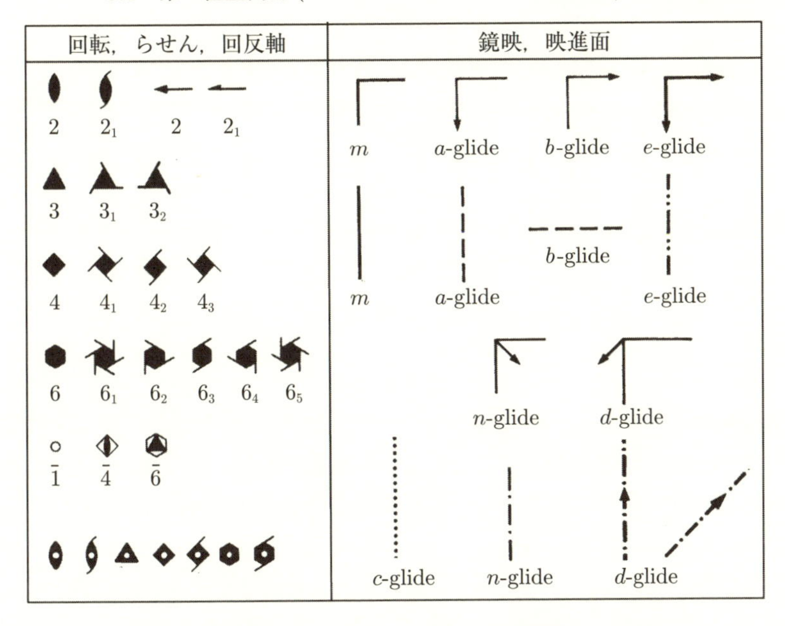

図 5.1 International Table に現れる対称操作の記号.

欄には，反転対称の記号と回反軸も記しています．一番下に，回転軸，らせん軸上に反転対称操作が同時にあるときに示す記号も書いています．$\bar{4}$ と $\bar{6}$ の回反軸に対して別の記号が付け加えられているのは，$P\bar{4}$ や $P\bar{6}$ のように，反転対称操作 $\bar{1}$ がなくて回反軸だけの空間群もあるためです．

次に，右欄の鏡映面と映進面です．直角の記号が c 面内にあるときを示しています．直線上の記号が，鏡が c 軸を含む場合で，c 軸から眺めた図です．a-glide と b-glide とが同じ記号ですが，b 軸に垂直か，a 軸に垂直かで，滑る方向が違ってきます．

らせん軸や映進面を含めることにより初めて可能となる空間群の数は 157 あります．空間群の表記法や軸の解釈は第 3 章で説明した 73 のシンモルフィックな空間群と全く同じです．また，点群に関していえば，並進対称性をなくして $(0,0,0)$ 周りの回転対称性だけにしたものですから，例えば a-glide は鏡映の m と書き直して使用します．

この章では，ノンシンモルフィックな空間群を作る作業はしません．その意味

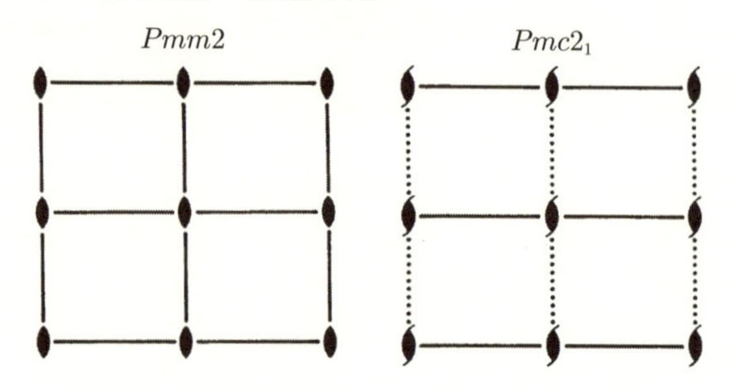

図 5.2　空間群 $Pmm2$ と $Pmc2_1$ の対称操作.

のみ説明することにします. 例題として, 空間群 $Pmc2_1$ を International Table にある図を使って説明することにします. **図 5.2** の右が空間群 $Pmc2_1$ の対称操作の図です. この空間群では全ての対称操作が原点の周りに存在していて, $(1|000)$, $(m_x|000)$, $(m_y|00\frac{1}{2})$, $(2_z|00\frac{1}{2})$ と書き表すことができます. つまり, 基本単位格子 P であり, $m_x, m_y(z), 2_1(z)$ と対称操作がそれぞれの軸で並んでいます. b 軸に垂直に c-glide, c 軸方向に 2_1 らせん軸があります. 図では $2_1(z)$ のらせん軸記号が並んでいます. 新しい記号として, 点線がありますが, これが c-glide の記号です. つまり, $(m_y|00\frac{1}{2})$ です. 太い実線は鏡映面で, x 軸に垂直な鏡映で m_x です. 比較として, 空間群 $Pmm2$ も考えておきましょう. 図 5.2 の左が空間群 $Pmm2$ の対称操作の図です. この場合は, $m_x, m_y, 2_z$ と対称操作がそれぞれの軸で並んでいます. 空間群 $Pmc2_1$ も空間群 $Pmm2$ も, これらの点群は並進部分を無視した対称操作 $\{1, 2_z, m_y, m_x\}$ で作られる $mm2$ で, 両者は同じです. 等価座標はこれらの空間群では大きく違っており,

$$Pmm2 : (x, y, z), (\overline{x}, \overline{y}, z), (x, \overline{y}, z), (\overline{x}, y, z)$$

$$Pmc2_1 : (x, y, z), (\overline{x}, \overline{y}, z + \tfrac{1}{2}), (x, \overline{y}, z + \tfrac{1}{2}), (\overline{x}, y, z)$$

となります.

空間群 $Pmc2_1$ の対称操作は全て原点を通っていますので, 具体的に対称操作の掛け算をしてみましょう. そのためには, 対称操作 $(R|t)$ のマトリックス表記を以下のようにします. 空間群 $Pmc2_1$ の対称操作を簡単化して, $1, m_x, m_y(z), 2_1(z)$ と書くこととします. $2_1(z)$ のマトリックスとして,

$$2_1(z) = \left(\begin{array}{ccc|c} \bar{1} & 0 & 0 & 0 \\ 0 & \bar{1} & 0 & 0 \\ 0 & 0 & 1 & \frac{1}{2} \\ \hline 0 & 0 & 0 & 1 \end{array}\right) \tag{5.1}$$

と書きます．左上の 3×3 のマトリックスは今までどおりの回転 R を表しています．最後の列が並進対称操作を示しています．この場合は，$\frac{1}{2}z$ の並進対称です．これで，$(2_1|00\frac{1}{2})$ の対称操作を表しています．最後の行はマトリックスが正方マトリックスになるように付け加えます．常に，(0001) と書きます．同じく，$m_y(z)$ のマトリックスとして，

$$m_y(z) = \left(\begin{array}{ccc|c} 1 & 0 & 0 & 0 \\ 0 & \bar{1} & 0 & 0 \\ 0 & 0 & 1 & \frac{1}{2} \\ \hline 0 & 0 & 0 & 1 \end{array}\right) \tag{5.2}$$

と書きます．それでは対称操作間の掛け算を具体的にしてみましょう．$m_x \cdot m_y(z) = 2_1(z)$ は

$$\left(\begin{array}{ccc|c} \bar{1} & 0 & 0 & 0 \\ 0 & 1 & 0 & 0 \\ 0 & 0 & 1 & 0 \\ \hline 0 & 0 & 0 & 1 \end{array}\right) \left(\begin{array}{ccc|c} 1 & 0 & 0 & 0 \\ 0 & \bar{1} & 0 & 0 \\ 0 & 0 & 1 & \frac{1}{2} \\ \hline 0 & 0 & 0 & 1 \end{array}\right) = \left(\begin{array}{ccc|c} \bar{1} & 0 & 0 & 0 \\ 0 & \bar{1} & 0 & 0 \\ 0 & 0 & 1 & \frac{1}{2} \\ \hline 0 & 0 & 0 & 1 \end{array}\right) \tag{5.3}$$

となります．同様に，$m_y(z) \cdot 2_1(z) = m_x$ は

$$\left(\begin{array}{ccc|c} 1 & 0 & 0 & 0 \\ 0 & \bar{1} & 0 & 0 \\ 0 & 0 & 1 & \frac{1}{2} \\ \hline 0 & 0 & 0 & 1 \end{array}\right) \left(\begin{array}{ccc|c} \bar{1} & 0 & 0 & 0 \\ 0 & \bar{1} & 0 & 0 \\ 0 & 0 & 1 & \frac{1}{2} \\ \hline 0 & 0 & 0 & 1 \end{array}\right) = \left(\begin{array}{ccc|c} \bar{1} & 0 & 0 & 0 \\ 0 & 1 & 0 & 0 \\ 0 & 0 & 1 & 1 \\ \hline 0 & 0 & 0 & 1 \end{array}\right) \tag{5.4}$$

となります．最後の列の (0011) は z 軸方向に c ずれただけなので，原点の単位胞にもどすことができます．

例題として示した空間群 $Pmc2_1$ では，対称操作が全て原点を通っていましたが，通常は原点を通らない対称操作で空間群は作られます．そのときは，空間に

対称操作が散らばっているので大変複雑になりますが，International Table にはそれらは全てが書かれているので，心配する必要はありません．International Table の読み方さえ覚えておけば，実用上は問題ありません．

5.2　磁気空間群

これまでは空間の対称操作として単純な回転 R と反転 $\bar{1}$ の対称操作のみの第一種空間群 (73 個) にらせん軸や映進面という新しい対称操作を導入して群を230 個へと拡張してきました (第二種空間群)．ここでは，新しい対称操作としてさらに時間反転を付け加えます．記号は $1'$ です．式 (4.3) で述べたように，時間反転により磁気モーメントは空間対称操作とは違った変換を受けます．そこで，磁気モーメントの配置パターンを分類するために磁気空間群 (magnetic space group) というものが考えられました．通常の 230 の空間群は International Table として国際結晶学連合 (IUCr) によりすでにまとめられています．三次元の磁気空間群は 1651 あり，IUCr により 2011 年の委員会で正式に新しい International Table としてまとめられることが決定し，現在その作業が行われています．また，すでに磁気空間群の本も IUCr から出版されています．

磁気空間群の表記の仕方ですが，二種類の流派があります．Opechowski-Guccione notation (OG setting) と呼ばれるものと[2]，もう一つは Belov-Neronova-Smirnova notation (BNS setting) と呼ばれるものです[3]．この両者は対称操作の組み立て方が違うので，表現も表記法も違います．OG setting では，表記方法が結晶の空間群を基礎に置いているので，読者には理解しやすいと思いますし，最近 IUCr から出された磁気空間群の本[4] では OG setting で書かれていますので，ここからは OG setting で表記することにします．OG setting では，今までの空間群と磁気空間群の関係が分かるように，その番号は [空間群の番号].[場合分けの順番].[磁気空間群の連番] として表記されます．そのため，[場合分けの順番] が 1 の場合が今までに示した原子位置の空間群に対応します．例として，空間群の番号 NO230 に時間反転の対称操作を加えてできる 5 個の磁気空間群を以下に示します．

230.1.1647　$Ia\bar{3}d$

230.2.1648　$Ia\bar{3}d1'$

230.3.1649　$Ia'\bar{3}'d$

230.4.1650 $Ia\bar{3}d'$

230.5.1651 $Ia'\bar{3}'d'$

磁気空間群の連番で NO1651 が最終です.

対称性が高すぎると理解しづらいので直方 (斜方) 晶系の空間群 NO26 の $Pmc2_1$ でもう少し詳しく見てみましょう. 空間群の番号 NO26 に時間反転の対称操作を加えてできる 10 個の磁気空間群を以下に示します.

26.1.168 $Pmc2_1$

26.2.169 $Pmc2_11'$

26.3.170 $Pm'c2_1'$

26.4.171 $Pmc'2_1'$

26.5.172 $Pm'c'2_1$

26.6.173 $P_{2a}mc2_1$

26.7.174 $P_{2b}mc2_1$

26.8.175 P_Cmc2_1

26.9.176 $P_{2a}mc'2_1'$

26.10.177 $P_{2b}m'c'2_1$

時間対称性を考えない NO26.1.168 : $Pmc2_1$ の対称操作は $(R|t)$ の形で厳密に書くと, $(1|000)$, $(m_x|000)$, $(m_y|00\frac{1}{2})$, $(2_z|00\frac{1}{2})$ の 4 個です. 対称操作の空間分布はすでに図 5.2 の右側に示されています.

磁気空間群をもう少し具体的に議論するために, 二つの例で詳しく見てみましょう. 時間反転を含んだ NO26.3.170: $Pm'c2_1'$ の対称操作は, $(1|000)$, $(m_x|000)'$, $(m_y|00\frac{1}{2})$, $(2_z|00\frac{1}{2})'$ の 4 個です. 時間反転を含んだ NO26.5.172: $Pm'c'2_1$ の対称操作は $(1|000)$, $(m_x|000)'$, $(m_y|00\frac{1}{2})'$, $(2_z|00\frac{1}{2})$ の 4 個です. それぞれで, 時間反転が含まれる対称操作が違っています. そのために, 可能なスピン配置が違ってきます. 対称操作の積を作って群を作っていることをこの二つの磁気空間群で各自確かめて下さい.

図 5.3 (a) に $Pm'c2_1'$ の, (b) に $Pm'c'2_1$ の対称操作とスピン配置を示します. 左上が原点で, 対称操作の意味は図の右上あたりに記号で記しています. 時間反転を含んだ対称操作は赤色で書かれ, 時間反転を含まない対称操作は黒色で表されます. 図中の矢印が可能な磁気モーメント M_{s} の配置です (図の都合で右上のスピン配置は書いていません). 矢印近くの ± の記号は c 軸方向の成分

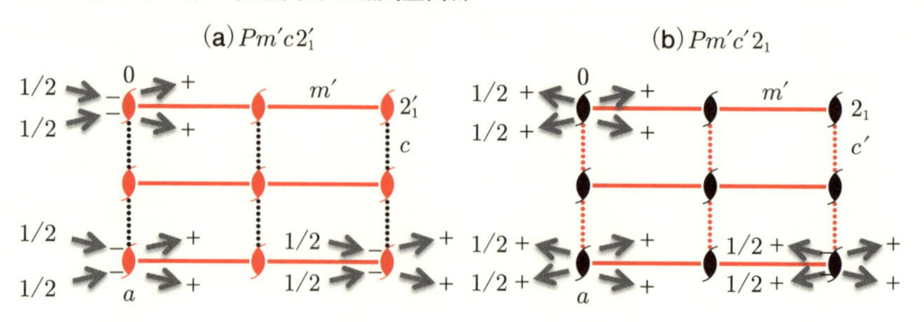

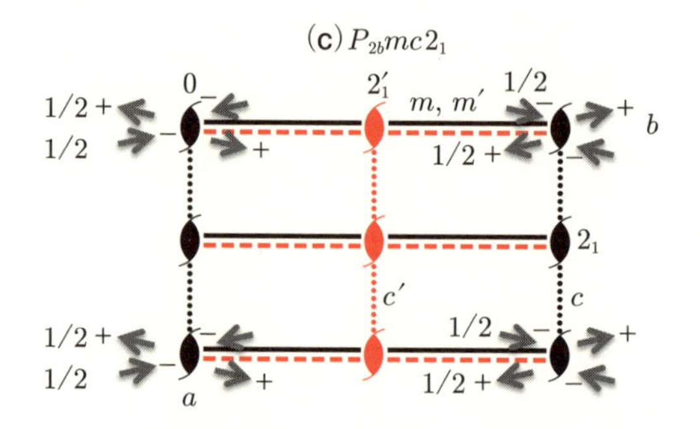

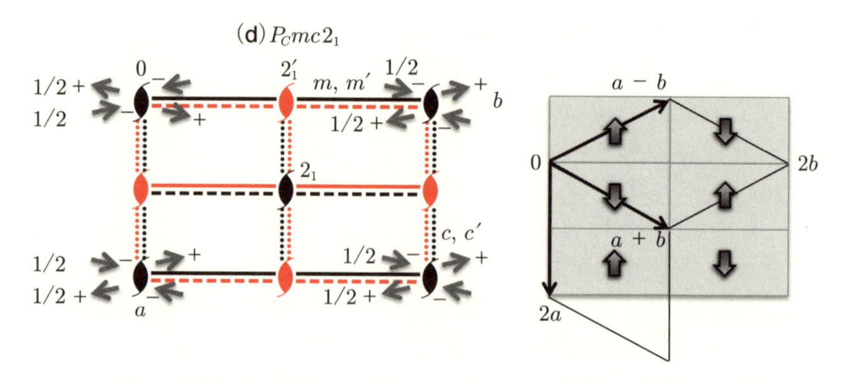

図 5.3　磁気空間群の対称操作とスピン配置．(a) $Pm'c2_1'$, (b) $Pm'c'2_1$, (c) $P_{2b}mc2_1$, (d) P_Cmc2_1 とその単位胞．

で，＋なら上向きの成分があることを示しています．ここで示された二つの磁気空間群ではスピン配置が違っているのが分かると思います．もとになる結晶の空間群 $Pmc2_1$ は点群 $mm2$ で c 軸方向に分極を持ち得る空間群でした．磁気

空間群 $Pm'c2_1'$ では巨視的な磁気モーメント $M_{\rm s}$ が b 軸方向に発生していて強磁性的な性質を示します．a 軸方向と c 軸方向では反強磁性的なスピン配置となります．一方，磁気空間群 $Pm'c'2_1$ では巨視的な磁気モーメント $M_{\rm s}$ が c 軸方向に発生し，a 軸と b 軸方向には反強磁性的な配置をしています．図 5.3 (a) と (b) のスピン配置が図中の対称操作で移り変わっていることも各自調べて下さい．

次の例として，今までと違う表記法が使われている NO26.7.174: $P_{2b}mc2_1$ を見てみましょう．図 5.3 (c) に $P_{2b}mc2_1$ の対称操作とスピン配置を示します．対称操作は $(1|000)$, $(m_x|000)$, $(m_y|00\frac{1}{2})$, $(2_z|00\frac{1}{2})$ の 4 個に付け加えて，$(1|010)'$, $(m_x|010)'$, $(m_y|01\frac{1}{2})'$, $(2_z|01\frac{1}{2})'$ の合計 8 個になります．後半の 4 個は b 軸方向に結晶の単位胞分だけ移動して時間反転しています．そのために，磁気単位胞は $(a \times 2b \times c)$ となります．磁気伝搬ベクトルは $\mathbf{q}_{\rm M}{=}(0, \frac{1}{2}, 0)$ で，逆格子の $(h, k + \frac{1}{2}, l)$ の位置に磁気ブラッグ反射が出現して磁気単位胞が b 軸方向に 2 倍となります．これを表すために P_{2b} と表記されています．本来 P は $P_{a,b,c}$ と表記されるものを略していますが，P_{2b} は $P_{a,2b,c}$ を略したものです．図 5.3 (c) で注意していただきたいのは，結晶の単位胞で $(0b0)$ の右端のスピン配置が原点周りでのスピン配置と逆転していることです．つまり，磁気構造で見ると図 5.3 (c) は b 軸方向の半分しか示していないことになります．磁気単位胞全てを描くとしたら，b 軸方向に 2 倍してスピン配置を描く必要があります．磁気空間群 $P_{2b}mc2_1$ では結晶構造の 2 倍となって磁気モーメントは反強磁性的な配置をします．

今までと違う表記法が使われているもう一つの例を見てみましょう．NO26 のなかで，NO26.8.175: P_Cmc2_1 です．図 5.3 (d) に P_Cmc2_1 の対称操作とスピン配置を示します．P_C は $P_{a-b,a+b,c}{=}P_{2a,a+b,c}$ を略したもので，通常の格子でいう C 底心にあたります．対称操作は $(1|000), (m_x|000)$, $(m_y|00\frac{1}{2})$, $(2_z|00\frac{1}{2})$ の 4 個に付け加えて，$(1|100)'$, $(m_x|100)'$, $(m_y|10\frac{1}{2})'$, $(2_z|10\frac{1}{2})'$ の合計 8 個になります．後半の 4 個は a 軸方向に結晶の単位胞分だけ移動して時間反転しています．図 5.3 (d) で注意していただきたいのは，結晶の単位胞で $(a00)$ の下端のスピン配置が原点周りでのスピン配置と逆転しているだけでなく $(0b0)$ の右端のスピン配置も原点周りでのスピン配置と逆転していることです．つまり，磁気構造で見ると図 5.3 (d) 左図のスピン配置は a 軸方向と b 軸方向の半分しか示していないことになります．磁気単位胞全てを描くとしたら，図 5.3 (d) の

右図のように a 軸方向と b 軸方向に2倍してスピン配置を描く必要があります．磁気空間群 P_Cmc2_1 での磁気構造は結晶構造の4倍となって磁気モーメントは反強磁性的な配置をします．図5.3 (d) の右図には磁気的な基本単位胞を矢印で書いていますが，$P_{a-b,a+b,c}{=}P_{2a,a+b,c}$ に対応して，C 底心では磁気的な基本単位格子として $2\mathbf{a}\times(\mathbf{a}+\mathbf{b})$ と取ってもよいし $(\mathbf{a}-\mathbf{b})\times(\mathbf{a}+\mathbf{b})$ と取ってもよいことが分かると思います．そのために，磁気単位胞は $(2\mathbf{a}\times 2\mathbf{b}\times\mathbf{c})$ となりますが，磁気構造は C 底心で独立な磁気構造は半分です．結晶単位胞で測った磁気伝搬ベクトルは $\mathbf{q}_{\mathrm{M}}{=}(\frac{1}{2},\frac{1}{2},0)$ で，逆格子の $(h+\frac{1}{2},k+\frac{1}{2},l)$ の位置に磁気ブラッグ反射が出現して磁気単位胞は a 軸方向と b 軸方向に2倍の C 底心となります．

磁気空間群に関して注意しておくこととして，時間反転の $1'$ で表されるのは磁気モーメントの向きの $+$ 方向と $-$ 方向の一軸だけということです．つまり，対称操作 $1'$ で移った先の磁気モーメントは元の磁気モーメントと平行 (collinear) です．そこで，このような対称性の群を白黒群とも呼びます．一方，実際の磁気構造では磁気モーメントが平行でない複雑な構造も取ります．non-collinear 構造，ヘリカル構造，サイン構造，サイクロイド構造，等々であり，また様々な長周期構造です．そのために，この節で示した磁気空間群で全ての磁気構造を表現できるわけではありません．そこが結晶構造の230の空間群と違うところです (結晶構造でも不整合相では空間群を拡張した表現が必要です)．もちろん，図5.3に示しているスピン構造は non-collinear ですから，磁気空間群が collinear 構造しか表せないということではありません．

現実的によく使われている方法は，構造相転移などの基準振動の解析で使われる小群 (little group) の応用です．k 群などとも呼ばれますが，ブリルアンゾーンでの $\mathbf{q}$ ベクトルが満たす群で，本質的にはその空間群の部分群になっています[5]．その既約表現 (irreducible representation) が磁気モーメントの表現になっているとして磁気構造を解く方法です．秩序化した磁気モーメントはフーリエ成分 (Fourier component) として書き表せて波の位相項が基底関数に入ってきます．フーリエ係数として，既約表現から許される物だけを取り込みます．最近では，この既約表現を用いた磁気構造解析プログラムが色々と作られています．この考え方は磁気対称性の BNS setting に対して相性がよいためか，あるいはプログラム制作者の好みか，既約表現を用いた磁気構造解析ではしばしば BNS setting の磁気空間群の表記が使用されているようです．群論の内容が分からなくてもこれらのプログラムを使うと磁気構造が求まるようになっています．このような場合でも，コンピュータの打ち出した答えに対しては，必ず様々な検討をすることは重要です．

5.3 相転移と空間群の部分群

相転移が起こると大抵は高対称相から低対称相に変化します．構造相転移の詳しいことは第9章で述べるとして，ここでは空間群がどのように変わるのか，どう考えればよいかを説明します．具体的に見るために，空間群のNO55の $Pbam$ を考えましょう．完全表記では $P2_1/b\,2_1/a\,2/m$ です．軸を取り直すと，色々と違う表記になります．$P2_1/b\,2_1/a\,2/m$, $P2_1/c\,2/m\,2_1/a$, $P2/m\,2_1/c\,2_1/b$ です．$Pbam$ が標準の取り方で，第一セッティングと呼ばれます．これらはInternational TableのNO55を見れば図入りで書いています．$Pbam$ が標準の取り方ですが，ここでは説明の都合上 $Pcma$ となるように座標軸を取ります．**図5.4** 左上に空間群 $Pcma$ の対称操作の配置を示しています．

単位胞の大きさが変わらないという条件で，適当に対称操作を省いてみましょう．ここで，適当といいましたが，結果として空間群を形成していることが条件です．省き方は，群論の既約表現を使うのですが，ここでは詳しいことは述べないこととして，結果の一部を書くと図5.4の下の三つの空間群ができます．$P2_122_1$(NO18) は { 反転対称 $\bar{1}$, c-glide, m_y, a-glide} を取り除いて，残った対称操作，{1, $2_1(x)$, 2_y, $2_1(z)$} でできています．$Pc2a$(NO32) は { 反転対称 $\bar{1}$, $2_1(x)$, m_y, $2_1(z)$} を取り除いて，残った対称操作，{1, c-glide, 2_y, a-glide} でできています．$Pcm2_1$(NO26) は { 反転対称 $\bar{1}$, $2_1(x)$, 2_y, a-glide} を取り除いて，残った対称操作，{1, c-glide, m_y, $2_1(z)$} でできています．これらを $Pcma$ の部分群 (subgroup) といいます．図に示した以外にも，{ 反転対称 $\bar{1}$, c-glide, 2_y, $2_1(z)$} を取り除いて，残った対称操作，{1, $2_1(x)$, m_y, a-glide} で $P2_1ma$(NO26) ができます．

ここまでは，低対称相として直方 (斜方) 晶系だけ考えましたが，単斜晶系の $P2_1/c\ 1\ 1$(NO14), $P1\ 2/m\ 1$(NO10), $P1\ 1\ 2_1/b$(NO14) も部分群となります．これらは，International TableのNO55の項でMaximal non-isomorphic subgroups Iという所に書いています．なお，図の右下の $Pcm2_1$(NO26) と図5.2の右側の $Pmc2_1$(NO26) の関係は a–b 軸を 90° 回したもので同じものです．

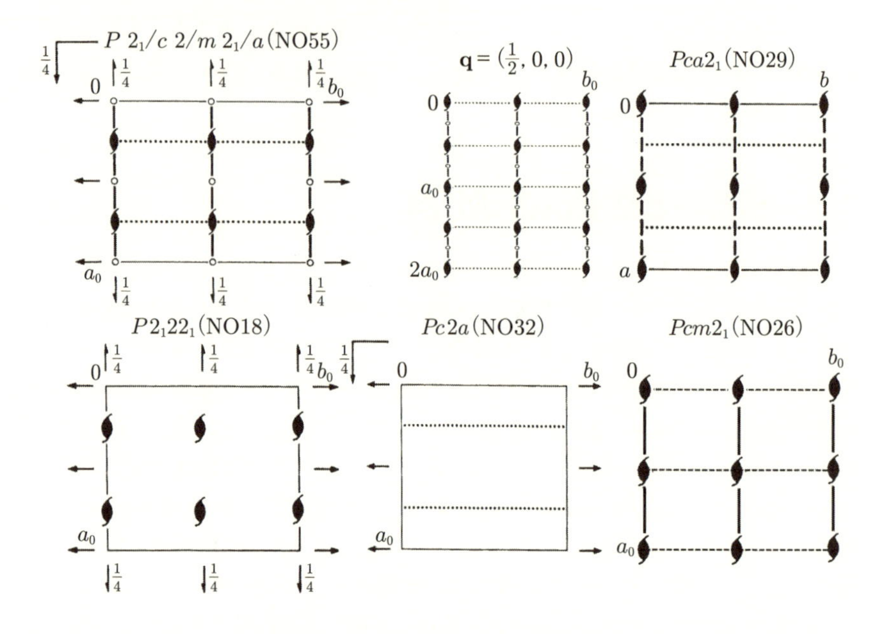

図 5.4　空間群の部分群と相転移.

このような相転移が起こると，$P2_1ma$(NO26) では a 軸方向に，$Pc2a$(NO18) では b 軸方向に，$Pcm2_1$(NO26) では c 軸方向に電気分極が発生してもよいことになります．また，$P2_1/c\ 1\ 1$(NO14) では角度 α が，$P1\ 2/m\ 1$(NO10) では角度 β が，$P1\ 1\ 2_1/a$(NO14) では角度 γ が，90° からずれて，剪断歪みが発生します．このような関係を理解するためには，高対称相の空間群と低対称相の空間群の軸関係を正しく対応させて書く必要があります．論文でしばしば見受けられるのが，それぞれの相で構造解析してコンピュータが打ち出した結果を記して，軸関係が不明な場合です．コンピュータは空間群の第一セッティングを使用して解析するのが普通ですから，わざわざ通常でないセッティングで計算させる必要があるのですが，ここの所を理解せずにコンピュータのいいなりになっている研究者が多いためです．

もし，低対称相で超格子 (superlattice) を作ったらどうなるでしょうか．超格子とは元の格子の2倍，3倍と大きくなった格子のことです．例として，$2a_0 \times b_0 \times c_0$ と a 軸が2倍になったとします．逆格子空間では $\mathbf{q}=(\frac{1}{2},0,0)$ に超格子反射

(superlattice reflection) が現れます．なお，$\frac{1}{2}$ や $\frac{1}{3}$ などのときは超格子反射という言葉が使われますが，$\frac{1}{4}$ や $\frac{1}{5}$，あるいは元の格子の整数倍とならずに不整合 (incommensurate) な小さな値のときには一般に衛星反射 (sattelite reflection) という言葉が使われます．不整合に対する言葉は整合 (commensurate) です．a 軸が 2 倍になったときは，図 5.4 上の真ん中に書いたように $2a_0$ で対称操作を書いておきます．この図では，原点の位置を a 軸方向に $\frac{1}{4}$ だけずらして書いていますが，対称操作の空間配置は同じなので，$Pcma$ そのものです．ここから適当に対称操作を省くのですが，このときにもやはり群論の既約表現を使います．ただし，$\mathbf{q}$=0 ではないので，$Pcma$ の $\mathbf{q}=(\frac{1}{2},0,0)$ での小群での既約表現という手法を使用します．可能な低対称相の空間群の一つを図の右上に示しました．空間群 $Pca2_1$(NO29) です．{ 反転対称 $\bar{1}$, $2_1(x)$, 2_y, a-glide} が取り除かれています．また，$2_1(z)$ と c-glide も飛び飛びに取り除かれています．ここで注意してもらいたいのが，m_y が a-glide に変わったことです．その理由は，$(m_y|100)$ が $2a_0$ に取ったことにより $(m_y|\frac{1}{2}00)$ になったためです．これは，m_y で等価になっていた原子が，$\mathbf{q}=(\frac{1}{2},0,0)$ の波で，上半分の単位胞では等価でなくなり，下半分の単位胞で等しくなったということで，どのような波の取り方をするかで決まってきます．元の単位胞の整数倍ならどれだけ大きな超格子を取っても原理的には 230 の空間群の中に収まりますが，不整合になると 230 の空間群の枠内では議論できなくなります．

上記の議論を $Pbam$ を出発にしたらどうなるでしょうか．$Pcma$ の a_0, b_0, c_0 軸が $Pbam$ での b, c, a 軸に変わります．そのために，例えば図 5.4 右下の空間群 $Pcm2_1$ は $Pb2_1m$ と名前が変わります．図上のように超格子が出るときは，$a_0 \times 2b_0 \times c_0$ と b 軸が 2 倍になり，逆格子空間では $\mathbf{q}=(0,\frac{1}{2},0)$ に超格子反射が現れます．また，$(m_z|010)$ が $(m_z|0\frac{1}{2}0)$ となるので z 軸に垂直に b-glide が発生して，図 5.4 右上の空間群は $P2_1cb$ となります．このように，超格子が出るときには，高対称の空間群と低対称の空間群の軸の対応関係を正しく合わせるだけでなく，どの $\mathbf{q}$ ベクトル方向に超格子反射が出るのか，あるいはどの軸方向に何倍大きくなるのかも全て明示しないと正しい情報になりません．

立方晶，正方晶，直方 (斜方) 晶の間での相転移だと，単位胞がどう変わったかは簡単に理解できるでしょう．せいぜいが，[110] と [$\bar{1}$10] に主軸を取り直す程度です．しばしば起こるのが，六方晶あるいは三方晶から直方 (斜方) 晶系への相転移です．六方–直方 (斜方) 相転移 (hex–ortho transition) です．どのように単位胞が変わるかは少し分かりにくいと思います．**図 5.5** に相転移に伴い単位胞がどのように変わるかを示します．図で示すように六方晶の ab 面は長方形に取り直せます．このときには，$a_{\mathrm{o}} = a_{\mathrm{h}}$ で，$b_{\mathrm{o}} = \sqrt{3}a_{\mathrm{o}}$ ですが，相転移で $b_{\mathrm{o}}/a_{\mathrm{o}} = \sqrt{3} + \delta(T)$ の C 格子となります．

この節の最後として，簡単な点群でどのように対称性が変わり部分群になるかを見てみましょう．そのためには点群 mmm の既約表現の指標が必要です．**表 5.1** に点群 mmm の指標テーブルを示します．指標とは，基底関数に対して対称操作を施したときに基底関数がどのように変換されるかを表す表現行列と

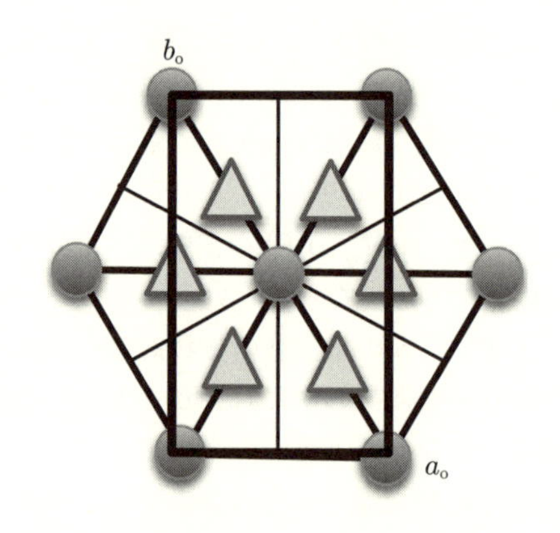

図 5.5　六方晶から直方 (斜方) 晶への相転移と単位胞.

表 5.1　点群 mmm の既約表現の指標.

mmm	1	2_x	2_y	2_z	$\overline{1}$	m_x	m_y	m_z	基底関数
$\Gamma_1^+(A_g)$	1	1	1	1	1	1	1	1	x^2, y^2, z^2
$\Gamma_2^+(B_{1g})$	1	−1	−1	1	1	−1	−1	1	xy
$\Gamma_3^+(B_{2g})$	1	−1	1	−1	1	−1	1	−1	zx
$\Gamma_4^+(B_{3g})$	1	1	−1	−1	1	1	−1	−1	yz
$\Gamma_1^-(A_u)$	1	1	1	1	−1	−1	−1	−1	xyz
$\Gamma_2^-(B_{1u})$	1	−1	−1	1	−1	1	1	−1	z
$\Gamma_3^-(B_{2u})$	1	−1	1	−1	−1	1	−1	1	y
$\Gamma_4^-(B_{3u})$	1	1	−1	−1	−1	−1	1	1	x

関係してきます．基底関数が n 次元だと，$n \times n$ の行列の表現となりますが，指標とはその行列の対角項の和です．一次元の基底関数のときには ±1 となります．既約表現の記号として，Γ と書いて連番で示し，反転対称に対して不変なものは $+$ と書き，反転対称に対して符号を変えるものは $-$ と書きます (ベーテ記号)．もう一つの表記方法は，一次元の基底では A とか B と書き，二次元では E と書き，三次元では T と書きます (マリケン記号)．そして，反転対称に対して不変なものは g と書き (gerade)，反転対称に対して符号を変えるものは u と書きます (ungerade)．gerade, ungerade は偶奇という意味です．記号 A と B の区別は，90° 回転に対して不変な場合は A と書き，そうでない場合は B と書きます．よく $3d$ 電子レベルで目にする記号，二重縮退した e_g レベルや三重縮退した t_g レベルという表記方法もここに由来しています．表の一番最後に書いているのが基底関数で，例えば $\Gamma_2^+(B_{1g})$ の基底関数は xy ですが，歪み e_{12} でも同じです．表 5.1 で示した一次元の基底に対して対称操作を施したときの結果がこの指標のようになることは自分で確認して下さい．点群の種類によれば，対称操作全てが書かれているわけでなく，「類」と呼ばれる同じ性質をもつ対称操作でひとくくりにされて指標テーブルが作られていますので注意して下さい．その理由は，基底関数の数が類の数になり，指標の値が類の対称操作全てで同じになるからです．点群 mmm の例では，類には一つの対称操作しかありませんので，このことは気にしなくても大丈夫です．

表 5.1 の指標テーブルをもう少し詳しく見て応用していきましょう．$\Gamma_1^+(A_g)$ ではどのような対称操作を基底関数に施しても 1 で変化しないので，もし $\Gamma_1^+(A_g)$ が低対称相で実現しても対称性は変化しません．一方，$\Gamma_2^+(B_{1g})$ では対称操作で基底関数が変化しないのは $\{1, 2_z, \overline{1}, m_z\}$ だけですから，低対称相ではこの対称操作から作られる点群 $2/m$ となります．全ての方向を書くと $112/m$ です．$\Gamma_3^+(B_{2g})$ も $\Gamma_4^+(B_{3g})$ も同様に，2 回軸の方向は違いますが，低対称相は点群としては，点群 $2/m$ となります．次に，$\Gamma_1^-(A_u)$ の対称性で変化しないのは，$\{1, 2_x, 2_y, 2_z\}$ だけですから，この対称操作から作られる点群 222 となります．最後に，$\Gamma_2^-(B_{1u})$ で変化しないのは $\{1, 2_z, m_x, m_y\}$ だけですから，この対称操作から作られる点群は $mm2$ となり，例えば電気分極 P_z がでます．$\Gamma_2^-(B_{1u})$ の基底関数は z ですが，P_z でも同じです．同様に，$\Gamma_3^-(B_{2u})$ も $\Gamma_4^-(B_{3u})$ も点群 $m2m$ と $2mm$ になりますが，点群としての表記は点群 $mm2$ です．

この点群を用いた議論が，この節の最初で示した $Pcma$ $(P2_1/c\,2/m\,2_1/a)$

から生じる低対称相の空間群，$P1\ 1\ 2_1/a$ $[\Gamma_2^+(B_{1g})]$, $P1\ 2/m\ 1$ $[\Gamma_3^+(B_{2g})]$, $P2_1/c\ 1\ 1$ $[\Gamma_4^+(B_{3g})]$, $P2_122_1$ $[\Gamma_1^-(A_u)]$, $Pcm2_1$ $[\Gamma_2^-(B_{1u})]$, $Pc2a$; $[\Gamma_3^-(B_{2u})]$, $P2ma$ $[\Gamma_4^-(B_{3u})]$ に対応していることはすぐに分かると思います．

第6章

X 線回折

6

結晶学の歴史は，レントゲンによる X 線の発見の 1900 年頃を境にして「形態結晶学」から「回折結晶学」へと大きく変わり，原子位置や電子軌道の形まで議論できる精緻な分野となりました．X 線回折実験は大学や企業のほとんどの場所で日常的に使用されている最も基本的な解析手段です．この章では，X 線回折を例として回折実験の原理を説明します．X 線回折の歴史的名著として「X 線結晶学」を上げておきます[6]．回折現象は波の干渉効果によるものですから，中性子の波を使った中性子回折実験でも全く同じこととなります．この章で学ぶ最も大事なことは，回折現象を一番簡単に表現できるのは「逆格子という概念である」ということです．また，回折強度がどのように計算できるのか，それが結晶の対称性や原子位置をどのように反映しているかも重要です．使っている数学は複素数の指数関数 $\exp(-ikx)$ とベクトルの演算程度ですので，難しいところはほとんどないと思います．また，フーリエ変換という数学的手法も使用します．逆格子という概念は，実格子と違うというだけで毛嫌いされることが多いのですが，大変便利な概念であり，慣れればこれほど便利なものはありませんので，ぜひ習得して下さい．また，この教科書では逆格子の概念を用いて古い教科書とは大分違った方法で回折現象の説明をします．量子力学の入門的なことを習った人にはむしろ分かりやすくなっているのではないかと思います．

6.1　電子による X 線散乱

物質に波が入射するとそれぞれの原子で波が散乱されます．散乱された波が干渉効果により強め合うと特定の方向に強く散乱されます．このような場合を回折と呼びます．したがって，回折現象を理解するには波の干渉効果という一般的な考察を行うことが必要です．それに対して，個々の原子の散乱の理由は，波と原子との相互作用ですから，波の種類によります．この節では X 線と原子との相互作用を見てみましょう．一般的な回折の話は 6.3 節で行います．これから使うのは電磁気学です．少し物理の知識が必要なので，不慣れな方はX線回折や中性子回折の理解にはそれほど障害にはなりませんのでこの節を読み飛ばしても結構です．

X線は波長の短い電磁波であることがラウエにより証明されました．物質内に入った電磁波の電場成分 $\mathbf{E}$ が電子を振動させ，この振動電子が次に電磁波を放射します．古典論の範囲で扱い，かつ自由電子とすると，z 方向に偏光した光の電場 E_0 が ω の角振動数で電子を振動させたときの加速度 $\ddot{z}$ は，

$$\ddot{z} = -\frac{eE_0}{m_\mathrm{e}} \sin \omega t \tag{6.1}$$

となります．e と m_e は電子の電荷と質量です．一方，加速度 $\ddot{z}$ で運動する電子は次のように電磁波を放射します．テレビやラジオのAM波の発信原理です．入射した電場 $\mathbf{E}_0$ に対して角度 ψ の方向の距離 R の位置での放射された電磁波の電場 E と磁場 H は

$$E = H = \ddot{z}\frac{e}{c^2 R} \sin \psi \tag{6.2}$$

となります．ここで，c は光速度です．角度 ψ は電場 $\mathbf{E_0}$ と放射方向の位置 $\mathbf{R}$ の間の角度です．この過程を散乱と考えれば散乱X線のエネルギー（ポインティングベクトル）の R での大きさは

$$\frac{c}{4\pi}EH = \frac{c}{4\pi}\left(\frac{e^2 E_0}{m_\mathrm{e}c^2 R}\right)^2 \sin^2 \omega t \cdot \sin^2 \psi \tag{6.3}$$

で与えられます．この時間平均を散乱X線の強度 I_e と定義します．

$$I_\mathrm{e} = \frac{c}{4\pi}\left(\frac{e^2 E_0}{m_\mathrm{e}c^2 R}\right)^2 \sin^2 \psi \langle \sin^2 \omega t \rangle_t \tag{6.4}$$

一方，入射X線の平均強度は

$$I_0 = \frac{c}{4\pi}E_0^2 \langle \sin^2 \omega t \rangle_t \tag{6.5}$$

なので，

$$\frac{I_\mathrm{e}}{I_0} = \left(\frac{e^2}{m_\mathrm{e}c^2}\right)^2 \frac{\sin^2 \psi}{R^2} \tag{6.6}$$

となります．

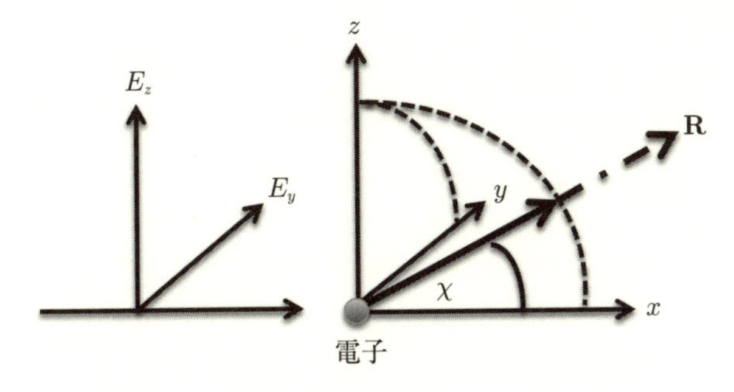

図 6.1　入射電場 $\mathbf{E}$ と電子による散乱方向.

通常の X 線源からの光はその偏光方向が一定ではないので，偏光方向に対して平均操作が必要です．入射 X 線の方向を x 軸に取り，電場 $\mathbf{E}$ を E_y と E_z に分けて考えます．このとき，**図 6.1** のように散乱 X 線を xz 面内に含まれるとすると偏光成分を平均するための計算が簡単になります．散乱角 χ を図 6.1 のようにすると，式 (6.4) において，E_y 成分の振動は $\psi = \frac{\pi}{2}$ にしたものとなり，E_z 成分の振動は $\psi = \frac{\pi}{2} - \chi$ としたものです．偏りに対する平均を取ると入射 X 線は

$$I_0 = \frac{c}{8\pi}\left(\overline{E}_y^2 + \overline{E}_z^2\right) \tag{6.7}$$

であり，散乱 X 線は

$$I_\mathrm{e} = \frac{c}{8\pi}\frac{1}{R^2}\left(\frac{e^2}{m_\mathrm{e}c^2}\right)^2\left(\overline{E}_y^2 + \overline{E}_z^2\cos^2\chi\right) \tag{6.8}$$

となります．完全に偏りがないとすれば $\overline{E}_y = \overline{E}_z$ なので，

$$\frac{I_\mathrm{e}}{I_0} = \frac{1}{R^2}\left(\frac{e^2}{m_\mathrm{e}c^2}\right)^2\frac{1+\cos^2\chi}{2} \tag{6.9}$$

が得られます．これがトムソン (J. J. Thomson) の散乱式と呼ばれるもので，X 線に対する一つの電子からの散乱能の角度と距離依存性を与えます．

もう少し現実的な物質からの散乱を考えると，電子は決して自由電子でなく原子からの力を受けており，かつエネルギーを放出している系として取り扱う必要があります．簡単のために抵抗力と復元力のある系での運動と考えると

$$\ddot{z} + \Gamma\dot{z} + \omega_0^2 = -\frac{eE_0}{m_\mathrm{e}}\mathrm{e}^{i\omega t} \tag{6.10}$$

と表されます．ここで，ω_0 は復元力に伴う固有振動数，Γ は抵抗で，

$$\Gamma = \frac{2}{3}\frac{e^2}{m_e c^3}\omega_0^2 \tag{6.11}$$

です．この式は簡単に解けて，

$$\ddot{z} = -\frac{eE_0}{m_e}\left(1-\left(\frac{\omega_0}{\omega}\right)^2 - i\left(\frac{\Gamma}{\omega}\right)\right)^{-1} e^{i\omega t} \tag{6.12}$$

が得られます．自由電子と比べると ω_0 と Γ の項だけ変化を受けており，この項を異常分散項といいます．この式を見ると，$\omega \sim \omega_0$ のときは異常分散の影響を強く受けますが，それから外れたエネルギーの X 線を用いるときは異常分散の項を無視してもよいことが分かります．

6.2　X 線の発生方法

X 線回折の実験をするためには X 線が必要です．X 線を発生する方法は基本的には 2 種類あります．一つは電子の制動放射を利用する方法です．もう一つは原子の電子レベル間遷移を利用する方法です．

実験室で使用する X 線源は X 線管球にしても回転対陰極型の発生装置にしても加速した電子を金属にあてて発生します．例えば，フィラメントと陰極の間に 60 kV の電圧を掛けて電子を真空中で加速して陰極に衝突させます．電子は 60 keV の運動エネルギーで金属に衝突しますが，衝突のときに加速度を瞬時に受けます．このとき電磁波を出します．原理的には式 (6.1) と同じです．60 keV が全て電磁波に変わる場合もあれば，熱に変わって一部のみが電磁波になることもあります．だいたい 99 %は熱になります．

X 線を発生させるときのエネルギーは例えば 60 kV で加速して 30 mA の電子を流せば 1.8 kW です．この熱を逃がすために通常は水冷します．加熱された部分を順次変えるために金属ドラムを回転させたのが回転対陰極です．60 kV で 300 mA 流せれば 18 kW です．最近は，電子が金属にあたる部分を小さくして電流値を減らす方向にあります．つまり，電子が衝突して X 線が発生する領域，焦点を小さくしたマイクロフォーカスの X 線発生装置です．今まで 1 mmϕ の焦点だとして 30 mA の電子をあてたとします．これを 0.1 mmϕ にして 3 mA にしたとします．すると，発生する全 X 線量 (total flux) は 1/10 に

なりますが，単位面積あたりの X 線は 10 倍に増えています．このような場合，輝度が高いといいます．つまり，狭い範囲がギラギラと光っているのか，広い範囲がボワーと光っているかの違いです．このような輝度の高い X 線を集光ミラーで集めて試料にあてます．例えば，楕円集光を考えるのなら，集光できる面積は発光している面積と等しくなりますので，小さな試料を使うときは輝度が高い方が有利です．

発生する電磁波はエネルギーが連続分布した白色光となります．あまり明確な定義はありませんが，電子が関係して発生した 1 keV 程度以上の電磁波は X 線と呼ばれています．同じエネルギーの電磁波でも，原子核に関係して発生した電磁波は一般的には γ 線と呼ばれていますが，電磁波としては同じものです．**図 6.2** 左に，発生した X 線分布の概念図を示します．最大のエネルギーは加速電圧に等しくて，それ以上の X 線は発生しません．

図中で，非常に鋭く強度がある部分は特性 X 線と呼ばれています．この部分は陰極に用いた金属の種類によります．衝突した電子は陰極の金属原子の電子をはじき飛ばします．K 殻の $1s$ 軌道の電子が伝導電子や真空中に遷移するだけのエネルギーが与えられたとします．そうすると，$1s$ 軌道に空孔ができます．この $1s$ 軌道に開いた穴に上のレベルから電子が落ちてきます．このとき発生する電磁波が K 線です．L 殻の $2p$ 軌道から電子が落ちてきたとき，この電子レベル間遷移で発生する電磁波が K_α 線と呼ばれます．通常 $2p$ 軌道はスピン軌道相互作用により 2 重縮退したレベルと 1 重のレベルに分離しているので，K_α 線は K_{α_1} 線と K_{α_2} 線に分かれて，強度比が 2 : 1 となります．K_{α_1} と K_{α_2} の

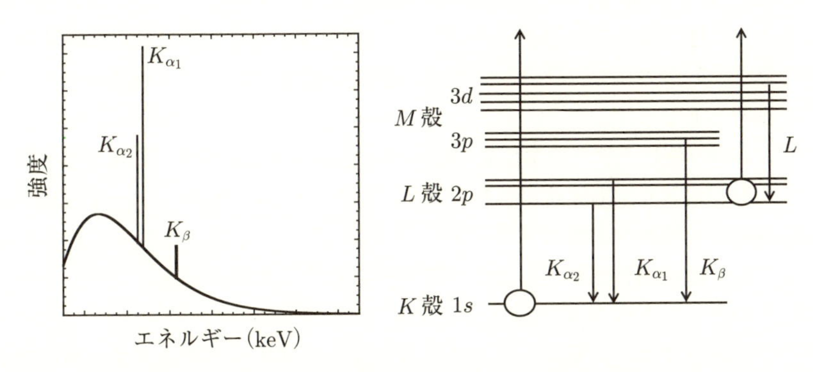

図 6.2 (左) 発生した X 線のエネルギー分布，(右) 電子間遷移と発生する X 線．

エネルギー差は小さくて，加重平均して K_α 線のエネルギーとして取り扱われることもあります．K_α 線より高いエネルギーの所にあるのが K_β 線です．これは M 殻の $3p$ 軌道や N 殻の $4p$ 軌道から $1s$ 軌道への遷移に伴い発生します．K_β 線は何本かの線で構成されますが分離せずに少し幅の広い線になります．例えば，金属が Cu だと，K_α=8.04 keV, K_β=8.90 keV ですし，金属が Mo だと，K_α=17.44 keV, K_β=19.61 keV です．電子遷移の様子を図 6.2 右に示します．もし，L 殻の $2p$ 軌道に空孔ができて M 殻の $3d$ 軌道から遷移するときは L 線と呼ばれます．

X 線の実験をするときには単色化した X 線で実験する方が分かりやすいものです．一つは K_α 線を使用することです．このときには K_β 線が邪魔になりますので除外する必要があります．そのためにはフィルターを使います．フィルターの原理は電子間遷移で X 線を発生させる原理と基本は同じです．X 線が金属に入射されると原子中の電子にエネルギーを与えますが，そのエネルギーが $1s$ 軌道の電子を $2p$ 軌道や伝導電子のレベルにまで上げるだけのエネルギーになると急激にエネルギーの移行が起こり吸収されます．それよりエネルギーが低いとあまり吸収されません．そのために，吸収の度合いはあるエネルギー以上で急激に増えます．このエネルギーを K 吸収端といいます．K_α 線のエネルギーと K_β 線のエネルギーの中間に K 吸収端がある金属薄膜をフィルターとして使うと K 吸収端のエネルギー以上にある X 線は吸収されて弱くなります．例えば，CuK_α に対しては Ni フィルター (K 吸収端は 8.33 keV) が，MoK_α に対しては Zr フィルター (K 吸収端は 18.00 keV) が使用できます．図 6.2 右で，$2p$ 軌道の電子を $3d$ 軌道や伝導電子のレベルにまで上げるだけのエネルギーになるときに伴う吸収を L 吸収端といい，K 吸収端よりはるかに低いエネルギーとなります．この L 吸収端は $3d$ 軌道と密接に関係していて，磁性研究には重要な役割を演じます．

二つ目の方法はミラーの全反射の臨界角を使用する方法です．X 線でもミラーの全反射が起こり，臨界角が存在します．このような X 線用ミラーを作成するのには高度な技術が必要ですが，30 keV 程度以下の X 線用にはすでにこのようなミラーは商品化されています．ミラーに対する入射角を変えてカットオフのエネルギー以上の X 線を除去できます．

三番目の方法は検出器のエネルギー弁別能力を利用する方法です．検出器が X 線のエネルギーを検知してあるエネルギー範囲だけカウントできるのなら，特定のエネルギー範囲だけの X 線を使用した実験ができます．最近は性能のよい検出器が開発されて K_α と K_β を分離できる検出器もあります．

一番よく使われるのがモノクロメータ (monochromator) を利用する方法です．これは，単結晶の回折を利用して特別の波長 (エネルギー) の X 線のみを反射しますが，その原理は 6.3 節で説明することになります．モノクロメータの詳細については中性子の発生方法の 7.2 節で詳しく述べます．

放射光は特別な方法で X 線を発生していると思われるかもしれませんが，原理的にはやはり電子の制動放射です．加速器で加速した電子を電磁石で曲げます．このような電磁石をベンディングマグネットといいます．このとき，電子の進行方向が変わりますが，加速度を受けていることになります．加速度があると電磁波を発生します．原理的には式 (6.1) と同じです．通常の X 線発生装置と違うのは，加速された電子のエネルギーが GeV と非常に大きく，電子の速度が光速度に近いことです．そのために，放射光は相対論効果で非常に狭い方向にだけ放射されます．このような電磁波を放射光といいます．例えば，つくば市にある Photon Factory では加速された電子のエネルギーは 3 GeV ですし，西播磨にある SPring-8 (SuperPhoton-ring-8) では 8 GeV です．ベンディングマグネットでは，上下方向に非常に狭い範囲で放射されて，曲がっていく方向に広がって出ていきます．さらに進んだ方法として開発されたのが，ウィグラーとアンデュレーターです．ウィグラーでは強い磁場で大きく曲げて高いエネルギーの X 線を発生します．一方，アンデュレーターでは，直線方向に比較的弱い磁場で NS を繰り返しながら何度も曲げて X 線を発生します．このときに，発生した電磁波が干渉を起こして，エネルギーごとで強弱が起こり，強い放射光が発生します．まるで，虹のようになります．このために，あるエネルギーの X 線の強度が非常に大きくなります．また，X 線の進行方向も非常に平行度がよい光となります．X 線のエネルギーを変化させるのには磁場の大きさを変えますが，磁石の NS の隙間距離を変えることにより磁場の大きさを変えます．

6.3　結晶による回折

ここから結晶による回折現象をどう記述するかを説明しますが，実空間での議論，例えばミラー指数や面間隔等の説明はほとんどしません．全て逆格子空間で議論します．これの方が圧倒的に理解しやすいし，見通しもよいのですが，何故か逆格子を毛嫌いする方もいます．この教科書を読めば，逆格子がいかに簡単で便利かがすぐに分かってもらえると思います．

6.3.1　回折の幾何学とブラッグ反射の式

ここからは，電子が空間的に密度 $\rho(\mathbf{r})$ で分布した試料に X 線が入射し，ある角度 2θ 方向に散乱された場合を考えましょう．本当は回折現象を考えるのですが，まずは，理由を問わずに**図 6.3** のように散乱されたとしましょう．入射 X 線の波数ベクトルを $\mathbf{k}_\mathrm{i}$，散乱 X 線の波数ベクトルを $\mathbf{k}_\mathrm{f}$ とします．

ここで，ベクトルの大きさは

$$k_\mathrm{i} = |\mathbf{k}_\mathrm{i}| = \frac{1}{\lambda_\mathrm{i}}, \quad k_\mathrm{f} = |\mathbf{k}_\mathrm{f}| = \frac{1}{\lambda_\mathrm{f}} \tag{6.13}$$

と定義します．k は (長さ)$^{-1}$ の次元をもっていることに注意して下さい．固体

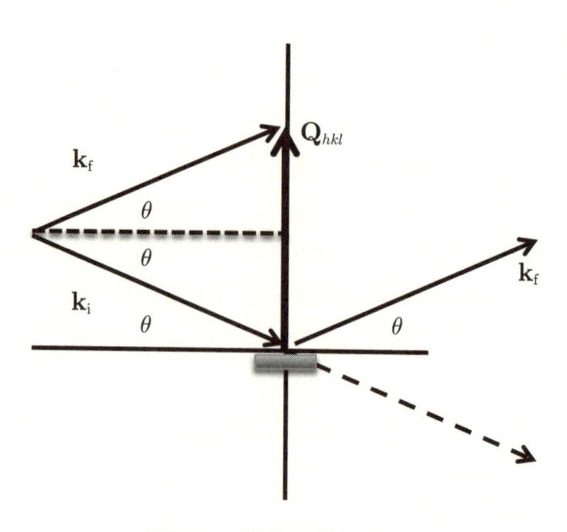

図 6.3　散乱の幾何学．

物理では式 (6.13) ではなく，2π を含んだ

$$k_{\rm i} = |\mathbf{k}_{\rm i}| = \frac{2\pi}{\lambda_{\rm i}} \tag{6.14}$$

のように定義されることが多いのですが，この教科書では結晶学で使用される 2π を含まない式 (6.13) の定義に従います．また，波動ベクトル (wave vector) とか波数ベクトル (wave number vector) とか色々な呼び方がされますが，2π が入ると波動ベクトル，2π が入らないと波数ベクトルと呼ばれる傾向があります．

X 線を光子と考えると，図 6.3 の散乱問題は次の運動量保存則とエネルギー保存則を満たしています．

$$h\mathbf{k}_{\rm f} - h\mathbf{k}_{\rm i} = h\mathbf{Q}_{hkl} \qquad (\text{運動量}) \tag{6.15}$$

$$E_{\rm f} - E_{\rm i} = \Delta E \qquad (\text{エネルギー}) \tag{6.16}$$

ここで，量子力学で明らかにされたように，$\mathbf{p}=h\mathbf{k}$ であり，$E=h\nu$ です．光子のエネルギーの部分はプランクの光量子で

$$h\nu_{\rm f} - h\nu_{\rm i} = h\Delta\nu \tag{6.17}$$

と書き表されます．もし，式 (6.14) のように 2π を含んだ定義を使用するときは，プランク定数 h の代わりにディラック定数 $\hbar$ を使用し，振動数 ν の代わりに角振動数 ω を使用します．

$\mathbf{Q}_{hkl}$ は図 6.3 で示したベクトルであり，$\mathbf{k}$ と同じく長さの逆数の次元をもつベクトルで，逆格子ベクトル (reciprocal lattice vector) と呼ばれています．$\mathbf{Q}$ や後に出てくる $\mathbf{q}$ は，$\mathbf{K}$ や $\mathbf{k}$ と書かれることも多いのですが，似たような記号が多数出るのでここでは $\mathbf{Q}$ と $\mathbf{q}$ を使うことにします．ここから大事なことは，λ という長さの実空間ではなく，$\mathbf{k}$ という運動量空間あるいは波数ベクトル空間という長さの逆数の空間の量で考えていきます．

一般的に，三次元空間にある任意のベクトルは一次独立な三つのベクトル（大きさは 1 である必要もないし直交系である必要もない）の一次結合として表されます．

$$\mathbf{Q}_{hkl} = h\mathbf{a}^* + k\mathbf{b}^* + l\mathbf{c}^* \quad (hkl): \quad \text{有理数} \tag{6.18}$$

このような意味で，ベクトル $\mathbf{Q}$ に hkl の足を付けています．一般的には，(hkl) は整数である必要もありません．この $h\mathbf{Q}$ は運動量と同等のものですが，正確には結晶運動量と呼ばれています．この時点では，h, k, l, $\mathbf{a}^*$, $\mathbf{b}^*$, $\mathbf{c}^*$ の性質が何かも問題にしないこととします．

まずエネルギー保存則を考えてみましょう．X 線の波長は $\lambda \sim 1$ Å ですから，そのエネルギーは $E = h\nu = h\frac{c}{\lambda} = hck$ で計算できて，$E \sim 12.4$ keV となります．このような X 線が入射して散乱されるときに試料とエネルギー ΔE をやり取りします．通常，ΔE は格子の熱振動程度であり，1 meV から 10 meV 程度を考えればよいのですが，もしこれよりはるかに大きなエネルギーのやり取りがあると試料の性質そのものが変化してしまいます．このことは，10 keV 程度の X 線が入射して，たかだか 1 meV から 10 meV 程度のエネルギーを失い，10 keV 程度のエネルギーで散乱されていることになります．このことを式で書くと，

$$E_\mathrm{f} - E_\mathrm{i} \sim 0 \tag{6.19}$$

となります．通常はこのエネルギーのやり取りをゼロとおいて，弾性散乱 (elastic scattering) の近似といいます．つまり，

$$E_\mathrm{f} - E_\mathrm{i} = 0 \quad (k_\mathrm{f} - k_\mathrm{i} = 0) \tag{6.20}$$

として取り扱います．

弾性散乱のときは図 6.3 の三角形が二等辺三角形となります．以下，$k_\mathrm{i}{=}k_\mathrm{f}{=}k$ と書くことにして，運動量の保存則にあたる式 (6.15) のスカラー成分のみを考えると二等辺三角形の性質から

$$2k \sin\theta = Q_{hkl} \tag{6.21}$$

となります．ここで，$Q_{hkl}{=}|\mathbf{Q}_{hkl}|$ です．この式がブラッグ反射の式

$$2d_{hkl} \sin\theta = \lambda \tag{6.22}$$

と等価となります．つまり，

$$Q_{hkl} = \frac{1}{d_{hkl}} \tag{6.23}$$

です．式 (6.21) はブラッグ反射の式 (Bragg equation) の逆格子での表現となっています．ブラッグ反射の式は弾性散乱のときの運動量保存則に由来している

ことが分かります．本来，ブラッグ反射の式は，実空間における面間隔 d の原子面における波の干渉の式から

$$2d\sin\theta = n\lambda \tag{6.24}$$

と導出されるものです．このとき大事なこととして，反射 (reflection) という言葉が使われていますが，本当は波の干渉による回折 (diffraction) です．しかしながら，ラウエの実験を原子面による反射として解釈した William Lawrence Bragg の説明は直感的に分かりやすいので今でもそのような言葉が使われています．

図 6.3 は，見方を変えると原点に置いた原子面に角度 θ で $\mathbf{k}_\mathrm{i}$ が入射し，角度 θ で $\mathbf{k}_\mathrm{f}$ として鏡の反射のように出ていくように見えます．大事なこととして，逆格子ベクトル $\mathbf{Q}_{hkl}$ はこの原子面に垂直です．そこで，この原子面を (hkl) 面と呼びます．式 (6.22) と式 (6.23) の d_{hkl} は (hkl) 面の原子面間距離です．

式 (6.15) を少し変形してみます．$\mathbf{k}_\mathrm{f}^2$=($\mathbf{k}_\mathrm{i}$ + $\mathbf{Q}_{hkl})^2$ から

$$\mathbf{k}_\mathrm{i}\cdot\hat{\mathbf{Q}}_{hkl} = -\frac{1}{2}Q_{hkl} \tag{6.25}$$

が得られます．ここで，$\hat{\mathbf{Q}}_{hkl}$ は $\mathbf{Q}_{hkl}$ の単位ベクトルです．したがって，この式の左辺は $\mathbf{k}_\mathrm{i}$ の $\hat{\mathbf{Q}}_{hkl}$ への射影となっています．この式でも，$-\cos(\frac{\pi}{2}-\theta)$ が出て，$\sin\theta$ となり，式 (6.21) が得られます．

Q_{hkl} は d_{hkl} よりも簡単に計算できます．式 (6.18) から Q_{hkl} を求めるのは簡単で，

$$\begin{aligned}Q_{hkl}^2 &= \mathbf{Q}_{hkl}\cdot\mathbf{Q}_{hkl}\\ &= h^2a^{*2}+k^2b^{*2}+l^2c^{*2}\\ &\quad + 2hka^*b^*\cos\gamma^* + 2klb^*c^*\cos\alpha^* + 2lhc^*a^*\cos\beta^*\end{aligned} \tag{6.26}$$

となります．ここで，α^* は $\mathbf{b}^*$ と $\mathbf{c}^*$ との間の角度，β^* は $\mathbf{c}^*$ と $\mathbf{a}^*$ との間の角度，γ^* は $\mathbf{a}^*$ と $\mathbf{b}^*$ との間の角度です．面間隔 d_{hkl} は式 (6.23) のように $(Q_{hkl})^{-1}$ で求まります．

6.3.2 干渉効果による回折

前節の図 6.3 では回折として強い散乱 $\mathbf{k}_\mathrm{f}$ が起こったらどうなるかを議論しました．この節では，干渉効果として結晶で波の回折が起こる条件を調べてみま

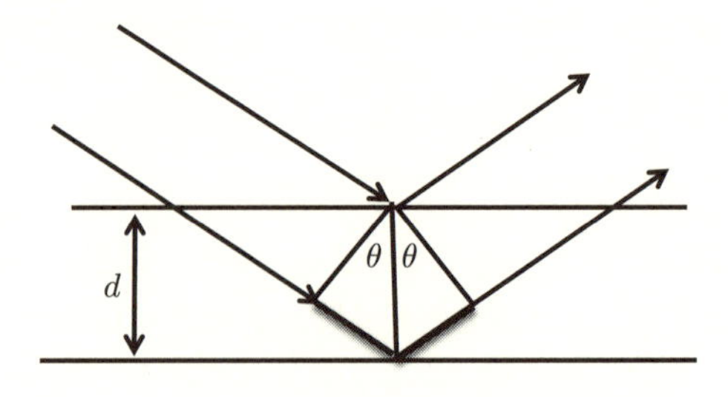

図 6.4　2 枚の面からの散乱と波の干渉効果.

しょう．まずは，よく知られた 2 枚の面からの散乱の干渉効果を復習してみます．**図 6.4** で，下の面と上の面での散乱による光路差が波長の整数倍のときに波は強め合い回折が起こります．ここで，光路差

$$\Delta\xi = 2d\sin\theta \tag{6.27}$$

そのものが大事ではなく

$$\mathrm{e}^{-2\pi ik\Delta\xi} = 1 \tag{6.28}$$

での位相差が重要です．つまり，

$$k\Delta\xi = n \tag{6.29}$$

のときに位相がそろって強め合い，回折が起こります．式 (6.29) と式 (6.27) から実空間でのブラッグの式 (6.24) あるいは式 (6.22) となります．面間隔としては，$d_n = d/n = d_{hkl}$ と考えればよいことになります．

次に，たくさんある原子あるいはそれに付随した電子から散乱した平面波の重ね合わせを考えましょう．$+\mathbf{k}$ 方向に進む波は $\exp(2\pi i(\nu t - \mathbf{k}\cdot\mathbf{r}))$ と書かれます．**図 6.5** に示したように，まず，入射 X 線 $\exp(2\pi i(\nu t - \mathbf{k}_\mathrm{i}\cdot\mathbf{r}))$ が原点 O で散乱されて $\exp(2\pi i(\nu t - \mathbf{k}_\mathrm{f}\cdot\mathbf{r}))$ の平面波として R に到達したとします．これは原点にある 1 個の電子からの散乱と全く同じ取り扱いで，原子の周りの微小体積 dV の電荷を $e\rho(0)dV$ と書くだけで，散乱 X 線強度 $I_\mathrm{e}(\rho(0)dV)^2$ を与えます．ここで，電子分布を $\rho(\mathbf{r})$ として表し，I_e は式 (6.8) や式 (6.9) で与えられているトムソン散乱の項です．位置 $\mathbf{r}$ にある電荷からの散乱強度は，全く同様に $I_\mathrm{e}(\rho(\mathbf{r})dV)^2$ となります．

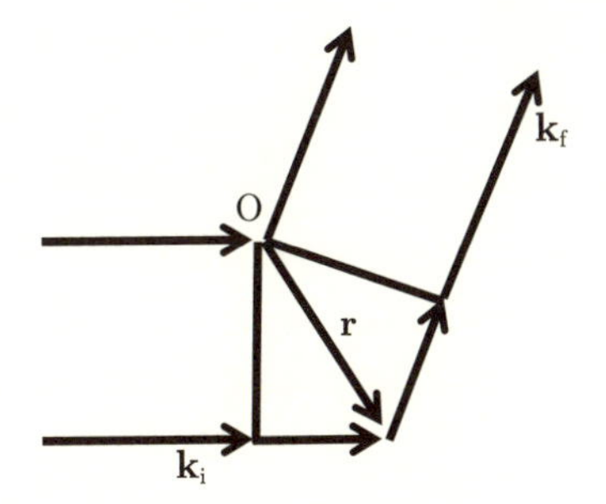

図 6.5　r からの散乱の位相差.

そこで，この 2 箇所からの波の位相差を計算しましょう．図 6.5 から分かるように，ベクトル $\mathbf{r}$ の $\mathbf{k}_\mathrm{i}$ と $\mathbf{k}_\mathrm{f}$ への射影を考えればよいことになり，点 $\mathbf{r}$ からの散乱波は原点 O からの散乱波を基準にして $-\mathbf{k}\cdot\mathbf{r}$ の項は $\exp(2\pi i(\mathbf{k}_\mathrm{i}-\mathbf{k}_\mathrm{f})\cdot\mathbf{r})$ のように位相が遅れていることになります．ここで，図の関係では $\mathbf{k}_\mathrm{i}\cdot\mathbf{r}\geq 0$ であり，$\mathbf{k}_\mathrm{f}\cdot\mathbf{r}\leq 0$ です．固体物理で $\mathbf{k}$ の中に 2π を含ませるのは，このような計算を何度も行うので，exp の中の 2π を書かなくてすむようにしています．この教科書では少し煩雑になりますが，$\mathbf{k}$ の中に 2π を含まない結晶学の定義を使用して，exp の中の 2π を書くようにします．

試料全体からの波の重ね合わせの結果，点 R での散乱波の強度はその振幅の二乗で与えられ，

$$I = I_\mathrm{e}\left|\int \rho(\mathbf{r})\mathrm{e}^{2\pi i(\mathbf{k}_\mathrm{i}-\mathbf{k}_\mathrm{f})\cdot\mathbf{r}}dV\right|^2 \tag{6.30}$$

となります．トムソン散乱の項以外の波の重ね合わせの部分を

$$F_\mathrm{sample}(\mathbf{Q}) = \int_\mathrm{all}\rho(\mathbf{r})\mathrm{e}^{-2\pi i\mathbf{Q}\cdot\mathbf{r}}dV \tag{6.31}$$

と定義します．ここで，式 (6.15) から

$$\mathbf{Q} = \mathbf{k}_\mathrm{f} - \mathbf{k}_\mathrm{i} \tag{6.32}$$

と置き換えています．式 (6.31) の $F(\mathbf{Q})$ は散乱波の複素振幅で，その二乗が強度となります．また，式 (6.31) の別の意味合いは，電子密度 $\rho(\mathbf{r})$ のフーリエ変換 (Fourier transform) となっていることです．

ここからは，結晶の性質を利用して式 (6.31) の計算を進めていきましょう．

電子密度 $\rho(\mathbf{r})$ に結晶の特徴をもたせます．結晶の並進対称性は式 (2.1) から

$$\rho(\mathbf{r}_n) = \rho(\mathbf{r}_\mathrm{o} + \mathbf{t}_n) \tag{6.33}$$

と表されます．ここで，$\rho(\mathbf{r}_\mathrm{o})$ は原点にある単位格子内での電子分布，$\mathbf{t}_n$ は結晶の並進対称性で式 (2.1) と同じもので

$$\mathbf{t}_n = n_1\mathbf{a} + n_2\mathbf{b} + n_3\mathbf{c}, \quad (n_1, n_2, n_3 : \text{整数}) \tag{6.34}$$

です．したがって，式 (6.31) の試料全体の散乱振幅は

$$F_\mathrm{sample}(\mathbf{Q}) = \int_\mathrm{o} \rho(\mathbf{r}_\mathrm{o})\mathrm{e}^{-2\pi i\mathbf{Q}\cdot\mathbf{r}_\mathrm{o}} dV_\mathrm{o} \cdot \sum_{n_1n_2n_3}^{N_1N_2N_3} \mathrm{e}^{-2\pi i\mathbf{Q}\cdot\mathbf{t}_n} \tag{6.35}$$

と，単位胞内での積分と結晶の並進対称性の部分に分離されます．散乱強度は散乱振幅の二乗です．式の前半の原点にある単位胞内での散乱振幅にあたる $F_\mathrm{unitcell}(\mathbf{Q})$ を構造因子と呼びます．ここからは，$F_\mathrm{unitcell}(\mathbf{Q})$ を簡単のために $F(\mathbf{Q})$ と書くことにします．後半の並進対称性からくる項をラウエ関数と呼びます．N_1, N_2, N_3 は単位胞の数で，アボガドロ数ぐらいの大きな数です．ラウエ関数という言葉は，式 (6.35) の後半の式そのものを指す場合と，二乗したものを指す場合があります．この教科書では，次に示すように二乗したものを指すことにします．散乱強度は散乱振幅の二乗ですから，入射強度 I_0 で規格化した強度は

$$I/I_0 = I_\mathrm{e}|F(\mathbf{Q})|^2 L(h, k, l; N_1, N_2, N_3) \tag{6.36}$$

$$F(\mathbf{Q}) = \int \rho(\mathbf{r})\mathrm{e}^{-2\pi i\mathbf{Q}\cdot\mathbf{r}} dV \tag{6.37}$$

$$L(h, k, l; N_1, N_2, N_3) = \left| \sum_{n_1n_2n_3}^{N_1N_2N_3} \mathrm{e}^{-2\pi i\mathbf{Q}\cdot\mathbf{t}_n} \right|^2 \tag{6.38}$$

と書けます．原点を表す添え字は省いて簡単に $\mathbf{r}$ や V としています．回折強度の意味は

$$|F(\mathbf{Q})|^2 = F(\mathbf{Q})F^*(\mathbf{Q}) = \iint \rho(\mathbf{r})\rho(\mathbf{r}')\mathrm{e}^{-2\pi i\mathbf{Q}\cdot(\mathbf{r}-\mathbf{r}')} dV dV' \tag{6.39}$$

と，散乱体の密度二体相関関数のフーリエ変換になっていることです．

6.3.3 ラウエ関数と逆格子単位胞の基本ベクトル

まず，ラウエ関数 $L(h,k,l;N_1,N_2,N_3)$ の性質を見てみましょう．逆格子ベクトル $\mathbf{Q}$ は式 (6.18) で述べたように任意の一次独立な三つのベクトル $\mathbf{a}^*,\mathbf{b}^*,\mathbf{c}^*$ の一次結合として表されます．

$$\mathbf{Q}_{hkl} = h\mathbf{a}^* + k\mathbf{b}^* + l\mathbf{c}^* \tag{6.40}$$

問題は，この任意といった $\mathbf{a}^*,\mathbf{b}^*,\mathbf{c}^*$ をどのように取ると一番便利なのかです．一番便利なのは，

$$\mathbf{a}^* = \frac{\mathbf{b}\times\mathbf{c}}{\mathbf{a}\cdot\mathbf{b}\times\mathbf{c}},\quad \mathbf{b}^* = \frac{\mathbf{c}\times\mathbf{a}}{\mathbf{a}\cdot\mathbf{b}\times\mathbf{c}},\quad \mathbf{c}^* = \frac{\mathbf{a}\times\mathbf{b}}{\mathbf{a}\cdot\mathbf{b}\times\mathbf{c}} \tag{6.41}$$

です．ここで，$\mathbf{a},\mathbf{b},\mathbf{c}$ は結晶の並進対称性のベクトルで，単位胞の各辺の格子ベクトルです．また，$V = \mathbf{a}\cdot\mathbf{b}\times\mathbf{c}$ は単位胞の体積です．$\mathbf{a}^*,\mathbf{b}^*,\mathbf{c}^*$ は逆格子単位胞の基本ベクトルと呼ばれます．何故このように取ると便利かというと，

$$\begin{aligned}
&\mathbf{a}^*\cdot\mathbf{a} = 1,\quad \mathbf{a}^*\cdot\mathbf{b} = 0,\quad \mathbf{a}^*\cdot\mathbf{c} = 0\\
&\mathbf{b}^*\cdot\mathbf{a} = 0,\quad \mathbf{b}^*\cdot\mathbf{b} = 1,\quad \mathbf{b}^*\cdot\mathbf{c} = 0\\
&\mathbf{c}^*\cdot\mathbf{a} = 0,\quad \mathbf{c}^*\cdot\mathbf{b} = 0,\quad \mathbf{c}^*\cdot\mathbf{c} = 1
\end{aligned} \tag{6.42}$$

という性質のために，式 (6.38) のラウエ関数の計算が次のように簡単になります．

$$L = \left|\sum_{n_1}^{N_1} \mathrm{e}^{-2\pi i h n_1}\right|^2 \cdot \left|\sum_{n_2}^{N_2} \mathrm{e}^{-2\pi i k n_2}\right|^2 \cdot \left|\sum_{n_3}^{N_3} \mathrm{e}^{-2\pi i l n_3}\right|^2 \tag{6.43}$$

ちなみに，固体物理での定義は，式 (6.41) の右辺に 2π を掛けます．そのために，式 (6.42) の右辺にも 2π が掛かりますが，式 (6.37) や式 (6.38) の exp の項には 2π が掛からなくなります．固体物理での逆格子単位胞の基本ベクトルは式 (6.41) に対して

$$\mathbf{a}^* = 2\pi\frac{\mathbf{b}\times\mathbf{c}}{\mathbf{a}\cdot\mathbf{b}\times\mathbf{c}},\quad \mathbf{b}^* = 2\pi\frac{\mathbf{c}\times\mathbf{a}}{\mathbf{a}\cdot\mathbf{b}\times\mathbf{c}},\quad \mathbf{c}^* = 2\pi\frac{\mathbf{a}\times\mathbf{b}}{\mathbf{a}\cdot\mathbf{b}\times\mathbf{c}} \tag{6.44}$$

となり，値が 1 桁ほど違ってくるので注意して下さい．議論するときには常に 2π を含んだ定義か，2π を含まない定義かを確認して下さい．

ラウエ関数の性質は，式 (6.43) を解析的に解かなくても複素指数関数の性質から簡単に推測できます．$\exp(-2\pi i h n_1)$ は hn_1 が整数のときは 1 となりますが，非整数のときは複素数となり，hn_1 により様々な値を取ります．そこで，アボガドロ数ほどの大きな N_1 だけ足し算すると hn_1 が非整数のときは合計が 0 となります．他方，hn_1 が整数のときはその合計が N_1 となりますので，

$$L = (N_1 N_2 N_3)^2, \quad (h, k, l : \text{整数})$$
$$L = 0 \qquad\qquad (h, k, l : \text{非整数}) \tag{6.45}$$

です．もちろん，式 (6.43) は等比数列の和の公式を使って解析的に解けます．結果は，

$$L = \frac{\sin^2(\pi h N_1)}{\sin^2(\pi h)} \cdot \frac{\sin^2(\pi k N_2)}{\sin^2(\pi k)} \cdot \frac{\sin^2(\pi l N_3)}{\sin^2(\pi l)} \tag{6.46}$$

となります．この式の導出は各自行って下さい．

式 (6.46) の性質を見るために

$$\frac{\sin^2(\pi h N_1)}{\sin^2(\pi h)} \tag{6.47}$$

をもう少し詳しく見てみましょう．h=$n + \Delta h$ とおいて h が整数の近くを調べます．$\Delta h N_1 \ll 1$ では分母も分子もテイラー展開できて，$(\Delta h N_1)^2/(\Delta h)^2$ から $\Delta h \to 0$ で N_1^2 となります．Δh=$1/N_1$ では分子は 0 となり，分母はテイラー展開できて，結果は $0/(\pi/N_1)^2$=0 です．Δh=$1/(2N_1)$ では同様に $(1)^2/(\pi/2N_1)^2$=$4N_1^2/\pi^2$ です．ラウエ関数は Δh とともに急速に小さな値になる非常に急峻な関数で，式 (6.45) と本質的に同じです．そこで，この教科書では形式的にラウエ関数を δ-関数で書き表します．式 (6.36) を

$$I/I_0 = N I_{\mathrm{e}} |F(\mathbf{Q})|^2 \delta(\mathbf{Q} - \mathbf{Q}_n) \tag{6.48}$$

と書き表し，

$$\mathbf{Q}_n = \mathbf{Q}_{hkl}$$
$$= h\mathbf{a}^* + k\mathbf{b}^* + l\mathbf{c}^* \quad (h, k, l : \text{整数}) \tag{6.49}$$

とします．誤解が生じないときは $\mathbf{Q}_n$ の代わりに $\mathbf{Q}_{hkl}$ を使用します．N は単位胞の数で，$N_1 N_2 N_3$ です．回折による散乱強度，式 (6.48) で単位胞内の構造

を反映しているのは $F(\mathbf{Q}_{hkl})$ であり，これを構造因子 (structure factor) と呼びます． なぜ，$\mathbf{Q}_{hkl}$ が逆格子ベクトル (reciprocal lattice vector) と 呼ばれているかというと，(長さ) の逆の次元をもち (hkl) が整数で $(\mathbf{a}^*, \mathbf{b}^*, \mathbf{c}^*)$ による格子（逆格子）を作っているからです．

通常の単結晶の回折実験は，三次元逆格子点に現れるブラッグ反射の測定を行うことになります．式 (6.49) で示されている整数の格子点にブラッグ反射が現れます．回折実験は，$\mathbf{k}_\mathrm{i}$ という入射波を入れて，$\mathbf{k}_\mathrm{f}$ という散乱波が 2θ に出ていきます．この様子を**図 6.6** に示します．全ての回折実験はこのような図が基本となります．

ラウエ関数の様子をもう少し視覚的に見るために，式 (6.47) を N=5 と N=20 で計算したものを**図 6.7** に示します．N=5 の場合ではピーク値は 25 と小さく幅が広く，さらに，小さなピークがいくつか見えます．一方，N=20 の場合ではピーク値は 400 と大きく幅が狭くて小さなピークも見えません．実際の結晶では $N=10^{23}$ 程度の大きな値ですので，はるかにシャープな関数になります．そういう意味で，ラウエ関数を δ-関数で代用してもそれほど問題ありません．

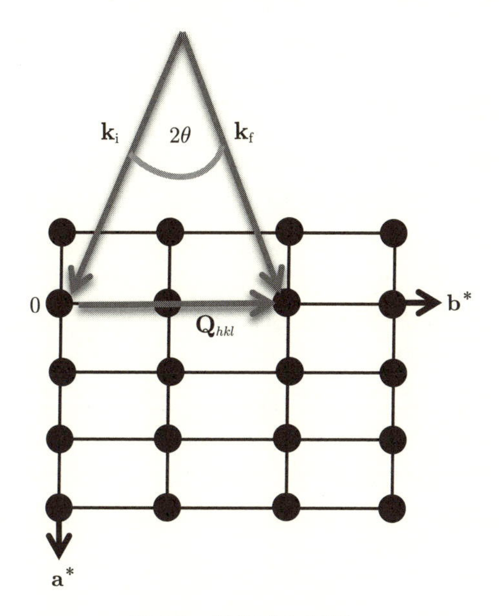

図 6.6 逆格子と回折．

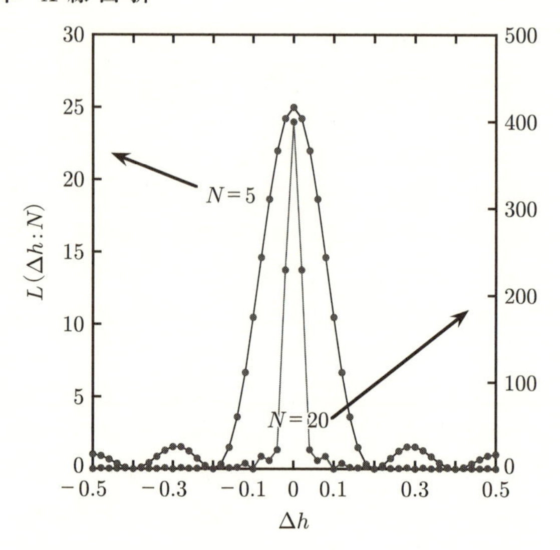

図 6.7　ラウエ関数の N=5 と N=20 の場合.

しかしながら，もし，薄膜や微粒子で N が小さな値であり，かつ N の値がいくらなのかが重要なときはラウエ関数そのものの解析が必要になります.

6.3.4　構造因子 $F(\mathbf{Q}_{hkl})$

これまでの議論で，ブラッグ反射が現れる散乱角 2θ（ブラッグ反射角）は $\mathbf{Q}= \mathbf{Q}_n= \mathbf{Q}_{hkl}$ と (hkl) が整数の逆格子点のみであることが散乱の式のラウエ関数の部分から分かりました．実験では，この (hkl) が整数の逆格子点 $\mathbf{Q}_{hkl}$ での散乱強度 $|F(\mathbf{Q}_{hkl})|^2$ を測定します．6.3.1 節で述べたように，$\mathbf{Q}_{hkl}$ は (hkl) 面に垂直です．実空間での面指数 (hkl) はミラー指数と呼ばれていて実空間での定義が与えられています．しかしながら，この教科書ではあえて実空間のミラー指数，方向指数，面間隔などの詳細な議論をしないことにします．必要になれば，計算の簡単な逆格子で調べておいてから，例えば式 (6.23) で面間隔は計算できます．実空間での (hkl) 面は $(\mathbf{a}/h, \mathbf{b}/k, \mathbf{c}/l)$ の三つのベクトルの先を含む面です．この面内では，二つのベクトル $\mathbf{r}_1$ と $\mathbf{r}_2$ が，

$$\begin{aligned} \mathbf{r}_1 &= \mathbf{a}/h - \mathbf{b}/k \\ \mathbf{r}_2 &= \mathbf{b}/h - \mathbf{c}/l \end{aligned} \tag{6.50}$$

となりますので，

$$\mathbf{Q}_{hkl} \cdot \mathbf{r}_1 = 0$$
$$\mathbf{Q}_{hkl} \cdot \mathbf{r}_2 = 0 \tag{6.51}$$

となります．つまり，(hkl) 面内のベクトル $\mathbf{r}_{hkl}=x\mathbf{r}_1 + y\mathbf{r}_2$ は全て $\mathbf{Q}_{hkl}$ と垂直となります．

$$\mathbf{Q}_{hkl} \cdot \mathbf{r}_{hkl} = 0 \tag{6.52}$$

単位胞内の構造を反映している構造因子をもう少し詳しく見てみましょう．

$$F(\mathbf{Q}_{hkl}) = \int \rho(\mathbf{r})\mathrm{e}^{-2\pi i \mathbf{Q}_{hkl}\cdot\mathbf{r}} dV \tag{6.53}$$

という式から分かるように，$F(\mathbf{Q}_{hkl})$ は単位胞内の電子密度分布 $\rho(\mathbf{r})$ のフーリエ変換になっていますので，実験的に $F(\mathbf{Q}_{hkl})$ が求まれば逆フーリエ変換 (inverse Fourier transform) で

$$\rho(\mathbf{r}) = \sum_{hkl} F(\mathbf{Q}_{hkl})\mathrm{e}^{2\pi i \mathbf{Q}_{hkl}\cdot\mathbf{r}} \tag{6.54}$$

と電子密度分布 $\rho(\mathbf{r})$ が求まります．つまり，実験で得られる $F(\mathbf{Q}_{hkl})$ はフーリエ級数 (Fourier series) の係数になっています．この手続きは，一般的に構造解析と呼ばれ，固体物理や材料科学，あるいは化学や構造生物学の基礎となる実験手段です．ただし，それ程簡単でないのは，干渉効果により強く散乱された回折強度，ブラッグ反射強度は $|F(\mathbf{Q}_{hkl})|^2$ なので，複素散乱振幅の $|F(\mathbf{Q}_{hkl})|\mathrm{e}^{i\alpha}$ の位相部分 $\mathrm{e}^{i\alpha}$ は失われています．そのために，構造解析では，位相部分を何らかの方法で回復させる必要があります．

いくつかの近似をして，構造因子 $F(\mathbf{Q}_{hkl})$ の性質をもう少し詳しく見ましょう．まず，Z_j 個の電子が原子位置 $\mathbf{r}_j$ に集中しているという近似にしてみましょう．

$$\rho(\mathbf{r}) = \sum_j Z_j \delta(\mathbf{r} - \mathbf{r}_j) \tag{6.55}$$

構造因子は簡単に計算できて，

$$F(\mathbf{Q}_{hkl}) = \int \sum_j Z_j \delta(\mathbf{r} - \mathbf{r}_j)\mathrm{e}^{-2\pi i \mathbf{Q}_{hkl}\cdot\mathbf{r}} dV$$

$$= \sum_j Z_j \mathrm{e}^{-2\pi i \mathbf{Q}_{hkl}\cdot\mathbf{r}_j} \tag{6.56}$$

となります．j に対する和は単位胞内の全ての原子に対して行います．例として，CsClで計算してみましょう．この結晶は立方晶で空間群は $Pm\bar{3}m$ でいわゆるCsCl構造をしています．j=1 に Cs^+, j=2 に Cl^- を取ることにすると，$\mathbf{r}_1$=000, $\mathbf{r}_2=\frac{1}{2}\frac{1}{2}\frac{1}{2}$, Z_1=54, Z_2=18, $|\mathbf{a}|=|\mathbf{b}|=|\mathbf{c}|$, $|\mathbf{a}^*|=|\mathbf{b}^*|=|\mathbf{c}^*|$ です．構造因子 $F(hkl)$ は，

$$Z_1 + Z_2\mathrm{e}^{-i\pi(h+k+l)} = \begin{cases} Z_1 + Z_2 = 72, & (h+k+l=2n) \\ Z_1 - Z_2 = 36, & (h+k+l=2n+1) \end{cases}$$

となります．したがって，$h+k+l$=$2n$ のブラッグ反射と $h+k+l$=$2n+1$ のブラッグ反射の強度比は 4:1 となり，(hkl) によらずにこの2種類の強度しか存在しません．つまり，電荷が δ 関数のように点状に集中して空間的に広がっていなければ，回折強度 $|F(Q_{hkl})|^2$ は $|Q_{hkl}|$ によらず一定になります．

もう少しよいモデルとして球状に電荷が広がった場合を考えてみましょう．簡単のために原子が単位胞の原点に一つだけある場合を考えます．

$$\rho(\mathbf{r}) = f_0\mathrm{e}^{-(r^2/a_0^2)} \tag{6.57}$$

ここでは証明しませんが，微分方程式と部分積分の方法およびガウス積分から以下の式が得られます．

$$g(k) = \int \mathrm{e}^{-ax^2}\mathrm{e}^{-ikx}dx = \sqrt{\frac{\pi}{a}}\mathrm{e}^{-(\frac{k^2}{4a})} \tag{6.58}$$

つまり，ガウス関数のフーリエ変換はガウス関数になります．そうすると，原点においた球対称の電荷分布の一次元のフーリエ変換は

$$\begin{aligned} f(Q) &= \int f_0\mathrm{e}^{-(r/a_0)^2}\mathrm{e}^{-2\pi iQr}dr \\ &= \sqrt{\pi}a_0 f_0 \mathrm{e}^{-(\pi a_0 Q)^2} \end{aligned} \tag{6.59}$$

で，$f(Q)$ は Q が増大するとガウス関数的に減少します．単位胞に j 個の原子がある場合の三次元フーリエ変換はもう少し複雑です．

$$\begin{aligned}\rho(\mathbf{r}) &= \sum_j \rho_j(\mathbf{r}-\mathbf{r}_j) \\ &= \sum_j f_j \mathrm{e}^{-(\mathbf{r}-\mathbf{r}_j)^2/a_{0j}^2} \end{aligned} \tag{6.60}$$

式 (6.53) に代入すると，

$$\begin{aligned}F(\mathbf{Q}_{hkl}) &= \int \rho(\mathbf{r})\mathrm{e}^{-2\pi i\mathbf{Q}_{hkl}\cdot\mathbf{r}}dV \\ &= \sum_j \int \rho_j(\mathbf{r}-\mathbf{r}_j)\mathrm{e}^{-2\pi i\mathbf{Q}_{hkl}\cdot\mathbf{r}}dV \\ &= \sum_j f_j \int \mathrm{e}^{-(r'/a_{0j})^2}\mathrm{e}^{-2\pi i\mathbf{Q}_{hkl}\cdot(\mathbf{r}'+\mathbf{r}_j)}4\pi r'^2 dr' \\ &= \sum_j f_j(Q)\mathrm{e}^{-2\pi i\mathbf{Q}_{hkl}\cdot\mathbf{r}_j} \end{aligned} \tag{6.61}$$

となります．ここで，

$$f_j(Q_{hkl}) = 4\pi f_j \int \mathrm{e}^{-(r'/a_{0j})^2}\mathrm{e}^{-2\pi i\mathbf{Q}_{hkl}\cdot\mathbf{r}'}r'^2 dr' \tag{6.62}$$

です．ここでも証明しませんが，式 (6.58) に対応して $x^2\mathrm{e}^{-ax^2}$ のフーリエ変換は

$$g(k) = \int x^2\mathrm{e}^{-ax^2}\mathrm{e}^{-ikx}dx = \frac{1}{4}\sqrt{\frac{\pi}{a^3}}\mathrm{e}^{-\frac{k^2}{4a}(2-\frac{k^2}{a})} \tag{6.63}$$

と求まります．したがって，$f_j(Q_{hkl})$ は単純なガウス関数ではありませんが，やはり Q_{hkl} の増大に伴いガウス関数的に減少していきます．つまり，電荷が電子雲として広がっていれば，回折強度 $|F(Q_{hkl})|^2$ は $|Q_{hkl}|$ の増大と共に減少していきます．これは，フーリエ変換の一般的性質で，実空間での広がりが大きければ逆格子空間での幅は狭くなり，実空間での広がりが小さければ逆格子空間での幅は広くなります．実空間で定数 1 のフーリエ変換は逆空間で δ 関数になり，実空間で δ 関数のフーリエ変換は逆空間で定数 1 になります．

繰り返しになりますが，結晶構造を反映している構造因子は一般的には次のように書き表されます．

$$F(\mathbf{Q}_{hkl}) = \sum_j f_j(Q)\mathrm{e}^{-2\pi i\mathbf{Q}_{hkl}\cdot\mathbf{r}_j} \tag{6.64}$$

$f_j(Q_{hkl})$ は原子周りの電子分布のフーリエ変換でしたが，一般的に原子形状因子 (atomic form factor) とか 原子散乱因子 (atomic scattering factor) と呼ばれています．実際の原子では，色々な軌道を占めた電子の集まりとなっていますので，波動関数から電子密度を出す必要があります．そのような計算はされていて，孤立した等方的な原子としての原子形状因子 $f(Q)$ が International Table の Volume C に $s = \frac{\sin\theta}{\lambda}$ と f の表として載っていますのでそれを使用すればよいですし，最近のプログラムでは原子種を指定すれば自動的にデータベースから取り出してくれます．原子形状因子 $f(s)$ の近似式として，

$$f(s) = \sum_{i}^{4} a_i \mathrm{e}^{-b_i s^2} + c \tag{6.65}$$

の係数がやはり International Table や様々なデータベースに載せられていますので，これを使用するのが便利です．この近似式では，$s < 2$ 程度までは精度よく使用できます．

図 6.8 に一例として H, C, Na^+, Cl^- の原子形状因子を示します．原子の全電子数を Z とすると $f(0) = Z$ なので，重い原子ほど $f(0) = Z$ が大きくなります．また，同じ原子でも価数によって $f(Q)$ は変わってきます．さらに，$f(Q)$

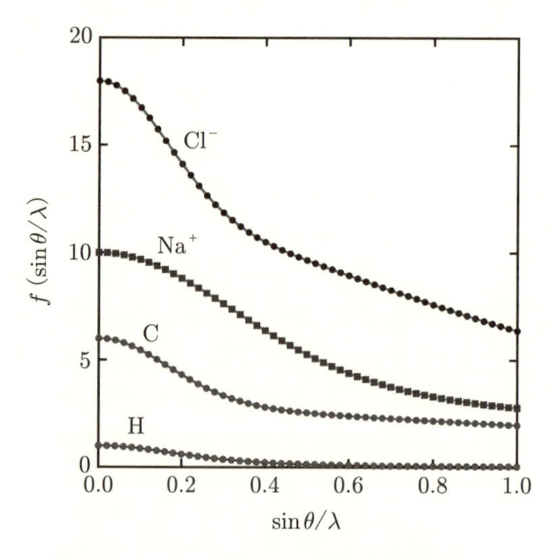

図 6.8　H, C, Na^+, Cl^- の原子形状因子．

の形は電子軌道を反映しますので，互いに相似形ではなく微妙に違っているのが見えています．

6.3.5　デバイ-ワラー因子と温度因子，原子変位因子

ブラッグ反射強度は，温度を下げると強度が増え温度を上げると強度が減ることが実験的に分かっています．

$$
\begin{aligned}
I &= \left| \sum_j f_j(Q_{hkl}) \mathrm{e}^{-2\pi i \mathbf{Q}_{hkl} \cdot \mathbf{r}_j} \right|^2 \mathrm{e}^{-\alpha(T)} \\
&= \left| \sum_j f_j(Q_{hkl}) T_j \mathrm{e}^{-2\pi i \mathbf{Q}_{hkl} \cdot \mathbf{r}_j} \right|^2 \qquad (6.66)
\end{aligned}
$$

この理由を理論的に説明したのがデバイ (Debye) とワラー (Waller) です．そこで，この付加的に加わる項 T_j はデバイ–ワラー因子 (Debye–Waller factor) と呼ばれています．理論の骨子は以下のようなものです．原子位置が時間的に揺らいでいるとします．

$$
\mathbf{r}_{nj}(t) = \mathbf{t}_n + \mathbf{r}_{0j} + \mathbf{u}_{nj}(t) \qquad (6.67)
$$

ここで，$\mathbf{u}_{nj}(t)$ が時間的に揺らいでいる部分です．この揺らぎの原因を熱振動と考えます．そのために，この項に対して温度因子 (temperature factor) という言葉も使われます．散乱強度は，

$$
I = \langle I(t) \rangle_t = \left| \sum f_j \langle P(u) \mathrm{e}^{-2\pi i \mathbf{Q} \cdot \mathbf{r}_{nj}(t)} \rangle_t \right|^2 \qquad (6.68)
$$

と時間平均で表されます．$\langle\ \rangle_t$ の記号は時間平均を示しています．ここで，P は u の存在確率で，熱振動の調和振動を仮定すると

$$
P(u) = \mathrm{e}^{-\frac{1}{2} \frac{u^2}{\langle u^2 \rangle_t}} \qquad (6.69)
$$

となります．当然 $\langle u \rangle_t$=0 です．また，平均二乗振幅は，デバイ近似の範囲では

$$
c \langle u^2 \rangle_t = k_{\mathrm{B}} T \qquad (6.70)
$$

と温度変化します．まず，等方的な熱振動を仮定します．これらの式より，

$$
I = \left| \sum_j f_j(Q_{hkl}) \mathrm{e}^{-2\pi i \mathbf{Q}_{hkl} \cdot \mathbf{r}_j} \mathrm{e}^{-\frac{1}{2} \langle u^2 \rangle_t (2\pi Q)^2} \right|^2 \qquad (6.71)
$$

となります．この後ろの exp の項がデバイ–ワラー因子です．このような式になる理由は，いくつかの説明方法があります．一つは，熱振動を格子振動 $\mathbf{u}(t)=u_0\exp(2\pi i(\nu t-\mathbf{q}\cdot\mathbf{r}))$ で表し，振幅が小さいとしてテイラー展開した項から得られます．あるいは，計算に使用する原子形状因子 (atomic form factor) を熱振動がない状態に対して式 (6.69) で分布を広げて計算することです．つまり，原子の電子分布が ρ_0 であったものが

$$\rho(\mathbf{r}-\mathbf{r}_0)=\int\rho_0(\mathbf{r}-\mathbf{r}')\mathrm{e}^{-\frac{1}{2}\frac{(\mathbf{r}'-\mathbf{r}_0)}{\langle u^2\rangle_t}}d^3\mathbf{r}' \tag{6.72}$$

と熱振動で広がって分布しているものからの散乱として計算します．

式 (6.71) に対して

$$B=2(2\pi)^2\langle u^2\rangle_t \tag{6.73}$$

という記号を導入し，ブラッグの式 $2k\sin\theta=Q$, $k=1/\lambda$ を用いて変形すると

$$I=\left|\sum_j f_j(Q_{hkl})\mathrm{e}^{-2\pi i\mathbf{Q}_{hkl}\cdot\mathbf{r}_j}\mathrm{e}^{-B_j(\frac{\sin\theta}{\lambda})^2}\right|^2 \tag{6.74}$$

とよく知られた式になります．つまり，原子 j の温度因子は

$$T_j=\mathrm{e}^{-B_j(\frac{\sin\theta}{\lambda})^2}=\mathrm{e}^{-\frac{1}{4}B_jQ_{hkl}^2} \tag{6.75}$$

です．B は (長さ)^2 の次元をもちます．その大きさは，1 Å^2 程度です．デバイ–ワラー因子の効果として，温度が高いと強度が弱くなるだけでなく，2θ が大きくなると，正確には Q が大きくなると，強度が弱くなります．これは，原子周りの電子分布が熱振動で大きく広がったためです．

ここまでは原子位置の揺らぎを動的な熱振動と考えました．試料によれば，静的に位置がばらついている場合もあります．この場合は時間平均でなく空間平均で考えます．構造解析で得られるデバイ–ワラー因子は，そのような位置の揺らぎ，つまり平均位置からの変位分布全てを含んでいます．そのような意味で，最近では原子変位因子 (atomic displacement parameter) という言葉が使われていて，構造解析の論文ではこの言葉が推奨されています．

非等方の熱振動に拡張すると，温度因子は

$$T=\mathrm{e}^{-\frac{1}{2}\sum U_{ij}Q_iQ_j} \tag{6.76}$$

と書かれます．ここで温度因子 U は $U_{ij}=U_{ji}$ と 3×3 の対称マトリックスです．

$$\begin{pmatrix} U_{11} & U_{12} & U_{13} \\ U_{21} & U_{22} & U_{23} \\ U_{31} & U_{32} & U_{33} \end{pmatrix} \tag{6.77}$$

$Q_i\ (i=1,2,3)$ は $Q_i=2\pi h_i a_i^*$ です．$h_i\ (i=1,2,3)$ は h, k, l であり，$a_i^*\ (i=1,2,3)$ は a^*, b^*, c^* です．この教科書では，a^* などには 2π を含まない流儀で書いていますが，a_i^* に 2π を含む流儀では $Q_i=h_i a_i^*$ となります．式 (6.76) を書き直すと，

$$T = \mathrm{e}^{-\frac{1}{2}\sum U_{ij}(2\pi h_i a_i^*)(2\pi h_j a_j^*)} \tag{6.78}$$

となります．等方的な平均二乗振幅は，方向単位ベクトル l_i の成分として

$$\langle u^2\rangle = \sum U_{ij} l_i l_j \tag{6.79}$$

と書かれます．$U_{11}=\langle u_1 u_1\rangle$ のように，U_{ij} がある方向への平均二乗振幅そのものになります．当然，U_{ij} は $(長さ)^2$ の次元をもちます．熱振動の振幅 $\sqrt{\langle u^2\rangle}$ は 0.1 Å 程度ですから，$U=\langle u^2\rangle$ は 0.01 Å^2 程度の値となります．ここで，B の値と 2 桁違うのは $8\pi^2$ の項のためです．一般的に，軽い原子は大きく振動するので温度因子は大きくなりますし，堅く結合した無機物よりも柔らかい有機物の方が温度因子は大きくなります．

マトリックス U_{ij} の対角要素は $\langle u_i^2\rangle$ ですから常に正の値ですが，$U_{ij}(i\neq j)$ は $\langle u_i u_j\rangle(i\neq j)$ から正負の値を取ります．また，$\mathbf{u}$ は原子位置 $\mathbf{r}$ の変位でしたから $\langle u_i u_j\rangle$ も原子位置 $\mathbf{r}$ の局所対称性 (site symmetry) に従って自動的にゼロとなることもあります．あるいは，対称性により，U_{ij} 間である種の制約を受けることがあります．この局所対称性は International Table の表に書かれています．図 3.2 の空間群 $Imm2$ の各サイトの局所対称性が左から 3 列目に書かれています．

例えば，2 回軸や鏡面がその原子位置にあるとその軸を含む非対角項はゼロとなります．例えば，2_y があると，

$$\begin{pmatrix} U_{11} & 0 & U_{13} \\ 0 & U_{22} & 0 \\ U_{13} & 0 & U_{33} \end{pmatrix} \qquad (2_y) \tag{6.80}$$

となります．その理由は，第4章で見てきた対称性による物理的性質と同じです．u_1u_2 は xy と同じ変換をしますので，2_y の対称操作で $-xy$ に変換されるために，$-u_1u_2$ と変換されてゼロとなります．u_2u_3 も同様です．それに対して，u_1u_3 は u_1u_3 のままなのでゼロとなりません．同じ原子の上にさらに 2_x あるいは 2_z があれば u_1u_3 も $-u_1u_3$ に変換されてゼロとなり，全ての非対角要素がゼロとなります．

$$\begin{pmatrix} U_{11} & 0 & 0 \\ 0 & U_{22} & 0 \\ 0 & 0 & U_{33} \end{pmatrix} \qquad (2_x + 2_y + 2_z) \tag{6.81}$$

別の例として，正方晶系を見てみましょう．例えば，空間群 $P422$ のワイコッフ記号 $4j$ サイトの $(x,x,0)$, $(\overline{x},\overline{x},0)$, $(\overline{x},x,0)$, $(x,\overline{x},0)$ では 2_{110} のみが存在しそれ以外の対称操作は存在しません．2_{110} のために，u_1u_3 は $-u_2u_3$ に変換されます．つまり，$U_{23}{=}{-}U_{13}$ となります．また，u_1u_1 は u_2u_2 に変換されて $U_{22}{=}U_{11}$ となります．したがって，この場所にある原子の温度因子は，

$$\begin{pmatrix} U_{11} & U_{12} & U_{13} \\ U_{12} & U_{11} & -U_{13} \\ U_{13} & -U_{13} & U_{33} \end{pmatrix} \qquad (2_{110}) \tag{6.82}$$

となり，独立な温度因子は，$U_{11}, U_{33}, U_{12}, U_{13}$ の4個となります．全ての空間群のそれぞれの特殊原子位置の対称性（ワイコッフ記号）で，どのような制約を受けるかは，桜井敏雄著の教科書「X線結晶解析の手引き」[7]などに詳しいテーブルがありますが，最近の構造解析のプログラムでは自動で制約条件が取り入れられています．

非等方の温度因子の式 (6.78) の U に対応して式 (6.75) で書かれている B を用いた表式もあります．形式的に

$$T = \mathrm{e}^{-\sum B_{ij}(h_i a_i^*)(h_j a_j^*)} \tag{6.83}$$

と書き，B_{ij} は U_{ij} と $2\pi^2$ だけ値が違います．あるいはさらに簡単化した形式では，

$$T = \mathrm{e}^{-\sum B_{ij} h_i h_j} \tag{6.84}$$

と書かれます．このときには B_{ij} は無次元の量となりますが，B のなかに格子定数あるいは原子変位など色々と含んでしまい物理的意味はあらわには分かりにくくになります．式 (6.84) は形式が簡単なのでしばしば使用されますし，プログラムの中ではこの形式を用いられることが多いです．しかしながら，非等方温度因子を議論するときには，U_{ij} を用いるのが物理的見通しをよくしますし，論文にするときには U_{ij} を使用するのが標準です．論文では，全ての温度因子を書くと紙面を取るのでしばしば等価温度因子（equivalent temperature factor），あるいは等価変位因子（equivalent displacement factor）U_{eq} のみが記されています．これは，U_{ij} を平均的な等方温度因子に直したもので，次のように与えられます．

$$U_{\mathrm{eq}} \equiv \frac{1}{3}\sum_i \sum_j U_{ij}(a_i^* \mathbf{a}_i) \cdot (a_j^* \mathbf{a}_j) \tag{6.85}$$

例えば，立方晶，正方晶，直方 (斜方) 晶のように主軸が直交系のときは，

$$U_{\mathrm{eq}} = \frac{1}{3}(U_{11} + U_{22} + U_{33}) \tag{6.86}$$

と表されます．

ここまでは原子位置の揺らぎを動的な熱振動で調和振動と考えました．もちろん，振幅が大きいと非調和振動の効果を導入する必要があります．つまり，U_{ij} を U_{ijk}，あるいは U_{ijkl} のように拡張して非調和項を導入する必要が生じることもあります．ただし，構造解析のプログラムとして非調和項を簡単に取り扱えるものはそれほどありません．

さらに，デバイ近似でかつ高温近似では $c\langle u^2\rangle_t{=}k_{\mathrm{B}}T$ となるといいました．この式では T=0 K に外挿すると**図 6.9** (a) のように U_{ii}=0 となります．現実には，低温での量子効果のために T=0 K で U_{ii} は有限になります．もし，図 6.9 (b) のように高温での U_{ii} の温度変化の T=0 K への外挿が切片をもって有限になるのなら，デバイ–ワラー因子は単純に温度因子ではないと思った方がよいでしょう．例えば，2 箇所の位置をホッピングしているか静的に占めているかで，このようなときはスプリットアトム法と呼ばれる占有確率で分布した方がよい場合が多いです．また，ある U_{ii} が異常に大きいときも同様で，スプリットアトム法を試す価値は十分にあります．このような場合は，低温で秩序–無秩序相転移が起きて，片一方に原子が寄り秩序化することがあります．秩序

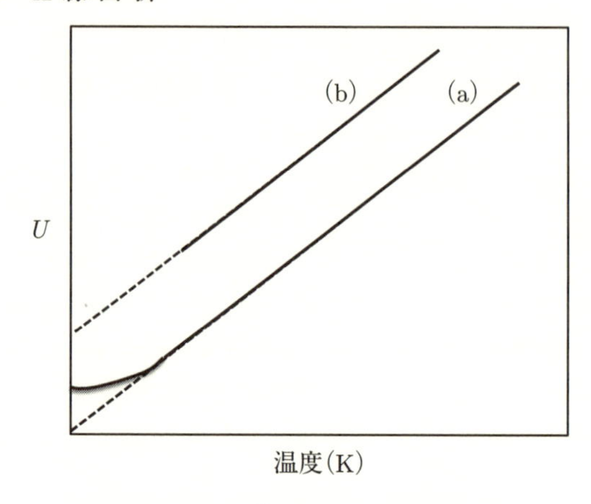

図 6.9　原子変位因子 U の温度変化.

化したときにはスプリットアトムで求めたそれぞれのサイトでの温度因子に移行します.

6.4　低次元物質による回折

今までは三次元結晶を考えましたが，現実の物質でも二次元系，あるいは一次元系と考えてもよい物質があります．このようなとき，逆格子はどうなるのでしょうか．まずは，二次元物質を考えましょう．基板の表面に成長した膜を想像して下さい．格子定数は，平面内で a と b です．c にあたるのは次の平面がある所ですが，現実にはないので $c \approx \infty$ と考えます．簡単のために γ=90 ° としましょう．すると，逆格子の単位胞は a^*=1/a, b^*=1/b, $c^* \approx 0$ となります．$a^* - b^*$ 面内は今まで考えた逆格子と同じですが，c^* 方向が違います．$c^* \approx 0$ なので，逆格子点は c^* 軸方向に非常に近接して連なります．つまり，c^* 方向に線状にブラッグ反射が連なります．この様子を**図 6.10** に示します．図の左上が二次元の実格子で，左下がその逆格子空間です．ブラッグ反射は線状に c^* 方向に伸びています．このような散乱は，散漫散乱 (diffuse scattering) と呼ばれています．二次元系の場合は棒状散漫散乱 (diffuse rod) となります．

次に，一次元の実格子を考えます．線状に間隔が a で原子が並んでいる場合です．基盤の上に作った原子ワイヤーをイメージして下さい．格子定数は原子の

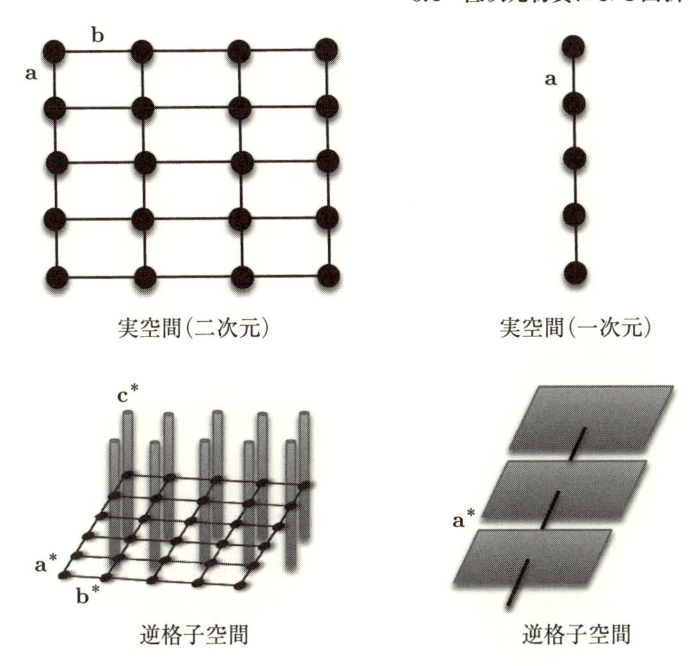

図 6.10 一次元および二次元格子とその逆格子.

並びの方向に a ですが，b 軸方向にも c 軸方向にも原子がいないので，$b \approx \infty$, $c \approx \infty$ です．すると，逆格子の単位胞は $a^*=1/a$, $b^* \approx 0$, $c^* \approx 0$ となります．逆格子点は b^* 軸方向，c^* 軸方向に非常に近接して連なります．つまり，b^*-c^* 面内の全ての場所にブラッグ反射が出ます．図の右上が一次元の実格子で，右下がその逆格子空間です．一次元系の場合はシート状散漫散乱 (diffuse sheet) となります．

応用問題として，よく知られている回折格子を考えてみましょう．黒く塗った線を等間隔に並べたものを回折格子と呼びます．0.2 mm 間隔ぐらいで回折格子を作ると，レーザーなど可視光で回折が観測できます．このような回折格子は簡単に自作できます．エクセルの表で一段ごとに黒塗りにして回折格子を作り，プリンターやコピー機で縮小して，透明シートに印刷することでできます．**図 6.11** (a) のように赤色や緑色のレーザーポインターでこの回折格子を使って回折斑点を実測してみましょう．赤色の光は 630 nm，緑色の光は 532 nm で

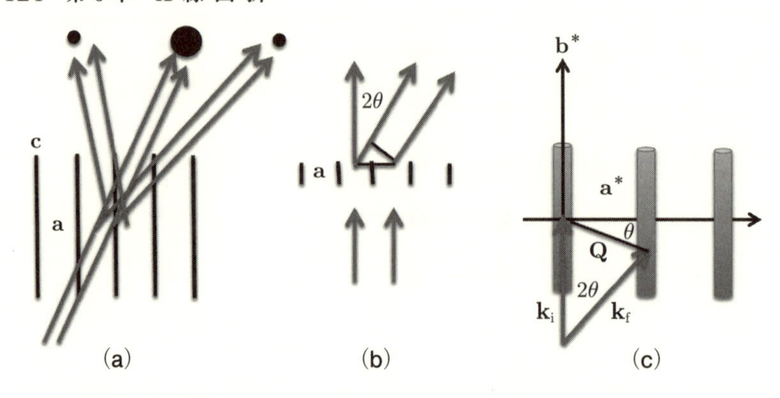

図 6.11　回折格子での回折原理.

す．回折角 2θ は回折格子からスクリーンまでの距離と回折反射点の位置から計算できます．このとき，レーザー光線は透明シートになるべく垂直に入射させるのがよいのですが，X 線回折の実験のような高い精度は不要で，どのような角度に入射しても回折斑点が現れます．どうしてでしょうか．また，干渉の式は図 6.11 (b) に示したように光路差が $a\sin 2\theta=\lambda$ となって，ブラッグの式 $2a\sin\theta=\lambda$ と違ってきます．どうしてでしょうか．

専門家と称していてもこの問いに簡単に答えることができない人はたくさんいます．でも，逆格子のことを習った人は簡単に答えることができます．図 6.11 (a) の回折格子の逆格子を作ってみましょう．実格子の格子定数は a と，$b\approx\infty$, $c\approx 0$ です．逆格子の単位胞は図 6.11 (c) に示したように $a^*=1/a$, $b^*\approx 0$, $c^*\approx\infty$ となり，棒状散漫散乱 (diffuse rod) となります．ここで $\mathbf{k}_\mathrm{i}$ としてレーザーを入射して $\mathbf{k}_\mathrm{f}$ で回折を起こした図も示しています．$2k\sin\theta=Q$ がブラッグ反射の式です．一方 $Q\cos\theta=a^*$ ですから，$2k\sin\theta\cos\theta=a^*$ となり，$k\sin 2\theta=a^*$ が得られます．したがって，波の干渉として計算した $a\sin 2\theta=\lambda$ となりますが，ブラッグの式は散漫散乱にのった $\mathbf{Q}$ に対して起こっています．図では k_i を a^* に垂直に入れていますが，この計算は斜めに入射しても同じですし，散漫散乱なので k_f は k を半径とする円周上にあり，必ずこの散漫散乱の上にきます．これが，回折格子を用いた実験で起こっていることです．

6.5 結晶の対称性と構造因子の消滅則

6.5.1 ブラベ格子と構造因子，その対称性と消滅則

2.5 節では結晶の対称性とブラベ格子の話をしました．それでは，実際の結晶がどのような対称性をもつのかどのように調べればよいでしょうか．まずは格子の形と対称性ですが，そのためには格子定数 $a, b, c, \alpha, \beta, \gamma$ を正確に求めて，ブラベ格子の分類と比較します．それにより，2.5.8 節で示した 7 種類の晶系のどれになるか分かります．しかしながら本当に大事なのは，格子の形だけでなく構造因子 $F(hkl)$ も格子がもつべき対称性を満たしていることです．この対称性はラウエ群 (Laue 群) と呼ばれます．本質的には点群と同じで，International Table の一番上の真ん中あたりに書かれています (例えば図 3.1 に示した $Imm2$ の場合は $mm2$ となります)．構造因子は式 (6.64) で表されます．

$$F(\mathbf{Q}_{hkl}) = \sum_j f_j(Q)\mathrm{e}^{-2\pi i \mathbf{Q}_{hkl}\cdot\mathbf{r}_j} \tag{6.87}$$

原子の和にあたる部分を対称性で結ばれているもの (添え字を m で表す) と独立なもの (添え字を j で表す) に分離して書いてみましょう．独立な原子を一つだけ取り出して，$\mathbf{r}_{j0}$ として，対称操作 R_m で座標を動かします．すると，構造因子は書き直されて，

$$F(\mathbf{Q}_{hkl}) = \sum_j f_j(Q)\sum_m \mathrm{e}^{-2\pi i \mathbf{Q}_{hkl}\cdot(R_m\mathbf{r}_{j0})} \tag{6.88}$$

となります．指数関数の引数の部分は，$\mathbf{Q}_{hkl}$ の xyz 成分を明示的に書いて，

$$\begin{pmatrix} Q_x(hkl) & Q_y(hkl) & Q_z(hkl) \end{pmatrix} \begin{pmatrix} R_{11} & R_{12} & R_{13} \\ R_{21} & R_{22} & R_{23} \\ R_{31} & R_{32} & R_{33} \end{pmatrix} \begin{pmatrix} x_{j0} \\ y_{j0} \\ z_{j0} \end{pmatrix} \tag{6.89}$$

ですから，

$$F(\mathbf{Q}_{hkl}) = \sum_j f_j(Q)\sum_m \mathrm{e}^{-2\pi i (\mathbf{Q}_{hkl}R_m)\cdot\mathbf{r}_{j0}} \tag{6.90}$$

として，(hkl) を対称操作 R_m で変換したと見なしても同じです．つまり，座標

に関して R_m の対称性があれば構造因子 $F(hkl)$ の (hkl) に対しても R_m の対称性を満たします．例えば 4_z 軸があると $F(hkl)$=$F(\bar{k}hl)$ となりますし，m_{110} があれば $F(hkl)$=$F(khl)$ となります．7 種類の晶系のどれにあたるかは，測定された $F(hkl)$ が (hkl) に関してラウエ群を正しく反映しているか確かめることは重要です．

測定された構造因子がブラベ格子のもつべき対称性 (格子の形とラウエ群) を満たしていたら，次は複合格子を調べます．2.5.8 節で示した 7 種類の晶系の中には，表 2.1 にまとめたように，F-格子，I-格子，A-格子，B-格子，C-格子，R-格子と複合格子を取るものがあります．これらの複合格子では，等価な座標値が表 2.1 のように表されます．これらの性質は構造因子にどのように反映されるでしょうか．

簡単な I-格子から見ていきましょう．複合格子の並進対称操作を t_m とします．I-格子の構造因子は，

$$
\begin{aligned}
F(\mathbf{Q}_{hkl}) &= \sum_j f_j(Q) \sum_{m=1}^{2} \mathrm{e}^{-2\pi i \mathbf{Q}_{hkl}\cdot(t_m \mathbf{r}_{j0})} \\
&= \sum_j f_j(Q) \mathrm{e}^{-2\pi i \mathbf{Q}_{hkl}\cdot\mathbf{r}_{j0}} \left(1 + \mathrm{e}^{-2\pi i \mathbf{Q}_{hkl}\cdot(\frac{1}{2}\mathbf{a}+\frac{1}{2}\mathbf{b}+\frac{1}{2}\mathbf{c})}\right) \\
&= \sum_j f_j(Q) \mathrm{e}^{-2\pi i \mathbf{Q}_{hkl}\cdot\mathbf{r}_{j0}} \left(1 + \mathrm{e}^{-\pi i(h+k+l)}\right)
\end{aligned}
$$

となります．この式は (hkl) で場合分けすると，

$$
= \begin{cases} 2\sum f_j(Q)\mathrm{e}^{-2\pi i \mathbf{Q}_{hkl}\cdot\mathbf{r}_{j0}}, & (h+k+l=2n) \\ 0 & (h+k+l=2n+1) \end{cases} \tag{6.91}
$$

となります．ここで，$F(\mathbf{Q}_{hkl})$=0 は対称性から厳密にゼロとなっていて近似的なゼロではありません．つまり，全ての (hkl) 反射で $h+k+l$=$2n+1$ の反射が消滅して強度がゼロなら I-格子であることが分かります．立方晶なら *bcc*，正方晶なら *bct*，直方 (斜方) 晶なら *bco* です．

次が F-格子です．F-格子の構造因子は，

$$
F(\mathbf{Q}_{hkl}) = \sum_j f_j(Q) \sum_{m=1}^{4} \mathrm{e}^{-2\pi i \mathbf{Q}_{hkl}\cdot(t_m \mathbf{r}_{j0})}
$$

$$
\begin{aligned}
&= \sum_j f_j(Q)\mathrm{e}^{-2\pi i\mathbf{Q}_{hkl}\cdot\mathbf{r}_{j0}} \times \big(1 + \mathrm{e}^{-2\pi i\mathbf{Q}_{hkl}\cdot(\frac{1}{2}\mathbf{a}+\frac{1}{2}\mathbf{b})} \\
&\quad + \mathrm{e}^{-2\pi i\mathbf{Q}_{hkl}\cdot(\frac{1}{2}\mathbf{a}+\frac{1}{2}\mathbf{c})} + \mathrm{e}^{-2\pi i\mathbf{Q}_{hkl}\cdot(\frac{1}{2}\mathbf{b}+\frac{1}{2}\mathbf{c})}\big) \\
&= \sum_j f_j(Q)\mathrm{e}^{-2\pi i\mathbf{Q}_{hkl}\cdot\mathbf{r}_{j0}} \\
&\quad \times \big(1 + \mathrm{e}^{-\pi i(h+k)} + \mathrm{e}^{-\pi i(h+l)} + \mathrm{e}^{-\pi i(k+l)}\big)
\end{aligned}
$$

となります．この式は (hkl) で場合分けすると，

$$
= \begin{cases} 4\sum f_j(Q)\mathrm{e}^{-2\pi i\mathbf{Q}_{hkl}\cdot\mathbf{r}_{j0}} & (h+k, k+l, l+h = 2n) \\ 0 & (h+k, k+l, l+h = 2n+1) \end{cases} \tag{6.92}
$$

となります．$(h+k, k+l, l+h = 2n)$ とは，$(h, k, l;$ all even or odd$)$ と同じ条件であり，$(h+k, k+l, l+h = 2n+1)$ とは，$(h, k, l;$ even, odd mix$)$ と同じ条件です．ここで，$F(\mathbf{Q}_{hkl})$=0 は対称性から厳密にゼロとなっていて近似的なゼロではありません．つまり，全ての (hkl) 反射で $(even, even, even)$ または (odd, odd, odd) 反射のみが測定できて $even$ と odd が混じった反射が消滅して強度がゼロなら F-格子であることが分かります．立方晶なら fcc，正方晶なら fct，直方 (斜方) 晶なら fco です．fct は通常軸を取り直して bct に取ります．

次が A-格子です．A-格子の構造因子は，

$$
\begin{aligned}
F(\mathbf{Q}_{hkl}) &= \sum_j f_j(Q)\mathrm{e}^{-2\pi i\mathbf{Q}_{hkl}\cdot\mathbf{r}_{j0}} \times \big(1 + \mathrm{e}^{-2\pi i\mathbf{Q}_{hkl}\cdot(\frac{1}{2}\mathbf{b}+\frac{1}{2}\mathbf{c})})\big) \\
&= \sum_j f_j(Q)\mathrm{e}^{-2\pi i\mathbf{Q}_{hkl}\cdot\mathbf{r}_{j0}}\big(1 + \mathrm{e}^{-\pi i(k+l)}\big)
\end{aligned}
$$

となります．この式は (hkl) で場合分けすると，

$$
= \begin{cases} 2\sum f_j(Q)\mathrm{e}^{-2\pi i\mathbf{Q}_{hkl}\cdot\mathbf{r}_{j0}} & (k+l = 2n) \\ 0 & (k+l = 2n+1) \end{cases} \tag{6.93}
$$

となります．ここで，$F(\mathbf{Q}_{hkl})$=0 は対称性から厳密にゼロとなっていて近似的なゼロではありません．つまり，全ての (hkl) 反射で $k+l = 2n+1$ の反射が

消滅して強度がゼロなら A-格子であることが分かります．同様に B-格子の構造因子は，

$$F(\mathbf{Q}_{hkl}) = \begin{cases} 2\sum f_j(Q)\mathrm{e}^{-2\pi i\mathbf{Q}_{hkl}\cdot\mathbf{r}_{j0}} & (h+l=2n) \\ 0 & (h+l=2n+1) \end{cases} \tag{6.94}$$

C-格子の構造因子は，

$$F(\mathbf{Q}_{hkl}) = \begin{cases} 2\sum f_j(Q)\mathrm{e}^{-2\pi i\mathbf{Q}_{hkl}\cdot\mathbf{r}_{j0}} & (h+k=2n) \\ 0 & (h+k=2n+1) \end{cases} \tag{6.95}$$

となります．

R-格子の構造因子は少し煩雑ですが，

$$\begin{aligned} F(\mathbf{Q}_{hkl}) &= \sum_j f_j(Q)\mathrm{e}^{-2\pi i\mathbf{Q}_{hkl}\cdot\mathbf{r}_{j0}} \\ &\qquad \times (1+\mathrm{e}^{-2\pi i\mathbf{Q}_{hkl}\cdot\frac{1}{3}(2\mathbf{a}+\mathbf{b}+\mathbf{c})}+\mathrm{e}^{-2\pi i\mathbf{Q}_{hkl}\cdot\frac{1}{3}((\mathbf{a}+2\mathbf{b}+2\mathbf{c})}) \\ &= \sum_j f_j(Q)\mathrm{e}^{-2\pi i\mathbf{Q}_{hkl}\cdot\mathbf{r}_{j0}}(1+\mathrm{e}^{-\frac{2\pi}{3}i(2h+k+l)}+\mathrm{e}^{-\frac{2\pi}{3}i(h+2k+2l)}) \\ &= \sum_j f_j(Q)\mathrm{e}^{-2\pi i\mathbf{Q}_{hkl}\cdot\mathbf{r}_{j0}} \\ &\qquad \times (1+\mathrm{e}^{-\frac{2\pi}{3}i3h}(\mathrm{e}^{-\frac{2\pi}{3}i(-h+k+l)}+\mathrm{e}^{-\frac{4\pi}{3}i(-h+k+l)})) \end{aligned}$$

となります．この式は (hkl) で場合分けすると，

$$= \begin{cases} 3\sum f_j(Q)\mathrm{e}^{-2\pi i\mathbf{Q}_{hkl}\cdot\mathbf{r}_{j0}} & (-h+k+l=3n) \\ 0 & (-h+k+l=3n\pm 1) \end{cases} \tag{6.96}$$

となります．ここで，$F(\mathbf{Q}_{hkl})$=0 は対称性から厳密にゼロとなっていて近似的なゼロではありません．

R-格子でよくやる失敗が，六方格子の a=b, γ=120° と取ったとき，主軸方向を 60° 取り間違えることです．R-格子では 6 回軸はなくて 3 回軸だけなので，60° 回転した方向は等価ではありません．そのために，ここで示した消滅則を満たさなくなります．このようなときは，格子を 60° 回転して主軸を取り直す必要があります．

表 6.1　複合格子の消滅則．(hkl) で消滅しないための条件．
R-格子は六方格子で取った場合．

複合格子	出現する指数
F-格子	$h+k, k+l, l+h=2n$
I-格子	$h+k+l=2n$
A-格子	$k+l=2n$
B-格子	$h+l=2n$
C-格子	$h+k=2n$
R-格子 (hex)	$-h+k+l=3n$

複合格子での (hkl) に対する消滅則を**表 6.1** にまとめておきます．表には，(hkl) で消滅しないための条件を示しています．

6.5.2　複合格子の消滅則とブリルアンゾーン

ここで少し注意しておくことは，複合格子で構造因子が $F(hkl)$=0 となる意味についてです．例えば，C-格子で $h+k$=$2n+1$ という逆格子点の意味です．C-格子は

$$\mathbf{r}_1=\mathbf{r}_0+000, \qquad \mathbf{r}_2=\mathbf{r}_0+\tfrac{1}{2}\tfrac{1}{2}0$$

ですが，格子定数を取り直して，

$$\begin{aligned}\mathbf{a}_{\mathrm{p}} &= \left(\tfrac{1}{2}\mathbf{a}-\tfrac{1}{2}\mathbf{b}\right)\\ \mathbf{b}_{\mathrm{p}} &= \left(\tfrac{1}{2}\mathbf{a}+\tfrac{1}{2}\mathbf{b}\right)\\ \mathbf{c}_{\mathrm{p}} &= \mathbf{c}\end{aligned} \tag{6.97}$$

としますと，P-格子の単位胞となります．単位胞の体積は

$$V_{\mathrm{p}}=\mathbf{a}_{\mathrm{p}}\cdot\mathbf{b}_{\mathrm{p}}\times\mathbf{c}_{\mathrm{p}}=\left(\tfrac{1}{2}\mathbf{a}-\tfrac{1}{2}\mathbf{b}\right)\cdot\left(\tfrac{1}{2}\mathbf{a}+\tfrac{1}{2}\mathbf{b}\right)\times\mathbf{c}=\tfrac{1}{2}V \tag{6.98}$$

で，基本単位格子では体積が複合格子の半分となります．この逆格子単位胞は

$$\begin{aligned}\mathbf{a}_{\mathrm{p}}^* &= \frac{\left(\frac{1}{2}\mathbf{a}+\frac{1}{2}\mathbf{b}\right)\times\mathbf{c}}{V_{\mathrm{p}}}=\mathbf{a}^*-\mathbf{b}^*\\ \mathbf{b}_{\mathrm{p}}^* &= \frac{\mathbf{c}\times\left(\frac{1}{2}\mathbf{a}-\frac{1}{2}\mathbf{b}\right)}{V_{\mathrm{p}}}=\mathbf{a}^*+\mathbf{b}^*\\ \mathbf{c}_{\mathrm{p}}^* &= \frac{\left(\frac{1}{2}\mathbf{a}-\frac{1}{2}\mathbf{b}\right)\times\left(\frac{1}{2}\mathbf{a}+\frac{1}{2}\mathbf{b}\right)}{V_{\mathrm{p}}}=\mathbf{c}^*\end{aligned} \tag{6.99}$$

となります．また，逆格子単位胞の体積は $V_\mathrm{P}^*=2V^*$ と複合格子の逆格子単位胞の2倍となります．すると，

$$\begin{aligned}\mathbf{Q} &= h\mathbf{a}^* + k\mathbf{b}^* + l\mathbf{c}^* \\ &= h\frac{1}{2}(\mathbf{a}_\mathrm{p}^* + \mathbf{b}_\mathrm{p}^*) + k\frac{1}{2}(-\mathbf{a}_\mathrm{p}^* + \mathbf{b}_\mathrm{p}^*) + l\mathbf{c}_\mathrm{p}^* \\ &= \frac{1}{2}(h-k)\mathbf{a}_\mathrm{p}^* + \frac{1}{2}(h+k)\mathbf{b}_\mathrm{p}^* + l\mathbf{c}_\mathrm{p}^* \\ &= h_\mathrm{p}\mathbf{a}_\mathrm{p}^* + k_\mathrm{p}\mathbf{b}_\mathrm{p}^* + l_\mathrm{p}\mathbf{c}_\mathrm{p}^* \end{aligned} \tag{6.100}$$

からそれぞれの指数の変換則が

$$\begin{aligned} h_\mathrm{p} &= \frac{1}{2}(h-k) \\ k_\mathrm{p} &= \frac{1}{2}(h+k) \\ l_\mathrm{p} &= l \end{aligned} \tag{6.101}$$

と求まります．$(hkl)=(2n_1, 2n_2, l)$ のときと $(hkl)=(2n_1+1, 2n_2+1, l)$ のときは $(hkl)_\mathrm{p}=(n_1-n_2, n_1+n_2, l)$ または $(hkl)_\mathrm{p}=(n_1-n_2, n_1+n_2+1, l)$ で全て整数となり，やはり逆格子の格子点です．一方，$(hkl)=(2n_1, 2n_2+1, l)$ のときと $(hkl)=(2n_1+1, 2n_2, l)$ のときは $(hkl)_\mathrm{p}=(n_1-n_2-\frac{1}{2}, n_1+n_2+\frac{1}{2}, l)$ または $(hkl)_\mathrm{p}=(n_1-n_2+\frac{1}{2}, n_1+n_2+\frac{1}{2}, l)$ で h_p と k_p は半整数で，$(\frac{1}{2}\frac{1}{2}0)_\mathrm{p}$ の位置です．つまり，$h+k=2n+1$ のときは，逆格子基本単位格子で見ると格子点になっていません．

これは，I-格子，F-格子，A-格子，B-格子，R-格子でも同じで，複合格子における消滅則で $F(hkl)=0$ となる点は逆格子基本単位格子で見ると格子点になっていなくて，本来ブラッグ反射が出ない場所なのです．このようになった理由は，複合格子では格子の角度が 90° になるように実格子の単位胞を大きく取ったために，逆格子の単位胞が複合格子では小さくなり，本当の格子点以外にも見かけ上の格子点ができたためです．

実用上重要な fcc と bcc でもう少し見てみましょう．基本格子と複合格子の軸変換は式 (2.9) と式 (2.10) ですでに述べています．そこで，逆格子の単位胞をそれぞれ計算してみましょう．

fcc とその基本単位格子の逆格子単位胞の関係は式 (2.9) から

$$\mathbf{a}_{\mathrm{p}}^* = \frac{\frac{1}{2}(\mathbf{a}_{\mathrm{f}}+\mathbf{b}_{\mathrm{f}}) \times \frac{1}{2}(\mathbf{b}_{\mathrm{f}}+\mathbf{c}_{\mathrm{f}})}{V_{\mathrm{p}}} = (\mathbf{a}_{\mathrm{f}}^* - \mathbf{b}_{\mathrm{f}}^* + \mathbf{c}_{\mathrm{f}}^*)$$
$$\mathbf{b}_{\mathrm{p}}^* = \frac{\frac{1}{2}(\mathbf{b}_{\mathrm{f}}+\mathbf{c}_{\mathrm{f}}) \times \frac{1}{2}(\mathbf{a}_{\mathrm{f}}+\mathbf{c}_{\mathrm{f}})}{V_{\mathrm{p}}} = (\mathbf{a}_{\mathrm{f}}^* + \mathbf{b}_{\mathrm{f}}^* - \mathbf{c}_{\mathrm{f}}^*)$$
$$\mathbf{c}_{\mathrm{p}}^* = \frac{\frac{1}{2}(\mathbf{a}_{\mathrm{f}}+\mathbf{c}_{\mathrm{f}}) \times \frac{1}{2}(\mathbf{a}_{\mathrm{f}}+\mathbf{b}_{\mathrm{f}})}{V_{\mathrm{p}}} = (-\mathbf{a}_{\mathrm{f}}^* + \mathbf{b}_{\mathrm{f}}^* + \mathbf{c}_{\mathrm{f}}^*) \tag{6.102}$$

となり，逆格子単位胞は菱面体格子となります．体積の関係は，$V_{\mathrm{p}}{=}\frac{1}{4}V_{\mathrm{f}}$ と $V_{\mathrm{p}}^*{=}4V_{\mathrm{f}}^*$ です．bcc の実格子の基本単位格子の関係式 (2.10) と fcc の逆格子の基本単位格子の関係式 (6.102) とを比較すると fcc の逆格子単位胞は逆格子空間で bcc を形作っていることが分かります．式 (6.102) を逆に解くと，

$$\mathbf{a}_{\mathrm{f}}^* = \frac{1}{2}(\mathbf{a}_{\mathrm{p}}^* + \mathbf{b}_{\mathrm{p}}^*)$$
$$\mathbf{b}_{\mathrm{f}}^* = \frac{1}{2}(\mathbf{b}_{\mathrm{p}}^* + \mathbf{c}_{\mathrm{p}}^*)$$
$$\mathbf{c}_{\mathrm{f}}^* = \frac{1}{2}(\mathbf{a}_{\mathrm{p}}^* + \mathbf{c}_{\mathrm{p}}^*) \tag{6.103}$$

です．すると，

$$\begin{aligned}
\mathbf{Q} &= h\mathbf{a}_{\mathrm{f}}^* + k\mathbf{b}_{\mathrm{f}}^* + l\mathbf{c}_{\mathrm{f}}^* \\
&= h\frac{1}{2}(\mathbf{a}_{\mathrm{p}}^* + \mathbf{b}_{\mathrm{p}}^*) + k\frac{1}{2}(\mathbf{b}_{\mathrm{p}}^* + \mathbf{c}_{\mathrm{p}}^*) + l\frac{1}{2}(\mathbf{c}_{\mathrm{p}}^* + \mathbf{a}_{\mathrm{p}}^*) \\
&= \frac{1}{2}(h+l)\mathbf{a}_{\mathrm{p}}^* + \frac{1}{2}(h+k)\mathbf{b}_{\mathrm{p}}^* + \frac{1}{2}(k+l)\mathbf{c}_{\mathrm{p}}^* \\
&= h_{\mathrm{p}}\mathbf{a}_{\mathrm{p}}^* + k_{\mathrm{p}}\mathbf{b}_{\mathrm{p}}^* + l_{\mathrm{p}}\mathbf{c}_{\mathrm{p}}^*
\end{aligned} \tag{6.104}$$

からそれぞれの指数の変換則が

$$h_{\mathrm{p}} = \frac{1}{2}(h_{\mathrm{f}} + l_{\mathrm{f}})$$
$$k_{\mathrm{p}} = \frac{1}{2}(h_{\mathrm{f}} + k_{\mathrm{f}})$$
$$l_{\mathrm{p}} = \frac{1}{2}(k_{\mathrm{f}} + l_{\mathrm{f}}) \tag{6.105}$$

と求まります．この指数の変換式 (6.105) と，消滅則の式 (6.92) の $(h+k, k+l, l+h{=}2n)$ は同じことをいっていることが分かります．つまり，この条件を満たさない点は，基本単位格子の逆格子点にはなっていないことになります．

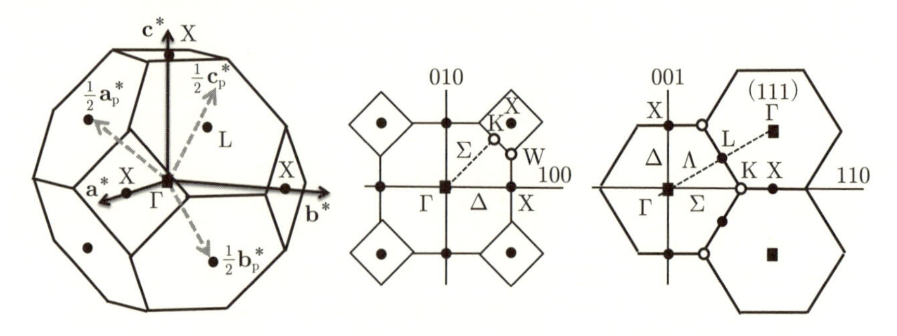

図 6.12　*fcc* の逆格子とブリルアンゾーン．

物理でしばしば使うブリルアンゾーン (Brillouin Zone) という概念があります．*fcc* のブリルアンゾーンを**図 6.12** に示します．$(h+k, k+l, l+h=2n)$ の逆格子点はゾーン中心の Γ 点であり，$(h+k, k+l, l+h=2n+1)$ の点は $\{\frac{1}{2}\frac{1}{2}0\}_{\rm p}$ のゾーン境界の X 点になっています．つまり，$(1{,}0{,}0)_{\rm f}{=}(\frac{1}{2}\frac{1}{2}0)_{\rm p}$ がゾーン境界の X 点です．$(1{,}1{,}0)_{\rm f}{=}(\frac{1}{2}1\frac{1}{2})_{\rm p}$ も同様にゾーン境界の X 点であり，$(0{,}0{,}1)_{\rm f}{=}(\frac{1}{2}0\frac{1}{2})_{\rm p}$ と同じ点です．つまり，$q_z^{\rm f}$ 方向に進んだゾーン境界です．この関係がよく分かるように，$(hk0)_{\rm f}$ 面でのブリルアンゾーンと $(hhl)_{\rm f}$ 面でのブリルアンゾーンを図 6.12 の右に示しました．図中の L 点は $(\frac{1}{2}\frac{1}{2}\frac{1}{2})_{\rm f}{=}(\frac{1}{2}\frac{1}{2}\frac{1}{2})_{\rm p}$ で，[111] 方向の Γ 点間を結んだゾーン境界になっていることが分かります．ブリルアンゾーンでは例えば [100] 方向は Δ-line, [110] 方向は Σ-line, [111] 方向は Λ-line と呼ばれています．ゾーン境界の W 点や K 点なども図に示されています．

次に，*bcc* を見てみます．*bcc* とその基本単位格子の逆格子単位胞の関係は式 (2.10) から

$$
\begin{aligned}
\mathbf{a}_{\rm p}^* &= \frac{\frac{1}{2}(\mathbf{a}_{\rm b}+\mathbf{b}_{\rm b}-\mathbf{c}_{\rm b})\times\frac{1}{2}(-\mathbf{a}_{\rm b}+\mathbf{b}_{\rm b}+\mathbf{c}_{\rm b})}{V_{\rm p}} = (\mathbf{c}_{\rm b}^*+\mathbf{a}_{\rm b}^*)\\
\mathbf{b}_{\rm p}^* &= \frac{\frac{1}{2}(-\mathbf{a}_{\rm b}+\mathbf{b}_{\rm b}+\mathbf{c}_{\rm b})\times\frac{1}{2}(\mathbf{a}_{\rm b}-\mathbf{b}_{\rm b}+\mathbf{c}_{\rm b})}{V_{\rm p}} = (\mathbf{a}_{\rm b}^*+\mathbf{b}_{\rm b}^*)\\
\mathbf{c}_{\rm p}^* &= \frac{\frac{1}{2}(\mathbf{a}_{\rm b}-\mathbf{b}_{\rm b}+\mathbf{c}_{\rm b})\times\frac{1}{2}(\mathbf{a}_{\rm b}+\mathbf{b}_{\rm b}-\mathbf{c}_{\rm b})}{V_{\rm p}} = (\mathbf{b}_{\rm b}^*+\mathbf{c}_{\rm b}^*)
\end{aligned}
\qquad (6.106)
$$

となり，逆格子単位胞は菱面体格子となります．体積の関係は，$V_{\rm p}{=}\frac{1}{2}V_{\rm b}$ と $V_{\rm p}^*{=}2V_{\rm b}^*$ です．*fcc* の実格子の基本単位格子の関係式 (2.9) と *bcc* の逆格子の

基本単位格子の関係式 (6.106) とを比較すると bcc の逆格子単位胞は逆格子空間で fcc を形作っていることが分かります．

式 (6.106) を逆に解くと，

$$
\begin{aligned}
\mathbf{a}_\mathrm{b}^* &= \frac{1}{2}(\mathbf{a}_\mathrm{p}^* + \mathbf{b}_\mathrm{p}^* - \mathbf{c}_\mathrm{p}^*) \\
\mathbf{b}_\mathrm{b}^* &= \frac{1}{2}(-\mathbf{a}_\mathrm{p}^* + \mathbf{b}_\mathrm{p}^* + \mathbf{c}_\mathrm{p}^*) \\
\mathbf{c}_\mathrm{b}^* &= \frac{1}{2}(\mathbf{a}_\mathrm{p}^* - \mathbf{b}_\mathrm{p}^* + \mathbf{c}_\mathrm{p}^*)
\end{aligned}
\tag{6.107}
$$

です．すると，

$$
\begin{aligned}
\mathbf{Q} &= h\mathbf{a}_\mathrm{b}^* + k\mathbf{b}_\mathrm{b}^* + l\mathbf{c}_\mathrm{b}^* \\
&= h\frac{1}{2}(\mathbf{a}_\mathrm{p}^* + \mathbf{b}_\mathrm{p}^* - \mathbf{c}_\mathrm{p}^*) + k\frac{1}{2}(-\mathbf{a}_\mathrm{p}^* + \mathbf{b}_\mathrm{p}^* + \mathbf{c}_\mathrm{p}^*) + l\frac{1}{2}(\mathbf{a}_\mathrm{p}^* - \mathbf{b}_\mathrm{p}^* + \mathbf{c}_\mathrm{p}^*) \\
&= \frac{1}{2}(h - k + l)\mathbf{a}_\mathrm{p}^* + \frac{1}{2}(h + k - l)\mathbf{b}_\mathrm{p}^* + \frac{1}{2}(-h + k + l)\mathbf{c}_\mathrm{p}^* \\
&= h_\mathrm{p}\mathbf{a}_\mathrm{p}^* + k_\mathrm{p}\mathbf{b}_\mathrm{p}^* + l_\mathrm{p}\mathbf{c}_\mathrm{p}^*
\end{aligned}
\tag{6.108}
$$

からそれぞれの指数の変換則が

$$
\begin{aligned}
h_\mathrm{p} &= \frac{1}{2}(h_\mathrm{b} - k_\mathrm{b} + l_\mathrm{b}) \\
k_\mathrm{p} &= \frac{1}{2}(h_\mathrm{b} + k_\mathrm{b} - l_\mathrm{b}) \\
l_\mathrm{p} &= \frac{1}{2}(-h_\mathrm{b} + k_\mathrm{b} + l_\mathrm{b})
\end{aligned}
\tag{6.109}
$$

と求まります．この指数の変換式 (6.109) と，消滅則の式 (6.91) の $(h{+}k{+}l{=}2\mathrm{n})$ は同じことをいっていることが分かります．つまり，この条件を満たさない点，$(h+k+l{=}2n{+}1)$ は基本単位格子の逆格子点にはなっていないことになります．

bcc のブリルアンゾーンを**図 6.13** に示します．$(h + k + l{=}2n)$ の逆格子点はゾーン中心の Γ 点であり，$(h + k + l{=}2n + 1)$ の点は $(\frac{1}{2}\frac{1}{2}\frac{1}{2})_\mathrm{p}$ のゾーン境界の H 点になっています．つまり，$(1{,}0{,}0)_\mathrm{b}{=}(\frac{1}{2}\frac{1}{2}\overline{\frac{1}{2}})_\mathrm{p}$ が H 点ですが，$(0{,}1{,}0)_\mathrm{b}$ も $(001)_\mathrm{b}$ も同じく H 点です．この関係がよく分かるように，$(hk0)_\mathrm{b}$ 面でのブリルアンゾーンと $(hhl)_\mathrm{b}$ 面でのブリルアンゾーンを図 6.13 の右に示しました．図中の P 点は $(\frac{1}{2}\frac{1}{2}\frac{1}{2})_\mathrm{b}{=}(\frac{1}{2}\frac{1}{2}\frac{1}{2})_\mathrm{p}$ で，[111] 方向に Γ 点と H 点間を結んだゾーン境界になっていることが分かります．ブリルアンゾーンでは例えば [100] 方向

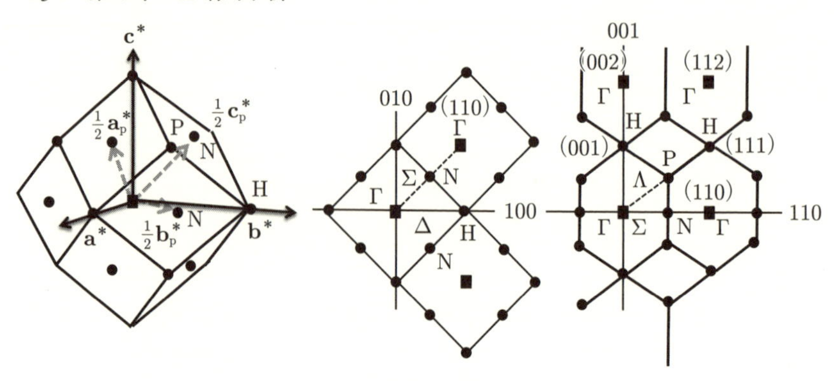

図 6.13　*bcc* の逆格子とブリルアンゾーン.

は Δ-line, [110] 方向は Σ-line, [111] 方向は Λ-line と呼ばれています. N 点は, 例えば $(\frac{1}{2}\frac{1}{2}0)_{\rm b}$ であり $(0\frac{1}{2}0)_{\rm p}$ でどちらにとってもゾーン境界にあたります.

このように, 複合格子で消滅則で消える逆格子点はブリルアンゾーンの中で見ればゾーン中心の Γ 点ではなくてゾーン境界の点になっています.

6.5.3　らせん軸と映進面の消滅則

この節では, らせん軸と映進面で生じる消滅則の説明をします. らせん軸は回転と半整数の並進の組み合わせとなっており, 半整数の並進が消滅則を生じさせます. 同様に, 映進面は鏡映と半整数の並進の組み合わせとなっており, 半整数の並進が消滅則を生じさせます.

例として $2_1(z)$ を見てみましょう. $2_1(z)$ の対称操作により等価な原子は,

$$\mathbf{r}_1=(x,y,z),\quad \mathbf{r}_2=(\overline{x},\overline{y},z+\tfrac{1}{2})$$

となります. 構造因子は,

$$\begin{aligned}F(\mathbf{Q}_{hkl}) &= \sum_j f_j(Q)(\mathrm{e}^{-2\pi i\mathbf{Q}_{hkl}\cdot(x\mathbf{a}+y\mathbf{b}+z\mathbf{c})_j} \\ &\qquad + \mathrm{e}^{-2\pi i\mathbf{Q}_{hkl}\cdot(-x\mathbf{a}-y\mathbf{b}+(z+\frac{1}{2})\mathbf{c})_j}) \\ &= \sum_j f_j(Q)\mathrm{e}^{-2\pi i l z_j}(\mathrm{e}^{-2\pi i(hx_j+ky_j)} + \mathrm{e}^{-2\pi i(-hx_j-ky_j+l\frac{1}{2})})\end{aligned}$$

となります. この式は $(00l)$ のとき,

$$= \textstyle\sum_j f_j(Q)\mathrm{e}^{-2\pi i l z_j}(1+\mathrm{e}^{-\pi i l})$$

$$= \begin{cases} 2\sum_j f_j(Q)\mathrm{e}^{-2\pi i l z_j} & (l=2n) \\ 0 & (l=2n+1) \end{cases} \tag{6.110}$$

となります．ここで，$F(\mathbf{Q}_{hkl})$=0 は $2_1(z)$ の対称性から厳密にゼロとなっていて近似的なゼロではありません．

次の例として，a 軸に垂直な b 映進面 (b-glide plane) を見てみましょう．この対称性は $(m_x|0\frac{1}{2}0)$ です．$(m_x|0\frac{1}{2}0)$ の対称操作により等価な原子は，

$\mathbf{r}_1=(x,y,z)$,　$\mathbf{r}_2=(\overline{x}, y+\frac{1}{2}, z)$

となります．構造因子は，

$$\begin{aligned} F(\mathbf{Q}_{hkl}) &= \sum_j f_j(Q)(\mathrm{e}^{-2\pi i \mathbf{Q}_{hkl}\cdot(x\mathbf{a}+y\mathbf{b}+z\mathbf{c})_j} \\ &\qquad + \mathrm{e}^{-2\pi i \mathbf{Q}_{hkl}\cdot(-x\mathbf{a}+(y+\frac{1}{2})\mathbf{b}+z\mathbf{c})_j}) \\ &= \sum_j f_j(Q)\mathrm{e}^{-2\pi i(ky_j+lz_j)}(\mathrm{e}^{-2\pi i h x_j} + \mathrm{e}^{-2\pi i(-hx_j+k\frac{1}{2})}) \end{aligned}$$

となります．この式は $(0kl)$ のとき，

$$\begin{aligned} &= \textstyle\sum_j f_j(Q)\mathrm{e}^{-2\pi i(ky_j+lz_j)}(1+\mathrm{e}^{-\pi i k}) \\ &= \begin{cases} 2\sum_j f_j(Q)\mathrm{e}^{-2\pi i(ky_j+lz_j)} & (k=2n) \\ 0 & (k=2n+1) \end{cases} \end{aligned} \tag{6.111}$$

となります．ここで，$F(\mathbf{Q}_{hkl})$=0 は $(m_x|0\frac{1}{2}0)$ の対称性から厳密にゼロとなっていて近似的なゼロではありません．

もう一つの例として，c 軸に垂直な n 映進面 (n-glide plane) を見てみましょう．この対称性は，$(m_z|\frac{1}{2}\frac{1}{2}0)$ です．$(m_z|\frac{1}{2}\frac{1}{2}0)$ の対称操作により等価な原子は，

$\mathbf{r}_1=(x,y,z)$,　$\mathbf{r}_2=(x+\frac{1}{2}, y+\frac{1}{2}, \overline{z})$

となります．構造因子は，

$$\begin{aligned} F(\mathbf{Q}_{hkl}) &= \sum_j f_j(Q)(\mathrm{e}^{-2\pi i \mathbf{Q}_{hkl}\cdot(x\mathbf{a}+y\mathbf{b}+z\mathbf{c})_j} \\ &\qquad + \mathrm{e}^{-2\pi i \mathbf{Q}_{hkl}\cdot((x+\frac{1}{2})\mathbf{a}+(y+\frac{1}{2})\mathbf{b}-z\mathbf{c})_j}) \\ &= \sum_j f_j(Q)\mathrm{e}^{-2\pi i(hx_j+ky_j)}(\mathrm{e}^{-2\pi i l z_j} + \mathrm{e}^{-2\pi i(-lz_j+h\frac{1}{2}+k\frac{1}{2})}) \end{aligned}$$

となります．この式は $(hk0)$ のとき，

$$
\begin{aligned}
&= \sum_j f_j(Q)\mathrm{e}^{-2\pi i(hx_j+ky_j)}(1+\mathrm{e}^{-\pi i(h+k)}) \\
&= \begin{cases} 2\sum_j f_j(Q)\mathrm{e}^{-2\pi i(hx_j+ky_j)} & (h+k=2n) \\ 0 & (h+k=2n+1) \end{cases}
\end{aligned}
\tag{6.112}
$$

となります．ここで，$F(\mathbf{Q}_{hkl})=0$ は $(m_z|\frac{1}{2}\frac{1}{2}0)$ の対称性から厳密にゼロとなっていて近似的なゼロではありません．

らせん軸と映進面で現れる消滅則を**表 6.2** にまとめます．表 6.2 では，消滅しない反射の指数を表示していますので，この条件を満たさない指数の反射が全て消滅していたら，ここで示した $(R|\mathbf{t}_m)$ の対称操作であるらせん軸や映進面が存在している可能性があります．なお，複合格子のときの消滅則で，消滅する逆格子点は Γ 点ではないといいましたが，らせん軸や映進面で消滅している逆格子点はブリルアンゾーンの Γ 点です．

空間群を消滅則から決めるときはまず表 6.1 で複合格子を決めます．次に表 6.2 でらせん軸や映進面の存在を探します．回折実験の消滅則からだけでは必ずしも空間群を断定できるとは限りません．そのようなときは，第 4 章で議論した物性量を参考にして絞り込む必要があります．

消滅則を判断するとき，偽の強度に注意する必要があります．まずよく起こるのが高調波成分 $\lambda/2$ の混入です．$2k\sin\theta=\mathrm{Q}_{hkl}$ の式は，$2k$ の X 線や中性子に対して $2\mathrm{Q}_{hkl}$ の回折が同じ 2θ で起こるので，Q_{hkl} で消滅するはずが $2\mathrm{Q}_{hkl}$ の $2k$ (つまりは $\lambda/2$) の混入のために消滅していないと判断されてしまうことです．電子回路の波高分析器 (pulse hight analyzer : PHA) を用いているので $\lambda/2$ は混入しないと勘違している人がよくいます．現実には，$\lambda/2$ の強度は落ちていますがゼロにはなっていません．メインのブラッグ反射の 10^{-3} ぐらいの強度を議論するときには，PHA では十分に $\lambda/2$ が除去されていない可能性があります．$\lambda/2$ の除去には色々な方法があります．一つは，モノクロメータに Si(111) や Ge(111) を用いることです．このときには Si(222) や Ge(222) が出ないことを利用しています．X 線の場合でもっと簡単なのは，X 線発生装置の電圧を $\lambda/2$ のエネルギーから計算できる電圧以下にして測定することです．6.2 節で述べたように，例えば，MoK_α の場合，λ のエネルギーは 17.44 keV ですので $\lambda/2$ のエネルギーは 34.88 keV です．したがって，X 線発生装置の

表 6.2 らせん軸と映進面の消滅則．(hkl) で消滅しないための条件．$4_2, 6_3$ は 2_1 と同じ．4_3 は 4_1 と同じ．$3_2, 6_2, 6_4$ は 3_1 と同じ．6_5 は 6_1 と同じ．

指数	出現する指数	記号	方向	R	並進 $\mathbf{t}_m$
$h00$	$h = 2n$	$2_1(x)$	a 軸方向	2	$\frac{1}{2}00$
$0k0$	$k = 2n$	$2_1(y)$	b 軸方向	2	$0\frac{1}{2}0$
$00l$	$l = 2n$	$2_1(z)$	c 軸方向	2	$00\frac{1}{2}$
$00l$	$l = 4n$	$4_1(z)$	c 軸方向	4	$00\frac{1}{4}$
$00l$	$l = 6n$	$6_1(z)$	c 軸方向	6	$00\frac{1}{6}$
$00l$	$l = 3n$	$3_1(z)$	c 軸方向	3	$00\frac{1}{3}$
$hk0$	$h = 2n$	a-glide	c 軸に垂直な面	m_z	$\frac{1}{2}00$
$hk0$	$k = 2n$	b-glide	c 軸に垂直な面	m_z	$0\frac{1}{2}0$
$hk0$	$h, k = 2n$	e-glide	c 軸に垂直な面	m_z	$\frac{1}{2}00, 0\frac{1}{2}0$
$hk0$	$h + k = 2n$	n-glide	c 軸に垂直な面	m_z	$\frac{1}{2}\frac{1}{2}0$
$hk0$	$h + k = 4n$	d-glide	c 軸に垂直な面	m_z	$\frac{1}{4}\frac{1}{4}0$
$0kl$	$k = 2n$	b-glide	a 軸に垂直な面	m_x	$0\frac{1}{2}0$
$0kl$	$l = 2n$	c-glide	a 軸に垂直な面	m_x	$00\frac{1}{2}$
$0kl$	$k, l = 2n$	e-glide	a 軸に垂直な面	m_x	$0\frac{1}{2}0, 00\frac{1}{2}$
$0kl$	$k + l = 2n$	n-glide	a 軸に垂直な面	m_x	$0\frac{1}{2}\frac{1}{2}$
$0kl$	$k + l = 4n$	d-glide	a 軸に垂直な面	m_x	$0\frac{1}{4}\frac{1}{4}$
$h0l$	$h = 2n$	a-glide	b 軸に垂直な面	m_y	$\frac{1}{2}00$
$h0l$	$l = 2n$	c-glide	b 軸に垂直な面	m_y	$00\frac{1}{2}$
$h0l$	$h, l = 2n$	e-glide	b 軸に垂直な面	m_y	$\frac{1}{2}00, 00\frac{1}{2}$
$h0l$	$h + l = 2n$	n-glide	b 軸に垂直な面	m_y	$\frac{1}{2}0\frac{1}{2}$
$h0l$	$h + l = 4n$	d-glide	b 軸に垂直な面	m_y	$\frac{1}{4}0\frac{1}{4}$
hhl	$l = 2n$	c-glide	$[1\bar{1}0]$ 軸に垂直な面	$m_{1\bar{1}0}$	$00\frac{1}{2}$
$h\bar{h}l$	$l = 2n$	c-glide	$[110]$ 軸に垂直な面	m_{110}	$00\frac{1}{2}$
hhl	$2h + l = 2n$	n-glide	$[1\bar{1}0]$ 軸に垂直な面	$m_{1\bar{1}0}$	$\frac{1}{2}0\frac{1}{2}$
hhl	$2h + l = 4n$	d-glide	$[1\bar{1}0]$ 軸に垂直な面	$m_{1\bar{1}0}$	$\frac{1}{4}\frac{1}{4}\frac{1}{4}$

電圧を 34 kV にすると $\lambda/2$ は発生しません．別の方法は非常にエネルギー弁別能力のよい検出器を使用することです．X 線の場合，半導体検出器を用いると 100 eV 程度のエネルギー分解能があるので $\lambda/2$ はもちろん K_β も弁別でき

ます．

もう一つ起こる偽の強度は多重反射です．X 線でも中性子でもメインのブラッグ反射の 10^{-3} ぐらいの強度を議論するときには，多重反射の可能性は除去できません．X 線や中性子の波長を変えて実験をして比較するとか，結晶の方位 (アジマス角) を変えるとか，いくつかの方法がありますが，多重反射に関しては，7.4 節で再度述べることにします．

また，ここでは詳細は述べませんが，空間群を間違いなしに断定するのには，完全結晶からの動的回折を起こす収束電子回折が大変役立ちます．

第7章

中性子回折

7

この章では，中性子が作る波の干渉効果と回折を考えます．中性子とX線のエネルギーの違いを無視すれば，回折現象の幾何学はX線回折と同じだと見なしてよく，第6章での議論はそのまま使えます．X線を含めた電磁波や中性子を含めた粒子線は，物質の研究になくてはならないプローブです．それぞれが特徴をもっていますが，同時に共通した性質もあり，これらは一括して量子ビームと呼ばれています．本章では，中性子に関連した所を集中的に述べていきます．

7.1 量子ビームのエネルギーと波長

粒子を波と考えたとき，波長λと波数ベクトルkとの関係は，電磁波とは少し違います．それは，電磁波の量子，光子 (photon) は質量をもっていないのに対して，中性子などの粒子線は質量をもつためです．粒子線は運動量pをもちますが，量子力学からp=hkとなります．ここで，k=$1/\lambda$です．また，粒子のもつ運動エネルギーは$E = p^2/(2m)$です．一方，質量をもたない光子の場合は，エネルギーが$E = h\nu$です．光子の運動量は量子力学からp=hkとなります．電磁波という波のもつ性質として，$\nu\lambda$=cという速度をもちます．そこで，物理定数を代入して，光子 (P)，電子 (e)，中性子 (N) のエネルギーを計算してみましょう．h=6.626×10^{-34} m^{2}kg/s, m_{e}=9.109×10^{-31} kg, m_{N}=1.675×10^{-27} kg, c=2.998×10^{8} m/s, e=1.602×10^{-19} C です．結果は，式 (7.1) となります．

$$
\begin{aligned}
&(\mathrm{P}) \quad E = h\nu = hck && E(\mathrm{keV}) = 12.40/\lambda \\
&(\mathrm{e}) \quad E = \frac{P^2}{2m_{\mathrm{e}}} = \frac{h^2}{2m_{\mathrm{e}}}k^2 && E(\mathrm{eV}) = 150.4/\lambda^2 \\
&(\mathrm{N}) \quad E = \frac{P^2}{2m_{\mathrm{N}}} = \frac{h^2}{2m_{\mathrm{N}}}k^2 && E(\mathrm{meV}) = 81.80/\lambda^2
\end{aligned}
\tag{7.1}
$$

波長 λ は Å の単位で書き表しています．1 Å=100 pm です．エネルギーは光子の場合は keV，電子の場合は eV，中性子の場合は meV で表しています．光子の場合，1 Å の電磁波は 12.4 keV で，このエネルギーの電磁波は X 線と呼ばれています．一方，中性子の場合，1 Å の中性子の波は 81.8 meV で，このエネルギーの中性子は熱中性子と呼ばれています．電子の場合，1 Å の電子の波は 150.4 eV で，中性子との違いは電子と中性子の質量の差からきています．

7.2　中性子の発生方法

中性子を発生させる方法は大きく分けて二種類あります．一つは原子炉 (nuclear reactor) を使う方法で，^{235}U の核分裂から発生した高エネルギーの中性子を水と衝突させて平衡状態にしてエネルギーを適当に下げて取り出すものです．一方，スパレーション中性子源 (spallation neutron source) と呼ばれるのは，加速された陽子を金属に衝突させて核破砕したときに原子核から飛び出す高エネルギーの中性子を液体水素などと衝突させて平衡状態にしてエネルギーを適当に下げて取り出すものです．このときは，加速器で加速する陽子ビームがパルス状になっているので発生する中性子もパルス中性子です．

まず，原子炉を見てみましょう．ビーム実験に使用する研究用原子炉は，日本では東海村の日本原子力研究開発機構に設置されている JRR3 があります．その大きさは，皆さんが想像するよりもはるかに小さなものです．概念図を**図 7.1** に示します．ウランの燃料棒と出力を制御する制御棒をまとめた炉心の大きさはせいぜい直径 2 m 程度です．その周りは重水あるいは軽水で覆われています．ウランの核分裂で生じた中性子はこの水に含まれる水素と衝突を繰り返して熱平衡に達します．このように中性子のエネルギーを適当なものに変える装置や物質をモデレーター (moderator) といいます．水の温度は室温程度です．最近の研究用原子炉では熱平衡の温度を変えるために，液体水素だめを用意して低温でエネルギーの低い中性子を作って取り出しています．これを冷中性子源あるいはコールドソース (cold neutron source) といいます．場合によれば温度の高い高温部分を作り，エネルギーの高い中性子を取り出している原子炉もあります．この部分はホットソースと呼ばれています．原子炉の大きさを占めている大部分は，炉心から発生する高エネルギーの γ 線や高エネルギーの中性子が外部に漏れないようにするための生体遮蔽です．この部分は，重コンク

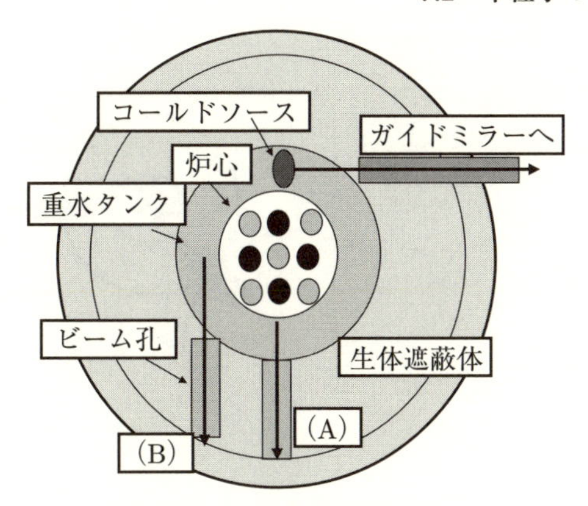

図 7.1　原子炉の構造.

リートや鉄や鉛などの重い元素の物質で作られています．JRR3 の原子炉の発熱量は 20 MW で，発電用原子炉の 1 GW と比べるとほとんど無視できるぐらいの熱量ですが，炉心を小さくして中性子の輝度を高くする難しさがあり，世界最大のビーム実験研究用原子炉でも 100 MW には達していません.

発生した中性子はビーム孔から取り出します．炉心を直接覗くビーム孔 (図 7.1 の (A) では高エネルギーの中性子を取り出せますが γ 線のバックグラウンドが非常に高くなります．一方，図の (B) の炉心に対して接線方向の位置で取り出すと高エネルギーの中性子や γ 線のバックグラウンドが低減されて質のよい中性子散乱の実験ができます.

中性子のエネルギー分布は熱平衡のボルツマン分布を計算するだけです．熱平衡温度が 310 K のときの中性子エネルギー分布を**図 7.2** (a) に示します．当然ながら連続分布しています．分布の極大は 55 meV(λ=1.22 Å) 程度にありますが，コールドソースを使うと低エネルギー (長波長) 側に，ホットソースを使うと高エネルギー (短波長) 側にその極大を動かすことができます．コールドソースから取り出したエネルギーの低い中性子は冷中性子 (cold neutron) と呼ばれます．ガイドミラーと呼ばれる鏡による全反射を利用して外部に取り出し，原子炉に隣接したガイドホールで実験に使用されます．JRR3 では冷中性子のガイドが 3 本，熱中性子のガイドが 2 本設置されています.

中性子散乱実験には連続分布した白色中性子の中から特定のエネルギーをも

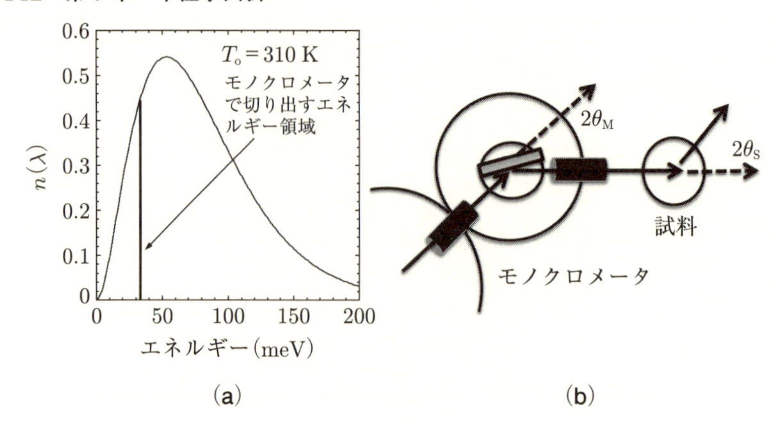

図7.2　原子炉内の中性子のエネルギー分布とモノクロメータ.

つ中性子のみを切り出します．単色化する装置をモノクロメータといいます．取り出す原理はモノクロメータ結晶のブラッグ反射で，$2k\sin\theta_\mathrm{M}=Q_{hkl}$ を用いて，$k=1/\lambda$ を取り出します．モノクロメータの配置を図 7.2 (b) に示します．格子定数の分かっている結晶をモノクロメータドラムの中心に置き，取り出したい波長 λ に対応する回折角 $2\theta_\mathrm{M}$ に取り出し用のビーム孔をもっていきます．同時に結晶面の角度 ω を θ_M に合わせます．取り出した波長 λ の中性子ビームを試料にあてて実験を行います．モノクロメータ結晶としてパイロリティックグラファイト (PG), Ge, Cu などがよく使われます．モノクロメータドラムの所では強い白色中性子ビームが直接モノクロメータ結晶にあたるので非常に大きなバックグラウンドが発生します．このバックグラウンドをうまく遮蔽しつつビームを取り出す回折角 $2\theta_\mathrm{M}$ を動かす機構が設計上重要になります．モノクロメータで単色化して行う実験は大変分かりやすいのですが，白色中性子の中のほんの一部しか使わないので大変効率が悪い方法です．原子炉を使った初期の実験では，チョッパーと呼ばれる装置で中性子をパルス化して飛行時間法 (time of flight method : TOF) で水素の非干渉非弾性散乱の実験をしていました．これなら図 7.2 (a) で示した全分布の中性子を使用できます．しかしながら，パルス化する過程で，やはり大きな強度損失を伴っています．

核破砕の方法で取り出すパルス中性子源として，日本では東海村に設置されている J-PARC 施設があります．この施設の一部である物質生命科学実験施設

(MLF) の中性子源が世界最大級のパルス中性子源です．陽子ビームが加速器により 3 GeV に加速されて水銀ターゲットに打ち込まれます．陽子ビームは 25 Hz の繰り返し (40 msec ごと) でパルス状に打ち込まれ，その電流量は 333 μA なので 1 MW となります．現時点では 500 kW 程度ですが，近日中に 1 MW になる予定です．発生した中性子をモデレーターである固体水素で熱平衡にして外部に取り出しますが，その考え方は原子炉での中性子と同じです．パルス中性子の特徴として，1 MW という総エネルギーも大事ですが，パルスが発生している時間幅も大変重要です．原子炉の 20 MW と比較すると 1/20 のエネルギー規模ですが，パルス中性子は 500 μsec 程度の間だけ発生しているので，ピーク強度は非常に強くなります．中性子発生の時間構造の概念図を**図 7.3** (a) に示します．この時間構造をうまく使うとパルス中性子源は非常に強力な実験手法となります．

パルス中性子法でも，モデレーターから取り出した直後の中性子のエネルギー分布は本質的には原子炉での中性子エネルギー分布の図 7.2 (a) と同じです．これをモノクロメータで単色化するのではなく，中性子の飛行時間 (TOF) を利用して実験に使用するので，TOF 法という言葉が使用されます．図 7.3 (b) に示したように，モデレーターから出た中性子は，試料までの距離 L_1 を飛行した後に試料から散乱されて距離 L_2 離れた検出器に到着します．飛行距離は $L=L_1+L_2$ です．どのくらいの時間かかるのでしょうか．$p=m_\mathrm{N}v=hk=h/\lambda$ と $L=vt$ から

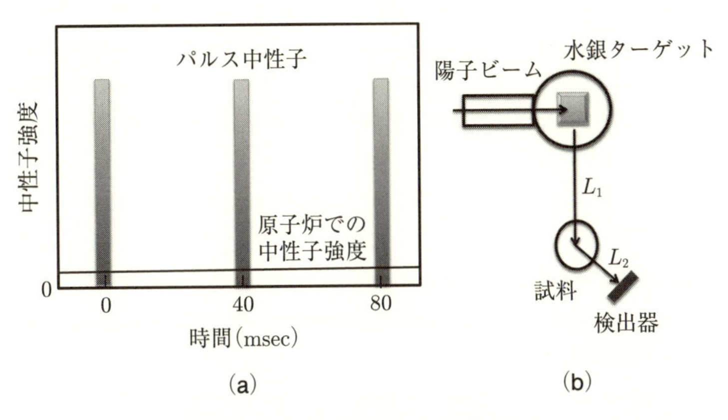

図 7.3 パルス中性子の時間構造．

計算できて，$t = Lm_{\mathrm{N}}\lambda/h$ となります．例えば L=100 m で λ=1 Å の中性子の飛行時間は 25 ms です．速度にすると 4 km/s です．100 m 飛行する間に重力のために 2.6 cm 下降します．各自計算してみましょう．ms は電子回路を使えば簡単に測定できる時間ですし，μs の時間分解能でも測定できますので，高精度で波長分解できます．

TOF 法では，弾性散乱である構造解析の実験のときにはほとんどの中性子を利用できますので，大変効率的な実験ができます．非弾性散乱の実験のときには入射した k_{i} とエネルギーを変えて散乱された k_{f} との対応関係が不明となるので，チョッパーを使用して入射中性子から特定の k_{i} のみを取り出して使用します．TOF 法の具体的な方法は 8.7 節と 8.8.2 節で述べることとします．

7.3 中性子用フィルター

モノクロメータを使用してビームを単色化するときに注意することは $\lambda/2$ の混入です．ブラッグの式から分かるように，

$$2k\sin\theta = Q_{hkl}$$
$$2(2k)\sin\theta = 2Q_{hkl} \tag{7.2}$$

で同じ 2θ でブラッグ反射が起こります．二つ目の式で $2\mathbf{Q}_{hkl}$ ということは，$\mathbf{Q}_{2h,2k,2l}$ のことで，このブラッグ点から $2k$=$\frac{1}{\lambda/2}$ の $\frac{\lambda}{2}$ の中性子が回折条件を満たしているということです．この $\frac{\lambda}{2}$ の中性子の除去は大変重要です．$\frac{\lambda}{2}$ とは，波数ベクトルでいえば $2k$ であり，中性子のエネルギーでいえば $4E$ です．

一つの方法は，一部に穴の開いたドラムを回転して中性子の速さの差を利用して，$\frac{\lambda}{2}$ の中性子を通さずに λ の中性子だけを通す速度弁別装置 (velocity selector) を用いる方法です．この装置は，エネルギーの低い冷中性子では使われていますが，熱中性子領域では費用や保守の問題，装置の難しさのせいで，まだそれほど使われていません．$\frac{\lambda}{2}$ の回折がないモノクロメータとして Si(111) 反射や Ge(111) 反射があります．ダイヤモンド構造であり，空間群は $Fd\bar{3}m$ で d-glide があるために，(222) 反射は消滅します．ただし，(333) 反射は消滅しないので $\frac{\lambda}{3}$ の混入は防ぐことができません．

次によく使われるのはフィルターです．フィルターとして使われるのはパイロリティックグラファイト (PG) です．この原理は X 線のフィルターとは違っ

ていて，ブラッグ反射で特別の波長の中性子を取り除くことによります．PG 結晶は，面内はよくそろったグラファイト結晶ですが，面間が無秩序に成長していて，c 軸のみがそろった結晶です．そこで，逆格子では c^* 軸をそろえて回転したような構造となり，$(00l)$ 以外の反射はリング状になっています．10 cm ぐらいの大きな PG 結晶に垂直に中性子を入射します．すると，特別の λ でブラッグ反射が起こります．炭素原子の吸収は少ないので，ブラッグ反射が起こった λ 以外の中性子はほとんど強度を減らさずに PG 結晶を通過します．そのために，白色の中性子を通過させると特別の λ の所だけ強度が非常に弱くなります．モノクロメータで単色化して，λ と $\frac{\lambda}{2}$ のビームを通して，$\frac{\lambda}{2}$ でブラッグ反射を起こして強度を弱めれば λ のみが透過しますので，フィルターとなります．ただし，このときにも $\frac{\lambda}{3}$ の混入は防ぐことができません．PG フィルターは小さくて比較的安価なので手軽に使える所が強みです．

現実にフィルターとして使えるエネルギーを計算してみましょう．グラファイト結晶は空間群 $P6_3mc$ で a=2.456 Å, c=6.696 Å です．炭素原子の位置は，$(0,0,0)$, $(0,0,\frac{1}{2})$, $(\frac{1}{3},\frac{2}{3},\delta)$, $(\frac{1}{3},\frac{2}{3},\frac{1}{2}+\delta)$ で，δ は 0.05 以下の小さな値です．構造因子は，$(h\ h\ 2n)$ で強く，$(h\ h\ 2n+1)$ では消滅則で消えます．$(h\ k\ 2n+1)$ では $h-k$=$3n\pm 1$ のときに δ により弱い強度が出ます．一般に，$(1\,0\,l)$ 反射の構造因子は有限の値となります．PG の逆格子は**図 7.4** となります．c 軸の

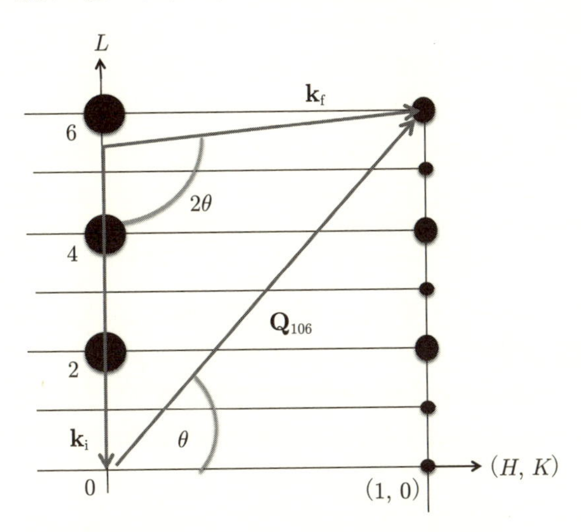

図 7.4　PG の逆格子とフィルターの原理.

みそろっていて c 面の向きが無秩序なので，$(0\,0\,l)$ 反射以外はリング状に分布しています．図の $(1\,0\,l)$ 反射はリングの赤道面での断面です．白色中性子を c^* 方向に入射すると例えば (1 0 6) 反射でブラッグ反射が起こります．ここで注意することは，ブラッグ反射を起こさせるために結晶の方位を特別に調整しなくても波長スキャンにより自動的に回折条件を満たすことです．ブラッグ反射角を 2θ とすると，$Q_{hkl}\sin\theta{=}lc^*$, $2k\sin\theta{=}Q_{hkl}$ の関係を満たす k が選ばれるので，$k{=}Q_{hkl}^2/(2lc^*)$ となります．(1 0 6) 反射のとき，$k{=}0.818$ Å^{-1} で $E_2{=}54.7$ meV です．ブラッグ反射角は $2\theta{=}95.5°$ となります．この 2θ 方向はブラッグ反射がリングになっているので円錐として散乱されています．この中性子が $\lambda/2$ となる λ の中性子は $k{=}0.409$ Å^{-1} で $E_1{=}E_2/4{=}13.7$ meV です．(1 0 4) の $E_1{=}14.9$ meV, (1 0 14) の $E_1{=}29.6$ meV, (1 0 2) の $E_1{=}32.4$ meV, (1 0 15) の $E_1{=}32.9$ meV あたり，(1 1 10) の $E_1{=}40.8$ meV, (1 1 8) の $E_1{=}41.8$ meV あたりも使えます．現実の PG 結晶では作成法により c 軸の値が少し違いますので，実測する必要があります．通常市販されている PG では，フィルターに使える E_1 は 13.4 meV, 14.7 meV, 30.5 meV, 41.0 meV です．13.4 meV や 14.7 meV での $\lambda/2$ の除去能力は非常によくて，現実的には $\lambda/2$ の混入はゼロと見なしてもよいレベルです．

PG フィルターでは 13.4 meV より低いエネルギーでは使えません．そこで使われるのが Be フィルターです．Be フィルターは $E_1{=}5$ meV のフィルターとして使用できますが，透過率を高めるために冷却して使用する必要があります．なお，5 meV よりエネルギーの低い中性子は冷中性子 (cold neutron) と呼ばれています．高エネルギーのバックグラウンドを落とすために使われるのがサファイアフィルターです．これら，フィルターを使うときは，フィルターから大きなバックグラウンドが発生しているので，その防御が重要になってきます．

ガイドミラーを利用した場合はミラーの全反射の臨界角で高いエネルギーの中性子は反射しません．そのために，ガイドホールで使用する中性子では，$\frac{\lambda}{2}$ や $\frac{\lambda}{3}$ の中性子が元々非常に弱いか完全に除去されています．そのような意味で，ガイドホールでの中性子実験は原子炉内での実験に比べて有利な部分があります．

7.4　同時反射と多重反射

同時反射 (simultaneous reflection) とは，入射した $\mathbf{k}_\mathrm{i}$ の波に対して同時に二つのブラッグ反射 ($\mathbf{Q}_0$ と $\mathbf{Q}_1$) が起こることです．**図7.5** で，$\mathbf{Q}_0$ という反射を狙って $\mathbf{k}_\mathrm{i}$ を入射し，$\mathbf{k}_\mathrm{f}$ で待ち受けます．このとき，偶然に $\mathbf{Q}_1$ がエワルド球に乗るとブラッグ散乱が同時に起こり，$\mathbf{k}_\mathrm{f1}$ にも散乱波が出射されます．滅多に起こらないと思うかもしれませんが，X 線回折や中性子回折では頻繁に起こります．例えば，結晶を少し回して測定したイメージングプレート上に多数のブラッグ反射が写った写真を見た方も多いと思います．その極限として，結晶を止めたままで露光して映ったブラッグ反射が同時反射です．入射ビームの発散角が大きかったり結晶のモザイクが大きいと，実効的に結晶を回したのと同じなので同時反射の確率が増えます．

想定外のブラッグ反射 $\mathbf{Q}_1$ の回折波 $\mathbf{k}_\mathrm{f1}$ が次の結晶の部分に対して入射波 $\mathbf{k}'_\mathrm{i}$ になってブラッグ反射 $\mathbf{Q}_2$ で偶然に回折を起こす場合があります．これが多重反射 (multiple scattering) です．これは，$\mathbf{Q}_0 = \mathbf{Q}_1 + \mathbf{Q}_2$ の条件を満たすと起こります．図 7.5 に入射波 $\mathbf{k}'_\mathrm{i}$ でブラッグ反射 $\mathbf{Q}_2$ による回折を示しています．この場合の散乱波 $\mathbf{k}_\mathrm{f2}$ は $\mathbf{k}_\mathrm{f}$ と平行ですから同じ散乱角で検出器に到達するので $\mathbf{Q}_0$ のみを測定したときと強度が変わります．2 度目の $\mathbf{k}'_\mathrm{i}$ は最初の $\mathbf{k}_\mathrm{i}$ に比べれ

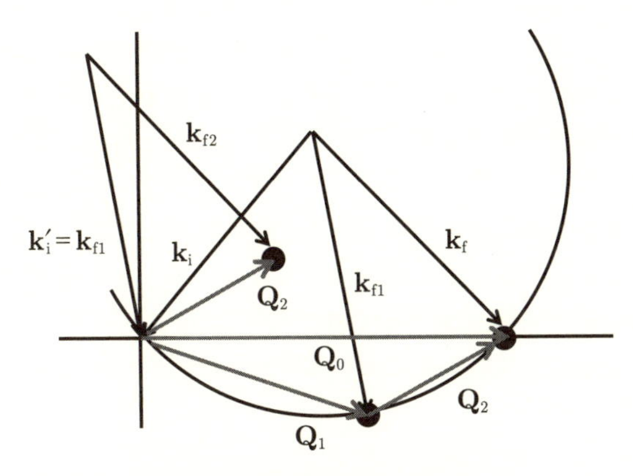

図 7.5　同時反射と多重反射．

ば桁違いに弱いのですが，非常に弱い反射を精度よく測定したいときには無視できなくなります．多重反射はX線であろうが中性子であろうが必ず起こりますが，中性子の方が頻繁に起こります．中性子線源は非常に弱いので分解能を比較的悪くして使います．そのために，入射ビームの平行度であるビーム発散(beam divergence)や単色化された波長 λ の幅 $\Delta\lambda$ がX線に比べてかなり悪いのが普通です．入射中性子のビーム発散が大きいと $\mathbf{k}_\mathrm{f}$ の発散も大きくなります．すると，$\mathbf{k}_\mathrm{f}'$ を次の入射ビーム $\mathbf{k}_\mathrm{i}'$ としたとき，同じ結晶角で回折が起こる確率が大きくなります．中性子の場合，ほとんどの反射で最強線の1％程度は多重反射の影響を受けていると考えた方がよいでしょう．基本反射の 10^{-3} 程度の弱い反射を議論するときには注意が必要です．消滅則で消えるべき所に弱い反射が出ているので，空間群が間違っていると主張する人も現れますが，慎重に色々な手段で確認することをお勧めします．$\mathbf{Q}_0$ が超格子反射の測定のような場合は，$\mathbf{Q}_1$ か $\mathbf{Q}_2$ が超格子反射になりますから，多重反射の影響も小さくなります．それでも超格子反射の最大強度の1％程度は多重反射の影響として受けていると考えた方がよいでしょう．

どの程度多重反射の影響を受けているかを調べるのには，入射エネルギーを変えながら同じ反射を測定するのも一つの方法です．$\mathbf{k}_\mathrm{i}$ を変えるので多重反射の条件が変わり，非常に強く多重反射を受けたり多重反射が偶然起こらなくなったりします．もう一つの方法は，測定している逆格子ベクトル $\mathbf{Q}_0$ の周りに結晶を回転(アジマス回転)することです．実空間でいえば，$\mathbf{Q}_0$ に垂直な面を回転しています．このような回転をしても回折条件を満たしているので常にブラッグ反射は起こります．しかしながら，多重反射の条件は変わります．最も多重反射の影響を受けないアジマス角で測定します．構造が分かっていれば原理的に計算できますので多重反射の影響の少ない結晶角を計算してから測定を実行するのも方法です．放射光のようにビーム発散が非常に小さく波長幅も狭いときには多重反射が起こる確率は中性子と比べると減っていますが，逆に偶然多重反射が起こるとその強度も比較的大きくなるので注意が必要です．また，粉末試料では常に多重反射が起こっています．ただし，元々のブラッグ反射強度が弱いので，通常は無視して取り扱います．

7.5　中性子の散乱能と吸収

X 線回折と中性子回折とで大きく違うのは原子の散乱能です．X 線は原子核の周りの電子雲で双極子放射として散乱されます．一方，中性子は原子核との核相互作用で散乱されます．したがって，散乱能は原子番号と無関係です．それだけでなく，同じ原子番号の同位元素は違う原子核として散乱されます．例えば，水素原子核が陽子一つの軽水素 H と，陽子と中性子からなる重水素 D では，散乱能は全く違います．さらに，中性子は磁気モーメントをもっており，原子のもつ磁気モーメントと相互作用して散乱されます．

中性子散乱の場合の散乱振幅はX線の場合ほどは単純でなく，核力が散乱の起源となります．式で書くと，Fermi の擬ポテンシャル

$$V(r) = \frac{2\pi h^2}{m^2} b \cdot \delta(r) \tag{7.3}$$

の係数 b が，孤立した原子から弾性的に散乱される場合の散乱振幅になります．核力の及ぶ範囲が著しく小さいことから，そのフーリエ変換にあたる散乱振幅 b は逆格子ベクトル $\mathbf{Q}$ によらずに一定となることも重要です．この散乱振幅 b の単位は fm で表されます．

一方，磁気散乱は，中性子のスピンと物質のもつ磁気モーメントの間の双極子相互作用であり，その散乱振幅は cgs-esu 単位系で

$$p_j(\mathbf{Q}) = \frac{\gamma e^2}{2m_\mathrm{e}c^2} gJ_j f_j^\mathrm{m}(\mathbf{Q}) \tag{7.4}$$

と書き表されます．ここで，γ は中性子のもつ磁気モーメンと核磁子との比例係数，g-因子であり，1.913 です．m_e は電子の質量，gJ_j は関与する原子のもつスピンですが，$3d$ 電子の場合はスピン量子数のみを用いて $2S_j$ と置くことができます．$\mu_\mathrm{B} = e\hbar/2m_\mathrm{e}c$ がボーア磁子です．$f^\mathrm{m}(\mathbf{Q})$ はそのスピンを担っている電子の $+$ スピンと $-$ スピンの電子密度の差のフーリエ変換です．

$$f^\mathrm{m}(\mathbf{Q}) = \int \Delta\rho_\pm(\mathbf{r}) \mathrm{e}^{-2\pi i \mathbf{Q}\cdot\mathbf{r}} d\mathbf{r} \tag{7.5}$$

つまり，不対電子密度のフーリエ変換であり，X 線の原子形状因子と同様なものですが，関与しているスピンを担っている電子のみに限定されていて，磁気

形状因子と呼ばれています．磁気形状因子は原子形状因子と同様，Q の関数として急激に小さくなります．磁気形状因子はスピンを担う電子が存在する電子軌道の形を強く反映するので，決して等方的ではありません．しかしながら，通常は等方的に近似して取り扱いますし，データベースには $f(0) = 1$ と規格化した等方的な関数として載っています．また，$\gamma e^2/2m_e c^2$=2.6951 fm なので，中性子の原子核による散乱振幅 b と同じ単位となります．磁気散乱に関しては次の節でその詳細を述べることとします．

まずは，X 線の原子形状因子 f_j に対応する中性子の散乱振幅 b_j を詳しく見て比較してみましょう．いくつかの原子の原子番号 Z，中性子の散乱振幅 b，散乱断面積 σ_{scat} と 吸収断面積 σ_{abs} を**表 7.1** に示します．ここで，吸収断面積 σ_{abs} とは，中性子を透過させるときに，中性子が入射したのに物質に吸収されてしまい中性子が出てこない過程で生じる吸収のことです．一方，散乱断面積 σ_{scat} は非弾性散乱も含めた散乱により，入射方向に中性子が通っていかずに，入射強度が減ってしまう過程です．通常の吸収の式でいえば，$\sigma_{tot}=\sigma_{scat}+\sigma_{abs}$ が吸収となります．ここで，σ_{abs} は中性子のエネルギーに強く依存し，その速度 v に反比例します．表では λ=1.8 Å での値が示されています．散乱断面積の単位は barn で，1 barn=10^{-24} cm^2=(10 fm)^2 です．これらの吸収断面積を使用した吸収補正の具体的な方法は 8.4.1 節で詳しく説明します．

表 7.1 色々な原子の原子番号 Z と中性子の散乱能 b と吸収.

元素名	Z	b (fm)	σ_{scat}	σ_{abs}(1.8 Å)
^{1}H	1	−3.7406	82.03	0.3326
^{2}H	1	6.671	7.64	0.000519
^{10}B	4	$-0.1-1.066i$	3.1	3835
^{11}B	4	6.65	5.77	0.0055
C	6	6.646	5.551	0.0035
N	7	9.36	11.51	1.9
Mn	25	−3.73	2.15	13.3
Fe	26	9.45	11.62	2.56
Co	27	2.49	5.6	37.18
Cd	48	$4.87-0.70i$	6.5	2520
Pb	82	9.405	11.118	0.171

まず，中性子で特徴的なことは，散乱振幅に負の値があることです．これは，入射した波の位相が π だけ変化して原子核から散乱されることを意味しています．散乱振幅の大きさは，原子核との相互作用によりますから，原子番号には比例していませんし，同じ原子でも同位元素で違います．例えば，水素原子の H では散乱振幅が負で非干渉性非弾性散乱のため大きな σ_{scat} の値をもちます．一方，同じ水素原子の ^{2}H (つまりは重水素 D) の散乱振幅は正で吸収もほとんどありません．このことは，水素原子を含んだ物質での構造解析で，D と H を区別できることを示しており，マーカーとして利用することも可能です．さらに，正負の散乱能をうまく組み合わせると平均としてゼロの散乱能の元素として取り扱えることです．これは，ヌルマトリックスと呼ばれていて，溶液などでの実験や通常の回折実験でも水素原子を見かけ上消し去りたいときには大きな効果を発揮します．$\bar{b}_{\mathrm{H,D}}=xb_{\mathrm{D}}+(1-x)b_{\mathrm{H}}=0$ となる $x=0.36$ に調整します．個別の原子では違う散乱振幅をもっているのに何故平均してよいのかと疑問に思う方もいるかもしれませんので，簡単に説明しておきます．簡単のために $x=0.5$ として，単位胞に一つしか水素原子がないとして，その位置を原点に取ります．平均の散乱振幅 $\bar{b}_{\mathrm{H,D}}$ に対して $b_{\mathrm{D}}=\bar{b}_{\mathrm{H,D}}+\Delta b$, $b_{\mathrm{H}}=\bar{b}_{\mathrm{H,D}}-\Delta b$ とします．これを，$b_n=\bar{b}_{\mathrm{H,D}}+\Delta b\,\sigma_n$ と書き表します．ここで，$\sigma_n=\pm 1$ です．平均としての構造因子は，

$$\begin{aligned}\langle F(\mathbf{Q})\rangle &= \left\langle \sum_n b_n \mathrm{e}^{-2\pi \mathbf{Q}\cdot\mathbf{r}_n} \right\rangle \\ &= \sum_n \bar{b}_{\mathrm{H,D}} \mathrm{e}^{-2\pi \mathbf{Q}\cdot\mathbf{r}_n} + \sum_n \Delta b \langle \sigma_n \rangle \mathrm{e}^{-2\pi \mathbf{Q}\cdot\mathbf{r}_n} \end{aligned} \tag{7.6}$$

となります．一様に分布していれば，$\langle\sigma_n\rangle=0$ ですので，平均の散乱振幅として計算すればよいことになります．ただし，$\langle F(\mathbf{Q})F^{*}(\mathbf{Q})\rangle$ と強度を計算するときには $\langle\sigma_n\rangle^2$ だけでなく，$\langle\sigma_n\sigma_{n'}\rangle$ という相関にあたる項も必要になってきて，この項は散漫散乱強度を与えます．

もう少し表 7.1 を見てみましょう．鉄鋼関係の実用的な材料物質である Mn, Fe, Co の原子番号は非常に近いので，X線回折では異常散乱を使わないと区別が難しいのですが，中性子だと散乱振幅が大きく違っていてコントラストが非常に明確につきます．別の例では，Pb と H の化合物のような極端に原子番号の違う物質の構造でも，中性子の散乱振幅の違いは適当な大きさで，かつ Pb の吸収もそれほど大きくないので構造解析可能です．このように，重元素の中

にある軽元素の構造解析は中性子の得意とする所です．一方，Cd のように，中性子に対する吸収が非常に大きな物質では同位元素に置換するなどの工夫が必要ですし，CD_4 のような分子だと C と D でのコントラストはほとんどつきません．つまり，中性子が万能というわけではなく，原子により得手不得手があるということです．

中性子の散乱能は原子核のスピン状態にも依存します．例えば，軽水素 H の原子核，陽子 (P) は核スピンをもちます．中性子 (N) も核スピンをもつので，両方のスピンが平行か反平行かで散乱能が変わります．それは，中性子が陽子に入射されたときに，反平行一重項状態になるか，平行三重項状態になるかのためです．そのために，軽水素 H であっても核スピンの方向によりまるで違う物質のように見えます．中性子と陽子のスピンが平行のときの散乱能は b=10.82 fm，反平行のときは b=−18.30 fm です．一般的に，$b_{\mathrm{H}}=-3.7406+14.56P_{\mathrm{H}}P_{\mathrm{N}}$ fm となります．ここで，P_{H} と P_{N} は水素と中性子のスピン偏極度です．通常は核スピンは無秩序ですし，中性子のスピンもそろえていません．そのために，結晶中に規則的に並んだ水素原子でも二種類の物質が無秩序に配置された系として中性子は感じます．軽水素の非干渉性散乱の断面積は，$\sigma_{\mathrm{inc}}=79.9(1-\frac{2}{3}P_{\mathrm{H}}P_{\mathrm{N}}-\frac{1}{3}P_{\mathrm{H}}^2)$ barn となります．もし中性子と水素のスピンを偏極して平行にしておくと $\sigma_{\mathrm{inc}}=0$ となります．反平行の場合は $\sigma_{\mathrm{inc}}=106.5$ barn で非干渉性散乱は消えません．また，$P_{\mathrm{N}}=1$, $P_{\mathrm{H}}=0.257$ で $b_{\mathrm{H}}=0$ と水素を見えなくすることもできます．偏極中性子と水素の偏極を利用した実験は魅力的ですが，まだ実用段階ではなく将来の技術として期待されています．

7.6　中性子の磁気散乱能

磁気構造解析も，おおざっぱにいえば結晶構造解析と同じです．中性子の結晶構造解析では核散乱強度が核密度分布（正確には核散乱能分布）のフーリエ係数であることを利用して結晶構造や核密度分布を構造因子 $F(\mathbf{Q})$ から求めるのに対して，磁気構造解析では測定された散乱強度が磁気モーメント分布のフーリエ係数であることを利用して $F_{\mathrm{mag}}(\mathbf{Q})$ から求めます．ただし，中性子のスピンと磁気モーメントの相互作用に由来する少し複雑な事情があるので，ここではこの点に関して説明します．

磁気散乱の構造因子は結晶構造因子の式 (6.37) に対して以下のようになりま

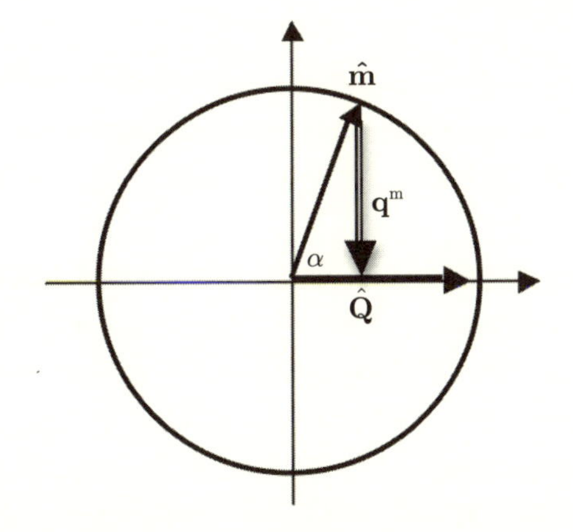

図7.6 方向因子 $\mathbf{q}^{\mathrm{m}}$ と散乱ベクトル $\hat{\mathbf{Q}}$ および磁気モーメント $\hat{\mathbf{m}}$ との関係.

す．重要な点は，中性子の磁気モーメントも電子の磁気モーメントも共にベクトル量であるため，お互いの幾何学的配置によって散乱され方が異なることです．すなわち，方向依存性の因子がかかることです．中性子の散乱ベクトル方向の単位ベクトルを $\hat{\mathbf{Q}}=\mathbf{Q}/Q$，原子の磁気モーメント方向の単位ベクトルを $\hat{\mathbf{m}}=\boldsymbol{\mu}/\mu$ とすれば，

$$\mathbf{q}^{\mathrm{m}} = (\hat{\mathbf{m}} \times \hat{\mathbf{Q}}) \times \hat{\mathbf{Q}} = (\hat{\mathbf{m}} \cdot \hat{\mathbf{Q}})\hat{\mathbf{Q}} - \hat{\mathbf{m}} \tag{7.7}$$

で定義される磁気相互作用ベクトル，あるいは単に方向因子と呼ばれる量が磁気散乱振幅にかかります．方向因子 $\mathbf{q}^{\mathrm{m}}$ と散乱ベクトル $\hat{\mathbf{Q}}$ および磁気モーメント $\hat{\mathbf{m}}$ との関係を**図7.6** に示します．ここで，$|\mathbf{q}^{\mathrm{m}}|=\sin\alpha$ (α は散乱ベクトル $\mathbf{Q}$ と原子の磁気モーメント $\boldsymbol{\mu}$ のなす角度）であることはすぐに分かります．すなわち，原子の磁気モーメントは散乱ベクトル $\mathbf{Q}$ に対して垂直な成分しか寄与しません．

磁気構造因子はベクトル量として

$$\mathbf{F}_{\mathrm{mag}}(\mathbf{Q}_{hkl}) = \sum_j \mathbf{q}_j^{\mathrm{m}} p_j(\mathbf{Q}_{hkl}) \mathrm{e}^{-2\pi i \mathbf{Q}_{hkl}\cdot\mathbf{r}_j} \tag{7.8}$$

で表されます．実用的に使いやすいように，式 (7.4) の物理定数を顕わにして磁気モーメントベクトル $\boldsymbol{\mu}$ ($3d$ 電子ではスピン量子数 $2\mathbf{S}$ に対応します) で書き直すと

$$\mathbf{F}_{\mathrm{mag}}(\mathbf{Q}_{hkl}) = 2.6951 \sum_j \left\{ \frac{(\boldsymbol{\mu}_j \cdot \mathbf{Q})\mathbf{Q}}{Q^2} - \boldsymbol{\mu}_j \right\} f_j^{\mathrm{m}}(\mathbf{Q}) \mathrm{e}^{-2\pi i \mathbf{Q}\cdot\mathbf{r}_j} \delta(\mathbf{Q} - \mathbf{Q}_{hkl}) \tag{7.9}$$

となります．磁気構造解析では，測定された強度 $|F_{\mathrm{obs}}|^2$ と $|\mathbf{F}_{\mathrm{cal}}|^2$ を比較して $(\mu_x, \mu_y, \mu_z)_j$ を求めます．

なぜ式 (7.7) のような方向因子が生じるかここで説明します．電磁気学の知識が必要なのと少し煩雑なこともあるので結果だけを知ればよい方はここからは飛ばしても大丈夫です．まず，磁気モーメント $\boldsymbol{\mu}_{\mathrm{N}}$ をもつ中性子を考えます．$\boldsymbol{\mu}_{\mathrm{N}}=-\gamma(e\hbar/2m_{\mathrm{N}})\boldsymbol{\sigma}_{\mathrm{N}}$ で，γ が中性子の g-因子であり，1.913 です．$\mathbf{r}_{\mathrm{N}}$ にある中性子から $\mathbf{R}$ だけ離れた位置 $\mathbf{r}_{\mathrm{e}}$ に $\boldsymbol{\mu}_{\mathrm{e}}=-2(e\hbar/2m_{\mathrm{e}})\mathbf{S}_{\mathrm{e}}$ の磁気モーメントをもつ電子がいるとします．$\mathbf{R} = \mathbf{r}_{\mathrm{e}} - \mathbf{r}_{\mathrm{N}}$ です．電子の場所で $\boldsymbol{\mu}_{\mathrm{N}}$ により作り出されるベクトルポテンシャルは

$$\mathbf{A}(\mathbf{r}_{\mathrm{e}}) = \boldsymbol{\mu}_{\mathrm{N}} \times \frac{\mathbf{R}}{|R|^3} \tag{7.10}$$

となります．有効磁場での相互作用ポテンシャルは

$$V(\mathbf{R}) = -\frac{e\hbar}{2m_{\mathrm{e}}c} \boldsymbol{\sigma}_{\mathrm{e}} \cdot [\boldsymbol{\nabla}_{\mathbf{R}} \times \mathbf{A}(\mathbf{R})] \tag{7.11}$$

となります．ここで，$\boldsymbol{\sigma}_{\mathrm{e}}$ は電子のスピン密度です．Bohr の散乱理論に従えば，$\mathbf{k}_{\mathrm{i}}$ で中性子がポテンシャル $V(\mathbf{R})$ に入射して $\mathbf{k}_{\mathrm{f}}$ で出て行くときのマトリックスエレメントは

$$\begin{aligned}
&\langle k_{\mathrm{f}}|V(\mathbf{R})|k_{\mathrm{i}}\rangle \\
&= \left(\frac{m_{\mathrm{N}}}{2\pi\hbar^2}\right)\left(-\frac{e\hbar}{2m_{\mathrm{e}}c}\right)\boldsymbol{\sigma}_{\mathrm{e}} \cdot \int d\mathbf{r}_{\mathrm{N}}\, \mathrm{e}^{-2\pi i \mathbf{k}_{\mathrm{f}}\cdot\mathbf{r}_{\mathrm{N}}} \{\boldsymbol{\nabla}_{\mathbf{R}} \times \mathbf{A}(\mathbf{R})\} \mathrm{e}^{2\pi i \mathbf{k}_{\mathrm{i}}\cdot\mathbf{r}_{\mathrm{N}}} \\
&= \left(\frac{m_{\mathrm{N}}}{2\pi\hbar^2}\right)\left(-\frac{e\hbar}{2m_{\mathrm{e}}c}\right)\boldsymbol{\sigma}_{\mathrm{e}} \cdot \int d\mathbf{R}\, \mathrm{e}^{2\pi i \mathbf{Q}\cdot\mathbf{R}} \mathrm{e}^{-2\pi i \mathbf{Q}\cdot\mathbf{r}_{\mathrm{e}}} \left\{\boldsymbol{\nabla}_{\mathbf{R}} \times \boldsymbol{\mu}_{\mathrm{N}} \times \frac{\mathbf{R}}{|R|^3}\right\}
\end{aligned} \tag{7.12}$$

となります．ここで，$(\mathbf{k}_{\mathrm{f}} - \mathbf{k}_{\mathrm{i}}) \cdot \mathbf{r}_{\mathrm{N}} = \mathbf{Q} \cdot (\mathbf{r}_{\mathrm{e}} - \mathbf{R})$ を用いています．次に，証明しませんが，以下の式を使います．

$$\int d\mathbf{R}\, \mathrm{e}^{2\pi i \mathbf{Q}\cdot\mathbf{R}} \left\{\boldsymbol{\nabla}_{\mathbf{R}} \times \boldsymbol{\mu}_{\mathrm{N}} \times \frac{\mathbf{R}}{|R|^3}\right\} = 4\pi\hat{\mathbf{Q}} \times (\boldsymbol{\mu}_{\mathrm{N}} \times \hat{\mathbf{Q}}) \tag{7.13}$$

ベクトルの 3 重外積の公式を使うと

$$\hat{\mathbf{Q}} \times (\boldsymbol{\mu}_\mathrm{N} \times \hat{\mathbf{Q}}) = (\boldsymbol{\mu}_\mathrm{N} - (\hat{\mathbf{Q}} \cdot \boldsymbol{\mu}_\mathrm{N})\hat{\mathbf{Q}}) \tag{7.14}$$

となります．そうすると，

$$\begin{aligned}\langle k_\mathrm{f}|V(\mathbf{R})|k_\mathrm{i}\rangle &= 4\pi\left(\frac{m_\mathrm{N}}{2\pi\hbar^2}\right)\left(\frac{e\hbar}{2m_\mathrm{e}c}\right)\left(\frac{\gamma e\hbar}{2m_\mathrm{N}}\right)\boldsymbol{\sigma}_\mathrm{e}\cdot\hat{\mathbf{Q}}\times(\boldsymbol{\sigma}_\mathrm{N}\times\hat{\mathbf{Q}})\mathrm{e}^{-2\pi i\mathbf{Q}\cdot\mathbf{r}_\mathrm{e}} \\ &= \frac{\gamma e^2}{2m_\mathrm{e}c}(\boldsymbol{\sigma}_\mathrm{e}\cdot\boldsymbol{\sigma}_\mathrm{N} - (\boldsymbol{\sigma}_\mathrm{N}\cdot\hat{\mathbf{Q}})(\boldsymbol{\sigma}_\mathrm{e}\cdot\hat{\mathbf{Q}}))\mathrm{e}^{-2\pi i\mathbf{Q}\cdot\mathbf{r}_\mathrm{e}} \\ &= \frac{\gamma e^2}{2m_\mathrm{e}c}\boldsymbol{\sigma}_\mathrm{N}\cdot(\boldsymbol{\sigma}_\mathrm{e} - (\boldsymbol{\sigma}_\mathrm{e}\cdot\hat{\mathbf{Q}})\hat{\mathbf{Q}})\mathrm{e}^{-2\pi i\mathbf{Q}\cdot\mathbf{r}_\mathrm{e}}\end{aligned} \tag{7.15}$$

となります．電子のもつスピン密度を積分して $\mathbf{r}_j$ での磁気モーメント (スピン量子数) μ_j に直すと，

$$\int d\mathbf{r}_\mathrm{e}(\boldsymbol{\sigma}_\mathrm{e} - (\boldsymbol{\sigma}_\mathrm{e}\cdot\hat{\mathbf{Q}})\hat{\mathbf{Q}})\mathrm{e}^{-2\pi i\mathbf{Q}\cdot\mathbf{r}_\mathrm{e}} = (\hat{\mathbf{m}}_j - (\hat{\mathbf{m}}_j\cdot\hat{\mathbf{Q}})\hat{\mathbf{Q}})\mu_j\mathrm{e}^{-2\pi i\mathbf{Q}\cdot\mathbf{r}_j} \tag{7.16}$$

となります．ここで，

$$\hat{\mathbf{Q}} \times (\hat{\mathbf{m}} \times \hat{\mathbf{Q}}) = \hat{\mathbf{m}} - (\hat{\mathbf{Q}}\cdot\hat{\mathbf{m}})\hat{\mathbf{Q}} = -\mathbf{q}^\mathrm{m} \tag{7.17}$$

です．磁気散乱における方向因子の由来は，$\mathrm{e}^{2\pi i\mathbf{Q}\cdot\mathbf{R}}\{\boldsymbol{\nabla}_\mathbf{R}\times(\boldsymbol{\mu}_\mathrm{N}\times\mathbf{R})\}$ であることが分かります．

7.7　非弾性散乱

中性子のエネルギーが meV と低いことを利用した実験手法に非弾性散乱実験があります．弾性散乱では中性子と物質とのエネルギーのやり取りがないとしました．つまり，$E_\mathrm{i} = E_\mathrm{f}$ でした．ここでは，中性子が物質とエネルギーをやり取りした場合を考えます ($\Delta E \neq 0$)．

$$\begin{aligned}E_\mathrm{i} - E_\mathrm{f} &= \Delta E \\ \mathbf{k}_\mathrm{i} - \mathbf{k}_\mathrm{f} &= \mathbf{Q}\end{aligned} \tag{7.18}$$

散乱の幾何学を，図 6.3 に示したのと同様なものを**図 7.7** に示します．この場合は $k_\mathrm{i} \neq k_\mathrm{f}$ となりますので，二等辺三角形ではなくなります．

実験としては k_f の大きさを測ると $E_\mathrm{f} = k_\mathrm{f}^2/2m$ でエネルギーが分かります．

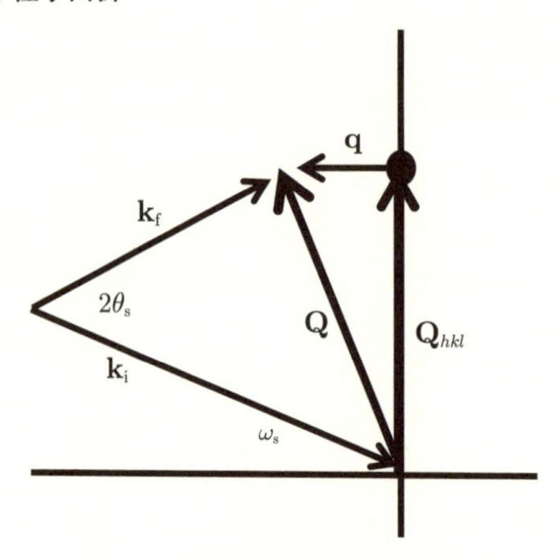

図 7.7　非弾性散乱の幾何学.

原理的には中性子だけでなく電子でも光子でも同じような実験ができます．物質の素励起として 1 meV を考えると，10 meV の中性子の場合は $\Delta E/E = 0.1$ ですが，10 eV の電子だと $\Delta E/E = 10^{-4}$, 10 keV の X 線だと $\Delta E/E = 10^{-7}$ となり，中性子が一番実験的に簡単です．波長で書き表すと，$E = \frac{(hk)^2}{2m} = \frac{h^2}{2m}\lambda^{-2}$ ですので $|\Delta E/E| = 2|\Delta\lambda/\lambda|$ となります．もちろん，最近の放射光実験では，このような微細な変化も捉えられるぐらいの高精度の実験が行われています．

図 7.7 では近くのブラッグ反射の位置 $\mathbf{Q}_{hkl}$ から $\mathbf{Q}$ の位置へのベクトル $\mathbf{q}$ が示されています．

$$\mathbf{Q} = \mathbf{Q}_{hkl} + \mathbf{q} \tag{7.19}$$

この意味は，素励起のエネルギーと運動量の関係，分散を考えるときに重要となります．例えば，格子振動の量子化されたフォノン (phonon) の分散関係は，$\Delta E = \hbar\omega(\mathbf{q})$ と，振動数 ω が波数ベクトル $\mathbf{q}$ の関数となります．$\mathbf{q}$ はブリルアンゾーンの中で定義されており，ゾーン中心の Γ 点から測ります．ゾーン中心の Γ 点は回折実験の立場から見ると，ブラッグ反射の位置 $\mathbf{Q}_{hkl}$ です．6.5.1 節で注意したように，複合格子では，本当にブラッグ反射が出現する，基本単位格子に取り直したときの格子点が Γ 点です．具体的にどのように測定しているかは 8.8 節で述べることにします．

第8章

8

回折実験の実際と構造解析

結晶学の基礎は19世紀にはほぼ完成しましたし，回折結晶学の基本的なところは1900年代前半には完成したといってもよいでしょう．それでも，実際の応用という観点からすると日進月歩で，今でも新しい考え方の装置や解析法がどんどん開発されています．この章では，実験を行うときの入門的な所から今日的な応用までを網羅して説明します．必ずしも初学者の学生だけを対象としていない側面もあり，いわゆる専門家向けの入門講座の部分もあります．最新の装置では，なぜそのように計算しているのか理解できなくても何故か答えが出てきます．これは素人といわれている人に限らず専門家といわれている人でも似たような所があります．これは大変危険な側面があります．最先端の装置を使用した実験ではここで説明する知識も大変重要ですので，入門者にとってはマニアックすぎる側面もありますが，できる範囲でよいので理解して下さい．

多くの教科書では，この章で説明することのほとんどを文献からの引用で行っていて，結果のみを示しています．昔の教科書に戻ると，難解な幾何学などを駆使していて理解するのが大変です．この本では，様々な新しい導出法を示していますので，理由も分からずにこれまで使っていた式を自分で簡単に計算できると思います．あるいは，全く新しい測定条件にぶつかったときにも自分で対応する式を導出できるようになると思います．初めてこの章を読んだときには理解できなくても，X線や放射光，あるいは中性子実験の方法で分からないことが生じたとき，実験結果の解析で壁に当たったとき，あるいは自分でプログラムを作る必要が生じたときには，再度この章を読み返して下さい．多くのヒントが見つかるはずです．

8.1　X線回折計とゴニオメータの種類

ブラッグ反射の位置と強度を測定するための回折計には様々な種類が存在します．まず，検出器の立場に立って，色々な回折計を見てみましょう．中性子もX線も回折実験の装置の考え方は同じですので，当面はX線装置として説明することにします．初期の頃に使われていたのは，銀塩フィルムを円筒に巻いた振動写真法あるいは振動写真カメラでした．ブラッグ反射としてフィルムにあたったX線のエネルギーにより，フィルムに含まれている銀の化合物に化学反応が起こり強度が記録されます．このとき，結晶を連続的に一軸回転して，偶然にブラッグ反射が起こるようにします．強度情報は現像というプロセスで黒化度として取り出します．散乱角度はフィルム上の二次元の位置から得られます．**図8.1** (a) に示したのが振動写真法の回折装置の概念で，図 (b) が偶然記録されたブラッグ反射の位置を示しています．銀塩フィルムを近代的にしたのがイメージングプレート (IP) です．強度を記録しているのはフィルムに含まれているEu原子などの励起状態で，レーザー光などで輝尽性蛍光発光として読み取ります．IPはX線用に開発されましたが中性子用のIPも市販されています．もちろん，検出器にあたるフィルムを円筒ではなくて平板で使用しても問題ありません．ただし，この場合はフィルム上の二次元の位置と散乱角度の関係が複雑になります．なお，振動写真法という名前の由来は，結晶の角度をある範囲の間で行ったりきたり振動させることによります．

通常の振動写真法では結晶の角度の情報は残りません．そこで，結晶の角度

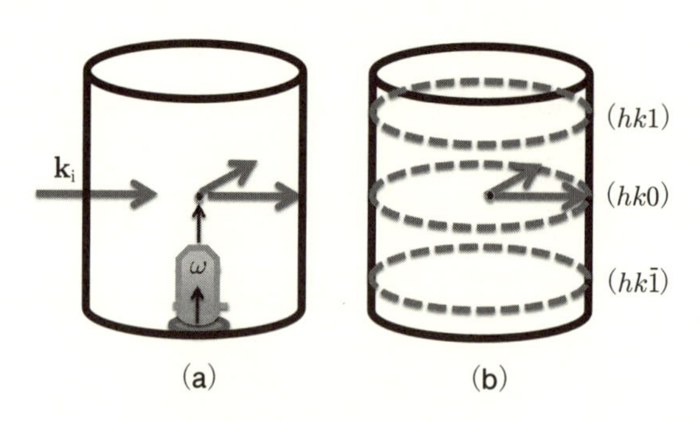

図8.1　振動写真法と円筒カメラ．

に連動してフィルムの位置を動かす方法が考え出されました．この方法をワイセンベルグ写真法といいます．ワイセンベルグ法が特に有効になるのは，結晶を軸立てして，図 8.1 (b) に示した $(hk0)$, $(hk1)$ のように層線状にブラッグ反射が写る場合です．つまり，散乱面の赤道面には $(hk0)$ のみが写るようにします．写真に写るのは線上に連なったブラッグ反射の一次元的な像です．そこで，この層線内のブラッグ反射が通過するスリットをフィルムの前に置き，その他の層線は写らないようにしておきます．この状態で結晶に連動してフィルムを移動すると，フィルムの移動位置 Y とブラッグ反射の写っている位置 X から結晶回転角 ω と散乱角 2θ が分かります．l=1 の層線を取るときにはスリットの位置を移動して l=1 の層線のみが通過するようにします．この方法の欠点はスリットの位置を動かす手間があることです．最近のコンピュータを使用した装置では，結晶の回転角を少なくしてスリットなしで取ります．この方法はしばしば疑似ワイセンベルグ法と呼ばれます．さらにいえば，最近の装置ではワイセンベルグ法ではなく振動角を少なくした振動写真法で測定してコンピュータの力で位置情報から必要な角度情報を取り出しています．古典的なワイセンベルグ法のもう一つの欠点は，赤道面以外では，フィルムに写っている位置を解析するのに $\mathbf{k}_\mathrm{f}$ が射影となって $\mathbf{k}_\mathrm{i}$ の長さと違ってくることです．これを解決する昔の方法として等傾角法 (equi-inclination method) というものがありました．これは，振動写真カメラを入射ベクトル $\mathbf{k}_\mathrm{i}$ に対して $\mathbf{k}_\mathrm{f}$ の l=1 の成分だけ傾けて $\mathbf{k}_\mathrm{i}$ と $\mathbf{k}_\mathrm{f}$ の射影分が等しくなるようにする方法です．こうすることにより，l=1 のワイセンベルグ写真でも波長を実効的に変化させたとして赤道面と同じように解析できます．ただし，現在ではコンピュータが全ての計算をしてくれるので，装置を凝って作る必要がなくなり，このような方法はもう使われていません．

ここで，後でも使用するので，円筒型振動写真法での散乱角の基本的な計算原理を説明しておきましょう．**図 8.2** で示しているように，$\mathbf{k}_\mathrm{i}$ の入射 X 線が $\mathbf{k}_\mathrm{f}$ に散乱されています．ブラッグ反射角の 2θ は $\mathbf{k}_\mathrm{i}$ と $\mathbf{k}_\mathrm{f}$ の間の角度です．$\mathbf{k}_\mathrm{f}$ が赤道面内なら話は簡単です．ここからは，赤道面にない層線方向に $\mathbf{k}_\mathrm{f}$ がある場合を考えましょう．ここで，$\mathbf{k}_\mathrm{f}$ を赤道面に射影した $\mathbf{k}'_\mathrm{f}$ を考えます．もし，結晶の軸が立っていて，$\mathbf{k}_\mathrm{f}$ が l=1 の層線にあたるのなら $\mathbf{k}_\mathrm{f}=\mathbf{k}'_\mathrm{f}+\mathbf{c}^*$ となります．カメラ半径を R として，l=1 の層線の赤道面からの高さが Y ならば，$\tan(\chi_\mathrm{d})=\frac{Y}{R}$, $k_\mathrm{f}\,\sin(\chi_\mathrm{d})=c^*$ となります．昔から円筒の振動写真法が使われているのは，この

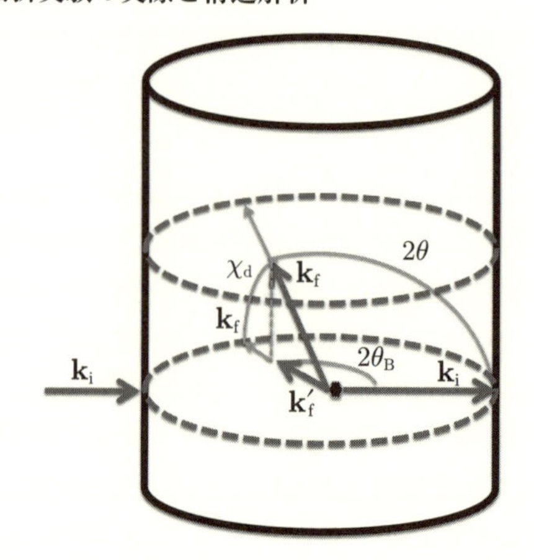

図 8.2　円筒型振動写真法の散乱角計算の原理.

ように簡単に層線間の距離から格子定数が計算できるからです．結晶の軸が立っていなくてもこの計算は拡張できます．ブラッグ反射のフィルム上での位置を (X, Y) とします．ここで，(X, Y) はダイレクトビームの位置を (0,0) として測ります．図の $\mathbf{k}_f'$ の位置の $2\theta_B$ は $R \cdot 2\theta_B = X$ から求まります．$\tan(\chi_d) = \frac{Y}{R}$ と組み合わせると，フィルム上の位置 (X, Y) の三次元ベクトルが極座標 $(k, 2\theta_B, \chi_d)$ として求まりますので，ベクトルの大きさを k として $\mathbf{k}_f$ ベクトルが求まります．最終的に，逆格子ベクトルは $\mathbf{Q} = \mathbf{k}_f - \mathbf{k}_i$ で求まります．

ブラッグ反射として散乱されてきた X 線を検出する方法は写真法以外にもあります．カウンターと呼ばれるパルスカウント法です．これは，カウンターに飛び込んだエネルギー流を電気的なパルスに直して，一つずつカウントする方法です．この方法だとある結晶角のときに何個の X 線がきたかも記録することができます．電気的パルスに変換する方法としては，X 線がガス中に発生させるイオン対を高電圧で雪崩現象を引き起こさせるガスカウンターと，シンチレータで一度 X 線を可視光に変えてから光電子増幅管 (フォトマルチプライヤ) で電子パルスに増幅する方法があります．ガスカウンターはプロポーショナルガスカウンターとも呼ばれて，X 線のエネルギーと電子パルスの電圧との比例関係がよくて，エネルギー弁別能が高く，X 線以外からくるノイズ除去能力が優れています．しかしながら，電子雪崩がすぐに飽和してしまうこととその回復に時間がかかるので強い X 線をカウントするのには不向きです．歴史的に見ると，プロポーショナルカウンターが導入され，その後にシンチレーションカウンターが導入されました．さらに後には，半導体を使用した検出器が現れ，エネルギー弁別能力が飛躍的に向上しました．X 線検出器の開発は今でも盛んに行われていて，強い X 線まで測れてかつエネルギー弁別能力のよい検出器がどんどん生まれています．

パルスカウント法の欠点は，位置情報をもった大きな検出器が作れなかったことでした．そこで，最初に実用化されたのが「0 次元」ともいえるカウンターと二軸回折装置の組み合わせです．プロポーショナルカウンター，あるいはシンチレーションカウンターを**図 8.3** の 2θ 軸の上に取り付けます．カウンターの前にはピンホールのようなスリットを置いて，角度分解能をよくします．ブラッグ反射の散乱角 2θ は 2θ 軸をスキャンして動かすことにより得ます．結晶の角度は ω 軸を回して得ます．図 8.3 (a) の方法は赤道面だけの測定となります．一方，図 8.3 (b) のようにカウンターの位置を上下方向に動かして χ_{d} にもって行くことができると図 8.2 の原理が使えます．まず，2θ 軸で $2\theta_{\mathrm{B}}$ にもって行き，次に χ_{d} でカウンターを上にもって行けばカウンターが $\mathbf{k}_{\mathrm{f}}$ ベクトルを受ける位置に移動できます．図 8.3 (b) のような回折装置を三軸 X 線回折装置と呼ぶこともあります．しかしながら，現在では大きな二次元位置敏感型検出器が開発

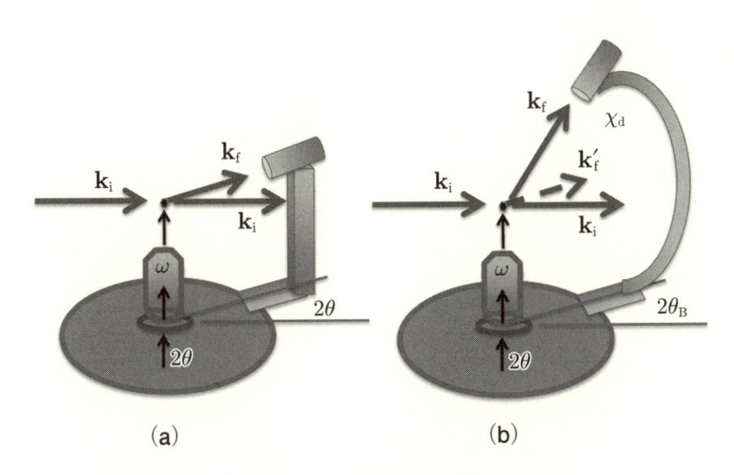

図 8.3　二軸型回折装置．

されて，大きな二次元検出器を単純に 2θ 軸に置くだけですむようになったことから，このような装置も廃れてきました．

一次元，あるいは二次元のX線検出器は1970年代頃から実用化され始めました．これにも様々な方法があります．プロポーショナルガスカウンターを利用したものでは，まず一次元のPSPC (position sensitive proportional counter) が発明されました．1D-PSD (position sensitive detector) とも呼ばれます．アノードの高抵抗芯線上を左右に分離して流れる電子パルスの波高比から位置を求めたり (波高比法)，誘導電子パルスをカソードの遅延回路に発生させて両端に到達する時間差から位置を求めたりする方法 (時間差法) などがあります．この方法を二次元に拡張した2DPSDもあります．さらに，カソードの設計に工夫を凝らして円筒形に湾曲させて作った1 m × 0.5 m近くの大きな中性子用C-2DPSDも作られて韓国原子力研究所のHANAROという原子炉に設置されています[8]．シンチレーションカウンターの方法を利用したものにはCCD(charge coupled device) があります．まずは，一次元の光ダイオードアレイ (MCPD) が利用されました．デジタルカメラの進歩に伴い，二次元のCCDが利用可能になりました．シンチレータで可視光に変換されたX線の情報は，光ファイバーでCCDに送られます．通常は，シンチレータ側から光ファイバーの束を絞っていって小さなCCDに送り込みます．最近では，シンチレータの受光面が10 cmと大きな物も市販されています．ここで，CCDがパルスカウント法でないことに注意しておきましょう．CCDは電荷をため込んでおいてX線が通過すると電荷が流れ去ることで注入されたエネルギーを計測しています．したがって，基本的には写真法と同じです．ただし，計測時間が十分短いので，実効的にはパルスカウント法と同じような感覚で使用できます．また，エネルギー弁別能力が低いので，プロポーショナルガスカウンターに比べてバックグラウンドは高くなります．シンチレータを用いた二次元のパルス型検出器もありますが，やはりプロポーショナルガスカウンターに比べてバックグラウンドは高くなります．

次に考えるのは，結晶の方位を制御する方法です．図8.1や図8.3では，結晶を一軸回しで測定しています．それに対して，結晶に付随した逆格子ベクトルを三次元的に回転する方法が考案されました．そうすることにより，狙いを付けた逆格子ベクトル $\mathbf{Q}$ を赤道面に寝かして図8.3(a) の装置で測定するという考え方です．これにもいくつかの方法があります．一番分かりやすくて古くから

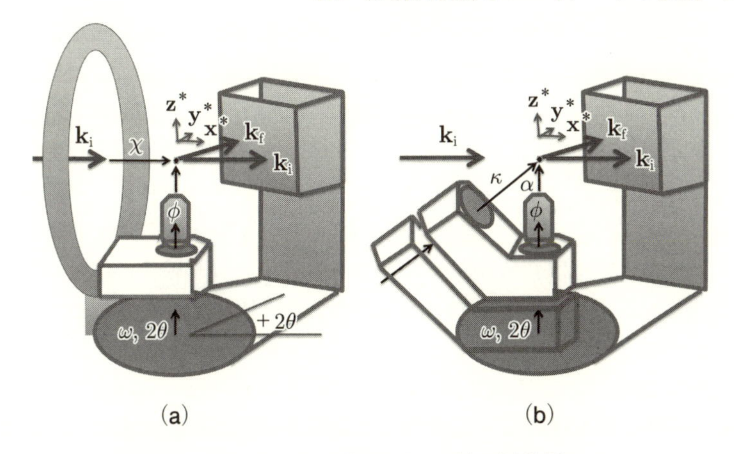

図 8.4　χ クレードル型 (a) と κ 型回折装置 (b).

使用されているのは**図 8.4** (a) に示した χ クレードル型ゴニオメータです．ここでは，χ クレードルという回転軸とその上に乗った ϕ 軸というものが図 8.3 (a) に付け加わります．本質的にはオイラー角 (Eulerian angles) を用いた回転の計算です．χ 軸は ω=0 のときに X 線の入射ベクトルの方向と一致させます．ただし，ω=90° のときに X 線の入射ベクトルの方向と一致させている装置もあります．χ=0 のときに ϕ 軸が 2θ 軸と ω 軸とに一致させるようにします．χ クレードル型回折装置のメリットは簡単な方法で広い範囲の逆格子ベクトルを赤道面にもっていけることです．欠点は，χ クレードルが入射ベクトル $\mathbf{k}_\mathrm{i}$ あるいは散乱ベクトル $\mathbf{k}_\mathrm{f}$ を遮る場合があることです．図 8.4 (a) では χ クレードルの位置は ω 軸の真上にはいなくてオフセンターになっています．χ クレードルの位置を入射ビーム上流側においても下流側においても $\mathbf{k}_\mathrm{i}$ あるいは $\mathbf{k}_\mathrm{f}$ が遮られることがあります．これを避けるために，χ クレードルを $\frac{1}{4}$ にしたクォーターサークル χ クレードル型の装置もありますが，自由度が色々と制限されます．χ クレードルの位置が ω 軸の真上にいるオンセンターの χ クレードル型回折装置ももちろんあります．この場合の方が χ クレードルにより $\mathbf{k}_\mathrm{i}$ あるいは $\mathbf{k}_\mathrm{f}$ が遮られることがオフセンター型よりも軽減されますが，低温装置や高温装置を ϕ 軸に取り付けるためにはオフセンター型の方が便利です．

もう一つの方法は，κ ゴニオメータと呼ばれる図 8.4 (b) の装置です．κ 軸は $\mathbf{k}_\mathrm{i}$ 軸と ω 軸を含む面内で角度 α だけ傾いています．κ ゴニオメータは，逆格子ベクトルの回転の方法が直感的には分かりにくいことと機構が複雑なために普及しだしたのは最近のことです．κ=0 のときに ϕ 軸が 2θ 軸と ω 軸とに一致させるようにします．κ ゴニオメータの場合でも入射ベクトル $\mathbf{k}_\mathrm{i}$ あるいは散乱ベクトル $\mathbf{k}_\mathrm{f}$ を遮る場合があります．そのために，κ 軸回転は $\pm 70^\circ$ 程度に制限されますが，クォーターサークル χ クレードル型ゴニオメータよりは測定範囲が広がっています．また，κ ゴニオメータはオフセンター χ クレードル型ゴニオメータに比べて極低温装置などの大きな試料環境装置を載せられないという問題もあります．通常は N_2 や He ガスの吹きつけ装置と組み合わせて使用します．なお，図 8.4 ではカウンターとして二次元検出器を置いていますが，現実に最近販売されている X 線装置は図 8.4 (b) が主流になっています．このような最新の装置に関しては，計算原理などを説明した教科書はほとんどありません．ほとんどの場合，メーカーが作ったプログラムをブラックボックス的に使用しているだけで，大変危ない面もあります．少なくとも，自分の使っている装置のプログラムが正しいということは自分で確かめることが必要です．図 8.4 の χ クレードル型ゴニオメータと κ 型ゴニオメータの詳細は 8.2.4 節と 8.2.5 節で再度述べることにします．

8.2　ゴニオメータと検出器での計算原理

8.2.1　ゴニオメータの角度方向と座標の定義

X 線回折に使われるゴニオメータは様々な種類があります．ゴニオメータと逆格子計算の関係で気をつけることはいくつかあります．

(1) 右手系か左手系か

(2) $\mathbf{z}^*$ 方向は天井方向か，そうでないか

(3) $\mathbf{k}_\mathrm{i}$ 方向は $\mathbf{x}^*$ か，$\mathbf{y}^*$ か，$\mathbf{z}^*$ か，あるいはそれぞれのマイナス方向か

(4) 角度の回転方向は数学の回転の定義と同じか逆か

(5) χ 軸は $+\mathbf{k}_\mathrm{i}$ 方向か $-\mathbf{k}_\mathrm{i}$ 方向か

(6) κ 軸は入射ビーム上流方向に傾いているか下流方向に傾いているか，

です．なお，$\mathbf{x}^*, \mathbf{y}^*, \mathbf{z}^*$ は逆格子の直交座標，$\mathbf{x}, \mathbf{y}, \mathbf{z}$ は実格子の直交座標ですが，ここでは同じ配置と思って下さい．

まず，(1) の左手系か右手系かですが，基本的には右手系に選びます．世の

中には，左手系に取っている装置もありますが，色々と不都合が出てきますので，やはり，右手系に取りましょう．次に，(2) の $\mathbf{z}^*$ 軸方向です．実験室の装置だと，重力の関係で上方天井方向に $\mathbf{z}^*$ 軸と取るのが素直です．しかしながら，例えば J-PARC の中性子施設の装置は $\mathbf{k}_\mathrm{i}$ 方向に $\mathbf{z}^*$ 軸を取ります．これは，加速器を使用した衝突実験の歴史が絡んできます．加速された陽子の運動量方向を $\mathbf{z}^*$ 軸に取り，散乱された粒子の方向を $\mathbf{x}^*$，$\mathbf{y}^*$ と取るのが分かりやすいです．その定義をそのまま引き継いで，上方天井方向を $\mathbf{y}^*$ 軸に取ります．もう少し複雑なのが放射光施設の装置です．入射 X 線の偏光の関係で回折装置を 90° 傾けて縦振りの装置にします．通常は実験室の装置の座標をそのまま引き継いで，2θ 軸方向を $\mathbf{z}^*$ 軸に取ります．つまり，$\mathbf{k}_\mathrm{i}$ に垂直で水平方向が $\mathbf{z}^*$ 軸になります．もちろん，装置により色々あります．

(3) に関しては色々ありますが，一番素直なのは**図 8.5** (b) に示した座標の定義です．$\mathbf{k}_\mathrm{i}$ 方向に $\mathbf{x}^*$ 軸を取ります．右手系だと自動的に $\mathbf{y}^*$ が決まります．これを「標準の配置」としましょう．(4) の角度の方向の定義に関しては，図 8.5 (b) では数学の定義どおりで，反時計回りをプラスとします．つまり，2θ 軸の右ねじ回転方向が + 回転角となります．一方，図 8.5 (a) では数学の定義と逆で，時計回り，つまり 2θ 軸の左ねじ回転方向が + 回転角としています．このように取る理由は次のようなものです．図で，測定者の位置は図 (a) の $\mathbf{y}^*$ 側です．まず，カウンターを回すとき，X 線発生装置とぶつかると測定範囲が狭まるので手前にまわる方を常用とします．さらに，昔はカウンターに取り付けていた受

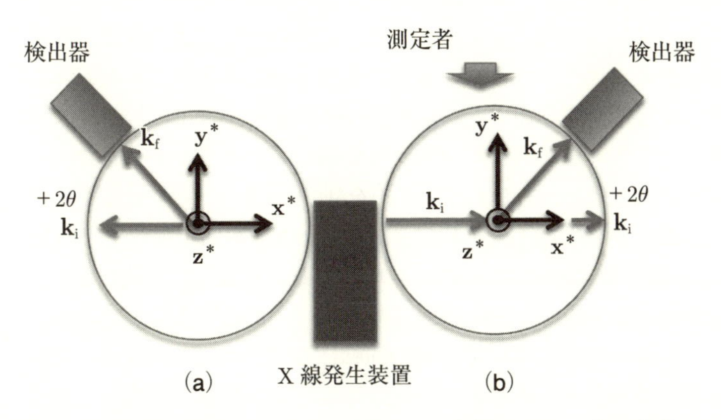

図 8.5　回折装置のゴニオメータにおける座標と回転方向の定義．

光スリットを手動で交換していたので，奥にまわると手が届かないので，手前にくる方を常用とします．この配置で角度の表示を -2θ とすると常にマイナスの符号が付くので，これを嫌ってこの方向をプラスと定義します．また，$-\mathbf{x}^*$ 軸方向に $\mathbf{k}_\mathrm{i}$ を取り，常用の領域を $+\mathbf{y}^*$ とします．これが図 8.5 (a) に示した定義です．装置により (a) に対して別の定義もあります．図 8.5 (a) で，$\mathbf{z}^*$ を下方床方向に取り，2θ 軸も $\mathbf{z}^*$ と同様に下方床方向に取ります．回転の定義は数学の定義どおり反時計回りとします．人間の感性からすると気持ちが悪いですが，このように取ると，測定者の方向がプラス回転となります．そのときには，$\mathbf{k}_\mathrm{i}$ 方向に $+\mathbf{x}^*$ 軸を取ります．このように取ると図 8.5 (a) と (b) は同じ配置となります．図 8.5 (a) の多くの装置は，角度だけ符号を読み替えて図のような座標系を取っています．この教科書では，統一するために図 8.5 (b) になるよう $\mathbf{k}_\mathrm{i}$ に対して左方向に $\mathbf{k}_\mathrm{f}$ を取った図にします．

$\mathbf{k}_\mathrm{i}$ として，リガクの装置は $\mathbf{x}^*$ 軸方向に，昔あったマックサイエンスの装置では $\mathbf{y}^*$ 軸方向に取る傾向があり，J-PARC では $\mathbf{z}^*$ 軸方向を標準としています．X 線装置のメーカーは最初に作った装置の定義を今も引きずっている傾向があります．特に，座標の定義を変更すると計算アルゴリズムを変更する必要が生じます．一方，角度の回転方向は，計算ルーチンでは常に数学の定義に従った回転方向をプラスにしておいて，表示だけ，あるいは入力で正負を逆転させるのが簡単です．そのために，装置パラメータとして± 1 のフラグを用意しておいて，計算ルーチンは変更しないようにしておくことが多いです．もし，一つの装置だけを使ってその中で閉じていれば問題ありませんが，同じ結晶を他の装置にもっていって使ったりすると色々と違いが出てきて混乱します．正しく理解するためには，それぞれの装置の座標系がどのように定義されているかを知っておく必要があります．最低限，入射 X 線や中性子に対して散乱方向が右に跳ねているのか左に跳ねているかは認識しておきましょう．

結晶を回転させる ω 軸はカウンターを回す 2θ 軸と一致させますから回転方向も一致させます．また，図 8.4 で示した χ 軸型四軸回折装置や κ 軸型ゴニオでは，χ=0 あるいは κ=0 で ϕ 軸が ω 軸と一致するように定義します．したがって，ϕ 軸の回転方向も ω 軸と一致させるので，混乱することはありません．ところが，χ 軸の回転あるいは κ 軸の回転はしばしば定義が混乱します．χ 軸の回転方向の符号あるいは κ 軸の回転方向の符号は通常は 2θ 軸，ω 軸，ϕ 軸に合わせます．標準的には図 8.4 (a) で示した χ 軸は ω=0 のときに $+\mathbf{k}_\mathrm{i}$ 方向に合わせます．ただし，オフセンター型 χ 軸装置の場合でクレードルを図 8.4 (a) と逆の位置に置いたときに，χ 軸を $-\mathbf{k}_\mathrm{i}$ 方向に合わせている装置や，ω=90° のときに $\mathbf{k}_\mathrm{i}$ 方向に合わせている装置もあります．また，図 8.4 (b) で示した κ 軸の方向，あるいは傾きは，ω=0 のときに入射 X 線の上流方向に傾けるのと下流方向に傾ける場合があります．この傾き角度 α も他の軸と同じ回転の仕方で定義します．この教科書では，混乱を避けるために常に図 8.4 や図 8.5 (b) で示した標準の配置で議論することとします (図 8.4 は図 8.5 の標準配置で描いています)．χ 軸型四軸回折装置や κ 軸型ゴニオでどのように逆格子ベクトルを回転しているかの詳細は 8.2.4 節と 8.2.5 節で再度述べます．

8.2.2　二軸回折計での逆格子ベクトル Q

まず，二軸回折計での逆格子ベクトル $\mathbf{Q}$ と入射ベクトル $\mathbf{k}_\mathrm{i}$ と散乱ベクトル $\mathbf{k}_\mathrm{f}$ との関係を示します．図 8.5 (a) と (b) に対応して，**図 8.6** の (a) と (b) の図が描けます．図 8.6 左図の (a) では $\mathbf{k}_\mathrm{i}$ は $-\mathbf{x}^*$ に向って入射し右側方向に $\mathbf{k}_\mathrm{f}$ として散乱しています．回折角 2θ は数学の定義と逆の時計回り左ねじ回転の方向がプラスとなります．回折角 2θ は

$$2k \sin\theta = |\mathbf{Q}| \tag{8.1}$$

より決まります．つまり,「0 次元」の検出器をこの 2θ の位置に移動して散乱されるブラッグ反射強度を測定します．図では簡単のために，逆格子ベクトル $\mathbf{Q}$

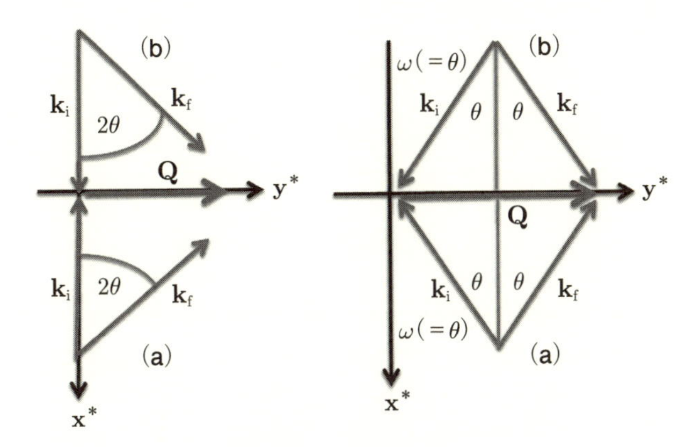

図 8.6　二軸回折計での逆格子ベクトル Q.

は$+\mathbf{y}^*$ 軸に乗っているとしています．一方，図8.6の左図の(b)では逆格子ベクトル $\mathbf{Q}$ も$+\mathbf{y}^*$ 軸に乗っているとし $\mathbf{k}_\mathrm{i}$ は$+\mathbf{x}^*$ に向って入射し左側方向に $\mathbf{k}_\mathrm{f}$ として散乱しています．回折角 2θ は数学の定義と同じ反時計回り右ねじ回転の方向がプラスとなります．

次に，回折条件である $\mathbf{k}_\mathrm{f}=\mathbf{k}_\mathrm{i}+\mathbf{Q}$ を満たすために結晶角 ω を回します．図8.6では相対的に $\mathbf{k}_\mathrm{i}$ を ω だけ回しています．その結果が図8.6の右側の(a)と(b)となります．つまり，結晶を ω だけ回して検出器を 2θ にもってくると，ブラッグ反射を起こした散乱ベクトル $\mathbf{k}_\mathrm{f}$ の強度を測定することができます．

図のように逆格子ベクトル $\mathbf{Q}$ が $\mathbf{y}^*$ 軸上にあると $\omega=\frac{1}{2}2\theta=\theta$ となります．このような関係にあるときをバイセクトの条件といいます．つまり，ベクトル $\mathbf{Q}$ が逆格子の原点から直線上に動くときは $\omega=\theta$ となります．これを $\theta-2\theta$ の関係にあるといいます．あるいは，$\theta-2\theta$ 上を動くとか $\theta-2\theta$ スキャンをするといいます．この関係は，逆格子ベクトル $\mathbf{Q}$ が $\mathbf{x}^*$ 軸や $\mathbf{y}^*$ 軸上になくても同じで，原点から伸びる動径方向に動くときは $\omega=\omega_o+\theta$ として，オフセット角 ω_o を除いて $\theta-2\theta$ の関係になります．自分の使っている装置が，図8.6の(a)のように入射線に対して散乱線が右に跳ねているのか，(b)のように左に跳ねているのかは必ず認識して，正しい図を描いて下さい．

8.2.3　回転のマトリックス

ここで，回転のマトリックスに関しておさらいをしておきましょう．直交座標系での回転は次のように書けます．

$$R_x(\zeta)=\begin{pmatrix}1 & 0 & 0\\ 0 & \cos(\zeta) & -\sin(\zeta)\\ 0 & \sin(\zeta) & \cos(\zeta)\end{pmatrix} \tag{8.2}$$

$$R_y(\eta)=\begin{pmatrix}\cos(\eta) & 0 & \sin(\eta)\\ 0 & 1 & 0\\ -\sin(\eta) & 0 & \cos(\eta)\end{pmatrix} \tag{8.3}$$

$$R_z(\xi)=\begin{pmatrix}\cos(\xi) & -\sin(\xi) & 0\\ \sin(\xi) & \cos(\xi) & 0\\ 0 & 0 & 1\end{pmatrix} \tag{8.4}$$

図 8.4 (a) の χ クレードル型ゴニオメータはこれらの式で表現できますが，図 8.4 (b) の κ ゴニオメータでは次の式が必要となります．

$$R_\kappa(\xi) = R_y(+\alpha)R_z(\xi)R_y(-\alpha) \tag{8.5}$$

このとき，図 8.4 (b) に従って，κ 軸は $\mathbf{y}^*$ の周りに $+\alpha$ だけ回転しているとします．つまり，まず $\mathbf{y}^*$ 軸の周りで $-\alpha$ だけ回転して κ 軸を $\mathbf{z}^*$ 軸に合わせます．次に，$\mathbf{z}^*$ 軸の周りで κ 軸回転角 ξ だけ回転します．最後に，$\mathbf{y}^*$ 軸の周りで $+\alpha$ だけ回転して κ 軸を元に戻します．もちろんこの式は座標系の定義や κ 軸の傾きの定義に依存します．

8.2.4 χ 型と κ 型ゴニオメータの逆格子ベクトル Q の回転

図 8.4 (a) の χ クレードル型ゴニオメータを用いて逆格子ベクトル $\mathbf{Q}$ を回転させた場合を説明します．出発となる逆格子ベクトル $\mathbf{Q}_0$ は (ω, χ, ϕ)=(0,0,0) のときに結晶に付随したベクトルです．回転は，まず ϕ 軸で回し，次に χ 軸で回し，最後に ω 軸で回します．図 8.4 (a) に示した「標準配置」の座標系と χ 軸の定義に従うとしましょう．回転は次のように表されます．

$$R(\omega, \chi, \phi) = R_z(\omega)R_x(\chi)R_z(\phi) \tag{8.6}$$

$$\mathbf{Q} = R(\omega, \chi, \phi)\mathbf{Q_0} \tag{8.7}$$

つまり，$\mathbf{Q}_0$ を $\mathbf{z}^*$ 軸の周りで ϕ だけ回し，次に $\mathbf{x}^*$ 軸の周りで χ だけ回し，最後に $\mathbf{z}^*$ 軸の周りで ω だけ回して，赤道面の 2θ の方向に散乱ベクトル $\mathbf{k}_\mathrm{f}$ がくるようにして検出器で測定します．この式も，座標系の定義と χ 軸の定義に依存して変化します．

次に，図 8.4 (b) の κ ゴニオメータを用いて逆格子ベクトル $\mathbf{Q}_0$ を回転させた場合を説明します．回転は，まず ϕ 軸で回し，次に κ 軸で回し，最後に ω 軸で回します．図 8.4 (b) に示した座標系と κ 軸の定義に従うとしましょう．逆格子ベクトル $\mathbf{Q}_0$ の回転は次のように表されます．

$$R(\omega, \kappa, \phi) = R_z(\omega)R_\kappa(\kappa)R_z(\phi) \tag{8.8}$$

$$\mathbf{Q} = R(\omega, \kappa, \phi)\mathbf{Q}_0 \tag{8.9}$$

ここで，式 (8.5) を使用すると，

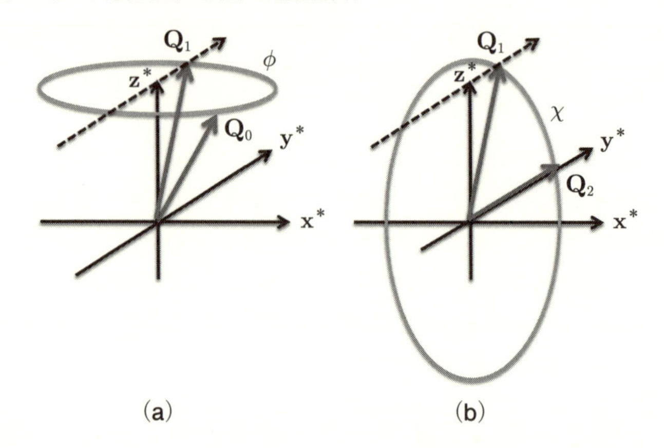

図8.7　χ クレードル型ゴニオメータでの逆格子ベクトル $\mathbf{Q}$ の動き．

$$R(\omega,\kappa,\phi)=R_z(\omega)R_y(+\alpha)R_z(\kappa)R_y(-\alpha)R_z(\phi) \tag{8.10}$$

となります．つまり，$\mathbf{z}^*$ 軸の周りで $\mathbf{Q}_0$ を ϕ だけ回します．次に $\mathbf{y}^*$ 軸の周りで $-\alpha$ だけ回して κ 軸を垂直にします．そして，$\mathbf{z}^*$ 軸の周りで κ だけ回したあと，$\mathbf{y}^*$ 軸の周りで $+\alpha$ だけ回して κ 軸を元に戻します．最後に $\mathbf{z}^*$ 軸の周りで ω だけ回して赤道面の 2θ の方向に散乱ベクトル $\mathbf{k}_\mathrm{f}$ がくるようにして検出器で測定します．これらの式も，座標系の定義と κ 軸の定義に依存して変化します．

それでは，実際にどのように $\mathbf{Q}_0$ ベクトルが回転しているかを，簡単な χ クレードル型ゴニオメータで見てみましょう．例として，ω=$2\theta/2$ となるバイセクトと呼ばれる条件で見てみましょう．結晶の角度が (ω,χ,ϕ)=(0,0,0) のときに，**図8.7** (a) の $\mathbf{Q}_0$ という逆格子ベクトルを考えます．まず，図 8.7 (a) で ϕ だけ回転して $\mathbf{Q}_0$ を $\mathbf{y}^*-\mathbf{z}^*$ 面内に乗るようにします．このベクトルを $\mathbf{Q}_1$ とします．次に，図 8.7 (b) で χ だけ回転して $\mathbf{Q}_1$ を $\mathbf{y}^*$ 軸に乗るようにします．このベクトルを $\mathbf{Q}_2$ とします．この状態が図 8.6 の左図の (b) に対応します．最後に図 8.6 の右図の (b) のように，$\theta-2\theta$ の関係で ω と 2θ を動かします．

ここで注意しておくことは，図 8.4 (a) のように χ 軸を $+\mathbf{k}_\mathrm{i}$ の方向に定義すると図 8.7 (b) のように $\mathbf{Q}_1$ を$+\mathbf{y}^*$ 軸に$+2\theta$ で乗せるためには χ をマイナスに回すことになります．これを嫌って，χ 軸を $-\mathbf{k}_\mathrm{i}$ の方向に定義している装置もあります．χ をプラスに回して$+\mathbf{y}^*$ の $+2\theta$ 上に動かすことができるためです．

ここまでは，バイセクトの条件で逆格子ベクトル $\mathbf{Q}_0$ を直交座標系の主軸上に移そうとしました．しかしながら，一般的に回転させても問題ありません．まず，赤道面に移すという条件だけで考えてみましょう．図 8.7 で ϕ を特別な値ではなく $\mathbf{Q}_0$ を回して $\mathbf{y}^* - \mathbf{z}^*$ 上にない $\mathbf{Q}_1$ に動かしたとします．次に，$\mathbf{Q}_1$ を χ で動かして $\mathbf{Q}_2$ が赤道面に乗るようにします．すると，図 8.6 の二軸回折装置で説明したように，カウンターは 2θ に，結晶角は $\omega = \omega_0 + \theta$ に動かして $\mathbf{k}_\mathrm{f}{=}\mathbf{k}_\mathrm{i} + \mathbf{Q}$ の関係を満たすことができます．

今までの条件は，図 8.6 で「0 次元」検出器を使用することを前提にしていました．それが，$\mathbf{Q}_0$ を回して逆格子の主軸上や赤道面に移す理由でした．しかしながら二次元検出器を使用して赤道面から外れたブラッグ反射も測定可能なら特別な角度に回す必要がありません．図 8.4 のように二次元検出器とゴニオメータを組み合わせているときには，ϕ と χ や κ は広い範囲の逆格子を選び出すために使います．

8.2.5 平板二次元検出器での k_f と Q

現在では，平板二次元検出器を使用した装置が主流になりつつあります．そこで，平板二次元検出器で測定されるブラッグ反射位置からどのように散乱角や逆格子ベクトルを計算するかを説明していきます．まず考えるのは，X 線回折装置として広く使われだしている図 8.4 のように二次元検出器を 2θ 軸に載せている装置です．**図 8.8** (a) は，二次元検出器を $2\theta_\mathrm{D}$ において，結晶の角度を (ω, χ, ϕ) あるいは (ω, κ, ϕ) においたときにブラッグ反射が映った場合です．

図 8.8 (a) の強度データは通常 binary データとして保存されています．また，測定条件などを書いたテキストが binary ファイルの前の部分に書かれていたり

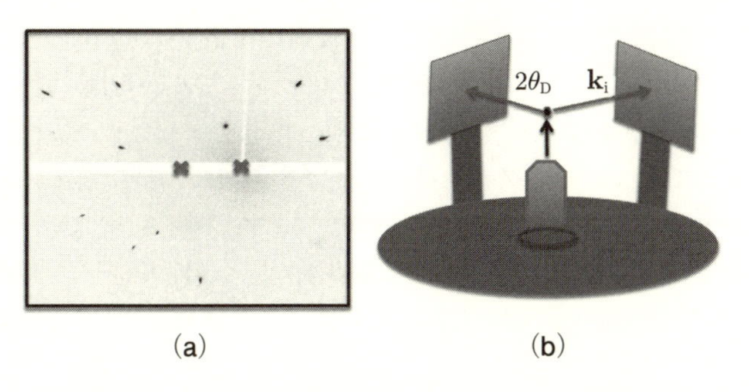

(a) (b)

図 8.8 二次元検出器上のイメージと 2θ 位置．

別のヘッダーファイルとして存在します．これらを一度眺めてみることも重要です．テキストファイルと binary データを同時に見るのには hex エディターなどと呼ばれるフリーソフトウェアがあります．ヘッダーを読んでみるとデータ形式の情報が色々書かれています．ファイルの binary 部分の容量がどれだけかを調べて，1 ピクセルのデータの型式を見ておきましょう．2 byte の 16 bit か 4 byte の 32 bit のことが多いです．そのデータの型式が符号付きか符号なしかの情報も必要です．二次元データの横方向 (Y 方向) と縦方向 (Z 方向) のピクセルの数もヘッダーの情報やデータ容量から分かるはずです．ここでは,「標準配置」の座標と合わせるために，横方向を Y 方向，縦方向を Z 方向と呼ぶことにします．また，一つのデータのバイトデータの積み上げ方が，インテル CPU に特有のリトルエンディアン (Little-endian, endianness) 型か伝統的なビッグエンディアン (Big-endian) 型かの区別も調べておくことが，自分でデータを読み出すときに必要です．このイメージ情報の図を書き出すフリーのソフトウェアも手に入るはずです．図 8.8 (a) は ImageJ というフリーソフトで描いています．描いた図 8.8 (a) のイメージを装置メーカーが用意した図を描くソフトと比べてみて下さい．時々違うことがあります．それは，図の原点を左上に取るのか右上に取るのか，あるいは左下に取るのかの違いです．素直にデータファイルから取り出して図を描くと左上がデータの原点 (0,0) になります．次に重要なことは，この図が結晶側から眺めた図なのか検出器の裏から眺めた図なのかを理解しておく必要があります．これを簡単に判断する方法は，検出器の表面に鉛やカドミウムの板で作った文字を検出器左下に貼り付けてバックグラウンドの影を作ることです．よく使われる文字が「F」の文字です．これで，結晶側から眺めているのか，検出器の裏から眺めているのかが分かります．

それでは，二次元検出器上のブラッグ反射の位置 (Y, Z) からどのように逆格子ベクトル $\mathbf{Q}$ を計算するかを説明しましょう．ここからは，そのためには，座標 (Y, Z) の原点を図 8.8 (a) の左下に取っておきましょう．まず，検出器を 2θ=0 にもっていって弱いダイレクトビームをあてて，検出器の中心を探しておきましょう．この中心位置を (Y_0, Z_0) とします．図 8.8 (a) では，2θ=0 でのダイレクトビームの位置として求めた検出器の中心 (Y_0, Z_0) と，検出器を $2\theta_{\mathrm{D}}$ に移動したときの 2θ=0 でのダイレクトビームの位置を × マークで表しています．

計算の手順は以下のように行います．このイメージは検出器を $2\theta_{\mathrm{D}}$ において取ったものですが，それを $2\theta=0$ に置いたと考えます．ブラッグ反射の位置 (Y, Z) を (Y_0, Z_0) からの距離として求めます．単位は mm です．つまり，ピクセルの大きさを掛けて，$Y\,(\mathrm{mm})=(Y(ch)-Y_0(ch))\,pixcelsize$ と求めます．試料から検出器表面の (Y_0, Z_0) までの距離を $L_{\mathrm{SD}}\,(\mathrm{mm})$ としましょう．ここからは $Y\,(\mathrm{mm})$ は単純に Y と書くことにします．そうすると，ブラッグ反射の三次元座標は mm 単位で，(L_{SD}, Y, Z) となります．試料位置が座標原点 $(0,0,0)$ です．原点からこのブラッグ反射位置に引いたベクトルは

$$\mathbf{v}_0 = (L_{\mathrm{SD}}, Y, Z) \tag{8.11}$$

となります．次に，このベクトルを検出器の実際の角度 $2\theta_{\mathrm{D}}$ まで z 軸の周りで回転します．

$$\mathbf{v}_1 = R_z(2\theta_{\mathrm{D}})\mathbf{v}_0 \tag{8.12}$$

このベクトルの大きさは $|\mathbf{v}_1|$ です．ブラッグ反射が起こっているということは，この方向に散乱ベクトル $\mathbf{k}_{\mathrm{f}}$ があるということですから，

$$\mathbf{k}_{\mathrm{f}} = k\frac{\mathbf{v}_1}{|\mathbf{v}_1|} \tag{8.13}$$

です．入射ベクトル $\mathbf{k}_{\mathrm{i}}$ は座標系の定義から

$$\mathbf{k}_{\mathrm{i}} = (k, 0, 0) \tag{8.14}$$

ですから，このブラッグ反射の逆格子ベクトルは

$$\mathbf{Q} = \mathbf{k}_{\mathrm{f}} - \mathbf{k}_{\mathrm{i}} \tag{8.15}$$

として求まります．ここで得られた $\mathbf{Q}$ はゴニオメータの角度が (ω, χ, ϕ)，あるいは (ω, κ, ϕ) のときのものです．

測定された散乱ベクトルを三次元図と赤道面への投影図に描くと**図 8.9** になります．この図では，結晶を ω だけ回すのではなく相対的に $\mathbf{k}_{\mathrm{i}}$ を ω だけ回しています．図 8.9 (b) の赤道面への投影図で，k'_{f} は k_{f} の赤道面への射影で $k'_{\mathrm{f}}=k_{\mathrm{f}}\cos\chi_{\mathrm{d}}$ となりますし，$\mathbf{Q}'$ は $\mathbf{Q}$ の赤道面への射影です．$2\theta_{\mathrm{B}}$ は 2θ の赤道面への射影となります．もし $\mathbf{Q}$ が与えられたのなら，ω 角は次の式より得られます．$\mathbf{k}_{\mathrm{i}}-\mathbf{k}'_{\mathrm{f}}=\mathbf{Q}'$ から

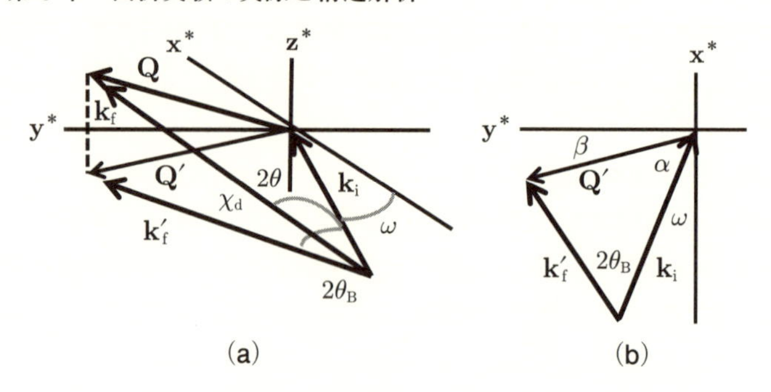

図8.9　二次元検出器での回折の幾何学．(a) 三次元図，(b) 赤道面への投影．

$$2k_\mathrm{i}k'_\mathrm{f}\cos 2\theta_\mathrm{B} = k_\mathrm{i}^2 + k_\mathrm{f}^{'2} - Q^{'2}, \quad 2k_\mathrm{i}Q'\cos\alpha = k_\mathrm{i}^2 + Q^{'2} - k_\mathrm{f}^{'2} \tag{8.16}$$

また，$\mathbf{Q}'$ の成分から

$$\tan\beta = Q_y/Q_x, \quad \omega + \alpha + \beta = 90 \tag{8.17}$$

となって，ω が求まります．

$\mathbf{Q}$ ベクトルはこのままでは使いづらいこともあるので，これを角度が $(0,0,0)$ に巻きもどしましょう．式 (8.7) や式 (8.9) の逆の操作を行います．$(\omega,\chi/\kappa,\phi)$ にある $\mathbf{Q}$ を $(0,0,0)$ に巻きもどして $\mathbf{Q}_0$ にするとしましょう．χ サークル型の回折計だと

$$R^{rev}(\omega,\chi,\phi) = R_z(-\phi)R_x(-\chi)R_z(-\omega) \tag{8.18}$$

$$\mathbf{Q}_0 = R^{rev}(\omega,\chi,\phi)\mathbf{Q} \tag{8.19}$$

となり，κ 型ゴニオだと

$$R^{rev}(\omega,\kappa,\phi) = R_z(-\phi)R_\kappa(-\kappa)R_z(-\omega) \tag{8.20}$$

$$\mathbf{Q}_0 = R^{rev}(\omega,\kappa,\phi)\mathbf{Q} \tag{8.21}$$

です．ここで，式 (8.5) を使用すると，

$$R^{rev}(\omega,\kappa,\phi) = R_z(-\phi)R_y(+\alpha)R_z(-\kappa)R_y(-\alpha)R_z(-\omega) \tag{8.22}$$

となります．

以上のような計算をもう少し大がかりな装置に拡張しましょう．J-PARC にある単結晶の装置 iBIX と SENJU (千手) です．iBIX は平板の検出器を 30 台球殻状に固定配置しています．一方，SENJU では平板の検出器を縦に 3 台積み重ねて (3 セグメント)，円筒状にこのモジュールを 12 組並べています[9]．真下の床側にも 1 セグメント分の検出器があり，合計 37 台です．ここからは「標準配置」でなくて J-PARC の定義した座標系で話をします．J-PARC では素粒子実験の名残もあり $\mathbf{k}_{\mathrm{i}}$ 方向を $\mathbf{z}^*$ と選び，上方天井方向を $\mathbf{y}^*$ と定義します．$\mathbf{x}^*$ は $\mathbf{z}^*$ に垂直で赤道面の上にあります．

まずは，球殻状に検出器を配置した iBIX から見てみましょう．球殻ですから検出器は赤道面だけでなく赤道面から離れた所にもあります．その高さに検出器を移動します．そのためには，$\mathbf{k}_{\mathrm{i}}$ に垂直に $2\theta=0$ の位置に検出器（検出器番号=DN）を置いて $\mathbf{x}^*$ の周りで角度 $\mathrm{Rot}X$ だけ回転します．回転軸は座標原点の結晶位置にあります．次に，$\mathbf{y}^*$ 軸周りで角度 $\mathrm{Rot}Y$ だけ回します．ここで，角度 $\mathrm{Rot}Y$ は今までの $2\theta_{\mathrm{D}}$ に対応します．これで，この検出器は所定の位置に移動します．もし，検出器が傾いていて水平線が出ていないときには，最初に $\mathbf{z}^*$ 軸の周りで角度 $\mathrm{Rot}Z$ だけ回転して水平にしておきます．このように考えると，ある検出器（検出器番号=DN）で測定されたブラッグ反射の位置 (X, Y) から位置ベクトル $\mathbf{v}_0$ を計算して，検出器を回転して実際の位置に回転して $\mathbf{v}_1$ を求めます．回転の部分だけが少し複雑になって，

$$\mathbf{v}_1 = R_y(\mathrm{Rot}Y_{\mathrm{DN}})R_x(\mathrm{Rot}X_{\mathrm{DN}})R_z(\mathrm{Rot}Z_{\mathrm{DN}})\mathbf{v}_0 \tag{8.23}$$

となるだけです．$\mathrm{Rot}Y_{\mathrm{DN}}$, $\mathrm{Rot}X_{\mathrm{DN}}$, $\mathrm{Rot}Z_{\mathrm{DN}}$ は検出器ごとの装置パラメータです．式 (8.13) で $\mathbf{k}_{\mathrm{f}}$ を求めて最終的に $\mathbf{Q}$ ベクトルを求めるのは今まで説明したとおりです．

次は，円筒配置の SENJU を見てみます．SENJU の検出器の配置を**図 8.10** に示します．円筒配置の場合はあらかじめ検出器 (検出器番号 DN) を原点位置で $-\mathrm{Rot}X_{\mathrm{DN}}$ だけ傾けておきます．$-\mathrm{Rot}X_{\mathrm{DN}}$ は検出器を上下位置に x 軸の周りで $+\mathrm{Rot}X_{\mathrm{DN}}$ だけ回転して移動させてから垂直にもどすための操作です．また，$\mathrm{Rot}Z_{\mathrm{DN}}$ が検出器の水平線の傾きの補正です．そこで，ブラッグ反射位置を $\mathbf{v}_0 = (X, Y, 0)$ として $R_x(-\mathrm{Rot}X_{\mathrm{DN}})R_z(\mathrm{Rot}Z_{\mathrm{DN}})\mathbf{v}_0$ と回しておいてから $\mathbf{v}_0' = \mathbf{v}_0 + (0, 0, L_2)$ に移動します．ここで，L_2 とは今までの L_{SD} と同じものです．この位置から

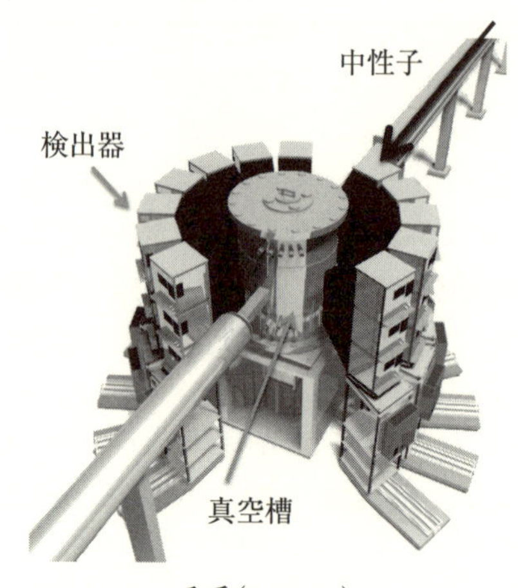

千手(SENJU)

図8.10　J-PARC MLF の単結晶回折装置，千手 (SENJU) [9].

$$\mathbf{v}_1 = R_y(\mathrm{Rot}Y_{\mathrm{DN}})R_x(\mathrm{Rot}X_{\mathrm{DN}})\mathbf{v}'_0 \tag{8.24}$$

と回します．逆格子ベクトル $\mathbf{Q}$ を求める手順は今までと同じです．

パルス中性子を使う飛行時間法（TOF）で一つ違うのは，白色中性子を使っているので波長が一定でない所です．TOF の詳しい説明は 8.7 節ですることとします．

回折実験では，測定されたブラッグ反射の位置と強度を測定します．得られる量は角度情報 $(2\theta, \omega, \chi/\kappa, \phi)$ の場合と，二次元検出器の位置 $(Y(ch), Z(ch))$ と角度情報 $(2\theta_{\mathrm{D}}, \omega, \chi/\kappa, \phi)$ の場合です．これをまず，この角度位置での $\mathbf{Q}$ ベクトルに変換します．そして，次に角度が $(0,0,0)$ での $\mathbf{Q}_0$ ベクトルに巻きもどします．そうすると，どの角度で測定されたかという情報は不要になるので，$[\mathbf{Q}_0, \mathrm{Intensity}]_j$ のテーブルができます．ここまでは装置パラメータが決まっていれば自動で計算できます．

8.3　UB マトリックスと逆格子ベクトル Q

これまでは結晶の面を表す逆格子ベクトル $\mathbf{Q}_{hkl}$ をどのように動かして実際の測定角度に適合させるかを述べてきました．この節では，結晶の格子定数と結晶の向きからどのように逆格子ベクトル $\mathbf{Q}_{hkl}$ を計算するかを述べていきます．重要になる概念が UB マトリックスです．

逆格子基本ベクトルの定義である式 (6.41) と式 (6.49)，およびその逆の関係式を再度ここに書きます．

$$\mathbf{a}^* = \frac{\mathbf{b}\times\mathbf{c}}{\mathbf{a}\cdot\mathbf{b}\times\mathbf{c}}, \qquad \mathbf{b}^* = \frac{\mathbf{c}\times\mathbf{a}}{\mathbf{a}\cdot\mathbf{b}\times\mathbf{c}}, \qquad \mathbf{c}^* = \frac{\mathbf{a}\times\mathbf{b}}{\mathbf{a}\cdot\mathbf{b}\times\mathbf{c}}$$
$$\mathbf{a} = \frac{\mathbf{b}^*\times\mathbf{c}^*}{\mathbf{a}^*\cdot\mathbf{b}^*\times\mathbf{c}^*}, \qquad \mathbf{b} = \frac{\mathbf{c}^*\times\mathbf{a}^*}{\mathbf{a}^*\cdot\mathbf{b}^*\times\mathbf{c}^*}, \qquad \mathbf{c} = \frac{\mathbf{a}^*\times\mathbf{b}^*}{\mathbf{a}^*\cdot\mathbf{b}^*\times\mathbf{c}^*}$$
$$\mathbf{Q}_{hkl} = h\mathbf{a}^* + k\mathbf{b}^* + l\mathbf{c}^* \quad (h,k,l: \text{整数}) \tag{8.25}$$

$\mathbf{Q}_{hkl}$ の式は形式的に書くと

$$\mathbf{Q}_{hkl} = \begin{pmatrix}\mathbf{a}^* & \mathbf{b}^* & \mathbf{c}^*\end{pmatrix}\begin{pmatrix}h\\k\\l\end{pmatrix} \tag{8.26}$$

ですから，この式を次のように 3×3 のマトリックスと縦ベクトルとの掛け算として書き表します．

$$\begin{pmatrix}Q_x\\Q_y\\Q_z\end{pmatrix}_{hkl} = \begin{pmatrix}a_x^* & b_x^* & c_x^*\\a_y^* & b_y^* & c_y^*\\a_z^* & b_z^* & c_z^*\end{pmatrix}\begin{pmatrix}h\\k\\l\end{pmatrix} = \begin{pmatrix}a_{11} & a_{12} & a_{13}\\a_{21} & a_{22} & a_{23}\\a_{31} & a_{32} & a_{33}\end{pmatrix}\begin{pmatrix}h\\k\\l\end{pmatrix} \tag{8.27}$$

この 3×3 のマトリックスを結晶方位マトリックス (Crystal Orientation matrix) とか UB マトリックス (UB matrix) と呼びます．そこで，結晶を回折計の角度 (ω,χ,ϕ)=(0,0,0) あるいは (ω,κ,ϕ)=(0,0,0) と置いたときの逆格子の単位胞ベクトル $(\mathbf{a}^*,\mathbf{b}^*,\mathbf{c}^*)$ を精度よく求めて UB マトリックスを決定することが重要となります．

UB マトリックスの元々の定義は式 (8.27) のように hkl は縦ベクトルとして書き表されていましたが，式 (8.26) の書き方には別の定義も存在します．

$$\mathbf{Q}_{hkl} = \begin{pmatrix}h & k & l\end{pmatrix}\begin{pmatrix}\mathbf{a}^*\\\mathbf{b}^*\\\mathbf{c}^*\end{pmatrix} \tag{8.28}$$

これに従うと，式 (8.27) の書き方も変わってきます.

$$\begin{aligned}\begin{pmatrix}Q_x & Q_y & Q_z\end{pmatrix}_{hkl} &= \begin{pmatrix}h & k & l\end{pmatrix}\begin{pmatrix}a_x^* & a_y^* & a_z^* \\ b_x^* & b_y^* & b_z^* \\ c_x^* & c_y^* & c_z^*\end{pmatrix} \\ &= \begin{pmatrix}h & k & l\end{pmatrix}\begin{pmatrix}a_{11} & a_{12} & a_{13} \\ a_{21} & a_{22} & a_{23} \\ a_{31} & a_{32} & a_{33}\end{pmatrix}\end{aligned} \tag{8.29}$$

このように hkl や $\mathbf{Q}_{hkl}$ を横ベクトルにすると，式 (6.89) との整合性がよくなります．式 (8.27) であっても式 (8.29) であっても，その定義でプログラムの中で統一的に計算していれば問題ありませんが，別の装置や別のプログラムで求めた UB マトリックスを比較するときには注意が必要で，式 (8.27) と式 (8.29) の UB マトリックスは転置行列の関係になります.

指数 (hkl) が分かっているブラッグ反射の起こる角度が回折計を用いて実験により精度よく求まったとします．その意味は，ある角度 $(\omega, \chi/\kappa, \phi)$ での $(Q_x, Q_y, Q_z)_{hkl}$ が求まったということです．この $\mathbf{Q}_{hkl}$ ベクトルを回転して (ω, χ, ϕ)=(0,0,0) あるいは (ω, κ, ϕ)=(0,0,0) での $\mathbf{Q}_{hkl}^{\mathrm{obs}}=(Q_x, Q_y, Q_z)_{hkl}^0$ を計算します．原理的には独立な三つのブラッグ反射を測定して三つの $\mathbf{Q}_{hkl}$ ベクトルが得られれば，式 (8.27) あるいは式 (8.29) の UB マトリックスの九つの未知数は連立方程式で解くことができます．これを 3 点法といいます.

通常は，多数のブラッグ反射を測定して最小二乗法で UB マトリックスを得ます.

$$\begin{aligned}\chi_j &= Q_x^{\mathrm{obs}}(j) - (a_{11}h_j + a_{12}k_j + a_{13}l_j) \\ \chi_j &= Q_y^{\mathrm{obs}}(j) - (a_{21}h_j + a_{22}k_j + a_{23}l_j) \\ \chi_j &= Q_z^{\mathrm{obs}}(j) - (a_{31}h_j + a_{32}k_j + a_{33}l_j)\end{aligned} \tag{8.30}$$

のような式の線形最小二乗法ですから，$\chi^2 = \sum_j \chi_j^2$ を最小にするという式で簡単に解が得られます．測定点は $j_{\max}$=20 もあれば十分ですが，精度のよいデータが多ければ多いほど精度のよい UB マトリックスが得られます．このプロセスを UB マトリックスの精密化といいます.

UB マトリックスの精密化には，ここで述べた逆格子での線形最小二乗法以外に実空間での角度あるいはピクセル位置を用いた非線形最小二乗法もあります．この方法は，イメージングプレートを用いた生体物質の解析で，マックサイエンスが Denzo というプログラムで初めて商品化したものです．それ以来，生物系の装置では実空間での最小二乗が使われる傾向があります．その特徴は，低角での合わせ込みがよくなりますが，高分解能に直結する高角での合いが悪くなります．また，非線形最小二乗のため，素直には解が得られない傾向もあります．

UB マトリックスが得られたということは式 (8.27) または式 (8.29) から逆格子の単位胞ベクトル $(\mathbf{a}^*, \mathbf{b}^*, \mathbf{c}^*)$ が得られたということですから，実空間の単位胞ベクトル $(\mathbf{a}, \mathbf{b}, \mathbf{c})$ は式 (8.25) により簡単に求まります．また，指数の分からないブラッグ反射で $\mathbf{Q}$ ベクトルが測定できていれば，UB マトリックスの逆行列から指数 (hkl) を求めることができます．式 (8.27) の場合は，次のように書けます．

$$\begin{pmatrix} h \\ k \\ l \end{pmatrix} = \begin{pmatrix} a_{11} & a_{12} & a_{13} \\ a_{21} & a_{22} & a_{23} \\ a_{31} & a_{32} & a_{33} \end{pmatrix}^{-1} \begin{pmatrix} Q_x \\ Q_y \\ Q_z \end{pmatrix} \tag{8.31}$$

式 (8.31) で (hkl) を計算するためには UB マトリックスが分かっている必要があります．UB マトリックスの初期値を得るための実用上有効ないくつかの方法をここで紹介しておきましょう．一つは，2 点法といわれる方法です．指数 (hkl) が分かっている二つの $\mathbf{Q}_{hkl}$ ベクトルが測定できている場合です．例えば，結晶に特徴的な面が出ていて，(200) 反射と (020) 反射を比較的簡単に出せるような場合です．もし，実空間の格子定数が分かっていると，仮想的に $(\mathbf{a}, \mathbf{b}, \mathbf{c})$ のベクトルを作ることができます．$\mathbf{a}$ 軸を $\hat{\mathbf{x}}$ に合わせ，$\mathbf{b}$ 軸を $\hat{\mathbf{x}}$–$\hat{\mathbf{y}}$ 面に置きます．

$$\begin{aligned} \mathbf{a} &= a\,\hat{\mathbf{x}} \\ \mathbf{b} &= b\ \cos\gamma\,\hat{\mathbf{x}} + b\ \sin\gamma\,\hat{\mathbf{y}} \\ \mathbf{c} &= c_x\,\hat{\mathbf{x}} + c_y\,\hat{\mathbf{y}} + c_z\,\hat{\mathbf{z}} \\ c_x &= c\ \cos\beta, \\ c_y &= c(\cos\alpha - \cos\beta\ \cos\gamma)/\sin\gamma, \\ c_z &= \sqrt{c^2\sin^2\beta - c_y^2} \end{aligned} \tag{8.32}$$

実空間の単位胞ベクトル $(\mathbf{a}, \mathbf{b}, \mathbf{c})$ から逆格子の単位胞ベクトル $(\mathbf{a}^*, \mathbf{b}^*, \mathbf{c}^*)$ は式 (8.25) で直接的に求まります．つまり，仮想的な UB マトリックスが求まります．念のために，この UB マトリックスを使って $|\mathbf{Q}^{\mathrm{cal}}_{1;hkl}|$ と $|\mathbf{Q}^{\mathrm{cal}}_{2;hkl}|$ および二つのベクトルの間の角度を $\mathbf{Q}_1 \cdot \mathbf{Q}_2 = |\mathbf{Q}_1||\mathbf{Q}_2| \cos \alpha_{12}$ で計算してみましょう．測定した $\mathbf{Q}^{\mathrm{obs}}_1$ および $\mathbf{Q}^{\mathrm{obs}}_2$ とで矛盾していたら指数が間違っていることになります．次に行うことは，$\mathbf{Q}^{\mathrm{cal}}_1$ と $\mathbf{Q}^{\mathrm{obs}}_1$ とをベクトルとして一致させることです．簡単な方法は，$\mathbf{Q}^{\mathrm{cal}}_1$ と $\mathbf{Q}^{\mathrm{obs}}_1$ を $\hat{\mathbf{z}}^*$ の方向に向ける回転マトリックス T^{cal} と T^{obs} を求めます．次に，T^{cal} と T^{obs} で $\mathbf{Q}^{\mathrm{cal}}_2$ と $\mathbf{Q}^{\mathrm{obs}}_2$ を回転して $\mathbf{Q}^{\mathrm{cal-new}}_2$ と $\mathbf{Q}^{\mathrm{obs-new}}_2$ を求めます．そして，$\mathbf{Q}^{\mathrm{cal-new}}_2$ を回転して $\mathbf{Q}^{\mathrm{obs-new}}_2$ と一致させる $\hat{\mathbf{z}}^*$ 軸周りの回転マトリックス R を求めます．この回転のマトリックス T^{cal} と R を逆にたどっていくと正しい UB マトリックスが求まります．

最近のコンピュータ能力を用いればさらに使いでのある方法があります．モンテカルロ法と呼ぶ方法です．この方法では 2 点法と違って反射の指数 (hkl) がまったく分からなくても実行できる点が優れています．格子定数が分かっているとき，2 点法と同じように式 (8.32) を出発にして仮の UB マトリックスを作ります．この UB マトリックスを用いて測定した $\mathbf{Q}_j$ から $(hkl)_j$ を式 (8.31) で計算します．計算された $(hkl)_j$ が整数値からどの程度外れているか，$(\Delta h\ \Delta k\ \Delta l)_j$ を計算し，この残差 $\chi^2 = \Sigma_j(\Delta h^2 + \Delta k^2 + \Delta l^2)_j$ を計算します．次に UB マトリックスを式 (8.2)–(8.4) で三次元的に回転します．回転角度は乱数を使って適当に作り出します．χ^2 が前の χ^2 より小さいと，その値と UB マトリックスを記憶して，χ^2 がある値より小さくなれば最適値に近い UB マトリックスとします．この UB マトリックスから計算された $(hkl)_j$ の整数値を用いて最小二乗法で UB マトリックスを精密化します．かなり強引な方法ですが，ゴミのデータさえ少なければ，ほとんどの場合短時間で UB マトリックスが求まります．

もし，格子定数も不明なときはどうすればよいでしょうか．一つの方法は，3 点法で述べた応用で，三つの $\mathbf{Q}_j$ ベクトルの指数を (100), (010), (001) として UB マトリックスを計算し，測定した全ての $\mathbf{Q}_j$ ベクトルの (hkl) を計算して UB マトリックスを精密化して格子定数を求めます．得られた単位胞を出発にして一番対称性の高いブラベ格子を探します．なるべく小さな $\mathbf{Q}_j$ を選ぶと成功の可能性が高いです．

伝統的な方法はベクターミニマム法 (vector minimum method) と呼ばれる

方法です．$\Delta\mathbf{Q}_{ij} = \mathbf{Q}_i^{\mathrm{obs}} - \mathbf{Q}_j^{\mathrm{obs}}$ を多数計算して，独立な最小の三つのベクトルで逆格子の単位胞を作り UB マトリックスを求めます．うまくいったときは，基本単位格子の 3 本のベクトルが求まりますが，悪いときでも基本単位格子の数倍の大きさの格子となります．次に，3 点法と同様に測定した全ての $\mathbf{Q}_j$ ベクトルの (hkl) を計算して UB マトリックスを精密化して格子定数を求めます．得られた単位胞を出発にして一番対称性の高いブラベ格子を探します．

対称性の高いブラベ格子の探し方は次のようにします．UB マトリックスから h=$-3 \sim +3$, k=$-3 \sim +3$, l=$-3 \sim +3$ の $7^3 - 1$ 個の $\mathbf{Q}_j$ を計算して $|\mathbf{Q}_j|$ でソーティングします．最小のベクトルから始めて以下の性質を調べます．

(1) 3 本のベクトルが互いに垂直で三つの長さが等しいなら立方晶です．

(2) 3 本のベクトルが互いに垂直で二つの長さのみが等しければ正方晶です．

(3) 3 本のベクトルが互いに垂直で三つの長さが等しくなければ直方 (斜方) 晶です．

(4) 3 本のベクトルの長さが等しくて互いに垂直でなく同じ角度なら菱面体晶です．

(5) 3 本のベクトルで垂直が二つありもう一つが 120° でかつその辺の長さが等しければ六方晶です．

(6) 3 本のベクトルで垂直が二つありもう一つの角度が 90° でもなく 120° でもなければ単斜晶です．

六方晶と得られても菱面体晶に選ぶことが可能かもチェックします．この探し方は格子の形を基本にしているので，その後はラウエ群で正しく対称性を満たしているかも見てみる必要があります．

8.4　構造解析の基本的方法と手順

ここで，構造解析がなぜ比較的簡単に行えるかをまずは説明しておきます．逆格子空間で鋭いブラッグ反射が現れるのは結晶の並進対称性によるものでした．いい換えると，試料が一様であることからフーリエ変換がうまく使えたわけです．この章で示すように，位相さえ決まれば測定強度から逆フーリエ変換で実空間の電子密度や核密度が求まります．それに対して 9.7 節で示す散漫散乱として測定される場合は実空間では不均一系となります．このような場合は逆フーリエ変換の手法はうまく働きません．そのために，モンテカルロ法などで実空間の不均一構造を仮定して散漫散乱強度が説明できるかというコンピュータを駆使した手法が必要です．この教科書ではそのような場合は考えないことにします．

結晶構造解析は，測定されたブラッグ反射の強度から構造因子 $|F(hkl)|^2$ を抽出することから始まります．後で示すように，一つのブラッグ反射の逆格子内の強度分布プロファイル $|F(\mathbf{Q})|^2$ を直接使わずに逆格子内で積分した「積分強度」$I_{\rm obs}(hkl)$ を使用します．構造因子 $|F(hkl)|^2$ と積分強度 $I_{\rm obs}(hkl)$ の間にはいくつかの補正項が存在します．

$$I_{\rm obs}(hkl) = scale \cdot A(Q_{hkl}, \lambda, \xi) \cdot L(Q_{hkl}, \lambda) \cdot Y(Q_{hkl}, \lambda, \xi) \cdot |F(hkl)|^2 \tag{8.33}$$

ここで，$A(Q_{hkl}, \lambda, \xi)$ は吸収補正項，$L(Q_{hkl}, \lambda)$ はローレンツ補正項です．また，$Y(Q_{hkl}, \lambda, \xi)$ は消衰効果補正項です．$scale$ はスケール因子です．以下に，それぞれの補正の意味と，どのようにして補正するかを詳しく見てみましょう．最終的には，$I_{\rm obs}(hkl)$ から $|F(hkl)|^2$ を求めるのが目的で，かつ，この $|F(hkl)|^2$ が構造解析の出発となるデータです．実際のデータとしては，式 (8.33) のうち，測定と同時に自動的に得られる $|F_{\rm obs}(hkl)|^2$，

$$|F_{\rm obs}(hkl)|^2 = I_{\rm obs}(hkl)/(A(Q_{hkl}, \lambda, \xi) \cdot L(Q_{hkl}, \lambda)) \tag{8.34}$$

を用います．吸収補正が自動で行われないときは，後で自分で行います．構造解析のための実験が終了した時点で得られるデータセットは，(h, k, l)，$|F_{\rm obs}(hkl)|^2$，$\Delta|F_{\rm obs}(hkl)|^2$ です．ここで，$\Delta|F_{\rm obs}(hkl)|^2$ は $|F_{\rm obs}(hkl)|^2$ の測定誤差で，強度がポアソン分布しているとして $\sqrt{|F_{\rm obs}(hkl)|^2}$ から計算します．データセットとして (h, k, l), $|F_{\rm obs}(hkl)|$, $\Delta|F_{\rm obs}(hkl)|$ とすることも多くあります．

8.4.1　吸収補正

X 線や中性子が試料の中を通過するうちに物質に吸収されたり散乱されたりしてその強度が弱くなります．一般的に

$$I = I_0 \mathrm{e}^{-\mu\xi} \tag{8.35}$$

となります．ここで，ξ が波の試料内の通過距離で，散乱パスあるいは回折距

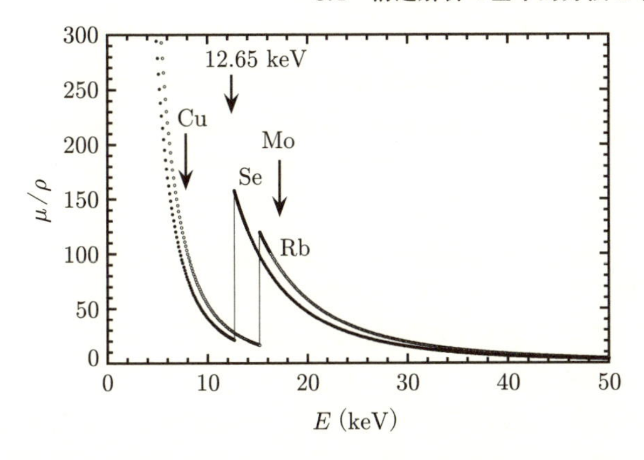

図 8.11　X 線に対する Rb 原子と Se 原子の質量吸収係数のエネルギー依存性.

離と呼ばれるものです．また，μ が線吸収係数と呼ばれるもので，その単位は cm^{-1} です．散乱パス ξ は結晶の外形と UB マトリックスから計算できます．そのようなプログラムはすでに存在します．線吸収係数 μ は単位胞内の原子ごとに X 線あるいは中性子の吸収係数から計算します．これらの原子に対する吸収係数は様々なデータベースから手に入れることができます．例えば，アメリカの National Institute of Standards and Technology (NIST) の web-site が便利です．

X 線の場合は線吸収係数ではなくて密度で割った質量吸収係数 (μ/ρ) がよく使われ，データベースでもそのような値として載っています．一例として，Rb と Se 原子の質量吸収係数を**図 8.11** に示します．質量吸収係数から線吸収係数を出すのには，結晶の密度を計算して掛け算します．計算式は，

$$\mu = \sum_i \left(\frac{\mu}{\rho}\right)_i \frac{n_i m_i}{N_\mathrm{A} V} \tag{8.36}$$

です．V は単位胞の体積，n_i は単位胞内の i-原子の個数，m_i は i-原子の原子量，N_A はアボガドロ数です．

X 線に対する吸収は原子の電子構造に由来しますので，X 線の波長 λ あるいはエネルギー E に依存します．X 線のエネルギーが高くなると吸収は小さくなりますが，急激に吸収係数が再度大きくなるエネルギーが存在します．これは，6.2 節の図 6.2 で説明した電子バンド間遷移のエネルギーに対応していて，吸

収端と呼ばれます．図 8.11 の 13 keV あたりの異常が K 吸収端に対応します．図 8.11 の 12 keV あたりの吸収が小さくなっている所を，我々は「吸収の窓」などと呼んでいます．Rb と Se の化合物だと 12.65 keV より少しエネルギーの低い所が最適となります．実験室で普通に使う特性 X 線は，Fe の 1.93597 Å (6.4038 keV), Cu の 1.54051 Å (8.0477 keV), Mo の 0.70926 Å (17.4797 keV), Ag の 0.55936 Å (22.164 keV) 程度ですので，これらのエネルギーの X 線で吸収に関して非常に不利なことが起こるのなら，放射光を利用して最適なエネルギーの X 線を使用する必要があります．

吸収補正は機械的に行えるので，結晶の外形を正しく測ってまずはやっておくことを勧めます．だいたいの目安として，結晶の大きさを $1/\mu$ 程度まで小さくしておくと測定強度からの補正の信頼度が上がります．一番よいのは，試料を球形に整形しておくことで，そうすれば計算誤差が小さくなります．試料が有機物だと X 線に対する吸収はそれほど大きくありませんが，希土類元素など重い原子が入っていると吸収補正の精度が構造解析の精度に大きく影響するので注意深く補正しておく必要があります．最近の X 線装置では，望遠鏡と CCD カメラで結晶の外形を測定して試料の分子式と組み合わせて自動的に吸収補正をしてくれるものが多くなっています．

中性子に対する線吸収係数 μ の計算には少し注意が必要です．吸収される原因は，原子に本当に吸収されてしまう μ_{abs} と散乱されて方向を変えてしまって干渉効果に寄与しないための吸収 μ_{scat} があり，NIST のデータベース (http://www.ncnr.nist.gov/resources/n-lengths/) に吸収断面積 σ のテーブルとして載っています．よく間違われるのが，μ_{abs} だけでよくて μ_{scat} は吸収ではないと思われていることです．例えば，中性子と陽子が衝突して方向が変われば実質的にそれより奥へ向かう中性子強度は減衰します．これが，μ_{scat} です．具体的な値の例は 7.5 節の表 7.1 に示しておきました．軽水素 H だと，σ_{scat}=82.03 barn, σ_{abs}=0.3326 barn となっていて，重水素 D だと σ_{scat}=7.64 barn, σ_{abs}=0.000519 barn となっています．つまり，H では特に σ_{scat} が大きいが，D では H と比べて吸収が少ないことが分かります．他の例としては，^{10}B では σ_{scat}=3.1 barn, σ_{abs}=3835 barn で，^{11}B では σ_{scat}=5.77 barn, σ_{abs}=0.0055 barn なので，^{10}B では σ_{abs} が非常に大きくて実験できません．実験するためには ^{11}B の同位元素を使う必要があります．ここで，σ_{abs} は v=2200 m/s，つまり，1.8 Å の中性子に対するものなので，自分の実験に使っている中性子の波長から速度を出して，$1/v$ 則で σ_{abs} を計算する必要があります．中性子の線吸収係数は σ_{scat} と σ_{abs} の和となります．計算式は，

$$\mu = \sum_i n_i(\sigma_i^{\mathrm{scat}} + \sigma_i^{\mathrm{abs}} \cdot \lambda/1.8)/V \tag{8.37}$$

で，V は単位胞の体積を $\mathrm{\AA}^3$ で表したもの，n_i は単位胞内の i-原子の個数です．ちなみに，中性子の散乱能などに使われる単位 (散乱振幅 b) は fm で，barn は 10^{-24} cm^2=(10 fm)^2 です．波長などに使われる単位，1 Å は 100 pm=10^{-8} cm で，原子核に比べると非常に大きなものです．σ を barn の単位で計算すると，得られた μ の単位は cm^{-1} となります．非常にエネルギーの高い中性子になると単純に $1/v$ 則が成り立たなくなって原子核と中性子との共鳴状態によりX 線の吸収端のように異常が起こる場合があります．このような場合は，データベースなどで中性子のエネルギーと σ_{abs} の関係を調べる必要が生じます．

感覚的に分かるように，NaCl の X 線と中性子に対する線吸収係数と実験に最適な結晶の大きさを求めてみましょう．λ=1.16 Å の中性子に対する線吸収係数 μ は 0.868 cm^{-1} ですので，1 cm 程度の大きさの結晶でも吸収という観点からは大丈夫です．同じような波長の X 線として Cu の特性線 λ=1.54 Å を使うと μ は 164.45 cm^{-1} ですので，60 μm という小さな結晶を使う必要があります．一方，λ=0.559 Å の Ag の特性 X 線による NaCl の線吸収係数 μ は 9.04 cm^{-1} ですので，E=22.1 keV という高いエネルギーの Ag の特性 X 線を使用して初めて 1 mm 程度の結晶まで実験が可能となります．これを見ても分かるように，中性子は X 線に比べて一般的に透過能力が高いのが特徴です．

8.4.2 ローレンツ因子による補正

ブラッグ反射強度は複素構造因子 $F(\mathbf{Q})$ の二乗とラウエ関数 $L(\mathbf{Q})$ との積となりますが，現実にはラウエ関数 $L(\mathbf{Q})$ を精度よく測定することは大変難しいことです．一方，積分強度は測定条件によらずに再現よくできます．つまり，式 (6.36) あるいは式 (6.48) を逆格子空間内で積分して

$$\begin{aligned} I/I_0 &= I_{\mathrm{e}} \int |F(\mathbf{Q})|^2 L(\mathbf{Q}) dV_{\mathrm{K}} \\ &= N I_{\mathrm{e}} \int |F(\mathbf{Q})|^2 \delta(\mathbf{Q} - \mathbf{Q_n}) dV_{\mathrm{K}} \\ &= N I_{\mathrm{e}} |F(\mathbf{Q_n})|^2 \end{aligned} \tag{8.38}$$

で測定強度を出します．dV_{K} の添え字のKは逆格子空間内の体積という意味で付けています．ここで注意することは，式 (8.38) の積分は逆格子内でしているのに対して，実験では実空間あるいは角度空間で積分していることです．つまり，積分変数 dV_{K} を角度空間に変数変換するときに数学におけるヤコビヤンのような係数が必要になってきます．この係数をローレンツ因子と呼びます．考え方としては，$\mathbf{k}_{\mathrm{i}}$ で入射した波がブラッグ反射で $\mathbf{k}_{\mathrm{f}}$ と散乱されますが，$\mathbf{k}_{\mathrm{f}}$ はフィルムやカウンターの上で立体角 $d\Omega$ だけ広がっています．この二次元の逆格子内面積は dS_{K} です．

$$k_{\mathrm{f}}^2 d\Omega = dS_{\mathrm{K}} \tag{8.39}$$

この逆格子内の面積をある方向に動かして積分して三次元の dV_{K} とします．具体的にはどのような積分方法をしたかでローレンツ因子は違ってきますので，色々な場合を調べてみましょう．実験で得られる $I_{\mathrm{obs}}(hkl)$ にこれから計算するローレンツ因子で補正して $|F_{\mathrm{obs}}(hkl)|^2$ を求めるのが次の手続きです．通常の教科書では，ローレンツ因子の導出方法は書かれていなくて結果のみ示されています．このローレンツ補正も機械的に行うことができますし，ほとんどの装置ではその装置に特有のローレンツ因子で自動的に補正を行って結果を出力していることが多いものです．

どのような原理で計算をしているのか，結晶を回転して積分する，いわゆる ω-スキャン法で見てみましょう．**図8.12** (a) にどのようなスキャンになっているかを示しています．スキャン $d\omega$ は $\mathbf{Q}$ ベクトルに垂直です．実空間では $d\Omega d\omega$

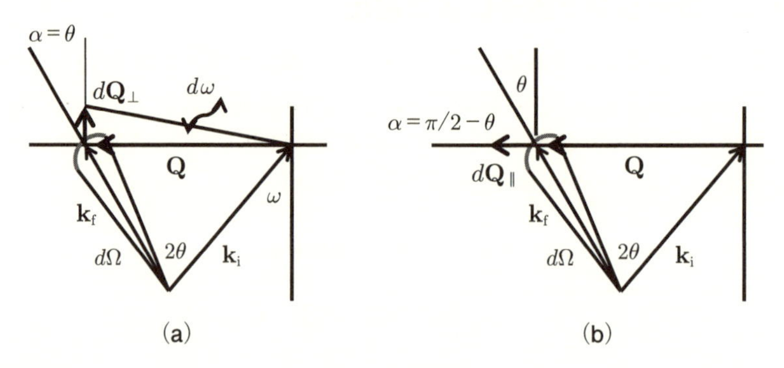

図8.12　ω-スキャン法 (a) と $\theta - 2\theta$-スキャン法 (b) のローレンツ因子．

で積分しますが，$Qd\omega{=}dQ_{\perp}$ から

$$\begin{aligned}
\int L(\mathbf{Q})d\Omega d\omega &= \int L(\mathbf{Q})(dS_{\mathrm{K}}/k_{\mathrm{f}}^2)(dQ_{\perp}/Q)\\
&= \int L(\mathbf{Q})\frac{1}{Qk_{\mathrm{f}}^2}(d\mathbf{S}_{\mathrm{K}}\cdot d\mathbf{Q}_{\perp})\frac{1}{\cos\alpha}\\
&= \frac{1}{Qk_{\mathrm{f}}^2\cos\alpha}\int L(\mathbf{Q})dV_{\mathrm{K}}\\
&= \frac{1}{k^2Q\cos\theta}N_1N_2N_3\\
&= \frac{1}{k^2 2k\sin\theta\cos\theta}N_1N_2N_3\\
&= \frac{1}{k^3\sin 2\theta}N_1N_2N_3\\
&= \frac{\lambda^3}{\sin 2\theta}N_1N_2N_3 \qquad (\text{単結晶}\ \omega\text{-スキャン法}) \qquad (8.40)
\end{aligned}$$

となります．ここで，スカラーの掛け算 $dS_{\mathrm{K}}dQ_{\perp}$ から体積 dV_{K} を出すのにベクトルの内積 $d\mathbf{S}_{\mathrm{K}}\cdot d\mathbf{Q}_{\perp}$ にしているので，間の角度 $\cos\alpha$ で割り算する必要があります．ラウエ関数の逆格子内での積分は単位胞の数 $N_1N_2N_3$ となります．$\lambda^3/\sin 2\theta$ が ω-スキャンのときのローレンツ因子です．積分強度と構造因子の関係は

$$I_{\mathrm{obs}}(hkl)\cdot\sin 2\theta/\lambda^3 = (N_1N_2N_3I_0I_{\mathrm{e}})\cdot|F_{\mathrm{obs}}(hkl)|^2 \qquad (8.41)$$

となります．

次に，$\theta-2\theta$-スキャン法を見てみましょう．図 8.12 (b) にどのようなスキャンになっているかを示しています．スキャンの方向は $\mathbf{Q}$ ベクトルに平行です．$2k\sin\theta{=}Q$ から $2k\cos\theta d\theta{=}dQ_{\parallel}$ の関係が得られます．したがって，

$$\begin{aligned}
\int L(\mathbf{Q})d\Omega d\theta &= \int L(\mathbf{Q})(dS_{\mathrm{K}}/k_{\mathrm{f}}^2)(dQ_{\parallel}/(2k\cos\theta))\\
&= \int L(\mathbf{Q})\frac{1}{2k^3\cos\theta}(d\mathbf{S}_{\mathrm{K}}\cdot d\mathbf{Q}_{\parallel})\frac{1}{\cos\alpha}\\
&= \frac{1}{2k^3\sin\theta\cos\theta}\int L(\mathbf{Q})dV_{\mathrm{K}}\\
&= \frac{1}{k^3\sin 2\theta}N_1N_2N_3\\
&= \frac{\lambda^3}{\sin 2\theta}N_1N_2N_3 \qquad (\text{単結晶}\ \theta-2\theta\text{-スキャン法}) \qquad (8.42)
\end{aligned}$$

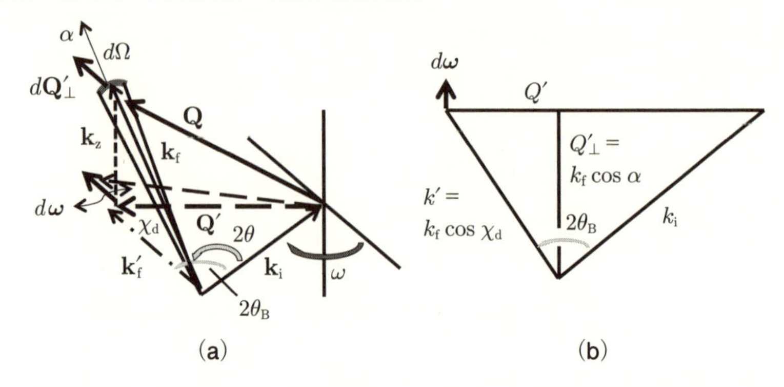

図 8.13　赤道面内にない場合の ω-スキャン法とローレンツ因子.

となって ω-スキャンのときのローレンツ因子と同じとなります.

最近よく使われているのがイメージングプレート，CCD あるいは二次元検出器です．これらの測定法ではブラッグ反射が赤道面ではなくて，散乱面内にいない一般の ω-スキャン法となります．どのようなスキャンになっているかを**図 8.13** (a) に三次元的に，(b) に赤道面内への投影図として示しています．逆格子ベクトル $\mathbf{Q}_{hkl}$ の赤道面への射影を $\mathbf{Q}'$，散乱ベクトル $\mathbf{k}_\mathrm{f}$ の跳ね上がり角を χ_d とします．また，散乱角 2θ の赤道面への射影を $2\theta_\mathrm{B}$ とします．ω-スキャンは $\mathbf{Q}'$ に垂直な $\mathbf{Q}'_\perp$ の方向ですので，$Q'd\omega{=}dQ'_\perp$ を用いて

$$
\begin{aligned}
\int L(\mathbf{Q})d\Omega d\omega &= \int L(\mathbf{Q})(dS_\mathrm{K}/k_\mathrm{f}^2)(dQ'_\perp/Q') \\
&= \int L(\mathbf{Q})\frac{1}{Q'k^2}(d\mathbf{S}_\mathrm{K}\cdot d\mathbf{Q}'_\perp)\frac{1}{\cos\alpha} \\
&= \frac{1}{Q'k^2\cos\alpha}\int L(\mathbf{Q})dV_\mathrm{K} \\
&= \frac{1}{k^3\sin 2\theta_\mathrm{B}\cos\chi_\mathrm{d}}N_1N_2N_3 \qquad \text{(単結晶 二次元検出器)}
\end{aligned}
\tag{8.43}
$$

となります．α は $\mathbf{k}_\mathrm{f}$ と $d\mathbf{Q}'_\perp$ あるいは $d\omega$ ベクトルとの間の角度です.

最後の式の変形は，$\mathbf{Q}_{hkl}$ の赤道面への射影 $\mathbf{Q}'$ と散乱ベクトル $\mathbf{k}_\mathrm{f}$ の赤道面への射影 $\mathbf{k}'_\mathrm{f}(=k_\mathrm{f}\cos\chi_\mathrm{d})$ と $\mathbf{k}_\mathrm{i}$ が作る不等辺三角形を考えます (図 8.13 (b))．頂

点の角度が $2\theta_{\rm B}$ で高さが $k_{\rm f}\cos\alpha$ です．$k_{\rm f}\cos\alpha$ は，$\mathbf{k}_{\rm f}$ と $\mathbf{Q}'_{\perp}$ との間の角度が α であることから得られます．この三角形の面積は「底辺掛ける高さ」の式と「$2\theta_{\rm B}$ を挟む二つのベクトルの外積」の式からそれぞれ得られます．

$$\begin{aligned} S &= \frac{1}{2}Q'k\cos\alpha \\ &= \frac{1}{2}k\cdot k\cos\chi_{\rm d}\cdot\sin 2\theta_{\rm B} \end{aligned} \tag{8.44}$$

となり，上式の最後の式変形が得られます．最終的に，$\lambda^3/(\sin 2\theta_{\rm B}\cos\chi_{\rm d})$ が赤道面にない反射の ω-スキャン時のローレンツ因子です．積分強度と構造因子の関係は

$$I_{\rm obs}(hkl)\cdot(\sin 2\theta_{\rm B}\cos\chi_{\rm d})/\lambda^3 = (N_1N_2N_3I_0I_{\rm e})\cdot|F_{\rm obs}(hkl)|^2 \tag{8.45}$$

となります．当然ながら，$\chi_{\rm d}$=0 のときは赤道面内の反射のローレンツ因子と一致します．

もし，スキャンするときに角度でなく逆格子スキャンをしたらどうなるでしょうか．このときも全く同様に計算できます．一つの例として逆格子ベクトル $\mathbf{Q}$ の方向 $Q_{\parallel}$ への逆格子スキャンを考えてみましょう．

$$\begin{aligned} \int L(\mathbf{Q})d\Omega dQ_{\parallel} &= \int L(\mathbf{Q})(dS_{\rm K}/k_{\rm f}^2)(dQ_{\parallel}) \\ &= \int L(\mathbf{Q})\frac{1}{k^2}(d\mathbf{S}_{\rm K}\cdot d\mathbf{Q}_{\parallel})\frac{1}{\cos\alpha} \\ &= \frac{1}{k^2\cos\alpha}\int L(\mathbf{Q})dV_{\rm K} \\ &= \frac{1}{k^2\sin\theta}N_1N_2N_3 \\ &= \frac{\lambda^2}{\sin\theta}N_1N_2N_3 \end{aligned} \tag{8.46}$$

となり，$\lambda^2/\sin\theta$ がローレンツ因子となります．もっと複雑な逆格子スキャンをしても，計算方法は同様です．TOF 法でのローレンツ因子は 8.7.1 節で説明します．

ローレンツ補正で注意することとして，受光スリットとの関係です．バックグラウンドを落とすために受光スリットをきつくして分解能を上げすぎるとこ

こまでの計算に使用した dS_{K} を正しく測定できなくなり，ローレンツ因子が変わってくることです．この場合でも，ω-スキャン法よりは $\theta-2\theta$-スキャン法の方が影響は少なくなります．

8.4.3　消衰効果の補正

今までの吸収補正やローレンツ因子の補正は測定すればすぐに機械的にできましたが，ここで述べる消衰効果は機械的には補正できなくて，構造解析のフィッティングパラメータとして求めることになります．

消衰効果が何故起こるのかを簡単に説明しておきます．結晶は単位胞が並進対称性を満たしながら無限に続いていると述べました．これを理想的な結晶，あるいは完全結晶と呼びます．完全結晶で回折が起こると**図 8.14** の左のように入射波の強度は面ごとに回折で強度が減っていきます．これを消衰効果と呼びます．

もし，結晶の中に少し方位が違った領域があるとします．すると，図 8.14 の右に示したように，最初の領域では回折条件を満たさなかった入射ビームがこの領域では回折条件を満たすことができたとします．そうすると，図左で示したような入射強度の減衰がない回折強度が得られます．このようにわずかに方位が違う領域が分布した構造をモザイク構造といい，このような結晶をモザイク結晶といいます．回折実験では,「理想的なモザイク結晶」を仮定します．しかしながら，現実の単結晶の多くは中途半端なモザイク結晶です．そこで，単結晶での回折実験では消衰効果の補正が必要となってきます．消衰効果の原因から分かるように，結晶性のよい試料ほど消衰効果は大きいですし，結晶のサイズが大きいほど消衰効果が大きくなります．粉末試料はモザイクを極端にしたものですから通常は消衰効果を完全に無視することができます．ただし，放

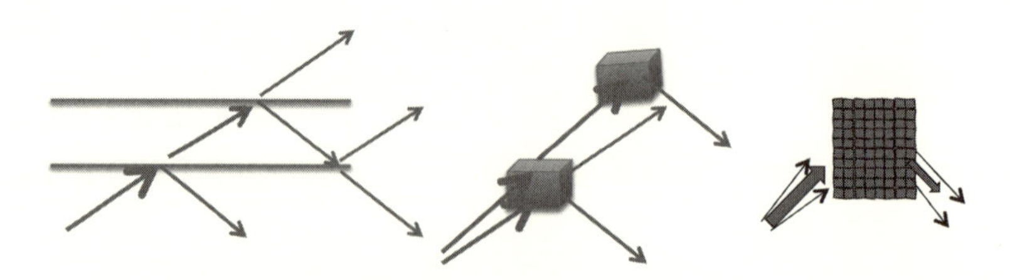

図 8.14　消衰効果の起こる理由．

射光のように平行ビームを使い，非常に結晶性のよい微粒子の結晶サイズが少し大きめだと粉末法でも消衰効果が効くことがあります．

消衰効果の補正は，完全結晶中の波の方程式から出発する動的回折理論で取り扱われることもありますが，現実の構造解析に応用するのにはあまり適していません．そこで，モザイク結晶の方位の分布がガウス分布しているという半経験的な式がコッペンス (P. Coppens) 達により提案されています．測定された強度 $|F_{\rm obs}|^2$ は消衰効果のために本来測定されるべき強度 $|F_{\rm obs}^{\rm corr}|^2$ より弱くなっています．

$$|F_{\rm obs}|^2 = Y \cdot |F_{\rm obs}^{\rm corr}|^2 \tag{8.47}$$

ここで，Y が消衰効果の補正量で，0 から 1 の値です．消衰効果が全くないときが Y=1 で，消衰効果が著しくて測定強度がほとんどないときが Y=0 です．この Y を求めることが消衰効果の補正です．最小二乗の計算の中では $|F_{\rm cal}|^2$ に補正を施して消衰効果で弱くなった $|F_{\rm obs}|^2$ と比較します．

$$|F_{\rm obs}|^2 = scale \cdot Y|F_{\rm cal}|^2 \tag{8.48}$$

コッペンスによる消衰効果の式に従うと，

$$\begin{aligned} Y &= \frac{1}{\sqrt{1 + PEE \times |F_{\rm cal}|^2 \times E_0}} \\ PEE &= 2\,\bar{t} \times \frac{(1 + \cos 2\theta_{\rm M} \cos^4 2\theta)}{\sin 2\theta (1 + \cos 2\theta_{\rm M} \cos^2 2\theta)} \\ \bar{t} &= \frac{\lambda^3 \times path}{V^2/r_{\rm e}^2} = \frac{10^4}{12.593} \frac{\lambda^3 \times path}{V^2} \end{aligned} \tag{8.49}$$

です．式の中で $path$ は cm(=10^{+8} Å) で表した回折距離で，吸収補正の所で述べたように結晶の外形と UB マトリックスから計算できる量です．2θ はブラッグ反射の散乱角，$2\theta_{\rm M}$ はモノクロメータの散乱角です．V は単位胞の体積 (Å^3) です．$r_{\rm e}$ は X 線回折のときの式で，古典的な電子半径です．$r_{\rm e}$=2.8179 fm(=10^{-5} Å) で，$1/r_{\rm e}^2$=$12.593 \times 10^{+8}$ Å^{-2} という値を使用します．電子の古典半径が必要な理由は，X 線の原子散乱因子 f の定義ではこの係数を式の外に出しているためです．中性子回折のときには散乱振幅 b を fm で表して，1 とします．10^4 は消衰効果の桁数を合わせるためのものです．$\bar{t}$ は無次元の量となります．

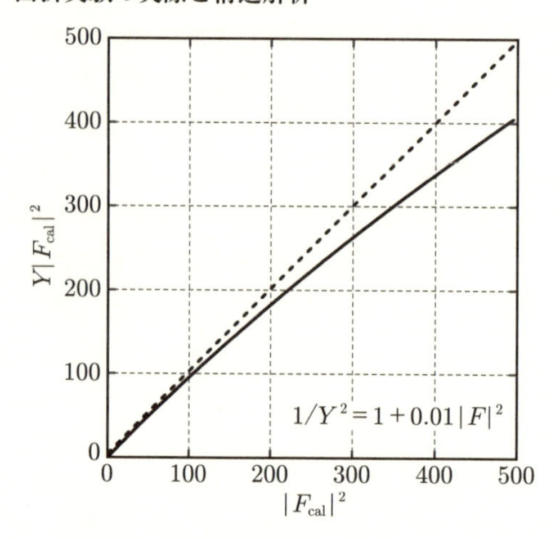

図 8.15　$Y|F|^2$ と $|F|^2$ のプロット.

E_0 が消衰効果パラメータで，最小二乗法で求めるものです．式 (8.49) を見ると，$path$ が大きいほど消衰効果が大きくなります．つまり，結晶のサイズが大きいと消衰効果が大きくなります．次に，$|F|^2$ が大きいほど，つまり強い反射ほど消衰効果が大きくなります．また，単位胞の体積 V が小さいほど消衰効果が大きくなります．さらに，λ が長いほど消衰効果が大きくなります．一般的にいって，無機物の中性子回折では消衰効果が大きく，有機物や生体物質の X 線回折ではそれほど消衰効果は大きくありません．一つのパラメータ E_0 で消衰効果の補正を行いますが，実際に行ってみるとかなりよい補正となっています．

どのような関数かを見るために，$Y = 1/\sqrt{1 + 0.01|F_{\rm cal}|^2}$ として $Y|F_{\rm cal}|^2$ を $|F_{\rm cal}|^2$ に対してプロットしたのが**図 8.15** です．図の 45° の線から少し強度が弱くなっているのが消衰効果によるものです．構造解析では，$Y|F_{\rm cal}|^2$ を $|F_{\rm obs}|^2$ と比較しながら消衰効果のパラメータ E_0 を最小二乗法で求めて $|F_{\rm obs}|^2/Y$ と $|F_{\rm cal}|^2$ をプロットしてどれだけ 45° の線に近いかを見ます．$|F_{\rm obs}|^2$ も同時にプロットすればどれだけ消衰効果が効いているかが分かります．

8.4.4　フーリエ合成と差フーリエ合成

式 (6.53) で示したように X 線回折の構造因子 $F(\mathbf{Q}_{hkl})$ は単位胞内の電子密

度分布 $\rho(\mathbf{r})$ のフーリエ変換になっています.

$$F(\mathbf{Q}_{hkl}) = \int \rho(\mathbf{r}) \mathrm{e}^{-2\pi i \mathbf{Q}_{hkl} \cdot \mathbf{r}} dV \tag{8.50}$$

原子を孤立原子としてその集まりで結晶を近似すれば,

$$F(\mathbf{Q}_{hkl}) = \sum_j f_j(Q) \mathrm{e}^{-2\pi i \mathbf{Q}_{hkl} \cdot \mathbf{r}_j} \tag{8.51}$$

となります. 実験的に $F(\mathbf{Q}_{hkl})$ が求まれば式 (8.50) の逆フーリエ変換で X 線では電子密度分布が, 中性子では核密度に対応する散乱振幅密度分布が求まります.

$$\rho(\mathbf{r}) = \sum_{hkl} F(\mathbf{Q}_{hkl}) \mathrm{e}^{2\pi i \mathbf{Q}_{hkl} \cdot \mathbf{r}} \tag{8.52}$$

これをフーリエ合成 (Fourier synthesis) といいます. 得られた電子密度や核密度の大きな所に探している原子が存在します. この手続きには何も近似はありませんが, 現実にはいくつか問題があります. まず, 測定された積分強度は $FF^*{=}|F|^2$ です. したがって, 複素振幅である構造因子は $F{=}F_{\mathrm{real}} + iF_{\mathrm{imag}}{=}|F|\mathrm{e}^{-i\alpha}$ の位相情報を失っています. 構造解析とは, ある意味でこの位相情報を求める手続きのことです.

もし, 近似構造が分かっていると式 (8.51) で構造因子を計算して位相を求めることができます. しかし, これでは未知構造の構造解析には使えません. 現在使われている方法は, 直接法と呼ばれる位相を推定する方法で, これを開発した Herbert Aaron Hauptman と Jerome Karle は 1985 年にノーベル賞を受賞しています. これは, 統計的な方法で構造因子間の位相関係がもつ条件を示したものです. もし, 10 個程度の構造因子の位相が推定できると他の構造因子の位相が推定できるという方法ですが, 膨大な可能性をコンピュータで探索して, フーリエ合成で得られた電子密度が適切と考えられるときはこれを初期構造と置きます.

最近のコンピュータの力を用いた少し強引な方法もあります. 構造因子の大きなものを適当に選んでモンテカルロ法で位相を付けます. この位相でフーリエ合成をして原子座標を求めます. その原子座標から構造因子を計算し, すぐ後で述べる最小二乗法で χ^2 を計算します. χ^2 ができるだけ小さくなる位相が求まれば成功となります.

次に問題となるのは，フーリエの定理が無限の和で厳密に成り立つことです．現実の実験では無限の数のブラッグ反射の測定はできませんので，フーリエ級数の和は途中で打ち切られています．そのために，フーリエ合成では正しくない電子密度が現れてゴーストと呼ばれるものが出現します．これは打ち切り効果と呼ばれます．改善する手段は単純で，短波長のX線や中性子を使用してなるべく大きな $\mathbf{Q}_{hkl}$ までブラッグ反射を精度よく測定することです．一つの対策は，後で述べるマキシマムエントロピー法という手法を用いることです．

フーリエ合成で原子位置が求まると，次にすることは差フーリエ合成 (differential Fourier synthesis) です．これは，得られた原子位置から式 (8.51) で構造因子を計算します．そして，

$$\Delta\rho(\mathbf{r}) = \sum_{hkl}(F_{\mathrm{obs}}(\mathbf{Q}_{hkl}) - F_{\mathrm{cal}}(\mathbf{Q}_{hkl}))\mathrm{e}^{2\pi i\mathbf{Q}_{hkl}\cdot\mathbf{r}} \tag{8.53}$$

のフーリエ合成を行います．これを差フーリエ合成といいます．理想は，差フーリエ合成での電子密度分布はあらゆるところでゼロとなることです．もし，何か原子の存在を示しているのなら，見つからなかった原子か，見逃した原子か，あるいは予期せぬ原子の存在を示唆しています．そこで，この原子を式 (8.51) での構造因子の計算に取り入れて再度差フーリエ合成を行います．

差フーリエ合成の別の使い道としては，丸い原子あるいは内核だけの電子配置を仮定して構造因子を計算して差フーリエ合成を行うと丸い原子からの外れた分布が見えてきます．例えば，結合電子とか，d 電子の分布などが見えてきます．この手法は大変強力ですが，それに見合うだけの測定精度や確度が必要です．精度 (precision) が高いというのは，統計精度などで，誤差の少ない強度データのことです． 一方，確度 (accuracy) とは，正確な強度データのことで，偽の強度の紛れ込みがないことが重要です．ここで，偽の強度の紛れ込みとは，具体的には入射X線や中性子に含まれている $\lambda/2$ や，多重反射による強度の増減です．これらを注意深く除外して統計精度のよいデータを取ると，X線回折の差フーリエ合成でH原子の電子や $3d$ 電子などの分布が見えてきます．

8.4.5　構造因子の位相と異常分散

構造因子の位相を計算するときに一つ重要なことがあります．それは，反転対称性があると位相が単純になることです．反転対称 $\bar{1}$ があると原子が $\mathbf{r}$ にあ

れば $\bar{1}\cdot\mathbf{r}=-\mathbf{r}$ にも同じ原子があります．すると，構造因子は，

$$F(\mathbf{Q}_{hkl}) = \sum_j f_j(Q)(\mathrm{e}^{-2\pi i\mathbf{Q}_{hkl}\cdot\mathbf{r}_j} + \mathrm{e}^{2\pi i\mathbf{Q}_{hkl}\cdot\mathbf{r}_j})$$
$$= \sum_j 2f_j(Q)\cos(2\pi\mathbf{Q}_{hkl}\cdot\mathbf{r}_j) \tag{8.54}$$

となって，実部だけになります．つまり，位相項は ±1 となります．構造因子も $F(\mathbf{Q}_{hkl})=F(-\mathbf{Q}_{hkl})$ となります．つまり，$+\mathbf{Q}$ の反射と $-\mathbf{Q}$ の反射では強度が同じだけでなく，その位相も同じとなります．

もし，反転対称 $\bar{1}$ がないと，

$$F(\mathbf{Q}_{hkl}) = \sum_j f_j(Q)\cos(2\pi i\mathbf{Q}_{hkl}\cdot\mathbf{r}_j) - i\sum_j f_j(Q)\sin(2\pi i\mathbf{Q}_{hkl}\cdot\mathbf{r}_j)$$
$$F(-\mathbf{Q}_{hkl}) = \sum_j f_j(Q)\cos(2\pi i\mathbf{Q}_{hkl}\cdot\mathbf{r}_j) + i\sum_j f_j(Q)\sin(2\pi i\mathbf{Q}_{hkl}\cdot\mathbf{r}_j) \tag{8.55}$$

となりますが，強度に関してはやはり $|F(\mathbf{Q}_{hkl})|^2=|F(-\mathbf{Q}_{hkl})|^2$ です．この $|F(\mathbf{Q}_{hkl})|^2$ と $|F(-\mathbf{Q}_{hkl})|^2$ との関係はフリーデル対と呼ばれ，通常は等しくなります．

もし反転対称 $\bar{1}$ がなく，原子形状因子 f_j が複素数で f_j+if_j'' の場合，構造因子は

$$F(\mathbf{Q}_{hkl}) = \sum_j f_j(Q)\cos(2\pi i\mathbf{Q}_{hkl}\cdot\mathbf{r}_j) - i\sum_j f_j(Q)\sin(2\pi i\mathbf{Q}_{hkl}\cdot\mathbf{r}_j)$$
$$+ i\sum_j f_j''(Q)\cos(2\pi i\mathbf{Q}_{hkl}\cdot\mathbf{r}_j) + \sum_j f_j''(Q)\sin(2\pi i\mathbf{Q}_{hkl}\cdot\mathbf{r}_j)$$
$$= (\sum_j f_j(Q)\cos(2\pi i\mathbf{Q}_{hkl}\cdot\mathbf{r}_j) + \sum_j f_j''(Q)\sin(2\pi i\mathbf{Q}_{hkl}\cdot\mathbf{r}_j))$$
$$- i(\sum_j f_j(Q)\sin(2\pi i\mathbf{Q}_{hkl}\cdot\mathbf{r}_j) - \sum_j f_j''(Q)\cos(2\pi i\mathbf{Q}_{hkl}\cdot\mathbf{r}_j)) \tag{8.56}$$

となります．これが異常分散があるときの構造因子です．強度に関しては，$|F(\mathbf{Q}_{hkl})|^2 \neq |F(-\mathbf{Q}_{hkl})|^2$ となり，反転対称性がない直接の証拠となります．

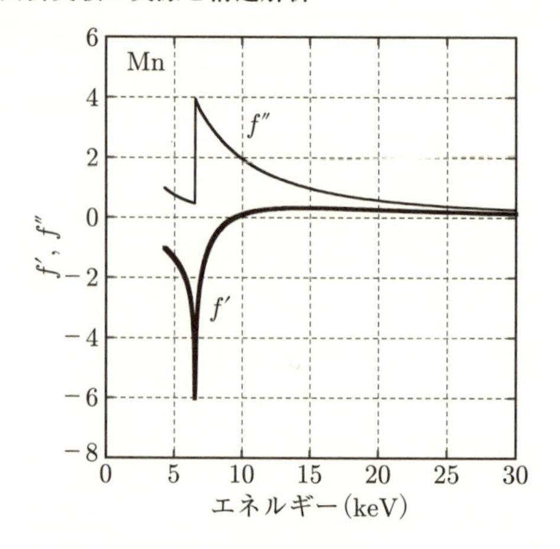

図 8.16　Mn の異常分散項，f' と f''.

現実には異常分散があるときの原子形状因子は $f_0(Q)+f'(E)+if''(E)$ となります．$f_0(Q)$ は今まで説明したトムソン散乱の項で，$f'(E)+if''(E)$ がエネルギーに依存する異常項です．放射光を利用して X 線のエネルギーを適当に選ぶと，異常分散の項が強調されてこの効果がよく見えるようになります．**図 8.16** に Mn 原子の異常分散項，f' と f'' を示します．E=6.65 keV の K 吸収端近くで異常が大きくなります．図から分かるように，異常分散項の f'' は必ずしも吸収端近傍だけに限っておらず，広いエネルギー範囲で効いてきますので，精密な構造解析をするときには，特に重い原子に関しては原子散乱因子に異常分散項を入れることは必要です．例えば，Cu の Kα_1 の特性 X 線を使用すると，E=8.0477 keV ですので f''=2.8 ですが，トムソン散乱の f_0 は 2θ=90° だと $f_0(s$=0.46)=11.642 なので，かなり大きな寄与となります．一方，原子特有の情報を得るためには，異常分散項に特徴的な振る舞いがある実数部分の f' が重要です．図から分かるように f' は狭いエネルギー範囲で大きくなりますから，放射光を利用してエネルギーを最適化して実験する必要があります．

8.4.6　構造解析と最小二乗法による精密化

構造解析で精密な構造パラメータを得るためには最小二乗法による構造精密化を行います．このためには，かなりよい初期パラメータがあらかじめ得られている必要があります．それにより，出発となる $F_{\mathrm{cal}}(hkl)$ が計算できます．最小二乗法は

$$\chi^2 = \sum_{hkl}(|F_{\mathrm{obs}}(hkl)| - |F_{\mathrm{cal}}(hkl)|)^2 \to \min \tag{8.57}$$

で定義されます．パラメータに対して非線形ですので，偏微分して線形に直しますが，そのときに，初期値が必要です．最小二乗法の良否の目安として χ^2 では一般的な値とならないので，R-因子と呼ばれる

$$\begin{aligned} R(F) &= \frac{\sum_{hkl}||F_{\mathrm{obs}}(hkl)| - |F_{\mathrm{cal}}(hkl)||}{\sum_{hkl}|F_{\mathrm{obs}}(hkl)|} \\ R(F2) &= \frac{\sum_{hkl}||F_{\mathrm{obs}}(hkl)|^2 - |F_{\mathrm{cal}}(hkl)|^2|}{\sum_{hkl}|F_{\mathrm{obs}}(hkl)|^2} \end{aligned} \tag{8.58}$$

で見る方が分かりやすいのでよく使われます．最小二乗法はあくまで χ^2 で行っていて，R-因子は目安です．$R(F2)$ は強度 $|F|^2$ での R-因子であり，一般的に構造因子 F の R-因子である $R(F)$ よりも 2 倍程度まで大きくなります．構造解析のプログラム SHELX などでは，$R(F)$ は $R1$ と，$R(F2)$ は $R2$ と書かれています．低分子では，$R(F)$ で 10%以下にならないと構造解析がうまくいったと見なすのは難しく，$R(F)$ が 5%以下になって初めて構造解析に成功したといえるでしょう．精密構造解析というには，$R(F)$ は 3%以下になるのが望ましく，電子密度の詳細を議論するためには $R(F)$ は 1–2%以下である必要があります．

構造精密化により得られるパラメータは，スケール因子，原子座標 $(x, y, z)_j$，温度因子 B_j または U_j，それと消衰効果パラメータです．計算は非線形最小二乗法となります．構造解析のためのプログラムも色々と作られており，フリーソフトウェアとして様々な web-site から取り込むことが可能です．ここで一つ注意しておくことは，最小二乗法による構造の精密化の意味するものは，丸い原子を空間的に何処に置いたかという意味での構造であるということです．

本格的に構造解析のプログラムを回すのではなくて，直感的に構造解析が分かる例を示しておきましょう．簡単な構造である NaCl の構造解析です．分かりやすくするために，消衰効果が無視できるほど小さくなるように処理した結晶で，中性子回折によるデータで議論します．東海村にある JRR3 のガイドホールに設置されている FONDER という中性子四軸回折装置で測定しています．

結晶の大きさは 2 mm 角で，ブラッグ反射の積分強度を取るための結晶を回す ω スピードは $0.5°/\mathrm{min}$ です．空間群は $Fm\bar{3}m$ で，Na 原子は 4a サイトの (0,0,0) に，Cl 原子は 4b サイトの $(\frac{1}{2}, \frac{1}{2}, \frac{1}{2})$ にいます．構造因子は簡単に計算できて，

$$F(hkl) = scale \times 4(b_{\mathrm{Na}}\mathrm{e}^{-B_{\mathrm{Na}}s^2} + b_{\mathrm{Cl}}\mathrm{e}^{-B_{\mathrm{Cl}}s^2}) \quad (h, k, l : \text{all even})$$
$$F(hkl) = scale \times 4(b_{\mathrm{Na}}\mathrm{e}^{-B_{\mathrm{Na}}s^2} - b_{\mathrm{Cl}}\mathrm{e}^{-B_{\mathrm{Cl}}s^2}) \quad (h, k, l : \text{all odd})$$
$$(8.59)$$

となります．構造パラメータは，スケール因子と温度因子 B_{Na}, B_{Cl} ですが，簡単のために，平均の温度因子に置き換えて，B_{av} としましょう．すると，構造因子は，

$$F(hkl) = scale \times 4(b_{\mathrm{Na}} \pm b_{\mathrm{Cl}})\mathrm{e}^{-B_{\mathrm{av}}s^2} \quad (8.60)$$

となります．この式から，

$$\ln(F(hkl)) = \ln(scale \times 4(b_{\mathrm{Na}} \pm b_{\mathrm{Cl}})) - B_{\mathrm{av}}s^2 \quad (8.61)$$

が得られます．

測定された強度からいくつかの補正を施して求めた構造因子を使用して，$\ln(F_{\mathrm{obs}}(hkl))$ を $s^2{=}(\sin\theta/\lambda)^2$ でプロットしたのが**図 8.17** (a) です．図中の 2 本の線は，強い方が (hkl) : all even に，弱い方が (hkl) : all odd に対応します．この直線の傾きから，$B_{\mathrm{av}}{=}1.35$ と求まります．また，切片から $scale{=}2.0$ と求まります．このようなプロットはウイルソン (Wilson) プロットと呼ばれて，昔は温度因子とスケール因子の初期値を推定するのに用いられていました．現在では，最小二乗法で温度因子を 1 Å^2 に固定してまずはスケール因子を求めます．スケール因子は線形最小二乗法で単なる割り算になるので安定して答えが出ます．このようにして得られたスケール因子を初期値として使います．

ここで示されている NaCl の測定データを用いて最小二乗法によりスケール因子，Na 原子と Cl 原子の温度因子を求めて F_{obs}–F_{cal} で比較したのが図 8.17 (b) です．この最小二乗法では，わずかですが消衰効果の補正もしています．得られた R-因子は $R(F){=}2.0\%$，$R(F2){=}2.2\%$です．最小二乗法で得られたスケール因子は 2.19 でウイルソンプロットの推定と合っています．得られた温度因子

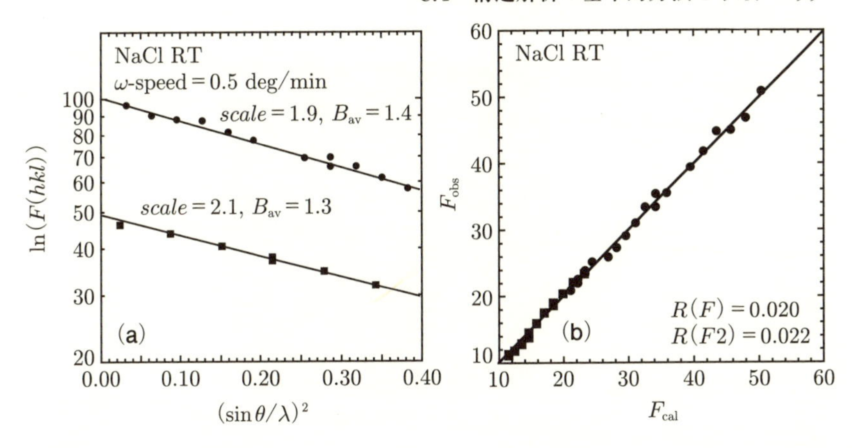

図 8.17　NaCl の (a) ウイルソンプロットと平均の温度因子，(b) F_{obs} と F_{cal} の比較.

は，B_{Na}=1.79, B_{Cl}=1.42 とウイルソンプロットの推定とは少し違っていますが，これはわずかでしたが消衰効果の補正が影響しています.

この F_{obs}–F_{cal} の比較の図ですが，欧米のプログラムでは横軸を F_{obs} にして縦軸にスケール因子や消衰効果で補正した F_{cal} を描くのが通常となっています. たしかに，プログラムの中では F_{cal} にスケール因子や消衰効果で補正していますが，比較するためには，図 8.17 (b) のように何の補正もしていない F_{cal} を横軸にする方が色々な間違いを発見しやすいものです. 欧米流の考え方は，生の F_{obs} を示せば統計誤差などが推測できるというものでしょうが，測定スピードや結晶の大きさ，原子炉のパワーなど，比較のしようのない不明な量のために絶対値の意味をもたなくなります. それに対して，補正していない F_{cal} は誰が計算しても同じ値が出る量ですので，もし間違いがあればすぐに分かります. また，消衰効果がどの程度効いているのか，消衰効果の補正前の生データの $|F_{obs}|^2$ にスケールを掛けただけの量と補正した $|F_{obs}|^2/Y$ の両方を $|F_{cal}|^2$ に対してプロットすると一目瞭然となります. 可能な限り，図 8.17 (b) のように何の補正もしていない $|F_{cal}|$ または $|F_{cal}|^2$ を横軸にしてプロットするようにしましょう.

構造の精密化を行ったら最終的にフーリエ合成を行い，結果がまともか見てみましょう. **図 8.18** は上記の NaCl の構造解析の結果ですが，データは後での比

図 8.18　NaCl のフーリエ合成図 (ab 面).

較のために ω スピードとして $0.05°$/min のものを示します．図はフーリエ合成による ab 面の原子核密度を示しています．正確には散乱振幅密度です．フーリエ合成図の特徴として，ゴーストが見えますが，原点に Na 原子核が，$(\frac{1}{2}, 0, 0)$ には Cl 原子核が見えています．

構造解析に対する測定精度について少し述べておきます．構造解析のためにはできるだけ正確な構造因子を多数用いることが必要です．正確な構造因子を得るためには，通常は十分な統計精度となるように十分な時間を掛けて強度を増やします．それでは，無限に時間を掛けて統計精度を無限によくすれば R-因子はゼロになるのでしょうか．現実にはそうはなりません．

図 8.17 ではブラッグ反射の積分強度を取るための結晶を回す ω スピードは $0.5°$/min でした．ブラッグ反射の積分強度を求めるための結晶の回転速度を色々と変えて測定した例を**図 8.19** に示します．図では ω スピードとして $0.05°$/min から $50°$/min と，1000 倍変えています．したがって，統計誤差としては 30 倍近く変わっています．図 8.19 上では $|F|^2$ の強度から計算した統計誤差を $\Delta F^2/F^2$ でプロットしています．図中で，3 本線があるのは，測定したデータ中の一番統計精度がよいのと悪いのと，そして全データの平均をプロットしています．つまり，個々のブラッグ 反射強度の統計精度はこの上下 2 本の線の間にあることになります．当然ながら，ゆっくり結晶を回して統計を稼ぐほど統計精度はよくなっていきます．

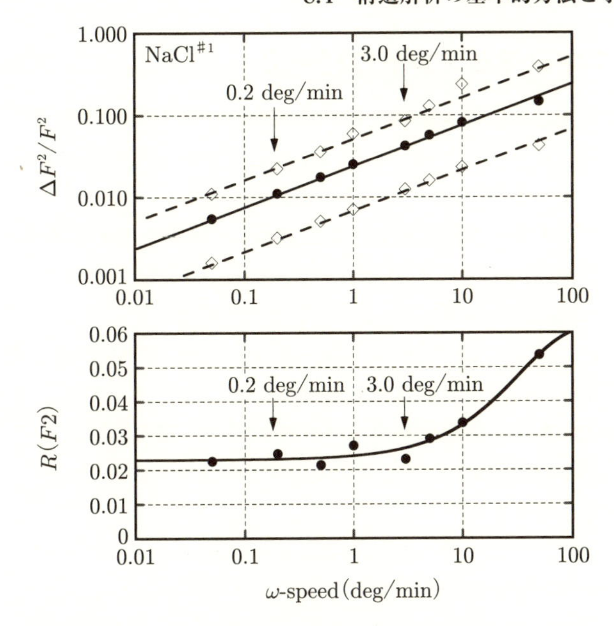

図 8.19　NaCl の測定時間と統計および R-因子[10].

次に，図 8.19 下に最小二乗法で得られた $R(F2)$-因子を示します．ω スピードが 50 °/min と統計精度が悪いと $R(F2)$-因子は悪いのですが，統計精度を上げていくと $R(F2)$-因子はよくなります．しかしながら，3 °/min よりゆっくり回して統計精度を上げても $R(F2)$-因子はそれほどよくなりません．つまり，ある所からはいくら統計精度を上げても $R(F2)$-因子は改善されなくなります．これは，統計精度以外の原因が測定誤差に入り込んでいることを示しています．考えられるのは，解析手法としての問題で，例えば原子核が丸くないとか調和振動していないとかモデルの限界点が見えていることです．しかしながら，このデータで最大の問題は多重反射であることが推測されます．つまり，統計誤差が多重反射による系統的な測定誤差より小さくなると，これ以上は統計を上げても意味がなくなるということで，測定誤差の改善のためには別の改善策が必要ということです．このことは次の節の MEM 法では大変重要な問題となります．

8.4.7　マキシマムエントロピー法

前節では最小二乗法による構造の精密化を行いました．これは，丸い原子を空間的に何処に置いたかという意味での構造です．もし，丸い原子からの外れまでも議論したいときはフーリエ合成を行います．

少し違ったアプローチを考えてみましょう．単位胞を例えば N=128×128×128 のメッシュに区切り，それぞれの箱の中に電子を入れます．そうすると $\rho(\mathbf{r})=\rho(\Delta x, \Delta y, \Delta z)_j$ が得られます．つまり，$\rho_j(j=1 \sim N)$ としてある量の電子を入れます．どのように電子を入れるかは，式 (8.57) の最小二乗法で探します．答えが得られれば，どのように複雑な分布になっていても，最終的にほしい結果が得られます．問題はパラメータの数です．箱の数は 2,097,152 個あり，データの数はこの数の 10 倍ほどは必要です．つまり，このアイデアはこのままでは実用化できません．

そこで考え出されたのが，情報理論による情報エントロピーの応用です．確率論で最も確からしい関数を推定する方法です．エントロピー S の式は物理におけるエントロピーと似ています．

$$S = -\sum_j \rho'_j \ln\left(\frac{\rho'_j}{\tau'_j}\right) \tag{8.62}$$

ここで，ρ'_j は電子密度 ρ_j を全電子数で割って全電子数を 1 と規格化した電子密度で，

$$\rho'_j = \rho_j / \sum_j \rho_j \tag{8.63}$$

です．また，τ' は初期分布あるいは基準となる分布です．現実的には，漸近的な繰り返し計算を行うので，一つ前に得られた分布です．このエントロピーが最大になる分布を探します．この方法をマキシマムエントロピー法 (Maximum Entropy Method) と呼び，MEM 法とも呼ばれます．エントロピーが最大になる分布を探す束縛条件として

$$C = \frac{1}{N}\sum_{hkl}\frac{||F_{\mathrm{obs}}(hkl)| - |F_{\mathrm{cal}}(hkl)||^2}{\sigma^2(hkl)} \tag{8.64}$$

を課します．σ は F_{obs} の測定誤差です．したがって，C=1 まで F_{cal} を F_{obs} に合わせ込めば十分だということです．また，

$$F_{\mathrm{cal}}(hkl) = V \sum_j \rho_j \mathrm{e}^{-2\pi i \mathbf{Q}_{hkl} \cdot \mathbf{r}_j} \tag{8.65}$$

です．V は単位胞の体積です．式 (8.64) を用いるところが，結晶構造を最適にするように情報エントロピーを最大にするというポイントです．この制約条件の下でのエントロピー最大は，ラグランジュの未定定数 (λ) を用いて

$$\frac{\partial}{\partial \rho_j} \left[-\sum_j \rho'_j \ln\left(\frac{\rho'_j}{\tau'_j}\right) - \frac{\lambda}{2}(C-1) \right] = 0 \tag{8.66}$$

で求めます．ρ_j を解くと，

$$\rho_j = \exp\left(\ln(\tau_j) + \Lambda \sum_{hkl} \frac{||F_{\mathrm{obs}}(hkl)| - |F_{\mathrm{cal}}(hkl)||}{\sigma^2(hkl)} \, \mathrm{e}^{-2\pi i \mathbf{Q}_{hkl} \cdot \mathbf{r}_j} \right) \tag{8.67}$$

となります．ここで，$\Lambda = \frac{\lambda V}{N} \sum_j \rho_j$ です．式 (8.67) の右辺の F_{cal} にも ρ_j が入っているので，近似として，式 (8.65) の F_{cal} の計算に使用する分布として一つ前の τ_j を用います．すると，初期分布 τ_j から出発して漸近式として ρ_j が求まります．より正しい答えに近づいたかは $C=1$ になるかで判断します．

MEM 法でよく強調されるのは，初期分布 τ_j として平坦で均一な電子分布を採用すれば構造に対する恣意的な前提がないのでバイアスのないより公平な解となるというものです．しかしながら，より現実的には，空間群や対称性を仮定してすでに分かっている近似解から出発すればよいので，何も教条的に均一な分布から出発する必要はありません．また，MEM 法ではできるだけ正確な構造因子が分かっていればよいので，たくさんのブラッグ反射を用いる必要がないという主張です．しかしながら，どのような方法でも分解能や答えの確かさはどれだけ大きな $\mathbf{Q}$ まで測定できているのか，どれだけ多数の質のよいデータがあるかに依存しますので，MEM 法でも，やはりできるだけ多数のブラッグ反射を用いることは重要です．

MEM 法で常に問題となるのは実験的にどのように測定誤差 $\sigma(hkl)$ を見積もるかです．式 (8.64) から分かるように，$\sigma(hkl)$ は MEM 法の計算において大変重要な働きをしています．まず，IP や CCD のような写真法では簡単な統計誤差は見積もることができません．そこで $\sigma(hkl)$ を見積もるために色々と

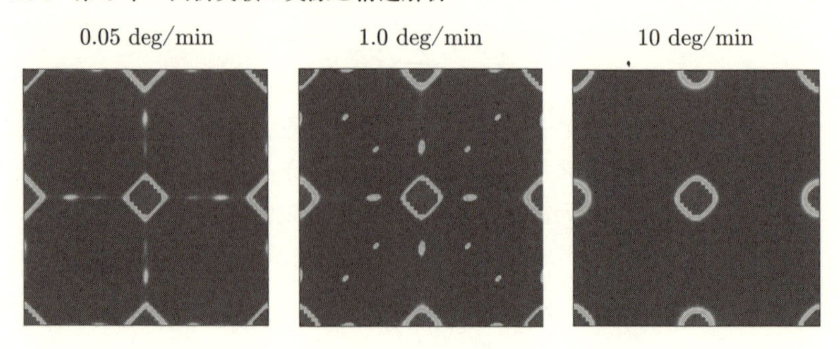

図 8.20　NaCl の様々な統計精度での MEM 図[10].

工夫をされています．パルスカウント法の測定では，測定誤差はポアソン分布だとして $\Delta I_{\mathrm{obs}}=\sqrt{I_{\mathrm{obs}}}$ で求めます．問題は，カウント数の統計誤差以外の測定誤差が入ってくることです．系統誤差です．

MEM 法における誤差の影響の実例として，前節で示した NaCl の中性子による構造解析を用いて示してみましょう．**図 8.20** に示した c 面の MEM 図は ω スピードとして 0.05°/min, 1.0°/min, 10°/min で測定したものです．10°/min で測定したものの MEM 図は図 8.18 のフーリエ合成図と比較しても大変きれいな分布を示しています．MEM 法はフーリエ合成の欠点だった打ち切り効果がないので大変きれいな分布図を与えてくれます．一般的にいって，MEM 法はフーリエ合成よりも圧倒的にきれいな分布図を与えます．

それでは統計を上げた 1.0°/min や 0.05°/min で測定したデータの MEM 図がさらによくなるかというと逆にゴーストが出ています．さらに，原子核密度の分布が極端に四角形になって不自然です．このようになった理由は，式 (8.64) の σ が 1 °/min では F_{obs} の測定誤差を正しく評価していないためです．MEM 法では ρ_j の無限に近い可能性から σ の誤差の範囲で F_{cal} を合わせ込むのですから，$\sigma=0$ 近くになっても解として何かを出します．もし，この σ を強制的に悪く設定する (例えば σ を 2 倍にする) と図中の MEM 図もきれいで不自然でなくなります．もちろん，図がきれいになるからといってこのようなことを行うことはいけないことです．

解釈としては，

$$|F_{\mathrm{obs}}|^2 = (|F_{\mathrm{true}}|^2 + \delta|F|^2) \pm \Delta|F|^2 \tag{8.68}$$

となり，多重反射に由来する系統誤差 $\delta|F|^2$ と σ を計算した統計誤差 $\Delta|F|^2$ がどこかで逆転して，$\Delta|F|^2 < \delta|F|^2$ の領域では正しく測定誤差を評価できなくなったためと思われます．図 8.19 の測定誤差と $R(F2)$-因子の振る舞い，さらには図 8.20 の MEM 図を比較すると，多重反射による系統誤差の混入として，$\delta|F|^2/|F|^2$ は 0.02 程度と推定できます．つまり，強度の 2%程度の多重反射による混入があるということです．この NaCl の測定では，ω スピードとして 1.0°/min 程度になると多重反射による系統誤差とカウント数から計算した統計誤差が同程度になります．このことは，限界を超えて統計精度を上げても正しく測定誤差を評価できなくなるので，MEM 法では正しく電子密度や原子核密度を推定できなくなるという注意が必要です．

8.5 誤差の評価

パルスカウント法での誤差は，事象がポアソン分布しているとして強度の平方根で得られます．ここで，もう少し詳しく見てみましょう．もし，バックグラウンドがない理想的な測定ができたとします．強度での誤差を考えると，

$$\begin{aligned} I_{\text{obs}} &= |F|^2 \\ \Delta I_{\text{obs}} &= \sqrt{I_{\text{obs}}} = |F| \end{aligned} \tag{8.69}$$

ですので，強い反射ほど誤算は大きくなりますが，

$$\Delta|F|^2/|F|^2 = 1/|F| \tag{8.70}$$

で，強い反射ほど相対誤差は小さくなります．一方，構造因子 $|F|$ での誤差を考えると，

$$\begin{aligned} \Delta I_{\text{obs}} = \Delta|F|^2 &= 2|F|\Delta F = |F| \\ \Delta F &= 1/2 \end{aligned} \tag{8.71}$$

となり，強度と無関係に定数の 1/2 となります．相対誤差はもちろん，

$$\Delta F/|F| = 1/(2|F|) \tag{8.72}$$

で，強い反射ほど相対誤差は小さくなります．

現実の測定ではバックグラウンドが入ってきます．強度の誤差は明確で，

$$
\begin{aligned}
|F|^2 &= I_{\text{obs}} = I_{\text{total}} - I_{\text{back}} \\
\Delta|F|^2 &= \Delta I_{\text{obs}} = \sqrt{(\Delta I_{\text{total}})^2 + (\Delta I_{\text{back}})^2} = \sqrt{I_{\text{total}} + I_{\text{back}}}
\end{aligned}
\tag{8.73}
$$

となります．一方，構造因子 $|F|$ の場合は簡単でなくて，式 (8.71) に $1/|F|^2$ を掛けて，

$$
\begin{aligned}
2\Delta|F|/|F| &= \Delta I_{\text{obs}}/I_{\text{obs}} \\
\Delta|F| &= \frac{1}{2}\Delta I_{\text{obs}}/|F| = \frac{1}{2}\sqrt{I_{\text{total}} + I_{\text{back}}}/\sqrt{I_{\text{total}} - I_{\text{back}}}
\end{aligned}
\tag{8.74}
$$

となります．この式で問題なのは，$I_{\text{total}}=I_{\text{back}}$ で $|F_{\text{obs}}|=0$ のときは発散して計算できません．一つの便法は次のようにします．

$$
\begin{aligned}
|F| &= \sqrt{I_{\text{obs}}} \\
\Delta|F| &= \sqrt{I_{\text{obs}} + \Delta I_{\text{obs}}} - \sqrt{I_{\text{obs}}}
\end{aligned}
\tag{8.75}
$$

このようにすると，$|F_{\text{obs}}|=0$ のときは $\Delta|F|=\sqrt{\Delta I_{\text{obs}}}$ となり有限となります．ここで，$|F_{\text{obs}}|=0$ のときは $\Delta I_{\text{obs}}=\sqrt{2I_{\text{back}}}$ です．

パルスカウント法ではないイメージングプレートや CCD での誤差評価は単純ではなく，ここでは割愛します．

誤差と関連して，「精度 (precision)」と「確度 (accuracy)」という言葉についても説明しておきます．同じ測定を何度も繰り返したとき，得られる測定値は常に同じではなくて分布します．通常はポアソン分となりますが，ある条件下ではガウス分布となります．誤差が少ないということは，ガウス分布の幅が小さいということであり，ほとんどの測定は中央値となります．よい装置あるいは腕のよい実験では，この誤差が小さくなり，精度のよい実験と呼ばれます．また，測定回数を多くしたり，十分な強度をためるなどしても，誤差の少ない「精度」のよい値が得られます．しかしながら注意が必要なのは，中央値の値が真の値とは限らないことです．あまりよく校正されていない装置や，何か付加的な条件のために真の値からずれた値が中央値となることがよくあります．こ

のような場合，この中央値の確からしさを「確度」と呼びます．実験を行うときには，確度の高い実験を行うべきで，本来は精度よりも確度が優先されます．例えば，違う装置や違う方法で色々と測定したり，あるいは別の人が測定したり，別の試料でも測定したり，そのようにしても同じ値が得られれば確度が高い結果といえるでしょう．誤差というものは，常に精度と確度があるということを自覚して結果を眺めることが重要です．

8.6　粉末回折法

読者の中には，なぜ「一番簡単な粉末法」が「難しい単結晶法」の後に出てくるのだろうと不思議に思っている方もあるでしょう．しかしながら，この考え方は完全に勘違いであり，実際のことを知らないことによるものです．粉末回折法 (powder diffraction) の実験は，粉末試料を回折計の中心において 2θ 方向に現れる回折プロファイルを測定するだけなので確かに簡単に見えます．定性的にどの 2θ に反射が出るかだけを見るのならこれでよいのですが，定量的に構造解析に利用するのには，実験と解析の両方から大変難しい手法です．歴史的に見ても，X 線回折が発見された初期の頃は粉末法が重要でしたが，精密構造解析が主流になってからは単結晶法がその位置を占めていました．

精度のよい粉末回折データを取るためには，粉末試料の調合が大変重要です．粉末試料は微小な質のよい単結晶の粒の集まりで，結晶の方位が完全にランダムである必要があります．柔らかい試料をメノウ鉢ですりつぶすと歪みが入り，質のよい単結晶粒でなくなります．また，粉砕するときの結晶の劈開により特別の方向がそろうことがしばしばあります．これを配向といい，配向試料で粉末回折実験を行うと強度分布が「理想的な粉末」という仮定から外れてしまいます．高精度の粉末回折データを取るためには試料作成に細心の注意が必要です．

さらに，解析には単結晶回折の知識を基礎にして，結晶方位の平均という操作が必要となります．これを**図 8.21** 左に示します．ある微結晶のある原子面で回折が起こっているときに，粉末試料中の微小結晶の方位が入射 X 線を軸にしてあらゆる方向に均一に分布していることを前提にします．そのために，一つ一つの微粒子からくるブラッグ反射は原点を中心とする円となり，強度はその円の上で均一になります．このような円状の粉末回折はデバイ–シェラー環とかデバイリングと呼ばれます．配向試料を用いるとデバイリングの強度分布にム

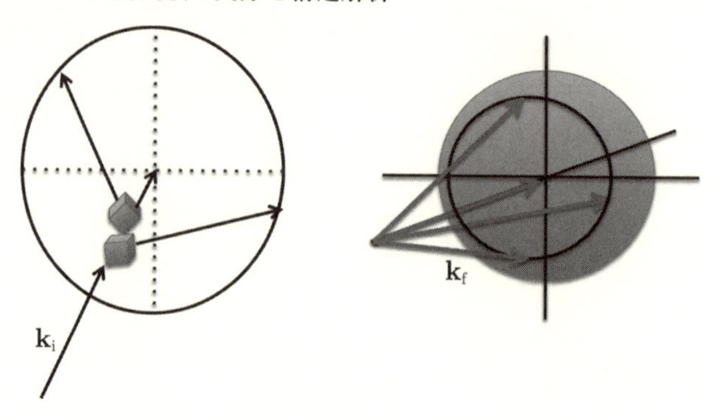

図 8.21　微結晶の集合からの粉末回折.

ラが生じて正しく強度を測定できませんので，均一な試料が必要です．粉末試料の逆格子は逆格子ベクトル $\mathbf{Q}_{hkl}$ が全ての方向に向いているので $|\mathbf{Q}_{hkl}|$ を半径とする球殻状 $(4\pi Q^2)$ にブラッグ反射が分布しています．そのために，試料に X 線を入射すると k_f の半径の球を描いてこのブラッグ反射の球殻と交わる円のところでブラッグ反射の条件を満たします (図 8.21 右)．つまり，k_f の円錐の方向に回折が起こります.

以上のような微小結晶の平均ということを考慮すると粉末法のローレンツ補正は次のように単結晶法のローレンツ補正から修正されます．まずは，デバイリング全ての強度を測定する場合を想定しましょう．$N_1 \times N_2 \times N_3$ の単位胞をもつ単結晶をバラバラに砕いたとして，回折条件を満たしている単位胞の割合を計算します．図 8.21 の右で，円弧は $Q\cos\theta (= k_\mathrm{f}\sin 2\theta)$ を半径にしているので，円周長は $2\pi Q\cos\theta$ となり，ビームの発散による厚みを $Qd\theta$ とすると，面積としては $2\pi Q^2\cos\theta d\theta$ となります．これを球殻の面積 $4\pi Q^2$ で割ると，$N_1 \times N_2 \times N_3$ に対する割合が出ます．一つの微結晶に対するローレンツ補正は単結晶の所の式 (8.42) と同じで，$L(\mathbf{Q})$ を $L(\mathbf{Q})\frac{1}{2}\cos\theta$ と置き換えます．円弧の厚みに出てきた $d\theta$ はラウエ関数の積分の所に繰り込まれています．したがって，粉末法でデバイリング全てを積分するときのローレンツ因子は

$$\frac{\lambda^3}{\sin 2\theta}\frac{\cos\theta}{2} = \frac{\lambda^3}{4\sin\theta} \qquad \text{(粉末法でデバイリング全周積分)} \qquad (8.76)$$

となります．多くの実験ではデバイリングの一部しか測定しません．このときには，円周長 $2\pi k_\mathrm{f}\sin 2\theta$ の単位長さを切り出して，受光スリットの縦方向の見

込み角 $\delta\beta$ による測定分 $k_{\mathrm{f}}\delta\beta$ を式 (8.76) に掛けて

$$\frac{\lambda^3}{8\pi \sin\theta\ \sin 2\theta}\,\delta\beta \qquad \text{(粉末法でデバイリングの一部測定)} \qquad (8.77)$$

となります．受光スリットの縦方向の見込み角 $\delta\beta$ を測定中に変えずに一定なら，ローレンツ因子には通常はこの項を含めません．

得られた強度プロファイルからそれぞれのピークに指数 (hkl) を割り当てて，積分強度を求める必要があります．粉末法の難しいのは，一つにはプロファイルが重なってしまい，個別の (hkl) に分解できないことです．場合によれば，原理的に分解できないこともあります．例えば，立方晶で 4 回軸がない空間群では (hkl) と (khl) の強度は等しくなくて独立なのですが，散乱角の 2θ は全く同じです．このような場合は原理的に分解できません．もっと対称性が低い場合でも，反射の指数によればいくつかの反射が完全に同じ 2θ を与える場合があり，このような場合も原理的に分離できません．単結晶法と比べて粉末法では逆格子空間の三次元情報を回折角という一次元情報に縮約しているのでこれは避けがたいことです．現実的に多く発生するのが，二つ以上の反射が近くの 2θ で重なって，正しく強度を分解できないことです．第二点として，あまり知られていませんが，粉末法から未知物質の格子定数を一義的に求めることが原理的に不可能な場合があります．これは原理的な問題なのですが，簡単な場合はそれほどの困難なく格子定数が求まることも事実です．

これまでに上げたような理由により粉末法は長い間，定性的な評価法としてのみに使用されてきて，精密構造解析には不向きな手法と考えられてきました．しかしながら，リートベルト (Hugo Rietveld) が 粉末中性子回折の解析に全プロファイルのパターンフィッティングで構造解析をするという手法を編み出してから粉末法も劇的に変わりました．現在，リートベルト法 (Rietveld method) と呼ばれている手法です． この手法を適用するにはいくつかの前提が必要です．まず，空間群が分かっていること，初期値としての格子定数と構造パラメータが分かっていることです．リートベルト法では，これらの情報から回折プロファイルを計算して，適当な装置パラメータと組み合わせて最小二乗法を適用します．コンピュータの内部では，ここまでの章で説明してきた単結晶法の回折の計算を行い，粉末としての結晶方位に関する平均を行って計算しています．粉末法が簡単だと思っている方は，コンピュータやそのプログラムを作った結晶学者達による恩恵を受けているだけで，ブラックボックスの中身を理解していないだけなのです．最小二乗法で得られたパラメータは前提とした構造から大きく外れることは決してありません．逆にいうと，前提が間違っていても近くの $\chi^2_{\min}$ として何らかの答えは出てきます．リートベルト法を適用したときに一番重要なことは，前提とした構造が正しいのか，得られた構造が本当に一義的に正しいのか，十分に吟味することです．これは人間の行うことであり，コンピュータの知らないことです．

もう一つ大事なこととして誤差の評価です．リートベルト法では測定したデータ数全てを用いた最小二乗法なので誤差が過小評価されます．最小二乗法は

$$\chi^2 = \sum_j (I_{\rm obs}(j) - (I_{\rm cal}(j) + Back_{\rm cal}(j)))^2 \to \min \tag{8.78}$$

で計算されます．例えば，10 個のブラッグ反射を用いる構造解析で，j として 1000 点のステップスキャンの測定点があるとき，単結晶法ではデータ数は 10 個ですが，リートベルト法では 1000 個になります．粉末法でこの 1000 個のデータを合わせ込んでいるほとんどはバックグラウンドなどの構造とは関係ない部分ですが，誤差としては 1000 個のデータが合わせ込まれたとして扱われるので，格子定数や原子座標パラメータは異常なほど誤差が小さくなります．粉末法のリートベルト解析法ではしばしばとてつもなく誤差の小さな結果がコンピュータから打ち出されますが，それは一つのブラッグ反射に対してステップスキャンでたくさんのデータ点があると，誤差の評価としてデータ点の数の逆数 $1/\sqrt{N}$ がかかるために小さくなっているのです．現実には構造を決めるデータとしてはブラッグ反射強度の数なのですが，粉末法ではステップスキャンの数だけたくさんのデータがあるように統計として取り扱うためです．この点も，結果を吟味するときによく考える必要があります．また，非常に弱い反射は粉末法では見えない場合が多いのですが，それが超格子反射だとすると，前提としている空間群や格子定数が間違っていることになりますので，得られた構造は近似構造に過ぎなくなります．これらのことを十分に注意するならば，粉末法は大変有効な構造解析手法となります．特に，最先端の物質では大きな単結晶ができないのが普通ですが，そのようなときには粉末法が威力を発揮します．単結晶ができても，構造相転移のために複雑なドメインが発生して単結晶法が難しいときもあります．このようなときは，粉末法を適用するのも一つの方法です．また，構造としてはほとんど確定していますが，非常に微細な電子分布の議論をするときなどにも威力を発揮しています．さらに，実用材料は粉末多

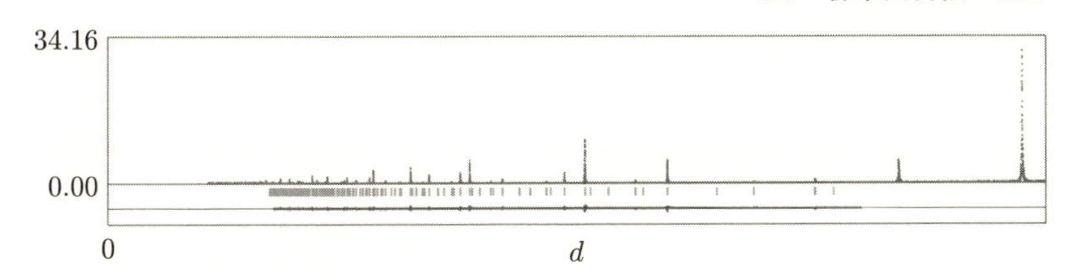

図 8.22 粉末回折のプロファイルを d で示した図.

結晶材料であることがほとんどであり，その部材の歪み分布や使用中の疲労などを研究するのには粉末法でしか行いようがありませんので，産業利用の分野では粉末法が中心的な役割を担っています.

図 8.22 はある物質の粉末回折プロファイルを横軸に d でプロットしたものです. ところで，粉末回折プロファイルを図に描くとき，横軸を 2θ に取るのか，d に取るのか，Q(あるいは d^*) に取るのか，どれが一番よいと思いますか. ここで，2θ は単色化した X 線や中性子を使用したときの粉末回折装置の検出器の角度です. 次に，d は面間隔で，$2d\sin\theta{=}\lambda$ から計算されたものです. そして，Q は $Q = 1/d$ の関係にあり，$2k\sin\theta{=}Q$ から計算されたものです. 図 8.22 のようによく使われる d では，$d{=}0$ には決してデータはありませんし $d_{\rm min}$ ～$d_{\rm max}$ でしかデータは存在しませんが，その意味合いは分かりにくいものです. 回折現象は逆格子空間で見ると線形の関係になっています. 粉末回折として生じるピーク位置も $|Q_{hkl}|$ であり，Q で線形になっています. そのために Q で描くと (hkl) の判断が大変容易になります.

最後に未知構造に対する粉末構造解析の応用についてです. リートベルト法では初期構造が必要で，未知構造には適用できません. 一方，単結晶法では様々な方法が未知構造解析のために用意されています. それでは粉末法は未知構造解析に対して絶望的かというと必ずしもそうではありません. 例えば四面体とか八面体とかあるいはベンゼン環とか，分子が分かっているときにはその分子の重心位置と回転をパラメータとして構造を探すプログラムがあります. あるいは，中性子と X 線とを組み合わせて，それぞれで見えやすい原子だけの構造を得るというのも有力な方法です. 共通している考え方は，なるべく簡単な条件になるようにして解に近づこうとするものです. このようなアプローチは徐々に成功しており，最近では粉末法による未知構造解析も軌道に乗ってきています.

8.7　TOF 法での測定法

パルス中性子を用いた方法は飛行時間法 (TOF 法) を使用します．通常のX線回折とは大分違った考え方となります．構造解析などの弾性散乱実験では基本的には全てのエネルギーの中性子を使用するラウエ法を用います．さらに，非常に大きな二次元検出器を使用します．そのために，大変効率のよい実験となります．7.2 節の中性子の発生方法と図 7.3 で説明しましたが，パルス中性子の時間構造をうまく利用する必要があります．中性子の波長 λ は飛行時間 (TOF) の t と比例して，$t = Lm_{\mathrm{N}}\lambda/h$ となります．モデレーターから試料までの距離 (L_1) と試料から検出器までの距離 (L_2) が長いほど飛行時間 t も長くなり，分解能が高くなります．しかし，当然ながら強度は弱くなります．

$L = L_1 + L_2$ として 94.2 m を例としてどのような波長分布になっているかをもう少し詳しく見てみましょう．**図 8.23** にその様子を示します．この図は，中性子が飛行していくときの時間と距離の様子を示しています．ここで例とした飛行距離 L は J-PARC にある超高分解能粉末回折装置 SuperHRPD の場合ですが，原理としては全ての TOF 法の装置に共通するものです．J-PARC

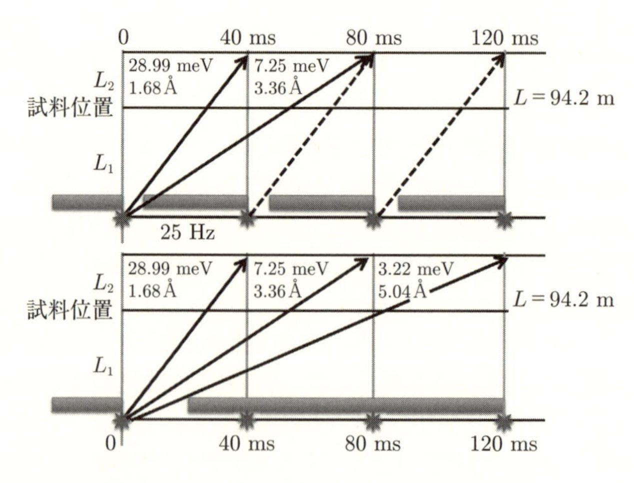

図 8.23　TOF の構造とフレームの概念.

では 40 ms ごとに中性子が発生します．非常にエネルギーの高い中性子はすぐに検出器に到着しますが，飛行時間として 40 ms かかるのは λ=1.68 Å で E=28.99 meV の中性子です．問題は，それよりも遅い中性子です．その遅い中性子がやってくるときには次のパルスの早い中性子がきます．そこで，遅い中性子を止めるためのチョッパーが必要です．このような働きをするチョッパーを bandwidth-choppers といいます．図で，時間軸に隙間を開けている部分です．実際の装置では，パルス発生直後に発生する γ 線と非常に高エネルギーの中性子を止めるために短時間だけビームを止めている T_0 チョッパー (T_0 chopper) というものも設置します．

もし，もっとエネルギーが低くて長い波長の中性子を利用したいときには bandwidth-choppers での通し方を変えます．一つの方法は，隙間を空ける時間をずらして，中性子が検出器に到着するのが 40 ms から 80 ms になる部分だけにします．このような方法を第 2 フレーム (second frame) を使用するといいます．このときには，λ=1.68 Å で E=28.99 meV から λ=3.36 Å で E=7.25 meV の中性子を使用できます．

もう一つの方法は，図 8.23 の下に示したように，パルスを間引くことです．例えば発生したパルス中性子の 1/3 だけ使用するようにすると E=3.22 meV 以上，λ=5.04 Å より短い中性子が使用できます．ここであげた例は L に依存し，$t = Lm_{\mathrm{N}}\lambda/h$ の式から分かるように，使える波長も L に反比例します．使いたい波長範囲をうまく選ぶことが，単色中性子の場合の波長選択と同様に重要となります．

8.7.1 単結晶構造解析装置 (TOF)

ラウエ法を使った回折実験でも，一つの波長 λ での回折条件を出発にして考えると簡単に理解できます．まず，簡単のために検出器は 0 次元の場合を考えます．つまり，二次元検出器の一つのピクセルだけを考えます．このピクセルが担当しているのが赤道面の角度 2θ とします．**図 8.24** に示したように入射ビーム $\mathbf{k}_{\mathrm{i}}$ を $\mathbf{c}^*$ に入れて 2θ に散乱される場合を見てみましょう．ラウエ法では原点への動径方向に波長スキャンをしていることになります．偶然 $\mathbf{k}_{\mathrm{f}}$ が逆格子点に乗ったときに回折が起こります．このとき，結晶がブラッグ反射の条件を満たす波長を選択しているので，その波長の値さえ TOF 法で決定すればよいことになります．

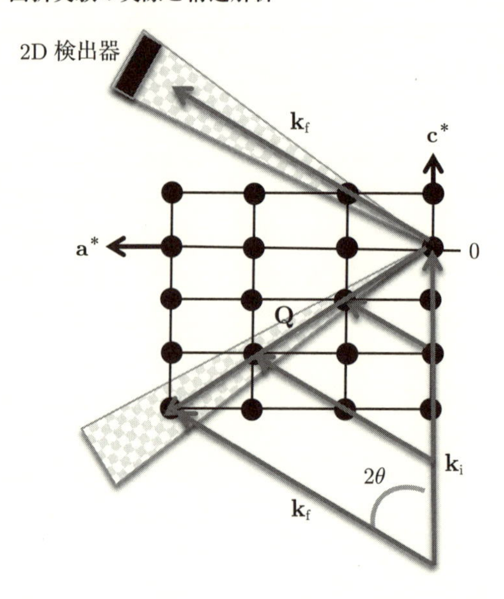

図 8.24　単結晶を用いたときのラウエ法.

実際の装置では，二次元検出器を置いているので様々な 2θ で待ち受けています．図 8.10 で示した単結晶構造解析用の SENJU(千手) では 256 mm × 256 mm のシンチレーション型二次元検出器を 3 セグメント縦に並べて 1 モジュールの検出器として，それを円筒に並べています．1 セグメントの検出器は 2θ 方向に 18° カバーしています．もし，検出器が 4π 全てをカバーしていれば図 8.24 の測定で全てのブラッグ反射が測定されます．現実には，図 8.10 で分かるように上下方向には検出器はありませんので上下方向にあるブラッグ反射は結晶を回転して赤道面近くに移動させます．SENJU では χ=45° に固定した χ クレードル型のゴニオメータを付けているので，ϕ=0, 90, 180° の三つの角度で測定すれば上下方向のブラッグ反射も測定できます．さらに，セグメント間には 44 mm 以上の隙間があるのでそこには検出器がありません．そこで，ω を何点か動かして取りこぼした所を測定します．したがって，全てのブラッグ反射を測定するためには，角度を変えた 9 から 18 のデータセットが必要となります.

パルス中性子法の構造解析を行うためには単色化した中性子法と比べて様々な補正が必要です．その大きな理由が，それぞれのブラッグ反射が違う波長 λ

で測定されているためです．まず，8.4 節の式 (8.33) で示されている積分強度 $I_{\mathrm{obs}}(hkl)$ が得られているとします．この部分もそれほど簡単ではなくてすぐ後で説明します．式 (8.33) を再度書くと，

$$I_{\mathrm{obs}}(hkl) = scale \cdot A(Q_{hkl}, \lambda, \xi) \cdot L(Q_{hkl}, \lambda) \cdot Y(Q_{hkl}, \lambda, \xi) \cdot |F(hkl)|^2 \tag{8.79}$$

ですが，補正の意味合いが単色化した中性子法とは大分違ってきます．吸収補正項 $A(Q_{hkl}, \lambda, \xi)$ は，(hkl) のブラッグ反射ごとに波長が違うので，線吸収係数も違ってきます．そこで，測定された (hkl) のブラッグ反射ごとに線吸収係数 $\mu(\lambda)$ を波長依存して計算します．消衰効果補正項 $Y(Q_{hkl}, \lambda, \xi)$ も，消衰効果の式 (8.49) で，単色化した中性子法では λ の項は定数でしたが，パルス中性子法では λ の違いを正しく取り入れる必要があります．λ^3 のために長波長の中性子で測定されたブラッグ反射は短波長で測定されたときに比べて消衰効果が大きく効いています．

ローレンツ補正項 $L(Q_{hkl}, \lambda)$ は単色化した中性子法とは違ってきます．考え方は 8.4.2 節に述べたとおりで，TOF 法では時間方向に積分します．逆格子空間では動径方向で図 8.12 (b) の $\theta - 2\theta$ スキャンと同じですので，赤道面内では，式 (8.42) と同様の計算をします．ただし，スキャンは TOF 方向に行います．$t=\frac{1}{k}(Lm_{\mathrm{N}}/h)$ と $2k\sin\theta=Q$ から $\Delta t=-\frac{\Delta k}{k^2}(Lm_{\mathrm{N}}/h)$ と $2\Delta k\sin\theta=dQ_{\parallel}$ の関係が得られます．したがって，単結晶 TOF 法でのローレンツ因子は，

$$\begin{aligned}
\int L(\mathbf{Q})d\Omega dt &= (Lm_{\mathrm{N}}/h)\int L(\mathbf{Q})(dS_{\mathrm{K}}/k_{\mathrm{f}}^2)(dQ_{\parallel}/(2k^2\sin\theta)) \\
&= (Lm_{\mathrm{N}}/h)\int L(\mathbf{Q})\frac{1}{2k^4\sin\theta}(d\mathbf{S}_{\mathrm{K}}\cdot d\mathbf{Q}_{\parallel})\frac{1}{\cos\alpha} \\
&= (Lm_{\mathrm{N}}/h)\frac{1}{2k^4\sin^2\theta}\int L(\mathbf{Q})dV_{\mathrm{K}} \\
&= (Lm_{\mathrm{N}}/h)\frac{\lambda^4}{2\sin^2\theta}N_1N_2N_3 \qquad (\text{TOF 単結晶法})
\end{aligned} \tag{8.80}$$

から，$\lambda^4/\sin^2\theta$ となります．

SENJU のように円筒形の検出器で赤道面以外のときは，図 8.13 で TOF 方向 ($\mathbf{Q}$ 方向) に積分を行いますので，むしろ図 8.12 (b) と同じと見た方が分かりやすいです．$d\mathbf{S}_{\mathrm{K}}$ と $d\mathbf{Q}_{\parallel}$ の間の角度 α は赤道面より上にありますが図 8.12 (b)

と同じです．したがって，赤道面より上下にある反射のローレンツ因子でも赤道面にあるときと同じです．(Lm_{N}/h) は定数ですので，$\lambda^4/\sin^2\theta$ で補正します．

次に，積分強度 $I_{\mathrm{obs}}(hkl)$ そのものです．測定強度は，入射ビーム強度の波長依存性 $I_{\mathrm{o}}(\lambda)$ を考慮して規格化する必要があります．このとき，入射ビームを測定するモニター検出器の感度の波長依存性 $E_{\mathrm{M}}(\lambda)$ も補正する必要があります．ここで，$E_{\mathrm{M}}(\lambda)$ はモニター検出器の検出効率です．さらに，散乱中性子をカウントする検出器のそれぞれのピクセルでの検出効率の波長依存性 $E_{\mathrm{D}}(x,y,\lambda)$ も補正する必要があります．簡単のために，検出器の感度 $E_{\mathrm{D}}(x,y,\lambda)$ はピクセルによらずに一様として $E_{\mathrm{D}}(\lambda)$ としてよいとします．この検出効率を測定するのに，通常はバナジウム (V) の非干渉性散乱を利用します．V の非干渉性散乱は散乱角によらない一様な散乱強度を与えると考えます．モニター検出器で計測された入射中性子を $I_{\mathrm{obs}}^{\mathrm{M}}(\lambda)$ とすると，補正された入射ビーム強度の波長依存性は $I_0(\lambda){=}I_{\mathrm{obs}}^{\mathrm{M}}(\lambda)/E_{\mathrm{M}}(\lambda)$ です．次に，V の測定された一様な非干渉性散乱強度を $I_{\mathrm{obs}}^{\mathrm{V}}(x,y,\lambda)$ として，検出器の検出効率の補正を行い，入射ビームのモニター強度の検出効率の補正を行った後に規格化すると，

$$[I_{\mathrm{obs}}^{\mathrm{V}}(x,y,\lambda)/E_{\mathrm{D}}(\lambda)]/[I_{\mathrm{obs}}^{\mathrm{M}}(\lambda)/E_{\mathrm{M}}(\lambda)] = scale L(\theta,\lambda)|F_{\mathrm{obs}}|^2 \quad (8.81)$$

となります．検出器全体で積分すると，

$$\begin{aligned} I_{\mathrm{obs}}^{\mathrm{V}}(\lambda) &= \int I_{\mathrm{obs}}^{\mathrm{V}}(x,y,\lambda)dxdy \\ &= E_{\mathrm{D}}(\lambda)[I_{\mathrm{obs}}^{\mathrm{M}}(\lambda)/E_{\mathrm{M}}(\lambda)]\int L(\theta,\lambda)scale|F_{\mathrm{obs}}|^2 dxdy \\ &= E_{\mathrm{D}}(\lambda)/E_{\mathrm{M}}(\lambda)I_{\mathrm{obs}}^{\mathrm{M}}(\lambda) \end{aligned} \quad (8.82)$$

です．ここで，積分の部分は角度空間から逆空間に戻されて一定値になります．そこで，モニター検出器と散乱強度を測定する検出器の計数効率の比が

$$\phi(\lambda) = \frac{E_{\mathrm{D}}(\lambda)}{E_{\mathrm{M}}(\lambda)} = \frac{I_{\mathrm{obs}}^{\mathrm{V}}(\lambda)}{I_{\mathrm{obs}}^{\mathrm{M}}(\lambda)} \quad (8.83)$$

と実測できます．この検出効率の比を使うと，式 (8.79) は

$$\begin{aligned} I_{\mathrm{obs}}(hkl) = I_{\mathrm{obs}}^{\mathrm{M}}(\lambda)\cdot\phi(\lambda)\cdot L(Q_{hkl},\lambda)\cdot A(Q_{hkl},\lambda,\xi)\cdot \\ scale\cdot Y(Q_{hkl},\lambda,\xi)\cdot|F_{\mathrm{obs}}(hkl)|^2 \end{aligned} \quad (8.84)$$

となります．ここで，モニター強度 $I^{\mathrm{M}}_{\mathrm{obs}}(\lambda)$ の補正，感度補正 $\phi(\lambda)$，ローレンツ補正 $\lambda^4/\sin^2\theta_{hkl}$ は，装置に付属しているプログラムで自動で行われるものです．例えばSENJUやiBIXではSTARGazerというプログラムが行いますので，ユーザーは $(hkl), |F_{\mathrm{obs}}|^2$ のリストを得て構造解析に使います．吸収の補正 $A(Q_{hkl}, \lambda, \xi)$ はユーザーが行うものですし，消衰効果の補正と構造パラメータは構造解析の結果として得られるものです．なお，発生するパルス中性子 $I^{\mathrm{M}}_{\mathrm{obs}}(\lambda)$ の λ 依存性が全く変化しないのなら，$I^{\mathrm{M}}_{\mathrm{obs}}(\lambda)\cdot\phi(\lambda)$ は $I^{\mathrm{V}}_{\mathrm{obs}}(\lambda)$ の測定値で置き換えることができます．このときは，測定時間あるいは陽子のパルス数で入射強度の補正をします．

8.7.2 粉末構造解析装置 (TOF)

粉末回折法とTOF法は非常に相性がよく，高効率の測定ができます．**図8.25** に単色中性子による粉末法とTOF法による粉末法を比較したものを示します．図8.25 (a) ではモノクロメータで単色化した k_{i} の中性子を入れて，0次元の検出器で $\theta - 2\theta$ スキャンをして動径方向の測定をしています．このような実験は非効率的ですが入射強度は一定と考えてよく，検出器の効率も一定ですのでほとんど補正の必要がありません．通常は効率を上げるために一次元検出器や二次元検出器を置いて測定します．このときには，検出器のピクセルごとに検出効率の補正が必要です．

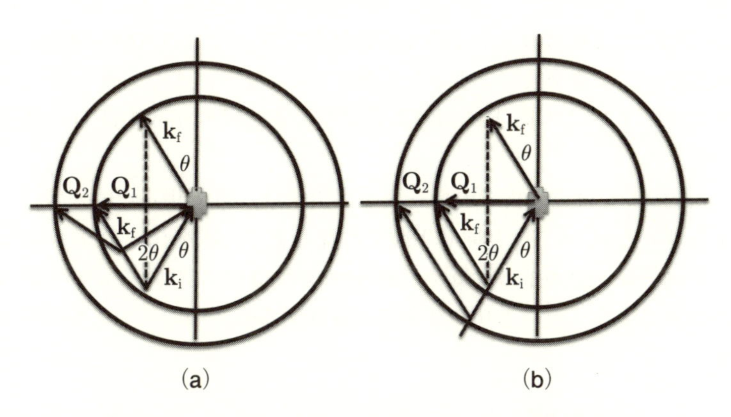

図8.25 (a) 単色中性子と (b)TOF 法の粉末回折.

図 8.25 (b) が TOF 法と粉末試料を組み合わせた測定です．まず，0 次元検出器を 2θ 位置に置いたとすると，白色中性子が入射するので動径方向に波長スキャンされて何も動かさずに粉末回折プロファイルの t 依存性が取れます．これはすぐに d 依存性，あるいは Q 依存性に直せます．通常は二次元検出器をおいて可能な限り全ての散乱中性子を測定するので，球殻状のブラッグ反射に対して散乱される回折中性子を全て集めることができます．発生した中性子をほとんど無駄なく使うので大変効率的な実験となります．しかしながら，TOF 法の単結晶装置のところで述べたように様々な補正や装置の校正が必要です．

TOF 法の粉末装置の校正は V の非干渉性散乱と標準試料の Si 粉末を使用します．モニター検出器と散乱強度測定用検出器の感度の補正は V の非干渉性散乱で行います．検出器のピクセル位置の補正は，Si の粉末回折を用いて相対的に行います．つまり，ピクセル位置の絶対値は問題にしません．Si の粉末回折を測定して，検出器のあるピクセル (x, y) で Si(111) 反射がある TOF の時間値 t で測定されたとします．すると，ピクセル (x, y) と面間隔 $d_{hkl}(t_{hkl})$ の対応が得られます．全てのピクセルで様々な反射 (hkl) を測定して (x, y) と面間隔 $d(t)$ の対応表を作ります．そうすると，測定された強度 $I(x, y, t)$ は $I(x, y, d)$ と計算できます．次に，どこか基準になるピクセルに合うように尺度を変えます．つまり，あるピクセルの 2θ での強度データになるように $2d\sin\theta{=}\lambda$ で補正します．実際は λ と t が比例しているので t で統一します．これをタイムフォーカス (time focus) と呼びます． このようにすると，全ての角度と波長のデータを $I(d)$ として取り扱えます．これが大変効率的になる理由です．実際，J-PARC の iMATERIA と呼ばれている粉末回折装置では，一つの試料の測定に要する時間は数分で，試料交換にロボットを導入しています．また，図 8.22 で示した粉末プロファイルは J-PARC の超高分解能粉末装置 SuperHRPD で測定したものです．

TOF 法による粉末回折でのローレンツ因子は，単色化した波でのローレンツ因子を導いた式 (8.76) と同じ手順で計算します．出発は式 (8.80) の単結晶を用いたローレンツ因子の計算で，その中の $L(\mathbf{Q})$ を $L(\mathbf{Q})\frac{1}{2}\cos\theta$ と置き換えます．これにより，デバイリング全てを積分するときのローレンツ因子が求まります．

$$\frac{\lambda^4}{2\sin^2\theta}\frac{\cos\theta}{2} \qquad \text{(TOF 粉末法でデバイリング全周積分)} \qquad (8.85)$$

多くの実験ではデバイリングの一部しか測定しません．このときには，式(8.77)で行ったように，式(8.85)に $\delta\beta/(2\pi\sin 2\theta)$ を掛けます．

$$\frac{\lambda^4}{2\sin^2\theta}\frac{\cos\theta}{2}\frac{\delta\beta}{2\pi\sin 2\theta}=\frac{\lambda^4}{16\pi\sin^3\theta}\delta\beta=d^4\sin\theta\,\frac{\delta\beta}{\pi}=d^3\lambda\,\frac{\delta\beta}{2\pi}$$
(TOF 粉末法でデバイリングの一部測定) (8.86)

ここで，$2d\,\sin\theta=\lambda$ を用いて粉末法でよく使われる d でも表現しています．

8.8 非弾性散乱の測定法

8.8.1 原子炉での三軸分光器

具体的に，中性子によりどのように素励起の分散関係を測定しているのか，原子炉でよく使われる三軸分光器で見てみましょう．三軸分光器の概念を**図 8.26**に示します．三軸分光器とは，

(1) 入射中性子のエネルギーを決定するモノクロメータの回転軸 (M)，

(2) 逆格子の位置を決定する結晶の回転軸 (S)，

(3) 散乱された中性子のエネルギーを決定するアナライザーの回転軸 (A)

の三つの軸から成り立っています．それぞれのゴニオメータは，結晶の回転軸 (ω) と散乱角 (2θ) を決めるために二軸回折装置になっています．モノクロメータでは $2k_\mathrm{i}\sin\theta_\mathrm{M}=Q_{hkl}$ で k_i を切り出します．試料を載せたゴニオメータでは，7.7 節の図 7.7 に示した角度 $(2\theta_\mathrm{S},\omega_\mathrm{S})$ で $\mathbf{Q}=\mathbf{Q}_{hkl}+\mathbf{q}$ を選び出します．最後に，アナライザーで $2k_\mathrm{f}\sin\theta_\mathrm{A}=Q_{hkl}$ を用いて $2\theta_\mathrm{A}$ の値により k_f を測

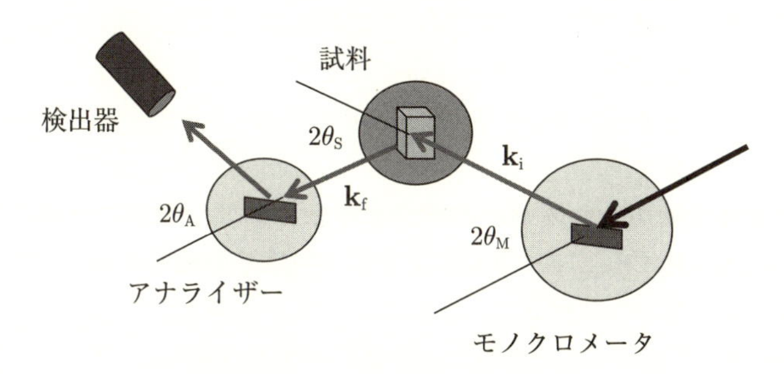

図 8.26 三軸分光器の概念．

定します．三軸分光器という名前の「分光器」は，散乱された中性子のエネルギーをアナライザーで分光していることによります．この測定方法は，フォノンに限らず，磁気励起のマグノン (magnon) や，結晶場の励起等々，全ての方法で利用されています．日本の原子炉 JRR-3M には，原子炉内に3台，ガイドホールに5台の三軸分光器が設置されています．

上の説明では，入射エネルギー k_{i} を固定して測定しましたが，散乱エネルギー k_{f} を固定して入射エネルギー k_{i} を変化させる方法でも同じです．前者を，E_{i}-固定法 (E_{i}-fix scan)，後者を E_{f}-固定法 (E_{f}-fix scan) と呼びます．E_{i}-固定法の方が装置の作り方は簡単ですが，ほとんどの三軸分光器は両方の測定が可能なように作られています．なぜ2種類の測定法があるかというと，フィルターと関係しています．7.3 節で説明したように PG フィルターは E=13.4 meV や E=14.7 meV で大変有効に働きます．そのために，モノクロメータ側に PG フィルターを入れて E_{i}=13.4 meV にして実験するか，アナライザー側に PG フィルターを入れて E_{f}=13.4 meV にして実験するかの選択となります．素励起とのエネルギーのやり取りで，中性子がエネルギー ΔE だけを失い素励起が ΔE を得たとします．このような場合を Neutron Energy Loss と呼びます．逆に，素励起が ΔE を失い中性子がエネルギー ΔE を得たとします．このような場合を Neutron Energy Gain と呼びます．このときに問題となるのが素励起の存在密度です．フォノンだとボーズ統計に従いますので，低温になるとほとんど素励起の存在密度がなくなり Neutron Energy Gain では散乱強度がなくなります．一方，Neutron Energy Loss では素励起を中性子がエネルギー注入して励起するわけですから低温でも散乱強度がそれほど弱くなりません．E_{i}=13.4 meV で Neutron Energy Loss だと測定できる素励起のエネルギーは最大 ΔE=13.4 meV です．一方，E_{f}=13.4 meV で Neutron Energy Loss だと測定できる素励起のエネルギーはいくらでも大きなものが測定できます．もちろん，そのときの E_{i} の中性子が原子炉の中での分布で十分強度があることを前提としています．

三軸分光器を使用した素励起の測定で非常に重要な技術は分解能の理解と素励起の分散に対するフォーカシングです．中性子の強度は弱いので，分解能はそれほどよくないと述べました．つまり，ビーム発散が大きいということです．このとき，単にビームの方向だけでなく中性子の波長も分布しています．**図 8.27** (a) のように波数 k の中性子が Δk の幅をもっていたとします．k が大き

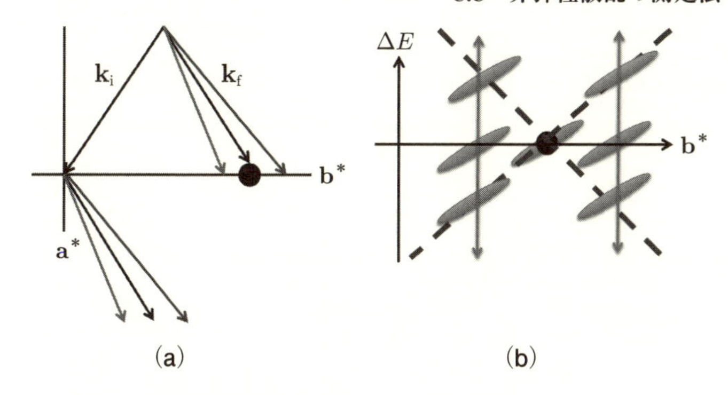

図 8.27　三軸分光器の分解能と分散に対するフォーカス.

いということは中性子のエネルギーが大きいということです．すると，中性子のエネルギーは E (meV)=81.80k^2 (Å^{-2}) ですから，その分布は $\frac{dE}{dk}$=163.6k =18.09$\sqrt{E}$ (meVÅ) の傾きをもちます．固体物理で使う k に 2π を含む定義では，E=2.072k^2，$\frac{dE}{dk}$=4.14k =2.88$\sqrt{E}$ となりますので注意して下さい．これが $E-q$ 空間での中性子の分解能です．この分解能の様子を図 8.27 (b) の $(\mathbf{q}-E)$ 空間での楕円で表します．この楕円の分解能でエネルギー方向に移動したとき，素励起の分散関係を横切るときにエネルギーのやり取りが起こります．図から分かるように，エネルギー方向にスキャンすると，分解能の傾きと素励起の分散の傾きが一致するところでは，狭い範囲のエネルギーでたくさんの領域を取り込みますので散乱強度が大きく幅が狭くなります．この条件をフォーカスの条件といいます．逆の方向だと，分解能の楕円は素励起の分散に少しずつ交わってだらだらと交差していき，それぞれの場所での交差する面積が狭いので散乱強度も弱くてエネルギー方向に広がります．この条件をディフォーカスの条件といいます．当然，フォーカスの条件で測定します．$+\mathbf{q}$ で Neutron Energy Gain がフォーカスの条件とすると，$-\mathbf{q}$ では Neutron Energy Loss がフォーカスの条件となります．

ここで説明したように $\mathbf{q}$ を固定してエネルギースキャンする方法を q 一定スキャン (constant q scan) といいます．7.7 節の図 7.7 で，逆格子の原点を中心にした k_i の長さを一定にした円と $\mathbf{q}$ の先から k_f の長さの円の交点で不等辺三角形を書いた図となりますので，ω_S と $2\theta_\mathrm{S}$ が k_f ごとに変わります．別のスキャン方法として ΔE を固定して $\mathbf{q}$ 方向にスキャンする E 一定スキャン (constant

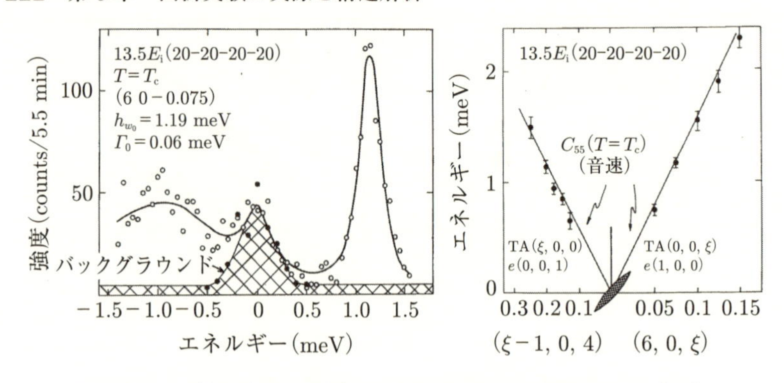

図 8.28 三軸分光器で測定した $KD_3(SeO_3)_2$ のフォノン[11].

E scan) という方法もあります. 図 8.27 右の素励起の分散を測定するときに, もし素励起の $\omega(\mathbf{q})$ が急峻な場合は q 一定スキャンではピークがブロードになります. そこで, E 一定スキャンで横方向に測定すると明確なピークが現れます. このときも, 図 7.7 で ω_S と $2\theta_S$ が $\mathbf{q}$ ごとに変わります.

$KD_3(SeO_3)_2$ という物質の フォノンを q 一定スキャンで測定した例を**図 8.28** に示します[11]. 逆格子位置は $\mathbf{Q}$=(6, 0, 0)+(0, 0, −0.075) で, 横波音響フォノン (transverse acoustic phonon) の測定です. つまり, TA(0 0 ξ), $\mathbf{e} \parallel (100)$ の測定で, C_{55} の弾性定数に対応するフォノンです. 図の左が測定された強度のエネルギー依存性で, 図中の右の ΔE=+1.2 meV にある鋭いピークになっているのがフォーカスの条件で, 左の ΔE=−1.2 meV あたりにある幅の広いピークになっているのがディフォーカスの条件での測定になります. ピークの位置を $(\omega, \mathbf{q})$ でプロットしたのが図の右で, フォノンの分散関係を示しています. 図でも示していますが, 音響フォノンの出だしの勾配は音速の測定での C_{55} と一致しています. 図 8.28 左の ΔE=0 にあるのが非干渉性散乱のバックグラウンドです. その幅は分解能楕円のエネルギー方向の差し渡しになります. 一方, 図 8.28 左の ΔE=+1.2 meV にある鋭いピークの幅が分解能楕円の中心部分の幅になります. ここのところは, 初心者ではよく間違いますので注意して下さい.

もう一つ注意することは, ブラッグ反射近くの $\mathbf{q}$ で測定するときです. 例えば, フォノンの場合, 音響フォノン (acoustic mode), 特に横波の音響フォノン

(TA mode) を測定するときです．図 8.27 (b) で，黒丸が強いブラッグ反射です．$\mathbf{q}$ が 0 に近いと分解能の楕円の裾がブラッグ反射を横切り比較的強い散乱が起こります．もちろんブラッグ反射の条件を完全に満たしているときよりは圧倒的に弱いのですが，フォノンによる散乱は非常に弱いのでこのような偽の強度は間違ったデータとなります．このようなブラッグ反射の裾をブラッグテイル (Bragg tail) といって，常に注意する必要があります．もちろん，ある $\mathbf{q}$ で，どの ΔE にブラッグテイルが出るかは簡単に計算できますので，知識さえあれば間違うことはありません．例として，a=5 Å で a^*=0.2 Å^{-1} として，E_i=13.4 meV で q=0.05 a^* でエネルギースキャンしたとします．$\frac{dE}{dk}$=18.09$\sqrt{E}$ ですから ΔE=0.66 meV にブラッグテイルの鋭いピークが現れます．通常は q の値を大きくしてブラッグ反射から離れていくと指数関数的にブラッグテイルの強度は減衰します．

もし，$\mathbf{q}$ の小さな所を測定したいのなら，分解能をよくしたり分解能関数の傾きを変えることを試みるべきでしょう．分解能をよくするのには，コリメータを変えます．エネルギー方向をよくするためには，モノクロメータの前の第 1 コリメータとアナライザの後ろの第 4 コリメータをよくします．逆格子の $\mathbf{q}$ の分解能をよくするのには試料の前の第 2 コリメータと試料の後の第 3 コリメータをよくします．注意することは，コリメータでビーム発散をそれぞれ半分にすると 2^4 で強度が 1 桁弱くなることです．どのようにコリメータやエネルギーを選んで強度をそれほど犠牲にせずに必要な分解能だけ上げるかは実験家の腕の見せ所です．

8.8.2 パルス中性子でのチョッパー型分光器

TOF 法では中性子の速度が遅いことを利用してエネルギーを決定します．その速度は，v (m/s)=437.4 $\times\sqrt{E}$ (meV) です．E=10 meV なら 1383 m/s ですし E=11 meV なら 1451 m/s です．この中性子が 10 m 飛行する時間 t は，E=10 meV のときは 7.23 ms，E=11 meV のときは 6.89 ms ですので，1 meV の差は，L=10 m の TOF で 0.34 ms の差となります．これらの値は自分で計算してみましょう．

弾性散乱のときは，モデレーターを出発して試料にあたりその後検出器に到達するまで中性子のエネルギーは変わりませんでした．そのために，中性子の速度やエネルギーは飛行距離 L=L_1+L_2 と TOF から簡単に分かりました．しか

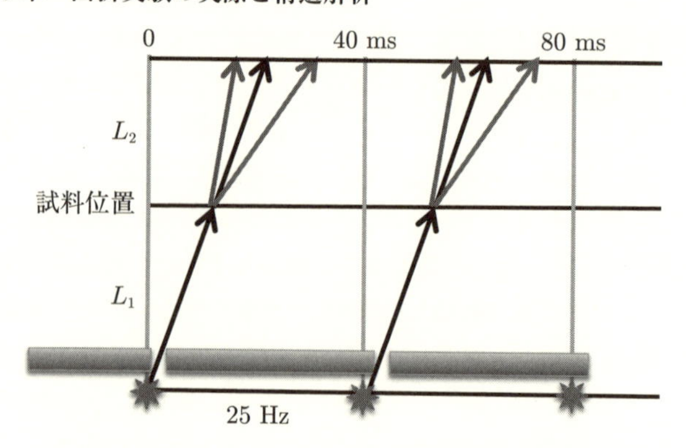

図 8.29　TOF 法のチョッパーと非弾性散乱装置.

しながら，試料とエネルギーのやり取りを行う非弾性散乱では，L_1 での TOF と L_2 での TOF を分離する必要があります．そこでよく使われるのがチョッパーという装置で，特定の速度の中性子だけを通して試料にあてます．時間構造を**図 8.29** に示します．E_i 固定法であり，L_1 での TOF は固定して，L_2 での TOF を測定してエネルギーのやり取りを調べます．発生した中性子の一部だけをチョッパーで切り出すので，TOF 法の弾性散乱と比べると発生した中性子強度全てを利用しているのではないのですが，試料から散乱された中性子は全て利用しているし，エネルギーの決定も TOF 測定だけのことですから非常に効率的です．ただし，注意が必要です．非弾性散乱の幾何学として示した図 7.7 を見れば分かりますが，$\mathbf{k}_\mathrm{i}$ 固定で測定し様々な $\mathbf{k}_\mathrm{f}$ を同じ ω 角で測定するわけですから，ねらった $\mathbf{q}$ だけのエネルギースキャンになっているわけではありません．$E-(q_x, q_y, q_z)$ 空間の複雑な切片となっています．したがって，特別のブリルアンゾーンの線沿いのスキャンとか，特定の点のみでの測定は不向きで，結晶をスキャンして逆格子空間全体での分散を網羅的に測定するのに適しています．一方，粉末や非晶質の励起を調べるのには結晶の方位が関係しないので大変効率的な測定ができます．

J-PARC には 4 台の非弾性散乱装置が設置されています．パルス中性子を使用した非弾性散乱装置といえども万能ではなく，全てのエネルギー領域で高分解能となる装置などは作ることができません．そこで，主に使いたい領域のエネルギーを設定して装置の設計が行われています．原子炉の中性子の守備範囲と重なっているのがAMATERASという装置で，$1 < E_{\mathrm{i}} < 80$ meVで使用されます．エネルギー分解能はE_{i}の1％から5％程度です．パルス中性子の一つの特徴は高エネルギーの中性子が使えることです．$5 < E_{\mathrm{i}} < 500$ meVをカバーしている装置に四季(4SEASONS)という装置とHRCという装置があり，分解能はE_{i}の3から5％です．このような高エネルギーの励起は原子炉の中性子で測定するのはほとんど不可能なのでパルス中性子の独壇場となります．

チョッパーマシンと違う発想で作られた装置として，逆転配置型と呼ばれている装置があります．これは，アナライザー結晶をずらりと並べてE_{f}固定法で使います．つまり，L_2でのTOFを固定してL_1でのTOFからE_{i}を求めます．したがって，入射側はチョッパーを使わずに白色中性子をそのまま使用します．DNAと名付けられた装置があり，E_{f}=2.02 meVで使用します．分解能は1.6 μeVで低エネルギーの素励起をねらった装置です．分解能をよくするためにアナライザー結晶としてはSi完全結晶が使われます．このような低エネルギーの励起を高分解能で測定することは原子炉の三軸分光器ではやはり不可能で，ここでもパルス中性子の強みが発揮されています．

第9章 相転移と構造変化

9

構造物性を考える上で構造相転移 (structural phase transition) は重要なキーワードとなります．なぜなら，多くの物性量は相転移 (phase transition) に伴う大きな揺らぎ (fluctuation) に起因していて，その応用においても相転移の理解が不可欠です．また，磁石やスマートカードなど，実用に使われている基本的な所は相転移に伴う秩序変数 (order parameter) を利用していることが多く，よりよい材料の探索には，やはり構造相転移の基礎的な理解が必要です．相転移の内容は多彩で，これだけで一冊の教科書になってしまいますので，この章では，結晶物理や構造物性の入門として最低限必要なことに絞って議論していくことにします．

相転移とは温度，圧力，電場，磁場等の外部変数を変えたときに一つの相から他の相に移る現象のことです．日常的な経験でいえば，室温で液体相の水は摂氏零度以下で氷という固体相に相転移するのがよい例でしょう．さらに，通常の氷に圧力を加えていくと構造の違った氷に相転移します．温度と圧力を変化させると固体の氷だけでも 17 種類以上の相が存在していることが知られています．何故にある条件のもとで一つの相が安定か，あるいは外部条件を変化させたときにその相が不安定化して他の相に移るのかは物質内の相互作用エネルギーやエントロピーと関係していて，統計力学や熱力学の重要な研究対象です．この本では，相転移の機構や現象の表し方の詳細は述べないことにして，相転移に伴う構造の変化がどう観測されるのか，相の特徴が結晶の対称性とどう関連するのかに焦点を絞っていくことにします．

9.1 秩序変数とは

ここで，相転移を考えるときに一番重要となる秩序変数 (order parameter) という言葉を説明しておきます．まず，言葉のイメージからすぐに理解できるであろう秩序–無秩序型 (order–disorder type) からの説明です．**図 9.1** に示す分子の向きを考えます．白丸と黒丸で表した 2 原子分子です．白丸から黒丸に

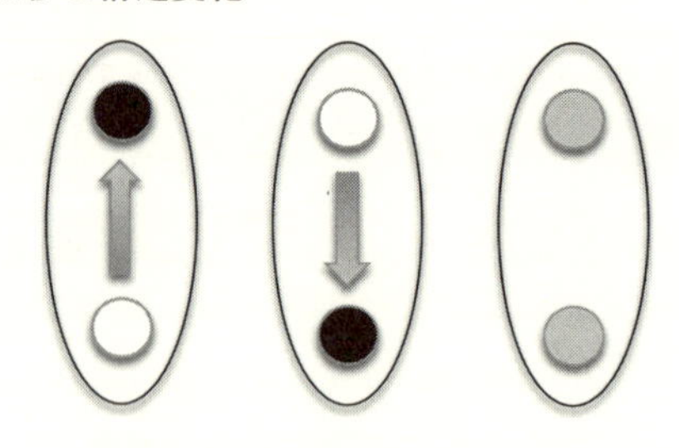

図 9.1　分子の向きと秩序変数.

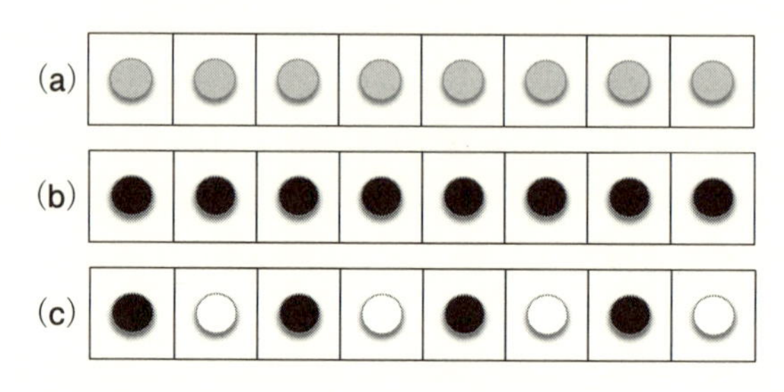

図 9.2　秩序–無秩序型の相転移の秩序パターン.

矢印を定義すると，上向きの分子と下向きの分子が定義できます．この矢印の方向が，結晶の単位胞と関連づけて，あるパターンで同じ方向に向いていたなら秩序化 (order) している，あるいは秩序状態 (order state) といいます．一方，空間的時間的に上下方向にばらばらに存在しているのなら無秩序状態 (disorder state) といいます．無秩序状態は，黒丸と白丸が平均化されており，図 9.1 の右に示したように灰色となり，矢印はなくなります．

この秩序化が単位胞ごとにどのように起こって結晶としての並進対称性を満たしているかを示したのが**図 9.2** です．図 9.1 の分子が c 軸方向を向いていて，上から眺めた図だと思って下さい．簡単のために，単位胞にただ一つの分子しかないとします．図 9.2 (a) が無秩序状態です．エントロピーから考えれば，高温ではこれが一番エネルギーが低くなり，高対称相 (high symmetry phase) と呼ばれます．

多くの物質で，高温相では分子の配向が無秩序状態のものが，温度を下げると秩序化することがあります．3.8 節の図 3.4 で示した $NaNO_2$ もその例です．図 9.2 (b) のように，この矢印の方向が全ての単位胞で同じ方向に向いていた

なら強的に秩序化 (ferroic order) しているといいます．もし，この矢印が双極子モーメントなら強誘電体の秩序化のイメージとなります．NO_2 分子は双極子モーメントをもっていて，全部の NO_2 分子が同じ方向を向くので，秩序化したときには巨視的な分極が発生して，強誘電相となります．

相転移温度 T_C で全ての分子が完全に秩序化するわけではありません．ある統計に従い秩序化して，T=0 K で全ての分子が完全に秩序化します．この秩序の割合，あるいは秩序度を表すのが秩序変数 (order parameter) です．つまり，温度変化させると，秩序変数として 0 から 1 に変化します．通常の強誘電体の場合は，分極が秩序変数となります．

図 9.2 (c) では，隣り合う単位胞ごとに分子の向きが逆になっていて，秩序変数が $+1$ と -1 を交互に取っています．このような秩序を反強的な秩序 (antiferroic order) と呼びます．もし，矢印が双極子モーメントなら反強誘電体です．

一般に，図 9.2 (c) のようなパターンは波の式を使って次のように書き表されます．

$$\sigma_j(\mathbf{r}_n) = \sum_{\mathbf{q}} \sigma_j(\mathbf{q})\mathrm{e}^{2\pi i\mathbf{q}\cdot\mathbf{r}_{nj}} \tag{9.1}$$

ここで，$\sigma_j(\mathbf{r}_n)$ は n 番目の単位胞にある j 番目の分子の秩序変数です．図 9.2 では単位胞に一つの分子しか考えていませんので j=1 のみです．式 (9.1) では，フーリエ級数として波の式で表すことができていると考えます．この式では，$\mathbf{q}$ は結晶学の定義に従って 2π を含まないようにしています．多くの場合，ただ一つの $\mathbf{q}$ のみが関与して，

$$\sigma_j(\mathbf{r}_n) = \sigma_j(\mathbf{q}_0)\mathrm{e}^{2\pi i\mathbf{q}_0\cdot\mathbf{r}_{nj}} \tag{9.2}$$

となります．つまり，それ程複雑な秩序パターンとならずに，単純な sin 波になることが多いということです．実数の波と取るのなら，

$$\sigma_j(\mathbf{r}_n) = \sigma_j(\mathbf{q}_0)\sin(2\pi\mathbf{q}_0\cdot\mathbf{r}_{nj} + \phi_j) \tag{9.3}$$

です．図 9.2 (c) の秩序変数のパターンは，$\mathbf{q}_0=(\frac{1}{2},0,0)=\frac{1}{2}\mathbf{a}^*$ として表現できます．

注意すべき点は，図 9.2 (a) の灰色の状態である σ=0 から図 (b) や (c) の $\sigma \neq 0$ に変化したときは，秩序変数 σ が微小量であっても，T_c 直下から全ての単位胞での対称性が高温相から変わっていることです．

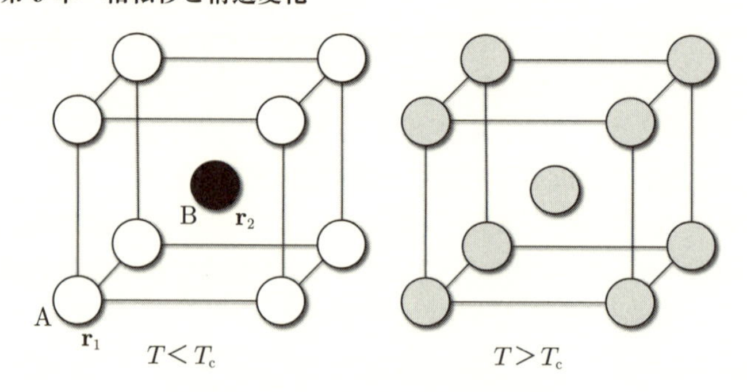

図 9.3　金属の秩序–無秩序転移.

秩序–無秩序型の相転移のもう一つの典型例として，金属の相転移を上げておきましょう．**図 9.3** に示したように，$T < T_{\mathrm{c}}$ の低温で CsCl 型の構造を取っている AB 合金が，温度を上げると $T > T_{\mathrm{c}}$ で原子が飛び移って拡散して平均構造を取り bcc 構造となる例が多数あります．この bcc 相は β 相と名付けられる傾向があります．CsCl 構造の二カ所の位置 (1,2) に対して，$\mathbf{r}_j$ での A 原子の規格化された密度を $\rho_{\mathrm{A}}(\mathbf{r}_j)$，B 原子の規格化された密度を $\rho_{\mathrm{B}}(\mathbf{r}_j)$ とします．$\rho_{\mathrm{A}}(\mathbf{r}_1)+\rho_{\mathrm{A}}(\mathbf{r}_2)=1$, $\rho_{\mathrm{B}}(\mathbf{r}_1)+\rho_{\mathrm{B}}(\mathbf{r}_2)=1$, $\rho_{\mathrm{A}}(\mathbf{r}_j)+\rho_{\mathrm{B}}(\mathbf{r}_j)=1$ です．$T < T_{\mathrm{c}}$ では $(\rho_{\mathrm{A}}(\mathbf{r}_1)=1,\ \rho_{\mathrm{B}}(\mathbf{r}_1)=0)$ と $(\rho_{\mathrm{A}}(\mathbf{r}_2)=0,\ \rho_{\mathrm{B}}(\mathbf{r}_2)=1)$ と秩序化しているのに対して，$T > T_{\mathrm{c}}$ では $(\rho_{\mathrm{A}}(\mathbf{r}_j)=\frac{1}{2},\ \rho_{\mathrm{B}}(\mathbf{r}_j)=\frac{1}{2})$ と無秩序状態です．秩序変数としては

$$\sigma_n = \rho_{\mathrm{A}}(\mathbf{r}_{n1}) - \rho_{\mathrm{A}}(\mathbf{r}_{n2}) \tag{9.4}$$

と定義できます．このような金属の秩序–無秩序型相転移は一次相転移です．高温相が fcc で低温で秩序化する物質も多数あり，この fcc 相は α 相と呼ばれる傾向があります．

9.2　原子変位と秩序変数

原子変位のパターンが秩序変数となることもしばしばあります．簡単な例として CsCl 型の結晶を考えてみましょう．**図 9.4** (a) で黒丸が A 原子，白丸が B 原子とします．単位格子は $a_{\mathrm{c}} \times a_{\mathrm{c}} \times a_{\mathrm{c}}$ で，図は平面への投影図です．立方格子で空間群は $Pm\bar{3}m$ です．温度を下げていったとき，相転移温度 T_{c} 以下で図

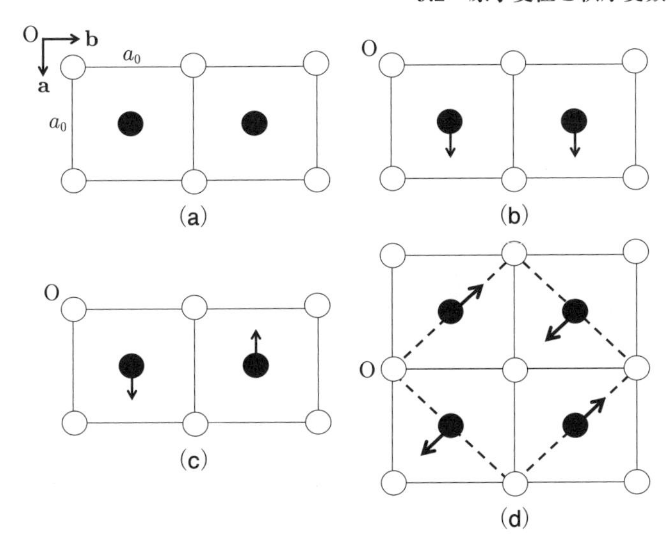

図 9.4 相転移における原子変位パターン.

9.4 (b) のように A 原子が変位したとします. 図 9.4 (b) では全ての単位胞内の A 原子が同じ変位をしているので強的秩序相で, 単位格子はやはり $a_c \times a_c \times a_c$ で相転移前の立方格子と同じです. しかしながらこの図の構造ではもはや 3 回軸は存在しません. 4 回軸は残っているので格子としては正方格子となります. 図 9.4 (a) で a 軸と書いた方向が正方晶の c 軸となります. 温度を徐々に下げていったときに, A 原子の変位 Δu が T_c で $\Delta u=0$ であったものが $\Delta T=T_c-T$ を大きくしていくと Δu が大きくなっていったとしましょう. このとき, Δu の大きさがこの相と元の相との違いを定量的に表しています. このような量 Δu も秩序変数 (order parameter) です. 注意すべき点は, 立方晶から正方晶に変化したという対称性の変化は $\Delta u \neq 0$ でさえあれば起こるので, Δu が微小量であっても T_c 直下から全て正方晶となることです. このような相転移を変位型 (displacive type) 相転移と呼びます.

図 9.4 (c) のように b 軸方向に行くに従って a 軸方向の変位 Δu が逆方向になったとしましょう. この場合は反強的秩序相です. このときは, 単位胞は $a_c \times 2a_c \times a_c$ となり, 3 回軸も 4 回軸もなくなり, 直方 (斜方) 格子となります. 空間群が $P2/b\ 2_1/m\ 2/m$ になることは各自確かめてみましょう. 図 9.4 (d)

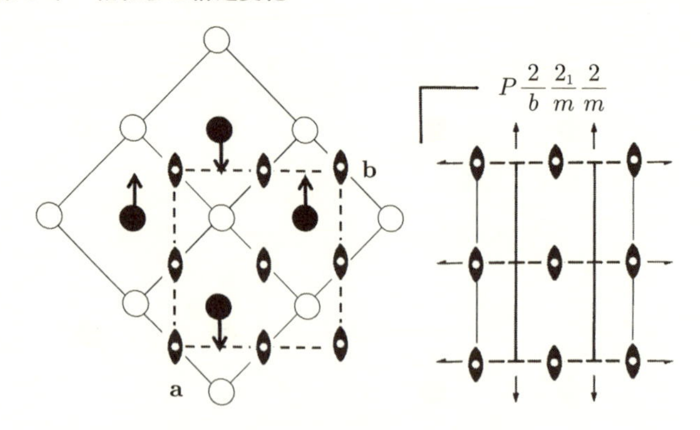

図9.5　原子変位パターンと空間群.

では a 軸方向と b 軸方向に変位 Δu が逆方向になっています. 単位胞は, 点線で示したように $\sqrt{2}a_\mathrm{c} \times \sqrt{2}a_\mathrm{c} \times a_\mathrm{c}$ となり, 直方 (斜方) 格子です. 空間群は同じく $P2/b\,2_1/m\,2/m$ になります. この場合は少し分かりにくいかもしれません. **図9.5** 左に示したように, 図 (d) の点線で示した直方 (斜方) 晶の単位胞から原点を $(\frac{1}{4}\frac{1}{4}0)_\mathrm{orth}$ だけずらします. この図では図 (d) を 45° 回転させています. この原点に2回軸と鏡映面 m の交点である反転 $\overline{1}$ が存在します. 図ではこの2回軸と反転対称と図 (d) で示した単位胞の枠を示しています. この図を使うと図9.5右に示した空間群の対称操作との関係が分かると思います. ここで示した対称操作も自分で確認して下さい.

ここで再度注意しておきますが, 5.3節で述べたように, 低対称相での対称操作は高対称相であった立方晶の $Pm\overline{3}m$ がもっていた対称操作のいくつかが生き残ったものです. どのような対称操作が残るのかは, 5.3節の表5.1で説明したように変位パターンが基底となるような既約表現が選ばれたとして説明できます. 図9.4 (b) のように格子定数の大きさが変わらない場合は点群で, 図9.4 (c) と (d) のように超格子を作る場合は小群 (little group) で解析します. 超格子になった場合には, 単純な鏡映面 m が映進面に変わることもあります.

一般的に原子変位パターン $\Delta\mathbf{u}(\mathbf{r})$ は次のようなフーリエ級数として波の式で表すことができます.

$$\Delta\mathbf{u}_j(\mathbf{r}_n) = \sum_{\mathbf{q}} \mathbf{u}_{0j} \mathrm{e}^{2\pi i \mathbf{q}\cdot\mathbf{r}_{nj}} \tag{9.5}$$

ここでも，$\mathbf{q}$ は結晶学の定義に従って 2π を含まないようにしています．多くの場合，ただ一つの $\mathbf{q}$ のみが関与して，

$$\Delta\mathbf{u}_j(\mathbf{r}_n) = \mathbf{u}_{q_0 j}\mathrm{e}^{2\pi i\mathbf{q}_0\cdot\mathbf{r}_{nj}} \tag{9.6}$$

となります．つまり，それほど複雑な変位パターンとならずに，単純な sin 波になることが多いということです．式 (9.6) は複素数ですが，実際の変位は実数ですので，

$$\Delta\mathbf{u}_j(\mathbf{r}_n) = \mathbf{u}_{q_0 j}\sin(2\pi\mathbf{q}_0\cdot\mathbf{r}_{nj} + \phi_j) \tag{9.7}$$

と書いた方が分かりやすいでしょう．

図 9.4 (b) の原子変位パターンは $\mathbf{q}_0$=0 で $\mathbf{u}_0$=u_0(1,0,0), ϕ=$\frac{\pi}{2}$ です．一方，図 9.4 (c) の原子変位パターンは $\mathbf{q}_0$=$\frac{1}{2}\mathbf{b}^*$=$(0,\frac{1}{2},0)$ で $\mathbf{u}_0$=u_0(1,0,0), ϕ=π として表すことができます．複雑そうに見える図 9.4 (d) の原子変位パターンも，$\mathbf{q}_0$=$(\frac{1}{2},\frac{1}{2},0)$ で $\mathbf{u}_0$=$u_0(1,\bar{1},0)$ として表すことができます．$\mathbf{r}$=$(\frac{1}{2},\frac{1}{2},0)$ では $+\mathbf{u}_0$, $\mathbf{r}$=$(-\frac{1}{2},\frac{1}{2},0)$ では $-\mathbf{u}_0$ となります．図 9.4 (b) のように単位格子の大きさが変わらず原子変位で $\mathbf{q}_0$=0 のパターンが秩序変数になるとき，強的歪み秩序 (ferrodistortive order) とも呼ばれます．一方，図 9.4 (c) や (d) のように超格子ができて，原子変位で $\mathbf{q}_0$=$\frac{1}{2}\mathbf{a}^*$ のようなパターンが秩序変数になるとき，反強的歪み秩序 (antiferrodistortive order) とも呼ばれます．強的歪み秩序には，秩序変数が分極を担う強誘電体 (ferroelectric)，一様歪みの強弾性体 (ferroelastic) となるものがありますが，もう少し広い概念となっています．反強的歪み秩序のなかには反強誘電体 (antiferroelectric) もありますが，特に顕著な物性量が発現しないときは構造相転移などとひとくくりで呼ばれます．相転移を考える場合，図 9.4 (a) のように元となる構造を原型構造 (prototype structure) とか原型相 (prototype phase) と呼びます．prototype とか ferroic という言葉は相津により作られ[12]，秩序相のドメインと秩序変数の状態あるいは外場との関係，また，相転移前後での関連が議論されており，相転移の種々の現象を理解するのに大変便利な概念です．

単位胞に複数の原子種があるときには，式 (9.6) の書き方に二つの流儀があります．

$$\Delta\mathbf{u}_j(\mathbf{r}_j) = \mathbf{u}_{q_0 j}\mathrm{e}^{2\pi i\mathbf{q}\cdot\mathbf{r}_{nj}} \tag{9.8}$$

と原子種ごとに分解して書く書き方と，

$$\Delta \mathbf{u}_j(\mathbf{r}_n) = \mathbf{u}_{q_0 j} e^{2\pi i \mathbf{q}\cdot\mathbf{r}_n} \tag{9.9}$$

と，$\mathbf{u}_{q_0 j}$ の中に単位胞内での位相を押し込める場合で，論文を読むときには注意が必要です．

9.3　秩序変数による回折強度

それでは，今まで示したような分子配向秩序や原子変位パターンはどのようにして観測するのでしょうか．ほぼ唯一の方法は回折実験で得られた強度から分子の秩序度や原子変位パターンを得ることです．

まず，原子変位が起きたときの回折強度がどうなるのか見ていきましょう．構造因子 F は，式 (6.61) を用いて，

$$\begin{aligned} F(\mathbf{Q}) &= \sum_j f_j(Q) e^{-2\pi i \mathbf{Q}\cdot(\mathbf{r}_j+\Delta\mathbf{u}_j)} \\ &= \sum_j f_j(Q) e^{-2\pi i \mathbf{Q}\cdot\mathbf{r}_j} e^{-2\pi i \mathbf{Q}\cdot\Delta\mathbf{u}_j} \\ &= \sum_j f_j(Q) e^{-2\pi i \mathbf{Q}\cdot\mathbf{r}_j}(1 - 2\pi i \mathbf{Q}\cdot\Delta\mathbf{u}_j) \end{aligned} \tag{9.10}$$

と表されます．相転移で生じる原子変位は微少量として扱い，$\mathbf{Q}\cdot\Delta\mathbf{u}$ は微少量として級数展開しています．ここで，$\Delta\mathbf{u}$ に波の表式を用います．

$$\begin{aligned} &= \sum_j f_j(Q) e^{-2\pi i \mathbf{Q}\cdot\mathbf{r}_j} - i\sum_j 2\pi \mathbf{Q}\cdot\mathbf{u}_{q_0 j} f_j(Q) e^{-2\pi i(\mathbf{Q}-\mathbf{q}_0)\cdot\mathbf{r}_j} \\ &= F(\mathbf{Q})\delta(\mathbf{Q}-\mathbf{Q}_{hkl}) + i\Delta F(\mathbf{Q})\delta(\mathbf{Q}-(\mathbf{Q}_{hkl}+\mathbf{q}_0)) \end{aligned} \tag{9.11}$$

ここで，第一項の $F(\mathbf{Q}_{hkl})$ は今までどおりのブラッグ反射を与える構造因子ですが，第二項の $\Delta F(\mathbf{Q}_{hkl}+\mathbf{q}_0)$ が秩序変数のために出現する反射の構造因子です．式 (9.11) の特徴は，今までの (hkl) に現れるブラッグ反射以外に，$\mathbf{Q}$=$\mathbf{Q}_{hkl}+\mathbf{q}_0$ に新たに強度が出現することです．$\mathbf{q}_0 \neq 0$ なら，実格子で格子が大きくなって超格子 (superlattice) となることに対応して，このような反射を超格子反射 (superlattice reflection) と呼びます．逆格子で超格子反射の出る

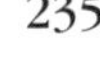

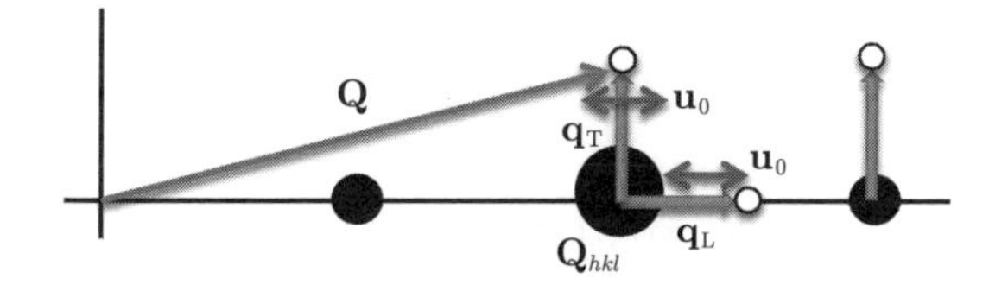

図 9.6　原子変位からくる超格子反射強度の特徴.

様子を模式的に**図 9.6** に示します．黒丸が今までの通常のブラッグ反射で，白丸が超格子反射です．

もしも，$\mathbf{u}_{q_0 j}$ が j によらずに同じなら

$$\Delta F(\mathbf{Q}_{hkl}+\mathbf{q}_0) = -2\pi(\mathbf{Q}_{hkl}+\mathbf{q}_0)\cdot\mathbf{u}_{q_0}F(\mathbf{Q}_{hkl}+\mathbf{q}_0) \qquad (9.12)$$

と表されます．このような波は音響波 (acoustic wave) と呼ばれます．音響波のような変位から来る超格子反射の強度は，

$$\Delta F\Delta F^* = 4\pi^2((\mathbf{Q}_{hkl}+\mathbf{q}_0)\cdot\mathbf{u}_{q_0})^2|F(\mathbf{Q}_{hkl}+\mathbf{q}_0)|^2 \qquad (9.13)$$

となり，$u_{q_0}^2$ に比例します．式 (9.13) で大事な点は，$\mathbf{Q}\cdot\Delta\mathbf{u}$ と内積になっていることです．そのために，図 9.6 で $\mathbf{q}_0=\mathbf{q}_\mathrm{L}$ と書かれた超格子反射では変位 $\Delta\mathbf{u}$ の方向は $\mathbf{q}_\mathrm{L}$ と平行のときにのみ強度が出ます．このような変位は縦波 (longitudinal wave) の変位です．一方，図 9.6 で $\mathbf{q}_0=\mathbf{q}_\mathrm{T}$ と書かれた超格子反射では変位 $\Delta\mathbf{u}$ の方向は $\mathbf{q}_\mathrm{T}$ と直角のときにのみ強度が出ます．このような変位は横波 (transverse wave) の変位です．実験で得られた超格子反射強度の分布から，変位パターンの特徴が縦波的か横波的かが比較的簡単に分かります．式 (9.13) のもう一つの特徴は，超格子反射の強度が $|F(\mathbf{Q})|^2$ に比例していることです．したがって，音響波的な変位から生じる超格子反射は，近くのブラッグ反射強度が強い所で強くなります．

式 (9.11) で $\mathbf{u}_{q_0 1}=-\mathbf{u}_{q_0 2}$ のように二つの原子が逆方向に変位する場合はどうなるでしょうか．これは光学波 (optical wave) のような変位です．一見すると打ち消し合って強度が消えてしまうように見えます．しかしながら，$f_1(Q)\mathrm{e}^{-2\pi i\mathbf{Q}\cdot\mathbf{r}_1}=-f_2(Q)\mathrm{e}^{-2\pi i\mathbf{Q}\cdot\mathbf{r}_2}$ と位相が逆になっていたら逆に強め合って強度が出ます．極端な場合は消滅則で消える場合で，この場合は対称性から位相が π だけずれて完全に消し合っています．したがって，光学波的な変位か

ら生じる超格子反射は，近くのブラッグ反射強度が弱いところで強くなります．原子変位による超格子反射強度のもう一つの特徴は，強度が $|\mathbf{Q}|^2$ に比例することです．したがって，大きな $\mathbf{Q}$ になるほど一般的に強度が大きくなります．これらの特徴を考慮すると，超格子反射の強度分布から秩序変数が変位による物なのか，さらに変位の特徴が光学波的か音響波的か，縦波的か横波的かが区別できます．もちろん，最終的には強度分布を正しく取り扱って構造解析して原子変位パターンを求めることが重要です．

原子変位ではなく，秩序–無秩序型の簡単な例として，まずは図 9.3 で示した金属での秩序–無秩序型相転移で回折強度を計算してみましょう．

$$\begin{aligned} F(\mathbf{Q}) &= \sum_{nj} f_j(Q)\mathrm{e}^{-2\pi i\mathbf{Q}\cdot\mathbf{r}_{nj}} \\ &= \sum_{n} \mathrm{e}^{-2\pi i\mathbf{Q}\cdot\mathbf{r}_{n}} \times ((f_{\mathrm{A}}\rho_{\mathrm{A}}(000) + f_{\mathrm{B}}\rho_{\mathrm{B}}(000)) + \\ &\quad (f_{\mathrm{A}}\rho_{\mathrm{A}}(\tfrac{1}{2}\tfrac{1}{2}\tfrac{1}{2}) + f_{\mathrm{B}}\rho_{\mathrm{B}}(\tfrac{1}{2}\tfrac{1}{2}\tfrac{1}{2}))\mathrm{e}^{-\pi i(h+k+l)}) \end{aligned} \tag{9.14}$$

となります．

$h+k+l=2n$ のときは，

$$\begin{aligned} F(\mathbf{Q}) &= \sum_{n} \mathrm{e}^{-2\pi i\mathbf{Q}\cdot\mathbf{r}_{n}} \\ &\quad \times ((f_{\mathrm{A}}\rho_{\mathrm{A}}(000) + f_{\mathrm{B}}\rho_{\mathrm{B}}(000)) + (f_{\mathrm{A}}\rho_{\mathrm{A}}(\tfrac{1}{2}\tfrac{1}{2}\tfrac{1}{2}) + f_{\mathrm{B}}\rho_{\mathrm{B}}(\tfrac{1}{2}\tfrac{1}{2}\tfrac{1}{2}))) \\ &= (f_{\mathrm{A}} + f_{\mathrm{B}})\delta(\mathbf{Q} - \mathbf{Q}_{hkl}) \\ &= 2 \times \frac{1}{2}(f_{\mathrm{A}} + f_{\mathrm{B}})\delta(\mathbf{Q} - \mathbf{Q}_{hkl}) \quad (h+k+l=2n) \end{aligned} \tag{9.15}$$

となります．この式は，CsCl 型構造の構造因子でもあり，A 原子と B 原子を平均化した $\frac{1}{2}(f_{\mathrm{A}} + f_{\mathrm{B}})$ 原子でできた *bcc* 構造の構造因子でもあります．

$h+k+l=2n+1$ のときは，

$$\begin{aligned} F(\mathbf{Q}) &= \sum_{n} \mathrm{e}^{-2\pi i\mathbf{Q}\cdot\mathbf{r}_{n}} \\ &\quad \times ((f_{\mathrm{A}}\rho_{\mathrm{A}}(000) + f_{\mathrm{B}}\rho_{\mathrm{B}}(000)) - (f_{\mathrm{A}}\rho_{\mathrm{A}}(\tfrac{1}{2}\tfrac{1}{2}\tfrac{1}{2}) + f_{\mathrm{B}}\rho_{\mathrm{B}}(\tfrac{1}{2}\tfrac{1}{2}\tfrac{1}{2}))) \\ &= \sum_{n} \mathrm{e}^{-2\pi i\mathbf{Q}\cdot\mathbf{r}_{n}}(f_{\mathrm{A}}\sigma_n - f_{\mathrm{B}}\sigma_n) \\ &= (f_{\mathrm{A}} - f_{\mathrm{B}})\sigma(\mathbf{Q})\delta(\mathbf{Q} - \mathbf{Q}_{hkl}) \quad (h+k+l=2n+1) \end{aligned} \tag{9.16}$$

となります．ここで，式 (9.4) の秩序変数を代入しています．*bcc* 型 AB 合金の相転移では，*bcc* 構造の消滅則で消えていた $h+k+l=2n+1$ 反射強度が秩序変数に比例することが分かります．

次に，分子配向などの秩序化に伴う回折強度がどうなるかを見てみましょう．簡単のために単位胞に一つだけ分子があるとします．図 9.1 の分子の中心までのベクトルを $\mathbf{r}_n$ として，中心からそれぞれの原子までのベクトルを考えます．$+\Delta\mathbf{r}$ に原子形状因子 f_1 の原子が，$-\Delta\mathbf{r}$ に原子形状因子 f_2 の原子があるときの秩序変数を $\sigma_n=+1$ と定義し，逆に，$+\Delta\mathbf{r}$ に原子形状因子 f_2 の原子が，$-\Delta\mathbf{r}$ に原子形状因子 f_1 の原子があるときの秩序変数を $\sigma_n=-1$ と定義します．まず，$\sigma=\pm1$ を等確率で取る $\langle\sigma_n\rangle=0$ の無秩序状態での構造因子は次のようになります．

$$
\begin{aligned}
F(\mathbf{Q}) &= \sum_{nj} f_j(Q)\mathrm{e}^{-2\pi i\mathbf{Q}\cdot\mathbf{r}_{nj}} \\
&= \sum_n \mathrm{e}^{-2\pi i\mathbf{Q}\cdot\mathbf{r}_n} \\
&\quad \times \frac{1}{2}((f_1\mathrm{e}^{-2\pi i\mathbf{Q}\cdot\Delta\mathbf{r}}+f_2\mathrm{e}^{2\pi i\mathbf{Q}\cdot\Delta\mathbf{r}})+(f_2\mathrm{e}^{-2\pi i\mathbf{Q}\cdot\Delta\mathbf{r}}+f_1\mathrm{e}^{2\pi i\mathbf{Q}\cdot\Delta\mathbf{r}})) \\
&= \sum_n \mathrm{e}^{-2\pi i\mathbf{Q}\cdot\mathbf{r}_n}\left(\frac{f_1+f_2}{2}\mathrm{e}^{-2\pi i\mathbf{Q}\cdot\Delta\mathbf{r}}+\frac{f_1+f_2}{2}\mathrm{e}^{+2\pi i\mathbf{Q}\cdot\Delta\mathbf{r}}\right) \\
&= \sum_n \mathrm{e}^{-2\pi i\mathbf{Q}\cdot\mathbf{r}_n}(\overline{f}\mathrm{e}^{-2\pi i\mathbf{Q}\cdot\Delta\mathbf{r}}+\overline{f}\mathrm{e}^{+2\pi i\mathbf{Q}\cdot\Delta\mathbf{r}})
\end{aligned}
\tag{9.17}
$$

と表されます．つまり，図 9.1 の灰色の原子として平均の原子形状因子 $\overline{f}$ をもつ原子が $+\Delta\mathbf{r}$ と $-\Delta\mathbf{r}$ にある状態の構造因子となります．

次に，$\sigma=+1$ の状態の構造因子は次のようになります．

$$
F(\mathbf{Q})=\sum_n \mathrm{e}^{-2\pi i\mathbf{Q}\cdot\mathbf{r}_n}(f_1\mathrm{e}^{-2\pi i\mathbf{Q}\cdot\Delta\mathbf{r}}+f_2\mathrm{e}^{+2\pi i\mathbf{Q}\cdot\Delta\mathbf{r}}) \tag{9.18}
$$

ここで，式 (9.17) と式 (9.18) を次のように秩序変数 σ_n を用いて書き直してみましょう．

$$
\begin{aligned}
F(\mathbf{Q}) = \sum_n \mathrm{e}^{-2\pi i\mathbf{Q}\cdot\mathbf{r}_n} &\left(\left(\frac{f_1+f_2}{2}+\frac{f_1-f_2}{2}\sigma_n\right)\mathrm{e}^{-2\pi i\mathbf{Q}\cdot\Delta\mathbf{r}}\right. \\
&\left.+\left(\frac{f_1+f_2}{2}-\frac{f_1-f_2}{2}\sigma_n\right)\mathrm{e}^{+2\pi i\mathbf{Q}\cdot\Delta\mathbf{r}}\right)
\end{aligned}
\tag{9.19}
$$

この式一つで，$\sigma = 0, \pm 1$ の全てを表現しています．式 (9.19) は次のようになります．

$$F(\mathbf{Q}) = \sum_n \mathrm{e}^{-2\pi i \mathbf{Q}\cdot\mathbf{r}_n} \frac{f_1 + f_2}{2} (\mathrm{e}^{-2\pi i \mathbf{Q}\cdot\Delta\mathbf{r}} + \mathrm{e}^{+2\pi i \mathbf{Q}\cdot\Delta\mathbf{r}}) + \sum_n \mathrm{e}^{-2\pi i \mathbf{Q}\cdot\mathbf{r}_n} \frac{f_1 - f_2}{2} (\mathrm{e}^{-2\pi i \mathbf{Q}\cdot\Delta\mathbf{r}} - \mathrm{e}^{+2\pi i \mathbf{Q}\cdot\Delta\mathbf{r}}) \sigma_n \qquad (9.20)$$

ここで，式 (9.2) の秩序変数の波の表式を代入すると，

$$\begin{aligned} F(\mathbf{Q}) =& \sum_n \mathrm{e}^{-2\pi i \mathbf{Q}\cdot\mathbf{r}_n} (f_1 + f_2) \cos(2\pi \mathbf{Q}\cdot\Delta\mathbf{r}) \\ & - i \sum_n \mathrm{e}^{-2\pi i \mathbf{Q}\cdot\mathbf{r}_n} (f_1 - f_2) \sin(2\pi \mathbf{Q}\cdot\Delta\mathbf{r}) \sigma(\mathbf{q}_0) \mathrm{e}^{2\pi i \mathbf{q}_0\cdot\mathbf{r}_n} \\ =& \overline{F}(\mathbf{Q}) \delta(\mathbf{Q} - \mathbf{Q}_{hkl}) - i \Delta F(\mathbf{Q}) \delta(\mathbf{Q} - (\mathbf{Q}_{hkl} + \mathbf{q}_0)) \end{aligned} \qquad (9.21)$$

となります．第一項が無秩序状態の構造因子であり，平均としての通常のブラッグ反射に対応しています．第二項が秩序化により生じる構造因子です．ここで，

$$\begin{aligned} \overline{F}(\mathbf{Q}) &= (f_1 + f_2) \cos(2\pi \mathbf{Q}\cdot\Delta\mathbf{r}) \\ \Delta F(\mathbf{Q}) &= (f_1 - f_2) \sin(2\pi \mathbf{Q}\cdot\Delta\mathbf{r}) \sigma(\mathbf{q}_0) \end{aligned} \qquad (9.22)$$

です．式 (9.21) は，図 9.6 で示した原子変位での超格子反射と同様に，通常のブラッグ反射の位置 $\mathbf{Q}_{hkl}$ と超格子反射位置 $\mathbf{Q}_{hkl} + \mathbf{q}_0$ に強度が現れることを示しています．超格子反射強度 $\Delta F \Delta F^*$ は $\sigma_{\mathbf{q}_0}^2$ と $|F_0(\mathbf{Q})|^2$ に比例します．図 9.2 (c) のように a 軸方向に 2 倍の秩序化だと $\mathbf{Q}_{hkl} + \frac{1}{2}\mathbf{a}^*$ に超格子が出ますし，図 9.2 (b) のように単位胞の大きさが変わらなければ $\mathbf{q}_0$=0 なので，$\mathbf{Q}_{hkl}$ の元のブラッグ反射の強度が変化します．

原子変位の場合の構造因子では，超格子反射強度は $\mathbf{Q}\cdot\Delta\mathbf{u}$ の項により強い方向性を示しましたが，分子配向に関する秩序–無秩序型の構造因子では $\sin(2\pi\mathbf{Q}\cdot\Delta\mathbf{r})$ の項により方向性を示します．つまり，$\Delta\mathbf{r}$ に直交する方向の $\mathbf{Q}$ では超格子反射の強度が弱くなり，平行の方向で強くなります．さらに，原子変位による超格子反射は $|\mathbf{Q}|^2$ で強くなりましたが，秩序–無秩序型の構造因子ではそのような項がないので通常は $|\mathbf{Q}|$ が大きくなると温度因子や原子形状因子のため

に弱くなっていきます．したがって，一般的には $\mathbf{Q}$ が小さいほど強度が強くなります．

相転移の種類は様々で，ここで詳しく述べたように，まずは秩序–無秩序型相転移と変位型相転移に分類されます．現実にはさらに色々なことが起こり，秩序変数のもつ性質で，強誘電体，反強誘電体，強弾性体，ゾーン境界型構造相転移，整合–不整合相転移，などがあります．秩序変数の巨視的な性質での分類よりは，秩序の起こる空間的なパターンを示している $\mathbf{q}$ ベクトルで，$\mathbf{q}_0=0$ なのか，$\mathbf{q}_0$ がゾーン境界なのか，簡単な整数値の分数にならないで不整合なのか，で考える方が分かりやすいことが多いです．また，後で述べるように二種類の秩序変数が結合するかしないかで，真性強誘電体 (proper ferroelectrics)，外性強誘電体 (improper ferroelectrics)，真性強弾性体 (proper ferroelastic) などという言葉も使われます．外性強誘電体では，巨視的な揺らぎとしての誘電率の異常がないのに急に電気分極が発生するので，昔は冗談で「タメゴロー型」などとも呼ばれていました．GMO($Gd_2(MoO_4)_3$) という物質でこの外性強誘電体が発見された当時,「アッと驚く為五郎」というギャグがはやっていたことに由来します．このときにも，相転移の本当の起源となっている秩序変数の $\mathbf{q}_0$ ベクトルが何か，そして，$\mathbf{q}_0=0$ の巨視的な秩序変数はそれに引きずられているだけかの議論が重要です．相転移の起源となっている秩序変数を primary order parameter と呼び，引きずられて発生する秩序変数を secondary order parameter と呼びます．

9.4　秩序変数と自由エネルギー

相転移の熱力学的な振る舞いを考える上で，自由エネルギーが重要な役割を果たします．自由エネギーの内，相転移に関わる部分だけを秩序変数のテイラー展開で書き表します．このような自由エネルギーは，最初に導出したランダウ (L. Landau) の名前を付けて，ランダウ流の自由エネルギーと呼ばれます．秩序変数のどのような関数になるかは高対称相の対称性によります．

簡単な例として，秩序変数を強誘電相転移を想定して P と書き，次のような自由エネルギーを考えてみましょう．

$$F = \frac{1}{2}\alpha P^2 + \frac{1}{4}\beta P^4 \tag{9.23}$$

熱力学的な安定状態は，$\frac{\partial F}{\partial P}=0$ から求まります．

$$\alpha P + \beta P^3 = 0 \tag{9.24}$$

この解は，

$$P = 0, \quad \sqrt{-\frac{\alpha}{\beta}} \tag{9.25}$$

です．ここで，

$$\alpha = \alpha_0 (T - T_{\rm c}) \tag{9.26}$$

と温度変化すると仮定します．すると，式 (9.25) は

$$\begin{aligned} &P = 0 && (T > T_{\rm c}) \\ &P = \sqrt{\frac{\alpha_0}{\beta}}\sqrt{T_{\rm c} - T} && (T < T_{\rm c}) \end{aligned} \tag{9.27}$$

となります．**図 9.7** に式 (9.27) で得られた秩序変数の温度変化を示します．ここで秩序変数として発生する電気分極は，外部電場で誘起される電気分極とは違って外場なしで発生します．このような電気分極を自発分極 (spontaneous polarization) といい，$P_{\rm s}$ とも書かれます．

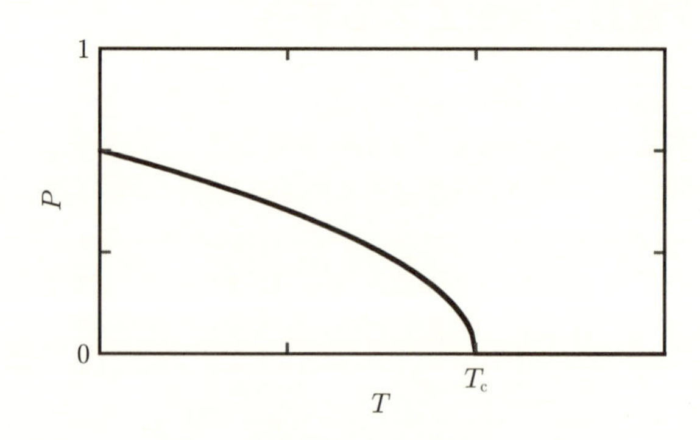

図 9.7　秩序変数の温度変化．

秩序変数 P は T_c で連続的に 0 から有限値に変化します．このような場合は，二次相転移です．相転移の次数の定義は，自由エネルギーの温度に関する n 階微分が相転移温度で不連続になる場合をいいます．あるいは，$\frac{\partial^n F}{\partial T^n}=0$ となるとき，$(n-1)$ 次相転移といいます．式 (9.23) の自由エネルギーの温度変化は，式 (9.27) を代入して，

$$F = -\frac{\alpha_0^2}{4\beta}(T-T_\mathrm{c})^2 \qquad (T<T_\mathrm{c}) \tag{9.28}$$

となります．この式から分かるように，二次相転移となります．

式 (9.23) の自由エネルギーを**図 9.8** に示します．図 9.8 に示すように，$T>T_\mathrm{c}$ では極小値は $P=0$ にありますが，$T<T_\mathrm{c}$ では極小値は $P=\pm P_0$ に移ります．図は，$\beta=40$ と $\alpha=-16$ で描いているので，$P=\pm\sqrt{0.4}$ となります．式 (9.23) の自由エネルギーでは二次相転移になりますので，極小値は $P=0$ から温度の低下と共に T_c 以下で連続的に有限値に変化します．実際の物質では，P^6 のような高次項や，対称性によれば奇数次の項も入ってきますので，一次相転移になったり複雑になります．

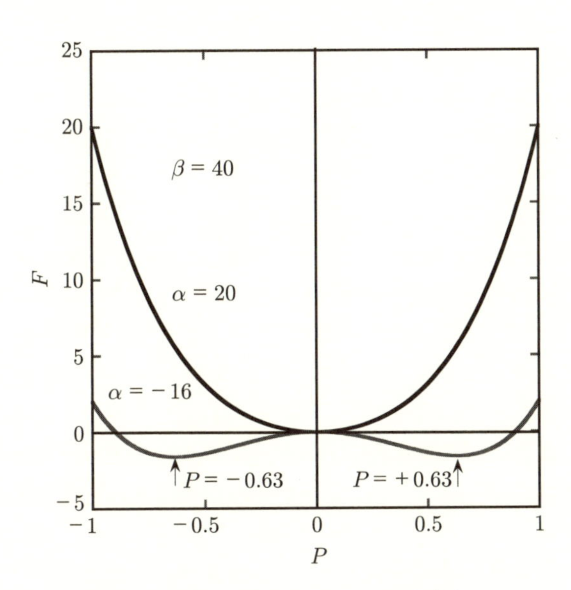

図 9.8　自由エネルギー F の温度変化．

9.5　結合系の秩序変数

前節では，秩序変数は一種類としました．しかしながら，現実の系では様々な物理量が互いに相互作用して，ただ一つの秩序変数だけが存在する場合はむしろまれです．例えば，強誘電相転移では必ず歪みを伴います．このときには，電気分極という秩序変数と歪みという秩序変数が結合します．第4.8節で述べた圧電定数は応力と分極との関係，あるいは電場と歪みの間の応答係数でしたが，強誘電相で自発的に電気分極が発生するとこのような応答係数と関係して歪みが誘起されます．磁気秩序である強磁性相転移では，磁気モーメントの起源が純粋に電子のスピンであるときは歪みが発生しないこともあります．しかしながら，電子軌道などが関係してきて歪みが発生する場合があります．このような歪みは磁歪と呼ばれますが，この場合も磁気モーメントという秩序変数と歪みという秩序変数が結合しています．昔からよく知られていた秩序変数の結合以外に最近話題になっているのが電気分極と磁気モーメントの結合です．このときには電気磁気結合係数 (electro-magnetic coupling constant) が重要な役割を果たします．電気分極という秩序変数と磁気モーメントという秩序変数が同時に発生する場合は，最近ではマルチフェロイック (multiferroic) と呼ばれますが，もちろん電気分極と歪みの同時発生，磁気モーメントと歪みの同時発生もマルチフェロイックです．しかしながら，この二つは当たり前すぎていて，特別にマルチフェロイックという言葉は使用されていません．

二つの秩序変数が結合していることの分かりやすい例として，NH_4Br と NH_4Cl の相転移を見てみましょう[13]．NH_4 分子がもつ四つの H 原子は，**図 9.9** (a) に示したように，近くの X 原子と水素結合で強く結びつき，X 原子を N-H-X と近づけるように変位させます．NH_4 は $\bar{4}$ の対称性をもっていて，90° 回しても同じになりません．そこで，0° の状態と 90° の状態の二つの配置を取ることができます．高温相では，図 (b) に示したように，この二つの配置が等分布になるように無秩序状態ですので，X 原子の変位も平均として存在しません．構造としては，丸い NH_4 分子が体心位置にある CsCl 構造で，空間群は $Pm\bar{3}m$ です．図 (a) の NH_4 分子の配置を $\sigma=+1$ とし，90° 回した状態を $\sigma=-1$ としましょう．これを擬スピン (pseudo-spin) 変数といいます．高温相の図 (b) では $\langle\sigma\rangle=0$ です．一方，X 原子の変位は u で表されます．これも秩序

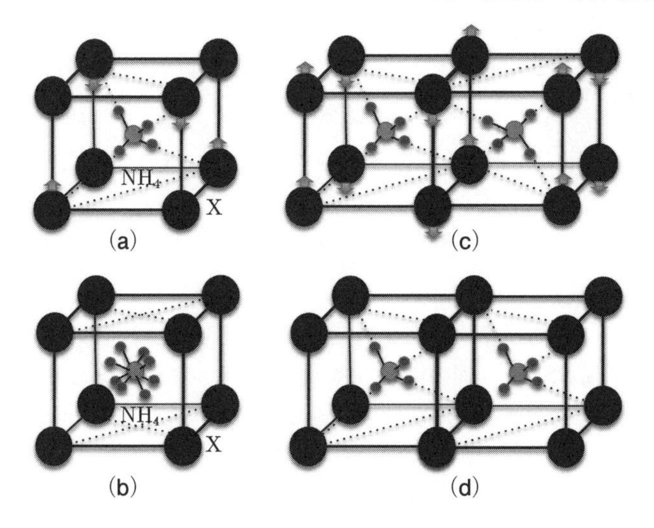

図 9.9 NH_4Br と NH_4Cl の構造.

変数になり得ます.

NH_4X 分子が結晶を作って図 (a) の箱が並んだ状態を考えます. NH_4 分子間には四重極子としての相互作用が生じますし, 原子変位 u 間には格子振動としての相互作用が存在します. さらに, NH_4 分子の配向 σ と X 原子の変位 u の間には水素結合が存在します. そこで, ハミルトニアンとしては,

$$H = \sum_{ij} C_{ij}u_iu_j + J_{ij}\sigma_i\sigma_j + g_{ij}\sigma_iu_j \tag{9.29}$$

の形となります.

図 9.9 (a) のような原子変位を尊重して隣に NH_4 分子を置くと, 図 (c) のように隣の NH_4 分子の配向は σ=−1 となります. つまり, 擬スピンは反強的 (antiferroic) に並びます. このような構造は NH_4Br の低温中間相の構造として存在します. 一方, 図 (d) のように擬スピンを強的 (ferroic) に並べるとしたら, 原子変位 u は矛盾が生じて, 原子変位は u=0 となります. このような構造は NH_4Cl の低温相の構造と NH_4Br の最低温相の構造として存在します.

それでは, 図 9.9 のような相転移が起こる原因を, 式 (9.29) からどのように考えればよいのでしょうか. まずは, 秩序変数となる原子変位 u を式 (9.5) のように波の表記にして逆格子の $\mathbf{q}$ 依存性に書き換えます. 原子変位は一般的に

取り扱えるように格子振動 (phonon) として表記します．文献[13]の記述に従えば，ハミルトニアンは擬スピンフォノン結合 (pseudo-spin phonon coupling) として，

$$H = \frac{1}{2}\sum_{ks}(P_{ks}P_{ks}^* + \omega_{ks}^2 q_{ks}q_{ks}^*) - \frac{1}{2}\sum_{ij} J_{ij}\sigma_i\sigma_j - \sum_{ksi}\frac{\omega_{ks}}{\sqrt{N}} g_{ks}q_{ks}\sigma_i \mathrm{e}^{ik\cdot r_i} \tag{9.30}$$

と表せます．ここで，第一項が振動数 ω_k の s 番目の分枝のフォノンのエネルギー，第二項が擬スピン間の直接の相互作用エネルギー，第三項がフォノンと擬スピンの相互作用エネルギーです．逆格子ベクトル q は，この式では元の論文と合わせて k として書かれています．このようなハミルトニアンは，$NaNO_2$ の相転移や 協力的ヤーン–テラー相転移を表すときにも使用されています．式 (9.30) はカノニカル変換を用いて，フォノンと擬スピンが結合した変数

$$q_{ks} = Q_{ks}^* + \sum_i \frac{1}{\sqrt{N}}\frac{1}{\omega_{ks}} g_{ks}\sigma_j \mathrm{e}^{-ik\cdot r_j} \tag{9.31}$$

で書き換えることができ，

$$H = \frac{1}{2}\sum_{ks}(P_{ks}P_{ks}^* + \omega_{ks}^2 Q_{ks}Q_{ks}^*) - \frac{1}{2}\sum_{ij}\left(J_{ij} + \sum_{ks}\frac{1}{N} g_{ks}g_{ks}^* \mathrm{e}^{ik\cdot(r_i - r_j)}\right)\sigma_i\sigma_j \tag{9.32}$$

となって，繰り込まれたフォノンのエネルギーと，フォノンを媒介とした部分も含んだ擬スピン変数間の相互作用エネルギーに分離されます．これが，式 (9.29) のような双一次結合型式 (bilinear coupling) の数学的な特徴です．

次に，秩序変数となる擬スピン σ を式 (9.1) のように波の表記にして逆格子の $\mathbf{q}$ 依存性に書き換えます．すると，式 (9.32) の第二項の相互作用の部分は

$$\begin{aligned} H_{\mathrm{int}} &= -\frac{1}{2}\sum_{\mathbf{q}}\left(J(\mathbf{q}) + \sum_s g_{\mathbf{q}s}g_{\mathbf{q}s}^*\right)\sigma(\mathbf{q})\sigma(-\mathbf{q}) \\ &= -\frac{1}{2}\sum_{\mathbf{q}} J(\mathbf{q})_{\mathrm{eff}}\sigma(\mathbf{q})\sigma(-\mathbf{q}) \end{aligned} \tag{9.33}$$

となります．この式では，逆格子ベクトルの表記を k からこの教科書での表式 $\mathbf{q}$ にもどしています．ここで，$J(\mathbf{q})$ が擬スピン間の相互作用，gg^* がフォノンと擬スピン間の相互作用によるもので，$J_{\mathrm{eff}}(\mathbf{q})$ が実効的な相互作用です．適当なフォノンの分散関係を仮定して計算した相互作用の $\mathbf{q}$ 依存性を**図 9.10** に示します．図から分かるように，擬スピン間の直接の相互作用 $J(\mathbf{q})$ は $\mathbf{q}=0$ を安定にしようとし，擬スピンとフォノンの相互作用 gg^* は $\mathbf{q}=(\frac{1}{2},\frac{1}{2},0)$ を安定にしようとして競合します．図は，NH_4Br の場合の低温中間相での計算ですので，$\mathbf{q}=(\frac{1}{2},\frac{1}{2},0)$ が安定化しますが，さらに温度を下げたり，NH_4Cl の場合には直接の相互作用 $J(\mathbf{q})$ が勝ってきて $\mathbf{q}=0$ が安定化します．

通常は上で述べたような双一次結合ではなくて，高次の相互作用で二種類の秩序変数が結合します．強誘電相転移を表した式 (9.23) を拡張して，電気分極 P と歪み u とが結合した自由エネルギーを次のように書いてみましょう．

$$F = \frac{1}{2}\alpha P^2 + \frac{1}{4}\beta P^4 + \frac{1}{2}cu^2 - guP^2 \tag{9.34}$$

この式では，結合は三次の項として導入されています．また，相互作用によりエネルギーが低くなるように符号を取っています．熱力学的な安定状態は，$\frac{\partial F}{\partial P}=0$ と $\frac{\partial F}{\partial u}=0$ から求まります．

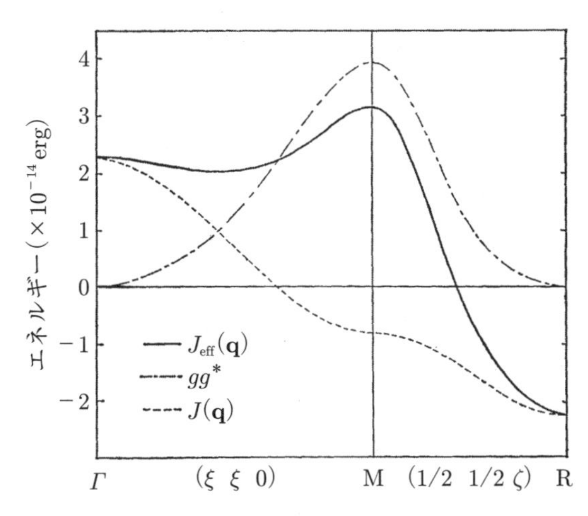

図 9.10 NH_4Br における $J(\mathbf{q})$ と gg^* と $J_{\mathrm{eff}}(\mathbf{q})$ [13].

$$\alpha P + \beta P^3 - 2guP = 0$$
$$cu - gP^2 = 0 \tag{9.35}$$

この解は，まず u を求めて P に代入します．

$$u_{\rm s} = \frac{g}{c} P_{\rm s}^2 \tag{9.36}$$

つまり，自発歪み $u_{\rm s}$ は自発分極 $P_{\rm s}^2$ に比例します．この比例係数 g/c が電歪定数です．$P_{\rm s}$ に関しては，

$$P_{\rm s}^2 = -\alpha/(\beta - \frac{2g^2}{c}) \tag{9.37}$$

となります．

秩序変数 $P_{\rm s}$ の二次の係数 α が温度変化するとしましょう．

$$\alpha = \alpha_0(T - T_{\rm c}) \tag{9.38}$$

すると，式 (9.37) は $T < T_{\rm c}$ では

$$P_{\rm s}^2 = \alpha_0(T_{\rm c} - T)/(\beta - \frac{2g^2}{c}) \tag{9.39}$$

となります．$P_{\rm s}^2 > 0$ より $(\beta - \frac{2g^2}{c}) > 0$ の条件が必要です．秩序変数 $P_{\rm s}$ は温度降下と共に $T_{\rm c}$ から発生します．$u_{\rm s}$ は $P_{\rm s}^2$ に比例しており，

$$u_{\rm s} = \frac{g}{c}\alpha_0(T_{\rm c} - T)/(\beta - \frac{2g^2}{c}) \tag{9.40}$$

となります．秩序変数 $u_{\rm s}$ は，その二次の係数 c が温度変化しないにも関わらず，温度降下と共に発生します．これは，秩序変数 $u_{\rm s}$ が秩序変数 $P_{\rm s}$ により誘起されたと解釈できます．そのような意味で，秩序変数 $P_{\rm s}$ を primary order parameter，秩序変数 $u_{\rm s}$ を secondary order parameter といいます．注意していただきたいのは，秩序変数 $P_{\rm s}$ と秩序変数 $u_{\rm s}$ の温度変化の仕方が違うことです．これは，双一次型式のときと違い，結合の次数が違っていて u と P^2 が結合しているためです．式 (9.34) の自由エネルギーは，結合の効果を繰り込んで，

$$F = \frac{1}{2}\alpha P^2 + \frac{1}{4}\left(\beta - 2\frac{g^2}{c}\right)P^4 \tag{9.41}$$

と書けて，式 (9.23) と同じとなります．ただし，電歪定数が大きければ $(\beta - 2\frac{g^2}{c}) < 0$ となる可能性もあり，そのときには高次の P^6 の項が必要となって，一次相転移となります．

自由エネルギーの最後の例として，$\mathbf{q} \neq 0$ の原子変位パターンが基本となる秩序変数で，それが電気分極 P と結合した場合を見てみましょう．原子変位パターンの秩序変数をここでは Q と書くことにします．自由エネルギーは

$$F = \frac{1}{2}\alpha Q_{\mathbf{q}}^2 + \frac{1}{4}\beta Q_{\mathbf{q}}^4 + \frac{1}{2}\chi P^2 - gPQ_{\mathbf{q}}^2 \qquad (9.42)$$

と書けます．このように書くと，式 (9.42) は，本質的には式 (9.34) と同じですから，primary order parameter $Q_{\mathbf{q}}$ の揺らぎが発散的に大きくなって T_{c} 以下で秩序化し，同時に secondary order parameter として電気分極 P_{s} が発生します．このとき，電気分極の揺らぎに対応する帯電率 χ は温度変化しません．つまり，primary order parameter $Q_{\mathbf{q}}$ により secondary order parameter P_{s} が誘起されていて，間接型強誘電体 (improper ferroelectrics) と呼ばれます．物性測定で秩序変数 $Q_{\mathbf{q}}$ が見つからない段階では，しばしば「隠れた秩序」などと呼ばれたりすることもあります．式 (9.42) の結合している相手を P ではなくて歪み u だとすれば，primary order parameter $Q_{\mathbf{q}}$ により secondary order parameter u が誘起されて，間接型強弾性体 (improper ferroelastic) と呼ばれます．式 (9.42) をもう少し複雑にすれば，primary order parameter $Q_{\mathbf{q}}$ と secondary order parameter u および P が結合した表式も作ることができます．

秩序変数 $Q_{\mathbf{q}}$ を取り扱うときにはいくつか注意が必要です．それは，$\mathbf{q}$ に関して結晶の並進対称性を満たす必要があるので，式 (9.42) のような自由エネルギーを書くときに，$\mathbf{q}$ での和が $\sum \mathbf{q}=0$，あるいは $\sum \mathbf{q}=n_1\mathbf{a}^* + n_2\mathbf{b}^* + n_3\mathbf{c}^*$ と逆格子点となるようにしなくてはいけないことです．これは，ゾーン境界の場合は簡単ですが，例えば $\mathbf{q}=\frac{1}{3}$ などの場合は注意が必要です．また，秩序変数 $Q_{\mathbf{q}}$ は，多くの場合，一次元表現ではなく二次元表現や三次元表現になっているので，Q_1, Q_2 あるいは Q_1, Q_2, Q_3 などとして取り扱う必要が生じます．

9.6　秩序変数と揺らぎ

巨視的な物性量は構造に強く依存しています．このようなことが明確に認識されたのはかなり前のことであり，その典型例は $BaTiO_3$ の強誘電相転移発見以降でしょう．$BaTiO_3$ の強誘電相転移の発見は第二次世界大戦中で，日米ソの三カ国でほぼ同時期でした．しかしながら誘電率が非常に大きく通信機器の小型化につながる発見であったために軍事機密でした．電気分極と誘電率の温度変化の様子を模式的に**図 9.11** (a) に示します．秩序変数である電気分極 P が相転移温度以下で自発的に発達し (自発分極 P_s)，相転移温度近くで電気分極の揺らぎである誘電率 ϵ が発散的に大きくなります．

終戦後，この研究は公開され，ペロブスカイト型物質の研究が盛んになります．そのような過程で発見されたのが $PbZrO_3$ の相転移でした．誘電率が $BaTiO_3$ のように大きく温度変化します[18]．ところが不思議なことに，図 9.11 (b) に模式的に示すように低温相では電気分極が発生しません．この違いは何故起こるのでしょうか．この問題を解決したのは，X 線粉末回折実験でした[19]．超格子反射が発見され，単位胞が大きくなっていました．それにより，電気分極が隣の単位胞では反転している反強誘電体という概念が導入されます．このような場合，電気分極の揺らぎである誘電率は相転移温度をめざして大きくなりますが，一番大きな揺らぎは $\mathbf{q}=0$ の誘電率ではなく，$\mathbf{q} \neq 0$ にあることが後に分かります．

電気分極の揺らぎは，式 (9.23) で表される図 9.8 を見れば理解できます．電

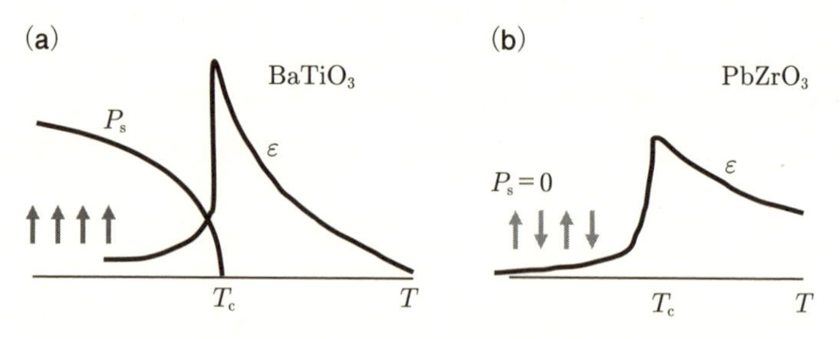

図 9.11　(a) $BaTiO_3$ と (b) $PbZrO_3$ の誘電率 ϵ と自発分極 P_s.

気分極が小さいときの平均二乗振幅 ΔP^2 は自由エネルギー F の二次の項となりますから，その係数は $(\frac{\partial^2 F}{\partial P^2})_\mathrm{s}$ として与えられます．つまり，式 (9.23) では二次の係数の α が電気分極の感受率あるいは 帯電率 χ となるわけです．通常，物理量の平均二乗振幅は揺らぎと対応づけられています．相転移温度に近づくと図 9.8 で自由エネルギーは鍋底型の四次関数になり平均二乗振幅 ΔP^2 は大きくなります．つまり，相転移を引き起こす源になっている primary order parameter である秩序変数の感受率は相転移温度で発散的に増大します．

このように，秩序変数が primary order parameter か secondary order parameter かはその揺らぎに顕著に現れます．秩序変数が結合しているとき，式 (9.34) のような簡単な自由エネルギーでも電歪定数が定義できました．この自由エネルギーから種々の物理量がどのように導き出せるかをもう少し見てみましょう．出発とするのは式 (9.34) の分極 P が primary order parameter で，歪み u が結合しているときです．電場 E を印加したときに分極が $P_\mathrm{s} + \Delta P$ と誘起され，応力 T^ex を印加したときに歪みが $u_\mathrm{s} + \Delta u$ と誘起されるとします (応力 T と温度 T を混同しないためにここでは応力 T^ex と書きました)．このときには，線形応答として，

$$\begin{aligned} E &= \left(\frac{\partial^2 F}{\partial P^2}\right)_\mathrm{s} \Delta P + \left(\frac{\partial^2 F}{\partial P \partial u}\right)_\mathrm{s} \Delta u \\ T^\mathrm{ex} &= \left(\frac{\partial^2 F}{\partial P \partial u}\right)_\mathrm{s} \Delta P + \left(\frac{\partial^2 F}{\partial u^2}\right)_\mathrm{s} \Delta u \end{aligned} \tag{9.43}$$

と表されます．これを解くと，分極 ΔP に関しては

$$D = \left(\frac{\partial^2 F}{\partial P^2}\right)_\mathrm{s} \left(\frac{\partial^2 F}{\partial u^2}\right)_\mathrm{s} - \left(\frac{\partial^2 F}{\partial P \partial u}\right)_\mathrm{s}^2 \tag{9.44}$$

として，

$$\Delta P = \frac{1}{D} \left(\frac{\partial^2 F}{\partial u^2}\right)_\mathrm{s} E - \frac{1}{D} \left(\frac{\partial^2 F}{\partial P \partial u}\right)_\mathrm{s} T^\mathrm{ex} \tag{9.45}$$

と得られます．第一項が帯電率 χ に関する，第二項が圧電定数 d に関する表式です．次に，歪み Δu を解くと，

$$\Delta u = \frac{1}{D} \left(\frac{\partial^2 F}{\partial P^2}\right)_\mathrm{s} T^\mathrm{ex} - \frac{1}{D} \left(\frac{\partial^2 F}{\partial P \partial u}\right)_\mathrm{s} E \tag{9.46}$$

と得られます．第一項が弾性コンプライアンス定数 S であり，第二項が圧電定数 d です．弾性コンプライアンス定数 S は歪みに対する感受率といってもよいものです．式 (9.34) を代入すると，これらの定数の温度変化が求まります．

高温相の $T > T_\mathrm{c}$ では，$P_\mathrm{s} = 0$，u_s=0 なので，

$$\left(\frac{\partial^2 F}{\partial P^2}\right)_\mathrm{s} = \alpha, \quad \left(\frac{\partial^2 F}{\partial u^2}\right)_\mathrm{s} = c, \quad \left(\frac{\partial^2 F}{\partial P \partial u}\right)_\mathrm{s} = 0 \tag{9.47}$$

となり，$D = \alpha c$ となって，

$$\chi = \frac{1}{\alpha}, \quad S = \frac{1}{c}, \quad d = 0, \tag{9.48}$$

となります．帯電率 χ は温度変化して $T = T_\mathrm{c}$ で発散的に増大します．このような振る舞いはキューリー–ワイスの法則 (Curie–Weiss law) と呼ばれています．一方，弾性コンプライアンス定数 S は温度変化せずに定数で c^{-1} です．圧電定数も温度変化せずに $T > T_\mathrm{c}$ では $d = 0$ です．

低温相の $T < T_\mathrm{c}$ では，$D = -2\alpha c$ となって，式 (9.39) を代入すると

$$\Delta P = -\frac{1}{2\alpha} E - \frac{g}{\sqrt{-\alpha(c^2\beta - 2cg^2)}} T^\mathrm{ex} \tag{9.49}$$

と得られます．応力がないときの帯電率 χ の逆数を相転移温度の前後で比較すると，

$$\begin{aligned} \chi^{-1} &= \alpha_0(T - T_\mathrm{c}) \quad (T > T_\mathrm{c}) \\ \chi^{-1} &= 2\alpha_0(T_\mathrm{c} - T) \quad (T < T_\mathrm{c}) \end{aligned} \tag{9.50}$$

となって，傾きが2倍だけ違います．帯電率 χ は電場 $\mathbf{E}$ と分極 $\mathbf{P}$ との係数でしたが，電場 $\mathbf{E}$ と電束密度 $\mathbf{D}$ との係数である誘電率 ϵ としても同じです．帯電率 χ あるいは誘電率 ϵ の逆数の温度変化を**図 9.12** に示します．

Δu に関しても同様に解くと，

$$\Delta u = \frac{1}{c}\left(\frac{c\beta}{c\beta - 2g^2}\right) T^\mathrm{ex} - \frac{g}{\sqrt{-\alpha(c^2\beta - 2cg^2)}} E \tag{9.51}$$

と得られます．電場がないときの弾性コンプライアンス定数 S の逆数を相転移温度の前後で比較すると，

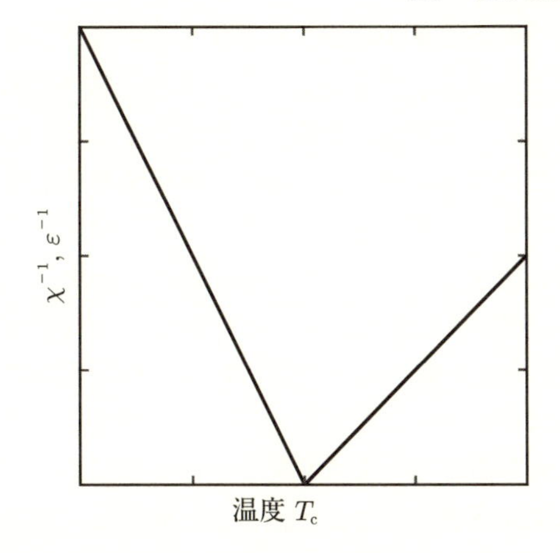

図 9.12 帯電率 χ，誘電率 ϵ の逆数の温度変化.

$$S^{-1} = c \qquad (T > T_c)$$
$$S^{-1} = c - \frac{2g}{\beta} \quad (T < T_c) \tag{9.52}$$

となって，T_c で結合定数 g に比例して飛びが生じますが温度変化はしません.つまり，primary order parameter の感受率は発散的に温度変化し，secondary order parameter の感受率 (弾性コンプライアンス定数) は温度変化しないという特徴をもっています.

圧電定数は $T > T_c$ では $d = 0$ だったものが $T < T_c$ では温度変化して有限となり，圧電定数 d の二乗の逆数は

$$d^{-2} = \alpha_0(T_c - T)\left(\frac{c^2}{g^2}\beta - 2c\right) \quad (T < T_c) \tag{9.53}$$

となります. 通常，強誘電相転移を行うと秩序変数の結合を通してこのように圧電性が生じます.

ここまでの議論は，無秩序相から秩序相への相転移に伴って生じる秩序変数の揺らぎでした. 素過程としての揺らぎです. 世の中には，秩序相から秩序相に相転移する場合が多数あります. このような場合は，一次相転移で揺らぎは生じません. しかしながら，しばしば外場に対して巨大な応答が測定されることがあります. そのときには，外場応答として低周波では巨大な物が高周波に

なると急激に小さくなる現象が観測されます．このようなときは，ドメイン壁の運動がその起源であることが多いです．つまり，秩序変数 σ_A のドメインが成長して秩序変数 σ_B のドメインが縮小します．そのときに，ドメイン壁が柔らかくなって動いていきますが，この運動が外場応答として観測されます．実用面から見ると，ドメイン構造をうまく作ると見かけ上の巨大感受率が得られます．このような技術をドメイン工学 (domain engineering) といいます．強誘電体で分極 $+P_S$ を電場 $\mathbf{E}$ で反転させたときも，$-P_S$ の強誘電体ドメインが成長して $+P_S$ ドメインが縮小する一次相転移に似た現象です．結晶成長で強誘電相の単分域の試料ができたとき，分極反転がうまくいかないときがあります．そのような試料を高温相の常誘電相に一度相転移させてから低温の強誘電相に戻すと分極反転がうまくいくことがあります．この理由は，相転移により微細なドメイン構造となり，電場によるドメイン壁の運動が容易になるためです．$\pm P_S$ の 180° ドメイン以外に 90° ドメインも存在しますし，高対称相から自然につながる多様なドメインが存在します．簡単な例として，立方晶から正方晶の相転移では，正方晶の c 軸が立方晶の a, b, c 軸のそれぞれの方向で可能となります．金属の分野では，このようなドメインあるいはドメインの方位に対してバリアントという言葉も使われます．

9.7　散漫散乱

揺らぎと関連して，散漫散乱 (diffuse scattering) についても説明しておきましょう．9.3 節で秩序変数の発生によりどのような回折強度が得られるかを説明しました．例えば，秩序–無秩序型では式 (9.21) のように書かれます．この式で，δ 関数は，本当は式 (6.46) のラウエ関数です．その性質は図 6.7 で示されているように，並進対称性を満たす距離 ξ あるいは単位胞の数 N の逆数の幅をもちます．長距離秩序 (long range order) が発生するということは N が巨視的な量であり，ξ が非常に大きいということです．秩序変数が同じ状態で続いている距離 ξ は，相関距離 (correlation length) と呼ばれるものです．原点の秩序変数の状態 σ_i と距離 ξ だけ離れた場所での秩序変数の状態 σ_j がどれだけ相関をもっているかを示す量が $\langle \sigma_i \sigma_j \rangle$ です．ここで $\langle \ \rangle$ は時間空間の平均です．理想結晶で完全な秩序状態では，相関距離 ξ が無限大で $\langle \sigma_i \rangle = \pm 1$, $\langle \sigma_i \sigma_j \rangle=1$ です．一方，無秩序相で揺らぎがある状態とは，短距離秩序 (short range order)

が時々発生している状態で，$\langle\sigma_i\rangle = 0$ ですが $\langle\sigma_i\sigma_j\rangle \neq 0$ です．このように空間的に一様でないときには，σ は単純な sin 波にはならず，式 (9.2) のフーリエ変換で特定の $\mathbf{q}_0$ だけを取るのではなく，全ての $\mathbf{q}$ が必要になってきます．そのために，回折強度は δ 関数的に鋭いピークではなく，幅の広がった散漫なピークとなります．このように幅の広がった反射を散漫散乱といいます．図 6.7 のラウエ関数でいえば，ピーク強度の半値幅が $0.2a^*$ なら相関距離 ξ は $5a$ となります．あるいは，図 6.10 の低次元物質でいえば，一次元物質では a 方向には相関があるが b, c 方向には相関がないのでシート状散漫散乱 (diffuse sheet) になり，二次元物質では，それに垂直な方向に相関がないので棒状散漫散乱 (diffuse rod) になります．

現実の回折実験では，使用する X 線や中性子の波の質により，どこまでの相関距離が観測可能かが決まります．つまり，平面波が何処まで正しく広がっているかによります．この範囲で干渉可能なので，可干渉距離 (coherent length) と呼ばれます．通常の X 線や中性子だと 1000 Å (100 nm) 程度ですが，放射光やレーザーなどの高品質の線源を使うと µm 以上の大きさまで測れます．回折プロファイルの幅の逆数が相関距離になります．実際に計算するときは分解能の効果を補正する必要があり，分解能よりはるかに狭い幅は測定できませんので，分解能限界 (resolution limit) があります．通常の結晶からくるブラッグ反射は無限大の結晶並進対称性を仮定しているためにデルタ関数のように鋭いピークとなりますが，現実の実験では 100 nm 程度の範囲で結晶並進対称性を満たしていればブラッグ反射と見なしてもよいことになります．デルタ関数のように鋭いブラッグ反射でなく幅をもつのはいくつかの場合があります．一番簡単なのは，完全な結晶の範囲が可干渉距離よりも小さい場合で，少し幅の広いブラッグ反射となります．この場合の幅は本質的にはラウエ関数によるもので，幅の逆数からこの微粒子の大きさが求まります．この章で議論するのはこれよりはるかに幅が広がった反射で，逆格子空間で大きく広がっており，長距離秩序ではなく短距離秩序ができた場合，あるいは有限の相関距離しか生じていない場合の散漫散乱です．

相転移に伴って，相転移温度以下の長距離秩序 $\langle\sigma(\mathbf{q}_0)\rangle$ に対応して，相転移温度以上では短距離秩序に対応した $\langle\sigma(\mathbf{q})^2\rangle$ が散漫散乱として測定されます．そのピーク位置は $\mathbf{q}_0$ ですが，広がりをもっていて，その半値幅で実空間の相関距離が分かります．また，散漫散乱の強度の温度変化は揺らぎに比例します．

そのために，$\langle \sigma(\mathbf{q}_0)^2 \rangle$ は誘電率と同じように相転移温度 T_c で発散的に増大します．このような場合，臨界散漫散乱 (critical diffuse scattering) と呼びます．一方，$\langle \sigma(\mathbf{q})^2 \rangle (\mathbf{q} \neq \mathbf{q}_0)$ は相転移温度 T_c でも発散的には増大しません．散漫散乱強度の逆数を温度に対してプロットすると，$1/I_\mathrm{d}(\mathbf{q}_0; T_\mathrm{c})$ は 0 になりますが，$1/I_\mathrm{d}(\mathbf{q} \neq \mathbf{q}_0; T_\mathrm{c})$ は 0 になりません．相転移温度以下では $I_\mathrm{d}(\mathbf{q}_0)$ はブラッグ反射になり散漫散乱強度は測れませんが，$I_\mathrm{d}(\mathbf{q} \neq \mathbf{q}_0)$ は秩序相での揺らぎが減少するので強度が減少します．これを利用して相転移温度 T_c を正確に決める方法があります．

回折強度が $\langle \sigma(\mathbf{q})^2 \rangle$ と $\sigma(\mathbf{q})$ の二体相関関数に比例している理由は，回折強度の式の導出にもどってみると分かります．そもそも回折強度の式 (6.39) は散乱体密度 ρ の二体相関関数 (two body correlation function) になっていて，$\langle \rho(\mathbf{r}) \rho(\mathbf{r}') \rangle$ のフーリエ変換です．もう少し具体的に見るために，簡単な金属の秩序–無秩序相転移で見てみましょう．式 (9.16) で，場所と時間に依存している短距離秩序のときの散乱強度は，平均として

$$
\begin{aligned}
\langle F(\mathbf{Q}, t) F^*(\mathbf{Q}, t') \rangle &= (f_\mathrm{A} - f_\mathrm{B})^2 \\
&\quad \times \left\langle \sum_n \mathrm{e}^{-2\pi i \mathbf{Q} \cdot \mathbf{r}_n} \sigma_{nt} \sum_{n'} \mathrm{e}^{2\pi i \mathbf{Q} \cdot \mathbf{r}_{n'}} \sigma_{n't'} \right\rangle \\
&= (f_\mathrm{A} - f_\mathrm{B})^2 \langle \sigma(\mathbf{Q}) \rangle^2 \delta(\mathbf{Q} - \mathbf{Q}_{hkl}) \\
&\quad + (f_\mathrm{A} - f_\mathrm{B})^2 \langle \sigma(\mathbf{Q}) \sigma^*(\mathbf{Q}) \rangle
\end{aligned}
\tag{9.54}
$$

となります．第一項目は長距離秩序 $\langle \sigma(\mathbf{Q}) \rangle$ が生じたときの散乱強度でブラッグ反射となりますが，第二項目は短距離秩序でも出てくる散漫散乱で，鋭いブラッグ反射にはなりません．$\langle \sigma(\mathbf{Q}) \sigma^*(\mathbf{Q}) \rangle$ は相関関数と呼ばれています．

散漫散乱の測定例を二つ示しておきます．一つは，図 9.9 で示した $\mathrm{NH_4Br}$ の相転移に伴う物です．$\mathrm{NH_4Br}$ の高温原型相は β 相と呼ばれ，T_c=235 K で相転移して図 9.9 (c) の配置で秩序化します．この相は γ 相と呼ばれます．このときの秩序化のパターンは $\mathbf{q} = (\frac{1}{2}, \frac{1}{2}, 0)$ のモードです．相転移してこのパターンの長距離秩序に対応する超格子反射が $T < T_\mathrm{c}$ で M 点の $\mathbf{q} = (\frac{1}{2}, \frac{1}{2}, 0)$ に現れます．超格子反射は非常に鋭いブラッグ反射です．一方，$T > T_\mathrm{c}$ で M 点の $\mathbf{q} = (\frac{1}{2}, \frac{1}{2}, 0)$ 周りに幅の広い散漫散乱が現れます．**図 9.13** 左は X 線により測定した散漫散乱の $(\frac{1}{2}, \frac{1}{2}, 0)$ 周りでの逆格子空間 [110]-[001] での強度分布です[14]．図 9.9 (c) の秩序化パターンは $\mathrm{NH_4}$ イオンの H 原子配置の秩序化

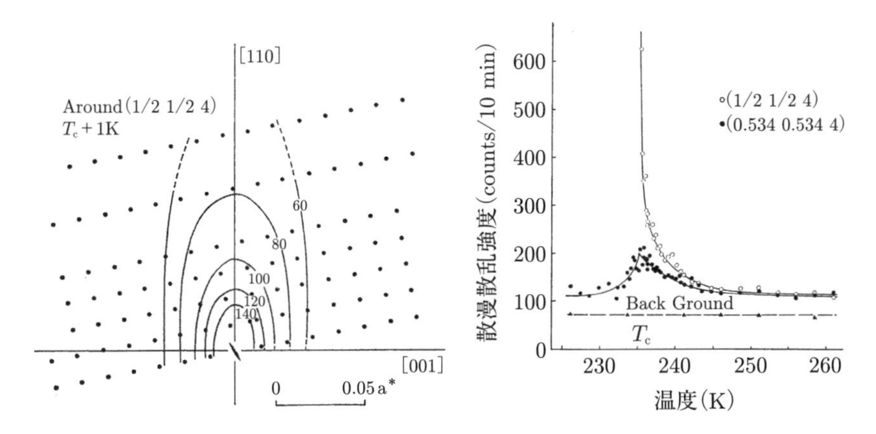

図 9.13 NH_4Br の X 線散漫散乱[14].

と Br 原子の変位のパターンでできています. X 線は Br 原子を主に見ていて, NH_4 イオンの配向である H 原子の位置に関してはほとんど強度をもちません. したがって, 図 9.13 左の散漫散乱は主として Br 原子の短距離秩序を反映しています. その温度変化が図 9.13 右に示されています. 図の中で白丸で示されている M 点の散漫散乱強度は相転移温度 T_c に向って発散的に増大しています. そして, 相転移温度以下では超格子反射のブラッグ反射につながります. 散漫散乱は短距離秩序である揺らぎに対応しており, ブラッグ反射である超格子反射は長距離秩序に対応しています. 一方, 黒丸で示されているのは M 点から少し外れた位置での散漫散乱強度の温度変化です. 相転移温度 T_c に向って増大しますが T_c でカスプ (尖点 : cusp) を作って T_c 以下で強度が減っていきます. このように振る舞う理由は, 散漫散乱が相互作用エネルギーの $\mathbf{q}$ 依存性を反映しているためです. 相互作用エネルギーは相転移温度 T_c を決めていますので, $1/I_d(\mathbf{q}) = (T - T_c(\mathbf{q}))$ です. $T_c(\mathbf{q})$ の内, $T_c(\mathbf{q}_0)$ が一番高くてそれ以外の $T_c(\mathbf{q})$ は低くなります.

NH_4 イオンの H 原子配置の秩序化と Br 原子の変位のパターンの両方に敏感なのは中性子回折です. ただし, H 原子は非干渉性散乱が強いので非干渉性散乱のほとんど出ない ND_4Br を使います. 中性子散乱で $\Delta E = 0$ として測定された散漫散乱を**図 9.14** に示します[15]. 図から分かるように, 散漫散乱は M 点の周りだけでなく Γ 点の周りにも存在します, その理由は, 図 9.10 に示し

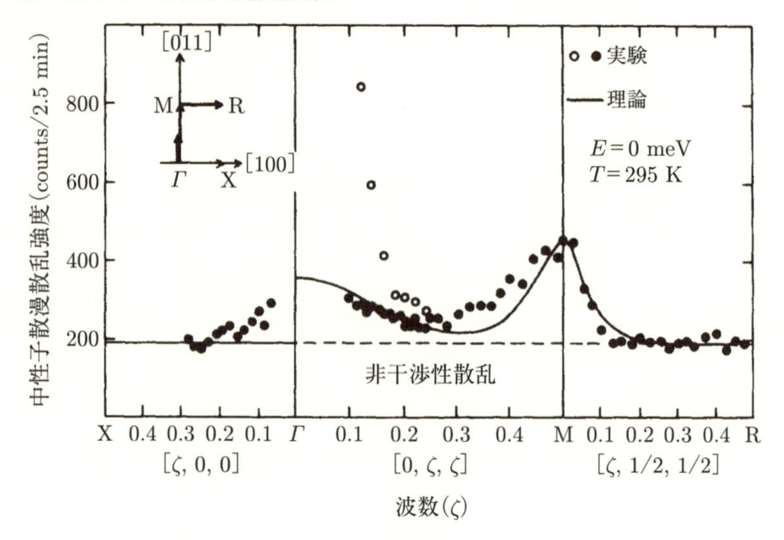

図 9.14　ND_4Br の中性子散漫散乱[15].

た有効相互作用 $J_{\mathrm{eff}}(\mathbf{q}) = k_{\mathrm{B}}T_{\mathrm{c}}(\mathbf{q})$ が散漫散乱の強度分布に対応しているためです．図 9.14 の実線は図 9.10 の $J_{\mathrm{eff}}(\mathbf{q})$ から計算した散漫散乱の強度です．Γ 点の $\mathbf{q} = 0$ に対応する秩序パターンは図 9.9 (d) の配置で δ 相と呼ばれます．NH_4Br では 90 K で一次転移でこの δ 相に相転移します．NH_4Cl では β 相から δ 相に 230 K で直接相転移します．$J_{\mathrm{eff}}(\mathbf{q})$ の Γ 点と M 点での競合があり，N–H–Br の水素結合由来の擬スピンフォノン結合が強い NH_4Br では $J_{\mathrm{eff}}(M)$ が優勢になります．このように，揺らぎである散漫散乱は相互作用の研究に大変有効です．

もう一つの散漫散乱の例を**図 9.15** に示します．物質は 3.8 節の図 3.6 で示した $K_2PbCu(NO_2)_6$ の相転移に伴うものです[16]．Cu^{2+} は $3d^9$ の電子状態で，立方晶の正八面体内では，d 軌道は (d_{xy}, d_{yz}, d_{zx}) の三重縮退した t_g 軌道と $(d_{x^2-y^2}, d_{z^2})$ の二重縮退した e_g 軌道に分裂して，t_g 軌道の方がエネルギーが低くなります．$3d^9$ の電子のうち 6 個は t_g 軌道を占め，3 個が e_g 軌道を占めます．e_g 軌道の $d_{x^2-y^2}$ と d_{z^2} 軌道に 2 個と 1 個詰まりますが，1 個詰まってスピンが生き残る軌道がどちらかは決まりません．このような場合を軌道の自由度があるといいます．もし，単位格子が立方晶から歪むと $d_{x^2-y^2}$ が下に

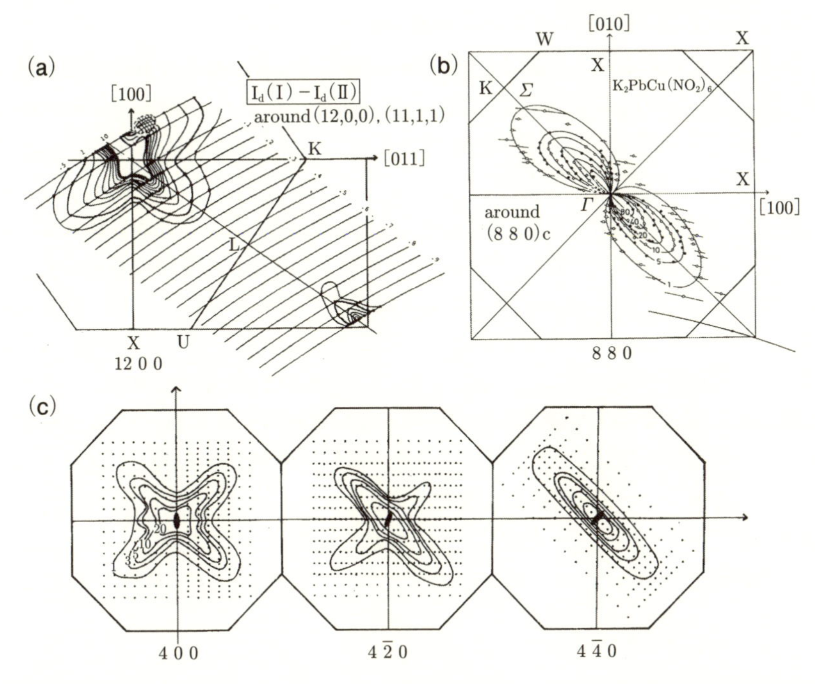

図 9.15 $K_2PbCu(NO_2)_6$ の (a,b)X 線散漫散乱[16]と (c) 中性子準弾性散漫散乱[17].

なって 2 個詰まり，1 個詰まった d_{z^2} 軌道が上に分裂します．その結果，電子系のエネルギーは大きく下がります．歪みエネルギーの損失を超えて電子系のエネルギーが下がると相転移を起こして自発的に立方晶から低対称相に歪みます．これをヤーン–テラー効果 (Jahn-Teller effect) といいます．

$K_2PbCu(NO_2)_6$ でも $Cu(NO_2)_6$ の正八面体がヤーン–テラー効果で歪んで相転移します．$K_2PbCu(NO_2)_6$ が特殊なのは，$Cu(NO_2)_6$ 分子が独立なので，それぞれの分子で自由に歪むことができて，自由度が非常に大きいことです．そのために，280 K と 273 K とで逐次相転移 (successive phase transition) を行います．高温から I 相，II 相，III 相と名付けます．II 相では逆格子の [110] 方向の $(\frac{1}{2}, \frac{1}{2}, 0)$ 近くの非整合あるいは不整合な位置に超格子反射が現れ，不整合相 (incommensurate phase) となります．fcc 構造のブリルアンゾーンでは $(\frac{1}{2}, \frac{1}{2}, 0)$ は特殊な点にはなりません．III 相では $(\frac{1}{2}, \frac{1}{2}, \frac{1}{2})$ という fcc のブリル

アンゾーンの L 点に超格子反射が移動します.

図 9.15 は I 相で X 線回折と中性子準弾性散乱により測定された散漫散乱です. 図の (b) や (c) で見えるように, [110] 方向に Γ 点からゾーン境界の K 点に向って非常に異方的な散漫散乱が測定されています. 散漫散乱は Σ-line 上でゾーン境界の K 点まで長く伸びています. これは, 局所的には $Cu(NO_2)_6$ が d_{z^2} に歪んでいますが, [110] 方向の $\mathbf{e}//[1\bar{1}0]$ の TA_1 モードと強く結合して揺らいでいるためです. 同時に, 図 (a) で見えるように [111] 方向に Γ 点からゾーン境界の L 点に向って非常に異方的な散漫散乱が測定されています. [111] 方向の TA モードとも強く結合して揺らいでいることを示しています. II 相と III 相は, これらの TA モードに近い d_{z^2} に歪んだ $Cu(NO_2)_6$ 分子を仮定したモデルを使い, X 線と中性子で測定された超格子反射と比較することで, Σ_2 モードの凍結した構造 (II 相) と $L_2^+ \pm L_3^+$ モードの凍結した構造 (III 相) と同定されています. ヤーン–テラー歪みの言葉でいえば, σ_x–σ_z 位相空間あるいは Q_2–Q_3 位相空間で $\theta = 0, \frac{2}{3}\pi, \frac{4}{3}\pi$ を取って Q_3^z, Q_3^x, Q_3^y の三カ所を取る canted spin 構造が III 相であり, Q_3^x から Q_3^y の状態を様々に取る fan spin 構造が II 相ということになります[16].

9.8　モードの不安定化とソフトフォノン

相転移現象の理解の上で大きな役割を果たしたのが「モードの不安定化 (mode instability)」という概念であり, 具体的にはソフトフォノンモード (soft phonon mode) の発見でした. この節では, 格子振動の基本的なことと, ソフトフォノンと構造相転移との関係を説明します.

まず, 出発として格子振動 (lattice vibration), あるいはその量子化されたフォノン (phonon) の簡単な導入を行います. 格子力学 (lattice dynamics) と呼ばれており, 基本的にはニュートン方程式を解くだけです. 単位胞 n にある質量 m の原子 j のニュートン方程式は, 変位が小さいとすると原子間のポテンシャル V を用いて

$$m_j \ddot{u}_{nj\alpha} = -\sum_{n'j'\alpha'} \left(\frac{\partial^2 V}{\partial u_{nj\alpha} \partial u_{n'j'\alpha'}} \right)_{\mathrm{o}} u_{n'j'\alpha'} \tag{9.55}$$

と書けます. α は xyz の方向を示しています. 本質的にはフックの法則 (Hooke's

law)，$F = -kx$ です．式 (9.55) 右辺の係数はばね定数のような物です．この方程式の解は，進行波のフーリエ級数の和

$$\mathbf{u}_{nj} = \sum_{\mathbf{q}s} Q_{\mathbf{q}s}\mathbf{e}_{js}(\mathbf{q})e^{i\mathbf{q}\cdot\mathbf{r}_{nj}-i\omega_s(\mathbf{q})t} \tag{9.56}$$

として表されます．ここで，$\mathbf{q}$ は波の波動ベクトル，s はモードの番号で，縦波，横波，音響波，光学波などを表しています．$\mathbf{e}_{js}(\mathbf{q})$ は変位ベクトル，$Q_{\mathbf{q}s}$ は振幅です．式の煩雑さを避けるために，ここでは $\mathbf{q}$ として結晶学の 2π を含まない定義ではなく，固体物理で使われる 2π を含む定義を使用します．式 (9.56) が式 (9.55) の解であることは代入して，

$$\sum_{\mathbf{q}s}\left[m_j\omega_s^2(\mathbf{q})\mathbf{e}_{js}(\mathbf{q}) - \sum_{n'j'\alpha'}\left(\frac{\partial^2 V}{\partial u_{nj\alpha}\partial u_{n'j'\alpha'}}\right)_{\mathrm{o}} \mathrm{e}^{i\mathbf{q}\cdot(\mathbf{r}_{n'j'}-\mathbf{r}_{nj})}\mathbf{e}_{j's}(\mathbf{q})\right]Q_{\mathbf{q}s} = 0 \tag{9.57}$$

となります．原点は何処にとってもよいので，$\mathbf{r}_n$=0 とします (n=0)．この式は次のように書き表されます．

$$m_j\omega_s^2(\mathbf{q})e_{j\alpha s}(\mathbf{q}) = \sum_{j'\alpha'} D_{j\alpha j'\alpha'}(\mathbf{q})e_{j'\alpha' s}(\mathbf{q}) \tag{9.58}$$

ここで，$D_{j\alpha j'\alpha'}(\mathbf{q})$ は dynamical matrix と呼ばれるもので，

$$D_{j\alpha j'\alpha'}(\mathbf{q}) = \sum_{n'}\left(\frac{\partial^2 V}{\partial u_{0j\alpha}\partial u_{n'j'\alpha'}}\right)_{\mathrm{o}} \mathrm{e}^{i\mathbf{q}\cdot(\mathbf{r}_{n'j'}-\mathbf{r}_{0j})} \tag{9.59}$$

となります．つまり，原点の単位胞にある j 原子の α 方向の変位に対する周りの単位胞での j' 原子の α' 方向の変位による相互作用です．具体的中身としては，例えば剛体イオンモデル (rigid ion model) なら，ばね定数の項とイオン変位に起因する電気的な双極子相互作用で，

$$D_{j\alpha j'\alpha'} = R_{j\alpha j'\alpha'} + Z_j C_{j\alpha j'\alpha'} Z_{j'} \tag{9.60}$$

となります．ここで，R はばね定数による相互作用，C はクーロン相互作用で，Z はイオンの電荷です．さらに近似を上げるのなら，イオンをシェルに分けて電子分極を導入したシェルモデルを使います．

式 (9.58) を解くということは，固有値方程式を解くということです．式 (9.58) をマトリックスで書く方が分かりやすいでしょう．

$$m_j\omega_{\mathrm{s}}^2(\mathbf{q})\begin{pmatrix} \cdot \\ \cdot \\ e_{j\alpha s}(\mathbf{q}) \\ \cdot \\ \cdot \end{pmatrix} = \begin{pmatrix} 1x1x & 1x1y & & \\ 1y1x & 1y1y & & \\ & & D & \\ \cdot & & & \\ \cdot & & & \end{pmatrix}\begin{pmatrix} \cdot \\ \cdot \\ e_{j'\alpha' s}(\mathbf{q}) \\ \cdot \\ \cdot \end{pmatrix} \tag{9.61}$$

ただし，結晶の重心は $\mathbf{q}$=0 のときに動かないという条件を付け加えるとしたら，$\sum_{j\alpha} D_{j\alpha j'\alpha'}(\mathbf{q}=0)=0$ となるように定数項を対角成分に付け加える必要があります．式 (9.61) の $\omega_{\mathrm{s}}(\mathbf{q})$ の固有値解は，ある $\mathbf{q}$ に対して s として $3j$ 個あり，分枝 (branch) と呼ばれます．分枝の数が $3j$ になる理由は，単位胞に j 個の原子があり，それぞれが xyz の自由度をもつので，全体として $3j$ 個の自由度をもつためです．この格子振動 $\omega_{\mathrm{s}}(\mathbf{q})$ の $\mathbf{q}$ 依存性を分散関係 (dispersion relation) といいます．立方晶 CsCl 型構造の分散関係を模式的に**図 9.16** に示します．また，単純立方晶での逆格子の方向とブリルアンゾーン内での名前の付け方を**図 9.17** に示します．例えば，$\mathbf{q}=0$ は Γ 点と呼ばれ，[100] 方向は Δ-line，[110] 方向は Σ-line，[111] 方向は Λ-line です．ゾーン境界としては，$(\frac{1}{2},0,0)$ は X 点，$(\frac{1}{2},\frac{1}{2},0)$ は M 点，$(\frac{1}{2},\frac{1}{2},\frac{1}{2})$ は R 点と呼ばれます．また，M 点から R 点の

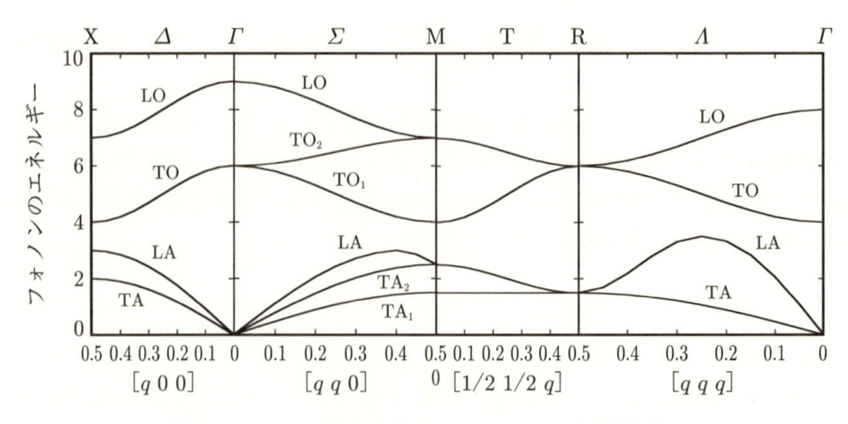

図 9.16　CsCl 型立方晶でのフォノンの分散関係．

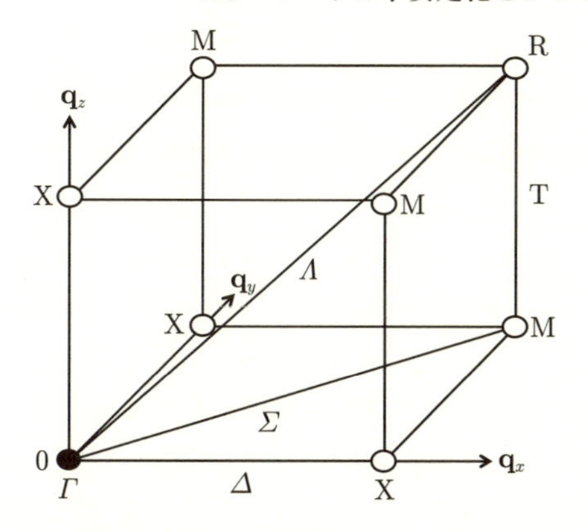

図 9.17 単純立方晶での逆格子とブリルアンゾーン.

$(\frac{1}{2}, \frac{1}{2}, \xi)$ は T-line と呼ばれます.

分散関係を理解するために，簡単な一次元モデルを考えてみましょう．x 軸方向に一種類の原子が間隔 a で並んでいて，ばねでつながっているとします．フックの法則での格子力学そのものです．格子定数は a です．質量 m_j は一種類なので m とします．波の進行方向を $\mathbf{q} = \frac{2\pi}{a}[q_x 00]$ とし，原子変位を $\mathbf{e}_{\parallel}$ [100] とします．つまり，Δ-line の縦波です．ばね定数を k とするとフックの法則は $F = -kx$ ですが，応力と歪みの関係として，$T_{11} = -C_{11}u_1$ となります．式 (9.59) の dynamical matrix D は，

$$D_{1x1x}(q_x 00) = -2C_{11}\cos(2\pi q_x) \tag{9.62}$$

となります．ただし，$\mathbf{q}$=0 で重心が動かないように，定数を足す必要があり，

$$D_{1x1x}(q_x 00) = 2C_{11}(1 - \cos(2\pi q_x)) \tag{9.63}$$

となります．式 (9.61) の固有値は，この場合一つなので，

$$\omega(q_x 00) = \sqrt{\frac{D_{1x1x}(q_x 00)}{m}} = 2\sqrt{\frac{C_{11}}{m}}\sin(\pi q_x) \tag{9.64}$$

となります．これが，図 9.16 の [100] 方向の LA モードに対応します．式 (9.64) の特徴は，$\mathbf{q} \to 0$ で $\omega \to 0$ となることで，音響波です． $\mathbf{q} \approx 0$ では，式 (9.64) を展開すると，

$$\omega(q_x00) = \sqrt{\frac{C_{11}}{m}} 2\pi q_x \tag{9.65}$$

となります．この音響波の出だしの勾配は音速なので，

$$\frac{\partial \omega}{\partial \mathbf{q}} = v = \sqrt{\frac{C_{11}}{m}} a \tag{9.66}$$

となります．ここでは，$\mathbf{q} = \frac{2\pi}{a}[q_x00]$ と，$\mathbf{q}$ に 2π を含めていることに注意して下さい．弾性定数 C_{11} は縦波音響波の速度を測定するか，フォノンの LA モードの出だしの勾配を測定することにより求めることができます．

板ばねのように垂直方向の力を与えるときは，式 (9.63) に対応して，

$$D_{1y1y}(q_x00) = D_{1z1z}(q_x00) = 2C_{44}(1 - \cos(2\pi q_x)) \tag{9.67}$$

となります．これが，図 9.16 の [100] 方向の横波音響波，TA モードの分散関係に対応します．弾性定数 C_{44} は横波音響波の速度を測定するか，フォノンの TA モードの出だしの勾配を測定することにより求めることができます．$q_x = \frac{1}{2}$ のゾーン境界では，LA モードでは $\omega = 2\sqrt{\frac{C_{11}}{m}}$ となり，TA モードでは $\omega = 2\sqrt{\frac{C_{44}}{m}}$ となります．通常は，$C_{11} > C_{44}$ ですので，TA モードの分枝が下にあります．

単位胞に原子が一つのときは，自由度の数が 3 なので，3 本の分枝があります．全て音響波で，縦波音響波 (LA) が 1 本と横波音響波 (TA) が 2 本です．立方晶の [100] 方向のように対称性が高い方向では 2 本の TA モードは縮退して 1 本となりますが，図 9.16 に示したように，[110] 方向では縮退せずに TA_1 と TA_2 とに分離します．LA モードの出だしの勾配は弾性定数 C_{11} に比例します．[100] 方向の TA モードの勾配は C_{44} に比例しますが，[110] 方向の二つの TA モードは縮退が解けて，一つは変位が $\mathbf{e}//(\bar{1}10)$ でその勾配は $\frac{1}{2}(C_{11} - C_{12})$ に，もう一つは変位が $\mathbf{e}//(001)$ でその勾配は C_{44} に比例します．この二つは，TA_1 モードと TA_2 モードと呼ばれますが，必ずしもどちらがどちらになるか統一的ではありません．このような場合は必ず，$\mathbf{q}$ と $\mathbf{e}$ の関係を記述する必要があります．ここでは，$\mathbf{q} = [110]$ 方向の TA_1 モードを $\mathbf{e}//(\bar{1}10)$ とし，TA_2 モードを $\mathbf{e}//(001)$ としましょう．立方晶の [111] 方向の場合も，2 本の TA モードは縮退して 1 本となります．

単位胞に原子が二つのときは 6 本の分枝があります．縦波音響波 (LA) が 1 本と横波音響波 (TA) が 2 本，縦波光学波 (LO) が 1 本と横波光学波 (TO) が 2 本で合計 6 本となります．単位胞に 2 原子ある場合の縦波を簡単な一次元モデルで考えてみましょう．x 軸方向に質量 m_1 と m_2 の二種類の原子が間隔 $\frac{1}{2}a$ で並んでいて，ばねでつながっているとします．ばね定数を C_{11} としましょう．格子定数は a です．縦波なので，波の進行方向は $\mathbf{q} = \frac{2\pi}{a}[q_x 00]$ で原子変位は $\mathbf{e}//[100]$ です．式 (9.59) の dynamical matrix D は 6×6 ですが，関係するのは

$$
\begin{aligned}
&D_{1x1x}(q_x 00) = D_{2x2x}(q_x 00) = 0 \\
&D_{1x2x}(q_x 00) = D_{2x1x}(q_x 00) = -2C_{11}\cos(\pi q_x)
\end{aligned}
\tag{9.68}
$$

です．$\mathbf{q} = 0$ で重心が動かないとして D_{1x1x} と D_{2x2x} に定数を加えると，固有値方程式は

$$
\begin{pmatrix} m_1\omega^2 & 0 \\ 0 & m_2\omega^2 \end{pmatrix} \begin{pmatrix} e_{1x} \\ e_{2x} \end{pmatrix} = \begin{pmatrix} 2C_{11} & -2C_{11}\cos(\pi q_x) \\ -2C_{11}\cos(\pi q_x) & 2C_{11} \end{pmatrix} \begin{pmatrix} e_{1x} \\ e_{2x} \end{pmatrix}
\tag{9.69}
$$

となります．この固有値解は，

$$
\omega_\pm^2(q_x 00) = C_{11}\left(\frac{1}{m_1} + \frac{1}{m_2}\right)\left(1 \pm \sqrt{1 - \frac{m_1 m_2}{(m_1+m_2)^2} 4\sin^2 \pi q_x}\right)
\tag{9.70}
$$

となります．q_x が小さいときは，

$$
\begin{aligned}
\omega_+(q_x 00) &= \sqrt{2C_{11}\left(\frac{1}{m_1} + \frac{1}{m_2}\right)} \quad \text{[LO]} \\
\omega_-(q_x 00) &= \sqrt{\frac{2C_{11}}{m_1 + m_2}} 2\pi q_x \qquad \text{[LA]}
\end{aligned}
\tag{9.71}
$$

となり，式 (9.71) の $\omega_-(q_x 00)$ は式 (9.65) と同じですから LA モードです．一方，$\omega_+(q_x 00)$ は $q = 0$ で有限値ですから LO モードです．ゾーン境界の $q_x = \frac{1}{2}$ では，式 (9.70) は $m_1 > m_2$ として，

$$
\omega_\pm^2(\tfrac{1}{2}00) = C_{11}\frac{1}{m_1 m_2}((m_1 + m_2) \pm (m_1 - m_2))
\tag{9.72}
$$

となります．したがって，

$$\omega_{+}(\tfrac{1}{2}00) = \sqrt{\frac{2C_{11}}{m_2}} \qquad [\mathrm{LO}]$$

$$\omega_{-}(\tfrac{1}{2}00) = \sqrt{\frac{2C_{11}}{m_1}} \qquad [\mathrm{LA}] \tag{9.73}$$

です．$m_1 > m_2$ ですから $\omega_{+}(\frac{1}{2}00) > \omega_{-}(\frac{1}{2}00)$ です．

板ばねのように垂直方向の力を与えるときは，式 (9.70) の C_{11} を C_{44} に置き換えたもので，TA モードと TO モードを与えます．これらは，図 9.16 の [100] 方向のフォノンの分散関係で，LA モード，LO モード，TA モード，TO モードに対応しています．通常は，$C_{11} > C_{44}$ ですので，TA モードの分枝が LA モードの下にあり，TO モードの分枝が LO モードの下にあります．

多くの物質のフォノンの分散関係は中性子散乱を用いて調べられました．そのうち，図 3.5 で示されたペロブスカイト型物質の構造相転移の起源を調べるために，1960 年代から 1970 年代にフォノンの分散関係がブルックヘブン国立研究所の白根元を中心にして精力的に測定されました．日本の研究者も多数実験に参加しています．**図 9.18** に示したのはその一例で，120 K で測定された $SrTiO_3$ のフォノンの分散関係です[20]．$SrTiO_3$ は 110 K で構造相転移を行いますが，それ以外に 0 K 近くをめざして誘電率が非常に大きくなります．ペロ

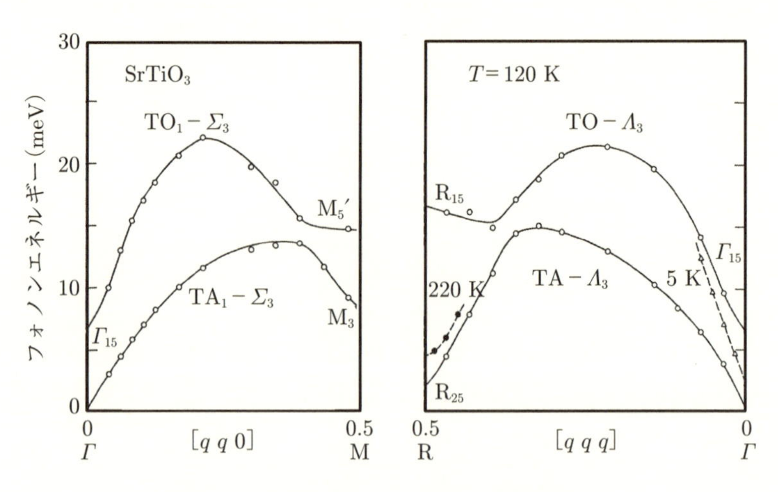

図 9.18　$SrTiO_3$ のフォノンの分散関係[20]．

ブスカイト型物質の中には，強誘電相転移をするものも多数あります．図 9.18 では，相転移温度直上の 120 K で測定された $\mathbf{q} = [110]$ 方向と $\mathbf{q} = [111]$ 方向の TA モードと TO モードが白丸で示されています．図 9.16 の単純立方晶のフォノンの分散関係と本質的に同じですが，ペロブスカイト型構造 (ABO_3) では，単位胞に 5 個の原子がありますから自由度の数は 15 となり，15 本のフォノンの分枝が存在します．ブリルアンゾーンの位置は図 9.17 で示したものと同じです．

$SrTiO_3$ のフォノンの分散関係の特徴として，$\mathbf{q} = 0$ の Γ 点の Γ_{15} と名付けられたフォノン，$\mathbf{q} = (\frac{1}{2}, \frac{1}{2}, 0)$ の M 点の M_3 と名付けられたフォノン，$\mathbf{q} = (\frac{1}{2}, \frac{1}{2}, \frac{1}{2})$ の R 点の R_{25} と名付けられたフォノンが異常に低くなっています．図 9.18 では，相転移温度よりはるかに高い 220 K での R_{25} フォノンのデータも示されています．また，Γ_{15} の 5 K のデータも示されています．この図から明らかなように，温度を下げていくとフォノンのエネルギーが低くなっていきます．このように，温度を下げていくに従ってエネルギーが低くなるフォノンをソフトフォノン (soft phonon) といいます．その理由は，LA モードで考えるとよく分かります．LA モードの出だしは弾性定数 C_{11} に比例していて，固さに対応します．通常は温度を下げると物質は固くなるので LA モードのエネルギーは高くなります．温度を下げて LA モードのエネルギーが低くなると C_{11} が小さくなり，その物質は柔らかくなります．そこで，温度降下と共にエネルギーが低くなるフォノンをソフトフォノンモードと呼びます．

ソフトになっている M_3 モードと R_{25} モードの原子変位を**図 9.19** に示しま

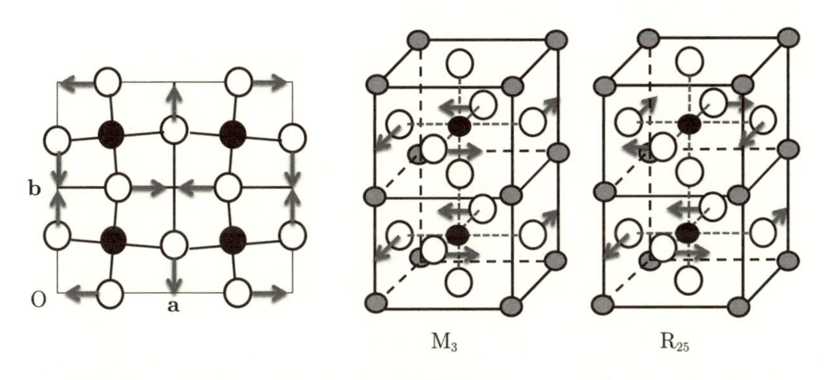

図 9.19 ABO_3 ペロブスカイト型構造の M_3 モードと R_{25} モード．

す．M_3 モードと R_{25} モードは BO_6 八面体が z 軸の周りで回転するモードですが，M_3 モードは上下の BO_6 八面体が同位相で回り，R_{25} モードは上下の BO_6 八面体が逆位相で回ります．M_3 モードと R_{25} モードは図 9.16 から分かるように $[\frac{1}{2}\frac{1}{2}q_z]$ の T-line でつながっています．$SrTiO_3$ のフォノンの分散関係は R. A. Cowly が詳しく計算しています[21]．簡単な剛体イオンモデルでは，M_3 から R_{25} のフォノンのエネルギーは同じになります．また，電気的な双極子相互作用により M_3 から R_{25} のフォノンのエネルギーの二乗 ω^2 はマイナスとなり，そもそも立方晶のペロブスカイト型構造は安定に存在できません．現実に存在しているのは，ばね定数の非調和項のおかげであることが分かっています．そして，温度を下げると非調和項が小さくなるのでソフト化が起こります．

M_3 のフォノンエネルギーと R_{25} のフォノンエネルギーの二乗 ω^2 の温度変化を模式的に**図 9.20** に示します．$SrTiO_3$ では 110 K で R_{25} のフォノンのエネルギーがゼロとなります．フォノンのエネルギーがゼロになるとは，そのモードが時間的に動かなくて凍結 (mode freezing, mode condensation) したことになり，フォノンの変位が静的なパターンとして実現したことになります．これが図 9.4 で示した原子変位パターンが秩序パラメータとなる理由です．$SrTiO_3$ では高温立方晶の構造が R_{25} モードの凍結で不安定化 (instability) して 110 K で低温構造が安定化します．図 9.18 で分かるように，M_3 モードもソフトになっています．簡単な格子力学の計算では M_3 モードと R_{25} モードは同じエネルギーになるので，$(\frac{1}{2}\frac{1}{2}\xi)$ 上の全てで同じようにソフトになっていることになります．ペロブスカイト型物質の中には，R_{25} が先に凍結する物質もあれば M_3

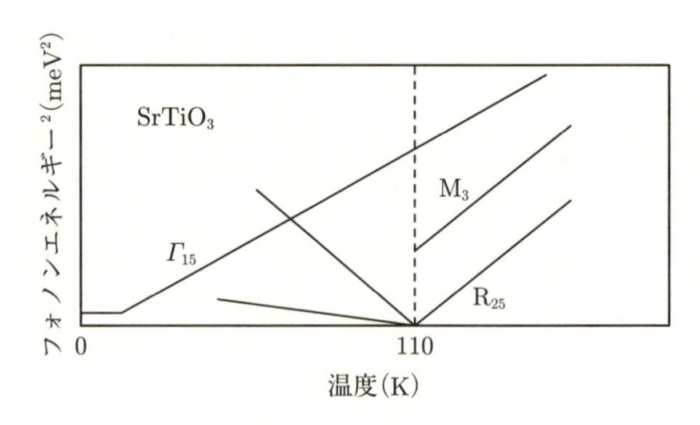

図 9.20　$SrTiO_3$ のフォノンの分散関係と温度変化．

が先に凍結する物質もあります．例えば $CsPbBr_3$ あるいは $CsPbCl_3$ では，まず M_3 モードが凍結し次に R_{25} モードが凍結しますし，$KMnF_3$ ではまず R_{25} モードが凍結し次に M_3 モードが凍結します．

図 9.19 の一番左に ab 面での原子変位を示しています．原点の単位胞で BO_6 八面体が時計回りに回転すると，ABO_3 ペロブスカイト型構造では自動的に隣の単位胞では逆方向に回転し，[110] 方向の単位胞では同方向に回転します．回転した秩序相での単位胞は $2a_c \times 2a_c$ となりますが，主軸を [110] 方向に取り直して $\sqrt{2}a_c \times \sqrt{2}a_c$ になります．M_3 モードが凍結した相の単位胞は $\sqrt{2}a_c \times \sqrt{2}a_c \times a_c$ で，逆格子では $\mathbf{q} = (\frac{1}{2}, \frac{1}{2}, 0)$ に超格子反射が出ます．R_{25} モードが凍結した相の単位胞は $\sqrt{2}a_c \times \sqrt{2}a_c \times 2a_c$ で，逆格子では $\mathbf{q} = (\frac{1}{2}, \frac{1}{2}, \frac{1}{2})$ に超格子反射が出ます．

$\mathbf{q}$=0 の光学フォノンならラマン散乱か赤外吸収の実験で，$\mathbf{q}$=0 の音響フォノンならブリルアン散乱の実験で，一般的な $\mathbf{q}$ のフォノンなら中性子非弾性散乱の実験で測定可能です．中性子散乱で測定されるソフトフォノンの散乱プロファイルを模式的に**図 9.21** に示します．簡単のために $\pm\omega$ でフォーカス・ディフォーカスの影響がないとした図です．理想的な場合は，図 (a) で示したようにフォノンピークの幅は狭いままで温度降下と共にエネギーのピーク位置がゼロに近づいていき (ソフト化)，ついには相転移温度で ω=0 に凍結して静的な変位パターンとなってブラッグ反射あるいは超格子反射となります．現実には，このような理想的なソフトフォノンはほとんど観測されておらず，図 (b) に示したように，減衰 (damping) が起こってピークの幅が広がっていき，過減衰 (over damping) になると ω=0 にも幅の広いピークが生じてきます．また，比

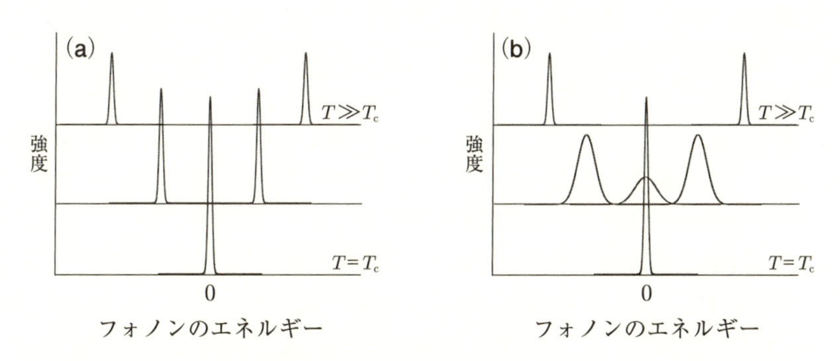

図 9.21 中性子非弾性散乱実験で測定されるソフトフォノンの概念図．

較的幅の狭い ω=0 のピークが生じて，その温度変化の方が顕著な場合もあります．このような ω=0 のピークは非常に遅い運動に関係しています．ω=0 のピークは準弾性散乱 (quasielastic scattering) と呼ばれています．図 9.9 で示した NH_4Br と NH_4Cl の場合はほとんどフォノンには影響を与えずに NH_4 の遅い運動が効いていて，ω=0 のピークが主要な働きをしますが，図 8.28 で示した $KD_3(SeO_3)_2$ の場合では水素結合に関係したエネルギーあたりだけで過減衰して，それよりエネルギーの高いフォノンでは温度変化せず，それより低いエネルギーのフォノンではソフト化します[11]．上記以外に，装置分解能では区別できない幅のない鋭いピークが ω=0 に現れることがしばしばあります．このようなピークはセントラルモード (central mode) と呼ばれていて，その起源は不明なことも多々あります．

図 9.18 では，$\mathbf{q} = 0$ の TO モードである Γ_{15} モードもソフトになっています．$\mathbf{q} = 0$ のモードがソフトになると巨視的な物理量にも影響を与えます．Lyddane-Sachs-Teller の関係式では[22]，

$$\frac{\epsilon(\omega = 0)}{\epsilon(\omega = \infty)} = \frac{\omega_{\mathrm{LO}}^2}{\omega_{\mathrm{TO}}^2} \tag{9.74}$$

と与えられています．つまり，静的な誘電率の逆数 $1/\epsilon(0)$ は ω_{TO}^2 に比例します．式 (9.50) と比較すると，

$$\begin{aligned} \epsilon^{-1} &= \omega_{\mathrm{TO}}^2 = \alpha_0(T - T_{\mathrm{c}}) \quad (T > T_{\mathrm{c}}) \\ \epsilon^{-1} &= \omega_{\mathrm{TO}}^2 = 2\alpha_0(T_{\mathrm{c}} - T) \quad (T < T_{\mathrm{c}}) \end{aligned} \tag{9.75}$$

と，誘電率とソフトフォノンの温度変化が結びつけられます．$SrTiO_3$ では低温で強誘電相転移を目指しますが，極低温での量子効果によりフォノンのソフト化が完成せずに，相転移しません．このような状態は「量子常誘電相」と呼ばれます．$BaTiO_3$，$PbTiO_3$，$KNbO_3$ など多くのペロブスカイト型物質では有限温度で 3 重縮退した Γ_{15} モードの凍結により強誘電相転移を行います．

フォノンモードに由来する散漫散乱も存在します．中性子非弾性散乱ではエネルギー解析できるので，フォノンはエネルギーに対して明瞭なピークとして測定されます．一方，X 線のエネルギー分解能幅はフォノンのエネルギーに対して圧倒的に大きいので，実質的にエネルギー積分として測定されます．違った表現をするのなら，X 線は光速で試料を通過するので格子振動のスナップショッ

トを見ていることになり，時間軸では $\delta(t)$ となっているので，フーリエ変換したエネルギー軸では平坦になっています．フォノンに由来する X 線散漫散乱は熱散漫散乱 (thermal diffuse scattering) あるいは略語で TDS と呼ばれています．格子振動の分散関係 $\omega_{\mathrm{s}}(\mathbf{q})$ からくる熱散漫散乱は，

$$I_{\mathrm{TDS}}(\mathbf{Q}) = \sum_{s} \frac{1}{\omega_{\mathrm{s}}^2(\mathbf{q})} \left| \sum_{j} \frac{\mathbf{Q} \cdot \mathbf{e}_{js}(\mathbf{q})}{\sqrt{m_j}} f_j(Q) \mathrm{e}^{-2\pi i(\mathbf{Q}-\mathbf{q})\cdot \mathbf{r}_j} \right|^2 \tag{9.76}$$

と表されます．ここで，j は構成原子の番号で，s は格子振動の分枝の番号です．フォノンのエネルギーが低いほど熱散漫散乱強度は強くなりますし，$|\mathbf{Q}\cdot\mathbf{e}_{js}(\mathbf{q})|^2$ の項のために，$\mathbf{Q}$ が大きいほど熱散漫散乱の強度が強くなります．これは，9.3 節で述べた原子変位が起きたときの回折強度と事情は同じです．最近では，放射光を利用して精密に熱散漫散乱を測定してフォノンの分散関係 $\omega_{\mathrm{s}}(\mathbf{q})$ が求まるようになってきています．

ソフトフォノンがあると式 (9.76) の $1/\omega_{\mathrm{s}}^2(\mathbf{q})$ の項により，X 線散漫散乱は温度変化して強度が強くなります．このような散漫散乱は臨界散漫散乱 (critical diffuse scattering) と呼ばれます．また，フォノンの異方性を反映した散漫散乱が出ますので，ソフト化の起源に関しても情報が得られます．中性子の実験ができない場合でも，X 線散漫散乱の測定である程度はフォノンの振る舞いが研究できます．

動的でない歪み場でも散漫散乱が観測されます．例えば，欠陥や不純物があったり析出した微粒子があったりして周りに歪み場を作ると原子変位が局所的にできます．すると，ある相関をもった原子変位の短距離秩序が発生して，散漫散乱を与えます．この散漫散乱は $\mathbf{q}$=0 にピークをもち，中心の変位場により異方性をもちます．このような散漫散乱を Huang 散乱と呼びます．このような歪み場は，フォノンのように動的ではなくて静的な場合を指すことが一般的ですが，非常に遅い運動を伴うこともあります．この場合も散漫散乱の異方性から，局所的に発生した欠陥や微粒子の形などを議論することができます．相転移においても，低温で実現する分子歪みが局所的に発生して Huang 散乱を出していると思われる例も多数あります．図 9.15 で示した $K_2PbCu(NO_2)_6$ の散漫散乱も，$Cu(NO_2)_6$ の正八面体がヤーン–テラー効果で局所的に歪んでフォノン場と結合した状態の Huang 散乱と解釈できます．

第10章

10

結晶・磁気構造解析の例

構造解析の例を挙げ出すと切りがありませんので，この章ではいくつか的を絞って示すことにします．ここまで習ったことがどのように研究に利用されるかの「香り」程度です．結晶構造解析に関してはプログラムが多数あり，それを使った経験のある読者も多いことでしょうから，それ程詳しくは説明しません．単結晶法ならSHELX，粉末法なら様々なリートベルト解析プログラム(例えば，RIETAN，Z-Code等々)，あるいは両方使えるものとしてヨーロッパ系のFullProfやアメリカ系のGSASなどがあります．著者は，1970年代にCoppensグループにより作られた単結晶用のRADIELという構造解析プログラムと回折距離を計算するDABEXという古いプログラムを改造してCUIベースで使っています．最新のプログラムはGUIで大変使いやすくなっていますので，初学者でもすぐに使えるようになると思います．

この章で示す一つ目の例は，X線と中性子を組み合わせるとどのように役に立つのかを有機物の反強誘電体物質で示します．この物質での研究結果は，複雑な物性を構造の情報から解明できた構造物性学の好例となっています．二つ目は，結晶構造も磁気構造も非常に簡単な物質を例にして，どのように磁気構造解析を行えばよいかを説明します．この例では，複雑な結晶・磁気構造解析プログラムを使わなくてもエクセルファイルで解析できるレベルなのですが，基本的に押さえておかなければいけないことが色々と示されています．三つ目は，複雑な磁気構造と強誘電相転移が密接に絡むマルチフェロイックと呼ばれる物質の磁気構造解析です．どうして，物性測定と回折実験を組み合わせる必要があるのか，また，複雑な磁気構造をどう解くのかを説明します．

10.1 MeHPLNの水素結合と電子分極

有機物で強誘電あるいは反強誘電相転移する物質があります．このような有機物では電気分極の起源が何かは全く不明でした．そこで，X線が電子雲を見ていて中性子が原子核を見ることを相補的に使用して，水素結合中の水素原子が電子分極を担っていることを解明した例をここでは示しましょう[23]~[30]．有機物の構造解析です．

この物質は 5-methyl-9hydroxyphenalenone (MeHPLN と略称) と呼ばれる有機物ですが，水素結合が分子内に孤立していて物理的に見て大変簡単なのに，メチル基を Br 原子に変えたり (BrHPLN)，H と D を置換したりすると，多彩な構造相転移や大きな同位元素効果を示したりします．温度を下げると誘電率に異常が現れ，b 軸方向に 2 倍周期となるように X 線回折や中性子回折で超格子反射が $(0, \frac{1}{2}, 0)$ に現れます．軽水素 H 塩の h-MeHPLN の相転移温度は T_{C}=41 K で重水素 D 塩の d-MeHPLN の相転移温度は T_{C}=42 K です．一方，d-BrHPLN は T_{C}=35 K で相転移しますが，$(0, \frac{1}{2}+\delta, 0)$ と不整合構造で，T_{C}=19 K で整合相に相転移します．h-BrHPLN は相転移しません．(H–D) の組成 x と温度 T の相図を**図 10.1** に示します．

図中に分子模型も示されています．特徴は，分子内に水素結合があり，孤立水素

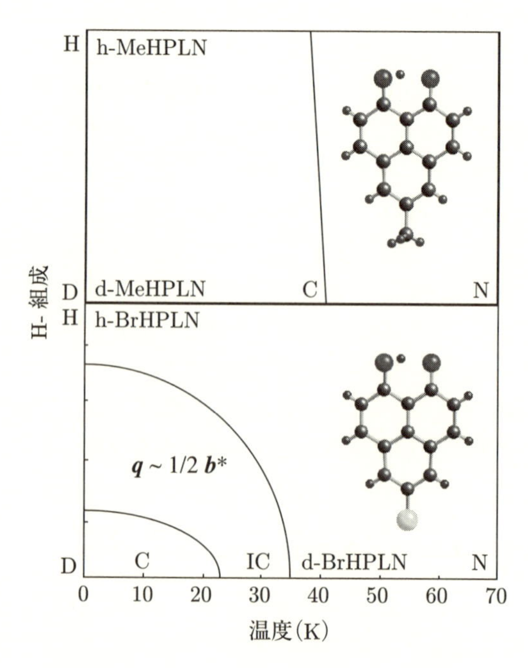

図 10.1　MeHPLN と BrHPLN の相図.

結合系だということです．水素結合系の強誘電体は，KDP と呼ばれる KH_2PO_4 が最初に見つかったものですが，軽水素 H を重水素 D に置換すると相転移温度が大きく変わることで注目され，プロトントンネルモデルが提唱されました．続々と見つかった水素結合系 (反) 強誘電体はその多くが大きな同位元素効果を示しましたが，難しさは水素結合のネットワークの次元性と氷の法則 (ice rule) です．これは，酸素原子周りの水素は必ず H_2O となって H_3O や HO にはならないという要請で，複雑な理論的取り扱いが提案されていました．もし，孤立水素結合系だと話が単純化され，氷の法則は不要になり，単純にプロトントンネルモデルが成り立つかどうか議論すればよくなります．このように，できるだけ単純化したモデル物質を見つけることは，構造物性研究でうまくいくかどうかの分かれ道となります．

MeHPLN の分子式は $C_{14}O_2H_{14}$ でたくさんの水素原子を含んでいます．この節では軽水素のままで重水素に置換していていない実験結果を示します．X 線用試料の大きさは $0.5 \times 0.5 \times 0.7\ \mathrm{mm}^3$ であり，中性子用試料の大きさは $1.0 \times 1.2 \times 5.2\ \mathrm{mm}^3$ の針状結晶です．実験により，中性子で核密度分布を求め，X 線で電子密度分布を求めました．実験に使用した装置は，中性子は JRR3 に設置している四軸回折装置 FONDER で，X 線は東北大学多元研に設置している四軸回折装置です．C, O, H だけの軽い元素しか入っていない低分子の場合は，単結晶 X 線回折でも H 原子はよく見えます．

室温で得られた反射 (中性子では 902 個，X 線では 704 個) を使い，中性子では 137 個，X 線では 119 個のパラメータを決定します．水素の温度因子は，X 線では等方温度因子になっています．信頼度因子は $R(F)$ として 4% 程度となります．MEM 法で描いた原子核分布と電子分布を**図 10.2** に示します．中性子で求めた核分布（図の左）では水素原子核がよく見えていて，分子の上方に見えているのが O–H–O の水素結合です．分子内に閉じ込められた孤立水素結合の物質です．分子の下方に見えているのが CH_3 のメチル基で，CH_3, Br, O–H–O, O–D–O の組み合わせで相転移温度が大きく変わります．また，室温ではメチル基 CH_3 は C=C 軸の周りで H_3 の三角形が二配位を取る無秩序状態です．

中性子でよく見えた水素原子ですが，同様の実験で X 線で求めた電子分布（図の中）では水素原子はあまりよく見えていません．そこで，差 MEM 法で水素の電子雲を引き出します．この方法は，

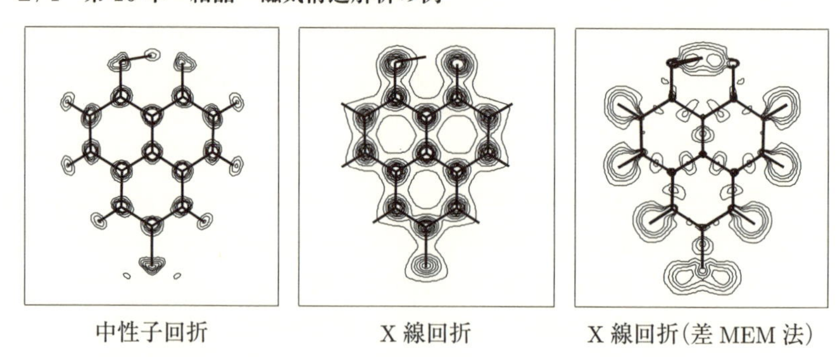

図 10.2　MeHPLN の原子核分布と電子分布[23]~[29].

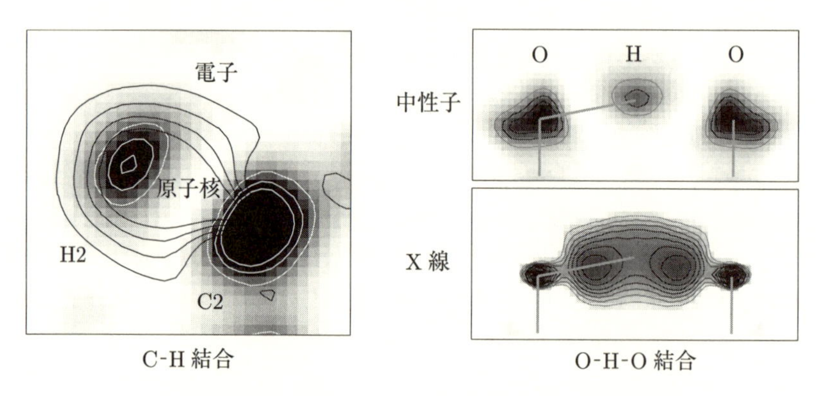

図 10.3　C–O 結合と O–H–O 水素結合[23]~[29].

$$\Delta\rho_{\mathrm{MEM}}(\mathbf{r}) = \rho_{\mathrm{MEM}}(\mathbf{r}) - \rho_{\mathrm{cal}}(\mathbf{r}) \tag{10.1}$$

で O 原子と C 原子の理論値を用いて差し引いたものです．図の右で，水素原子の電子雲と結合電子 (σ 結合) がよく見えています．一見，中性子も X 線も同じ結果を与えるように見えており，まるで，両方の実験を行う必要がないように思えます．しかしながら，詳しく見ると，C–H 結合や O–H–O 水素結合中の水素原子の分布だけが原子核と電子雲で有意にずれています．**図 10.3** にこの部分を拡大したものを示します．図の左で示している C–H 結合で電子雲が H の原子核 (陽子) から C 原子の方に移動しているのがよく見えますが，結合ということを考えれば当然の帰結です．また，図の右に示している水素結合中の水素原子も同じで，H の電子雲は O 原子の方に寄っています．X 線で得られた C–H 距離や O–H 距離は，一般的にいって中性子で得られた距離よりも短いのですが，その理由は電子雲が結合方向に寄っているためだということが，この実験結果から一目瞭然です．

陽子の電荷位置から電子雲の電荷が移動しているので電子分極の値を計算できます．得られた値は，通常の強誘電体，例えば $BaTiO_3$ の分極と同程度の大きさの分極となります．これは，水素結合の本質が水素原子の電子分極であることを示しています．

この電子分極は室温では右左と動いていて無秩序状態ですが，低温相での構造解析から水素の位置が秩序化しているのが見えています．これが，この物質の反強誘電的性質の起源です．反強誘電相転移に伴い格子定数は b 軸方向に 2 倍になります．C–H 結合でも電子分極がありますが，これは固定されています．面白いことには，O–H–O の水素位置の秩序化と $C{=}CH_3$ のメチル基の配向の秩序化が特別の位置関係で起こり，さらに，ベンゼン環のそれぞれの結合距離から計算した結合様式，一重結合か二重結合か共鳴状態か等も全てが連動して秩序化します．また，分子全体が相転移以下で微小回転し，b 軸方向に微小回転の波を形成します．水素結合中の電子分極の波もこの微小回転の波と連動しています．これらの様子が構造解析から全てきちんと見えています．

さらに，水素結合がもつ電子分極間の静電エネルギーを計算すると，相転移温度が得られます．実際には，水素結合中の水素原子がトンネル運動しているので，プロトントンネルモデルを使用する必要があります．構造解析から得られたデータと中性子非弾性散乱から得られたトンネルエネルギーを使用すると，MeHPLN と末端を Br に変えた BrHPLN の H–D の水素置換組成 x と温度 T の相図 10.1 が，パラメータなしに決定できることが分かりました．D 塩の MeHPLN の相転移温度が一番高いのは，D 原子と CH_3 原子が途中の C–C 結合を介して連動しているために，質量として 5H 相当分になっていて，トンネルエネルギーの寄与が小さくなります．逆に，相転移温度が一番低い H 塩の BrHPLN では水素の質量は一つの H 分だけで，トンネル運動が一番効いています．この例のように，構造と物性の関係を調べることが，構造物性の最終目標です．

10.2　MnF_2の結晶構造と磁気構造解析

中性子を用いた構造解析の次の例として，MnF_2 の結晶構造と磁気構造解析の結果を示します[31]．試料は 2.5 mm 角に整形して使用しました．この物質の結晶構造も磁気構造もよく分かっていますから，FONDER の装置評価のための練習問題として行いました．スピンの大きさが $S=5/2$ ですから，磁気散乱の強度が強いこともこの物質を選んだ理由です．実際，核反射によるブラッグ反射と磁気反射の強度は同程度となります．構造は，Mn だけを見ると $2a$ サイトの座標値 $(0,0,0)$ と $(\frac{1}{2},\frac{1}{2},\frac{1}{2})$ にあるために bct で，$T_{\rm N}=70$ K で原点の Mn^{2+} と体心の Mn^{2+} のスピンが反平行になる反強磁性相転移を行います．しかしながら，F 原子が 4f サイトの座標値 $(x,x,0)$, $(\overline{x},\overline{x},0)$, $(\overline{x}+\frac{1}{2},x+\frac{1}{2},\frac{1}{2})$, $(x+\frac{1}{2},\overline{x}+\frac{1}{2},\frac{1}{2})$ にあるために，実際は bct ではなく基本格子の $P4_2/mnm$ となり，磁気反射は超格子ではなくブラッグ反射位置に出ます．

図 10.4 は MnF_2 の $T=80$ K の常磁性相における結晶構造解析の結果です．構造パラメータは F 原子の座標値 x のただ一つです．スケール因子，Mn と F

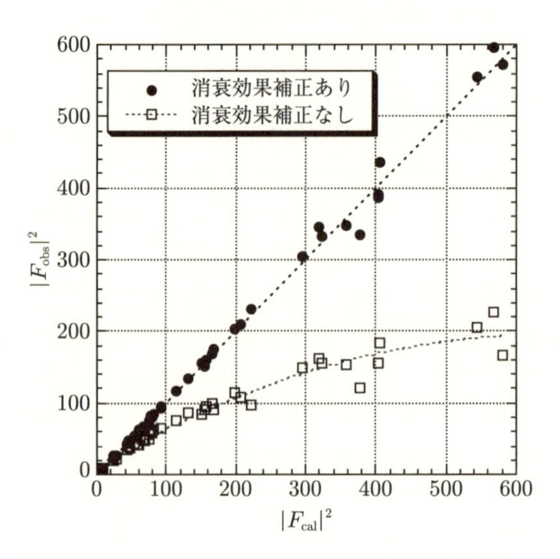

図 10.4　MnF_2 の 80 K での結晶構造解析[31]．

の等方温度因子，消衰効果パラメータを入れても最小二乗法の決定すべきパラメータ数は五つです．この程度だと，エクセルで構造因子の計算から χ^2 と R 因子の計算ができて，手で 5 個のパラメータを変化させて χ^2-min を計算するのはそれほど大変ではありません．図 10.4 は RADIEL という構造解析プログラムで計算しています．横軸が計算された強度 $|F_{\rm cal}|^2$ で縦が測定された強度 $|F_{\rm obs}|^2$ です．44 点の反射点で非等方温度因子も含めたパラメータ 9 個の構造解析を行っています．消衰効果の補正をしたのが黒丸で，消衰効果の補正をしなかったのが白四角です．いかに消衰効果が利いているかが分かります．消衰効果の補正は，結晶中の散乱距離を求めれば（外形から計算で出す），ただ 1 個のパラメータを決めるだけです．消衰効果も取り入れて，$R(F)$=1.77%と非常によく構造が求まっています．中性子単結晶構造解析の場合，X 線と比較して大きな結晶を使わざるを得ないことより，消衰効果の補正はほとんどの場合必須と考えた方がよいでしょう．一般的にいって，有機物ではそれほど結晶性がよくなくて消衰効果の影響はありませんが，無機の酸化物はほとんどの場合結晶性がよくて消衰効果は非常に大きく効きます．NaCl のようなイオン結晶の場合は，液体窒素に何度もつけてモザイクを増やし，消衰効果を劇的に減らすことも可能ですが，酸化物などではこの方法でもなかなかモザイクは増えません．

MnF_2 の反強磁性相の 7 K でも構造解析を行いました．演習問題だと様々なことが行えます．まず，核散乱しか出さない反射 33 個（磁気構造が分かっているからどの反射で磁気散乱の寄与がないかが分かる）を使用して構造解析を行いました．$R(F)$=1.90%と求まります．これで，スケール因子と消衰効果のパラメータが求まりますので，実験で得られた磁気散乱の入った反射の構造因子 $|F_{\rm obs}|$ の絶対値を出すことができます．この点が四軸回折装置を使用する大きな利点で，スケール因子が結晶構造解析から精度よく求まるわけです．

MnF_2 の単純な反強磁性磁気構造では，結晶構造解析で得られたパラメータを使用して，スピンを $S=\frac{5}{2}$ と仮定すれば，まったくパラメータなしに $|F_{\rm cal}|$ を求めることが可能で，それにも関わらず $R(F)$=6.4%となります．磁気反射の計算には丸い磁気形状因子 $f_{\rm mag}(Q)$ を使用しました．スピンの大きさ S のみをパラメータとするのなら，エクセルでも構造解析できます．もちろん，消衰効果パラメータ，スピンの大きさ S，さらには g-因子とスピンを担っている電子の温度因子も導入して，全てをパラメータにして構造解析することも可能です．結晶構造と磁気構造全てを含めた構造解析でパラメータの数は 9+3 とな

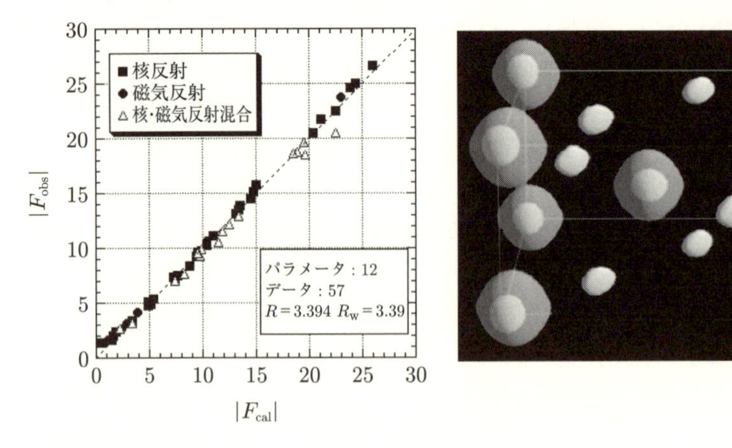

図 10.5　MnF_2 の 7 K での結晶・磁気構造解析[31]と原子核・スピン分布.

り，全部をパラメータとした最小二乗計算では，$R(F)$=3.39 %となりました. **図 10.5** の左が $|F_{obs}|$ と $|F_{cal}|$ の比較です. 純粋に核反射のみのブラッグ反射，純粋に磁気反射だけのブラッグ反射，核反射と磁気反射が混じっているブラッグ反射と，印を変えてプロットしています.

実験的に得られた $|F_{obs}|$ から MEM 法やフーリエ合成法により原子核密度とスピン電子密度を求めることができます（図の右）. 当然ながら，スピン密度は Mn 原子の所だけに見えて F 原子の所には見えていません. $3d$ 電子の分布が少し歪んだ形をしていますが，5 個も電子がいるとかなり丸く見えるので，それほど異方的ではありません. よく行われるように，磁気形状因子 $f_{mag}(Q)$ を実験的に求めて $\sin\theta/\lambda$ で理論値と比較すると明らかに計算値と実験値が合わない磁気反射があります. これらは，Mn の d 電子の軌道が丸くないために違っている可能性がありますが，この点はさらに装置の信頼度を上げた上で議論が必要です.

このような研究手法は，X 線で電子雲を見るのとは大分違いがあります. X 線の場合は全電子を見るのに対して，中性子磁気散乱から磁気モーメント分布を求めた場合はスピンをもった特定の電子分布だけを見ていることとなり，物理的解釈が非常に明確になります. 特に，d 電子が一つしかない場合は明確で，d_{xy} や $d_{x^2-y^2}$ の軌道が見えます. 現実的に，現在の技術でもある程度見えています[32]. このような研究はまだ完全に見える段階ではありませんが，徐々に研究精度が上がってきており，将来は d 軌道の形が実験的にきれいに見えるようになると思われます．

ここで，磁気構造解析を行うときの消衰効果の取り扱いについて述べておきます．もし，核反射と磁気反射が完全に分離しているときは問題ないのですが，MnF_2 のように消衰効果が大きくて，さらに核反射 (F_{nuc}) と磁気反射 (F_{mag}) が混じってくる場合は少し注意が必要です．もしも消衰効果を考えなくてよいのなら，構造因子は

$$
\begin{aligned}
|F_{\mathrm{cal}}|^2 &= \frac{1}{2}(|F_{\mathrm{nuc}} + F_{\mathrm{mag}}|^2 + |F_{\mathrm{nuc}} - F_{\mathrm{mag}}|^2) \\
&= |F_{\mathrm{nuc}}|^2 + |F_{\mathrm{mag}}|^2
\end{aligned} \tag{10.2}
$$

と書けます．ここで，入射中性子は非偏極と仮定しています．中性子のスピンが up の状態と down の状態で F_{mag} の符号が変わり，確率 50 %で足し合わせています．非偏極中性子を用いた磁気散乱では核反射の部分と磁気反射の部分のクロスタームは消えてしまいます．もし，偏極中性子を使用すると，磁気反射に対して色々と詳しい情報が得られるのですが，ここでは割愛します．

ここで，消衰効果を取り入れるのですが，

$$
|F_{\mathrm{cal}}|^2 = \frac{1}{2}(Y_+|F_{\mathrm{nuc}} + F_{\mathrm{mag}}|^2 + Y_-|F_{\mathrm{nuc}} - F_{\mathrm{mag}}|^2) \tag{10.3}
$$

と書けます．同じブラッグ反射なのですが，核反射と磁気反射の位相がそろったときは散乱強度が強くなって消衰効果も大きく効きます．一方，核反射と磁気反射の位相が逆のときは散乱強度が弱くなって消衰効果はあまり効きません．例えば MnF_2 の (111) 反射では，F_{nuc}=19.85, F_{mag}=12.06 なので，$|F_+(111)|^2$=1018.2, $|F_-(111)|^2$=60.7 と強度が大きく違います．消衰効果 Y_+ や Y_- の計算の中に散乱強度 $|F|^2$ が入っていることを思い起こして下さい．そこで，磁気構造解析も含めた最小二乗法では，式 (10.3) のようにしてパラメータを決定する必要があります．先に非偏極の効果を取り入れて平均を求め，$|\overline{F}|^2$=539.5 としてから消衰効果を入れると間違いとなります．

10.3　YMn_2O_5 の結晶構造と磁気構造解析

構造解析の例の最後として，磁気構造がもう少し複雑でかつ未知な物質における中性子磁気構造解析で，電気分極と磁気秩序が同時に起こるマルチフェロイック (multiferroic) 物質の YMn_2O_5 の物性，結晶構造解析および磁気構造解析を示します[33]~[36]．この物質は一般的には RMn_2O_5 という一群の物質で，R は希土類元素 (rare earth element) や Y や Bi です．結晶構造は古くから分かっていて，空間群は $Pbam$ $(Z = 4)$ で，YMn_2O_5 の格子定数は a=7.28, b=8.50, c=5.69 Å です．YMn_2O_5 の結晶構造を**図 10.6** に示します．構造の特徴は，$Mn^{4+}O_6$ が一次元鎖としてつながり，その鎖間を $Mn^{3+}O_5$ ピラミッドがつないでいることです．R^{3+} 原子はそれらの隙間にいます．$Y^{3+}(Mn^{4+}Mn^{3+})O_5$ と表してもよいでしょう．Mn^{4+} は最大で $3\mu_B$，Mn^{3+} は最大で $4\mu_B$ の磁気モーメントをもちます．R^{3+} 原子は元素により磁性・非磁性がありますが，Y^{3+} は非磁性です．

この物質群が一躍注目を浴びたのは，強誘電体相転移と磁気相転移が同時に起こることが発見されたからです．しかも，逐次相転移 (successive phase transition) を起こします．このときに，大きな電気磁気効果を示し，マルチフェロイックとして色々と調べられています．電気磁気マルチフェロイックで

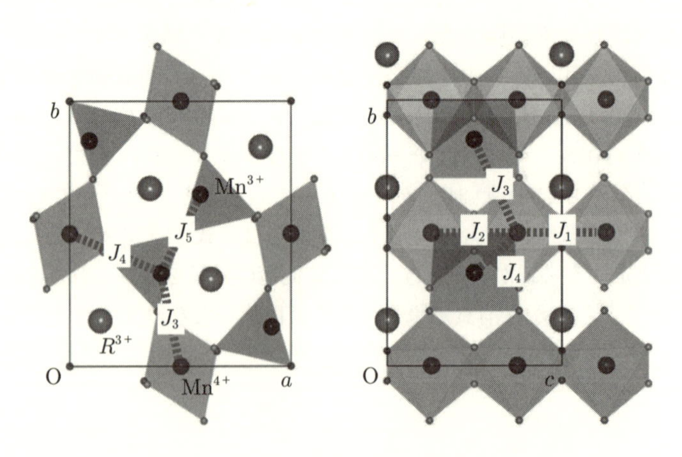

図 10.6　YMn_2O_5 の結晶構造と磁気相互作用.

す．強的 (ferroic) という言葉は，強誘電性，強磁性，強弾性の外場反転の性質を議論するために相津により初めて用いられましたが[12]，二種類以上の強秩序が同時に存在するとき，最近ではマルチフェロイックと呼ばれるようになりました．当たり前に起こる電気歪みマルチフェロイックと違って，電気磁気マルチフェロイックは概念がどんどん拡張され，スピン秩序が作る時間空間反転対称性の破れとして言葉が使われています．電気磁気効果と呼べばよい場合でもマルチフェロイックという言葉が使用されて，言葉が混沌としていますので注意が必要です．

RMn_2O_5 では，R 原子を変えたり，圧力を変えたり，あるいは磁場を変えたりすると，多彩な相転移を示します．しかも，磁場で電気分極を反転させたりあるいは 90° 回転させたりと，巨大な電気磁気効果を示します．これらの特異な物性の理解のためには磁気構造の解明が大変重要な意味をもちます．RMn_2O_5 のなかで YMn_2O_5 が一番素直で典型的な物質です．それは，ほとんどの希土類元素が磁気モーメントをもつ可能性があるのに対して，Y 原子は非磁性だから Mn の磁性による効果のみを抜き出すことが可能だからです．一般的な研究方針として，まずは物事を単純化することがゴールまでの見通しをよくします．その後に，色々と複雑な系を取り扱って，さらに新しい現象を発見していくのが研究の分かりやすいスタイルです．そのときにも，系を一見複雑化しながら背景は単純化させるのが一番賢い方法です．

図 10.7 に YMn_2O_5 の電気的磁気的相図を示します．また，**図 10.8** の左に YMn_2O_5 の物性測定を示します．図 10.7 の誘電的な相図は図 10.8 の左の誘電率と電気分極の測定で得られます．T_{C1} で b 軸方向の誘電率 ϵ_{22} に強誘電相転移特有のピークが出て，b 軸方向に電気分極 P_s が発生します．この電気分極の大きさ (0.1 mC/m^2 ～ 1 mC/m^2 程度) は通常の強誘電体の電気分極 (0.1 C/m^2 ～ 1 C/m^2 程度) に比べると圧倒的に小さいのですが，明瞭に観測され

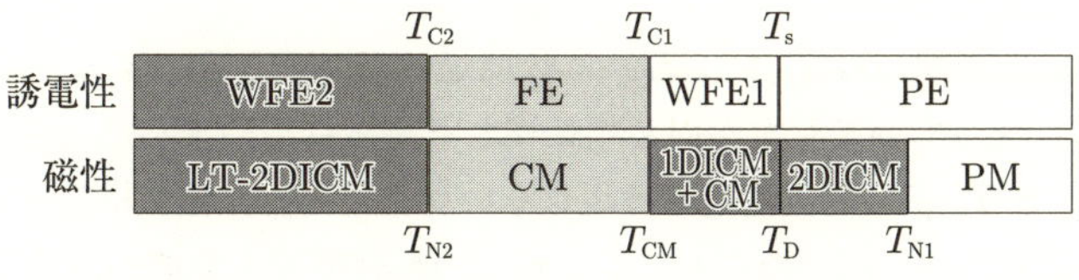

	T_{C2}		T_{C1}	T_s	
誘電性	WFE2	FE	WFE1	PE	
磁性	LT-2DICM	CM	1DICM + CM	2DICM	PM
	T_{N2}		T_{CM}	T_D	T_{N1}

図 10.7　YMn_2O_5 の誘電的磁気的相図．

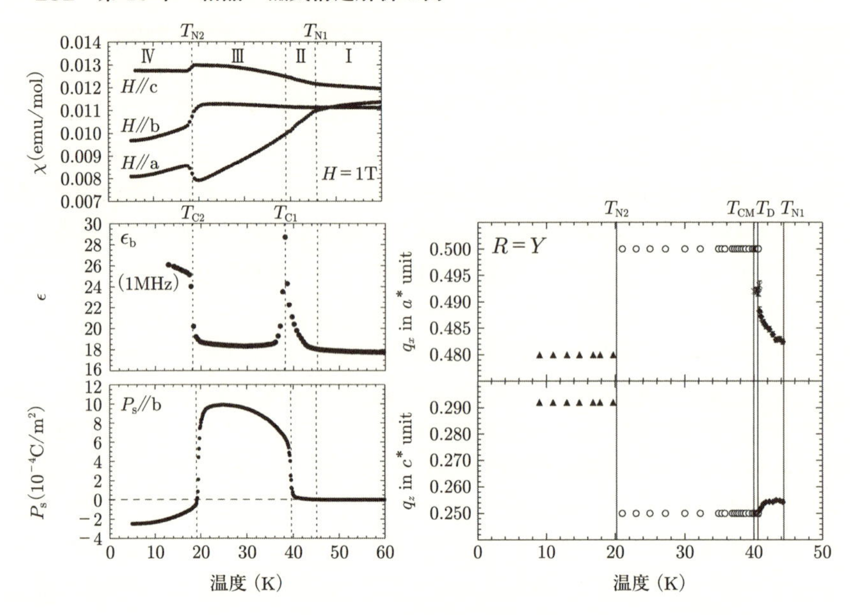

図10.8　YMn_2O_5 の帯磁率，誘電率，電気分極，$\mathbf{q}_M$ の温度変化.

ます．さらに温度を下げた T_{C2} では構造相転移でよく見られる誘電率 ϵ_{22} のステップが生じて再度大きくなります．このときはピークにはなりません．同時に電気分極は $-b$ 軸方向に反転して大きさが小さくなります．図 10.7 の T_S は T_{C1} での誘電率のピークの横に肩のように出ます．一方，図 10.7 の磁気的な相図は図 10.8 の左上に示すような帯磁率測定により得られます．a 軸方向の帯磁率は T_{N1} で折れ曲がりを示して小さくなります．このことは a 軸方向に磁気モーメントが出たことを示唆しています．T_{N2} で a 軸方向の帯磁率がステップ状に大きくなるのに対して b 軸と c 軸方向の帯磁率はステップ状に小さくなります．

物性測定の初期には T_{N2} と T_{C2} は数度違っていました．また，T_{N1} と T_{C1} も 5 K ほど違っていましたが同じ相転移と考えられていました．さらに，図で示した T_D と T_{CM} は磁気測定には現れない異常でした．磁気構造も何も分かっていませんでした．困ったことに，これらの転移温度も装置や試料ごとに数 K 違って報告されていました．そこで，最初いわれていたことは,「強誘電転移と磁気転移が非常に近い温度で発生する」というもので，おそらく強い電気磁気相互作用があるのであろうと議論されていました．強誘電相転移を示す磁気的な物質としてそれまで見つかっていた $BiFeO_3$ では，T_C と T_N の差は 500 K もあったので，数度の差はとても小さいと思われたのです．

この問題を解決するのに決定的に重要な役割を果たしたのが，中性子磁気散乱と誘電率および電気分極の同時測定です．装置としては，電気測定が同時にできるようにつくられていた中性子四軸回折計 FONDER です．磁気反射が T_{N1}=45 K で $\mathbf{q}_M=(\frac{1}{2}+\delta_x, 0, \frac{1}{4}+\delta_z)$ に現れました．つまり，磁気相転移により二次元に変調を受けた磁気不整合構造 (2DICM) が出現しています．ICM とは incommensurate を略したものですが，magnetic という意味も含めています．磁気伝搬ベクトルあるいは磁気変調ベクトルの位置 $\mathbf{q}_M$ は温度変化します．T_{C1}=40 K で誘電率 ϵ_{22} がピークをもち電気分極 P_y が発生します．このとき，磁気反射は T_{CM}=40 K で $\mathbf{q}_M=(\frac{1}{2}, 0, \frac{1}{4})$ に移動して磁気整合構造 (CM) に変化します．整合は commensurate です．同時測定で T_{C1}=T_{CM} と分かりました．この 2DICM 相から CM 相への磁気相転移には帯磁率には異常が生じていませんでした．電気的磁気的に強く結合していたのは CM 相の出現だったのです．

次に T_{C2}=19 K での相転移です．この同時測定で分かったことは，磁気反射は T_{N2}=19 K で再度 $\mathbf{q}_M=(\frac{1}{2}+\delta_x, 0, \frac{1}{4}+\delta_z)$ に移動して低温での二次元に変調した磁気不整合構造 (LT-2DICM) に変化します．同時測定により，T_{C2}=T_{N2}=19 K であることが確定しました．注意することは，高温側の 2DICM 相では電気分極は発生していませんが低温側の LT-2DICM 相では電気分極が発生していることです．誘電率に肩が出た温度では磁気反射は $\mathbf{q}_M=(\frac{1}{2}+\delta_x, 0, \frac{1}{4})$ と一次元に変調した磁気不整合相となります．これを 1DICM 相と名付けました．このとき，CM 相の磁気反射も見られるので共存相と思われます．T_S=T_D=40.5 K です．これら磁気伝搬ベクトル $\mathbf{q}_M$ の温度変化を図 10.8 の右に示します．

このように，物性測定と中性子磁気散乱の同時測定をすると，今まで混乱していた相図の全体像が明確に見えてきます．ここでは詳細は述べませんが，R 原子を別の希土類元素に変えると，T_{N2} 以下で現れる相図はさらに多彩となります．例えば，$\mathbf{q}_M=(\frac{1}{2}, 0, \frac{1}{4}+\delta_z)$ と別の LT-1DICM 相となったり，希土類元素のイオン半径により c 軸方向の長周期が 4 倍でなく 2 倍や 3 倍になったりもします．さらに，T_{N2} 以下で現れる WFE 相では電気分極の大きさは CM 相-FE 相より小さいのですが，巨大な電気磁気効果を示します．磁場や圧力で電気分

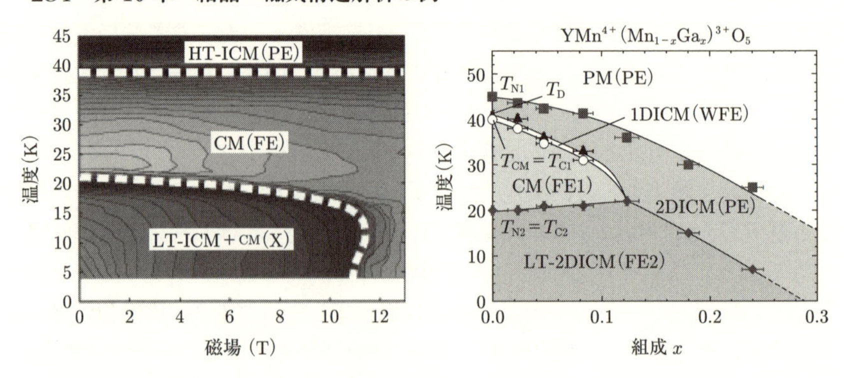

図 10.9　$HoMn_2O_5$ の磁場–温度相図 (左) と $YMn^{4+}(Mn_{1-x}Ga_x)^{3+}O_5$ の組成–温度相図 (右)[37], [38].

極の方向が 90° 回転したり，逆転したり，非常に増大したり，小さくなったりします．また，混晶系を作ると様々な相が現れます．それは何故でしょうか．これを理解するためには，温度–磁場空間，温度–圧力空間，組成–温度空間での相図の決定と，それぞれの相での結晶構造と磁気構造の情報が不可欠です．

相図の例として，**図 10.9** に $HoMn_2O_5$ の磁場–温度相図[37]を左に示します．また，$YMn^{4+}(Mn,Ga)^{3+}O_5$ の組成–温度相図[38]を右に示します．$HoMn_2O_5$ の場合には，最低温度で磁場を印加すると WFE 相から FE 相へ相転移するので，磁場により電気分極が大幅に増大します．$YMn^{4+}(Mn,Ga)^{3+}O_5$ の例では，$Mn^{4+}O_6$ の一次元鎖をつないでいる $Mn^{3+}O_5$ ピラミッドを非磁性の $Ga^{3+}O_5$ ピラミッドに置換しているので，CM-FE 相の消失が Mn^{4+}-Mn^{3+}-Mn^{4+} の磁気相互作用の減少によることが分かります．それだけでなく，偏極中性子を使用して x=0 と x=0.12 を比較することにより CM-FE 相の出現機構がより鮮明になりました[39].

結晶構造解析に関しては，それほど説明はいらないでしょう．X 線でも構造解析できます．希土類元素の混晶系では X 線で組成比を決めるのは難しいのですが，中性子では簡単にできます．磁気構造解析は未知構造の段階では粉末法より単結晶法の方が確実です．中性子 4 軸回折装置 FONDER を使用しています．歴史的に見ると，磁気構造は粉末法により a–b 面内で磁気モーメントが sin 波となっているとした仮定の下で解かれていました．結果的に見るとこの磁気構造は正しくありませんでした．結晶の単位胞は常誘電–常磁性相では $a_0 \times b_0 \times c_0$ で Z=4 です．強誘電相の CM-FE 相では，通常の X 線や中性子を用いた測定では超格子は見えませんし，構造変化も観測にかかりませんが，$\mathbf{q}_\mathrm{L} = 2\mathbf{q}_\mathrm{M}$ に対応して $(h, k, l + \frac{1}{2})$ に格子変調由来の超格子反射が現れて $a_0 \times b_0 \times 2c_0$ で Z=8 となります．電気分極の大きさから推測できる原子変位は fm 程度ですし，放射光で観測された磁歪による超格子反射強度は基本反射の 8 桁弱いものですから，構造変化を精密に議論するのは現在の技術でも大変困難です．強誘電相の空間群は，$a_0 \times b_0 \times 2c_0$ で $Pb2_1m$ で b 軸方向に電気分極が許されます．

磁気整合相の磁気単位胞は $2a_0 \times b_0 \times 4c_0$ ですから，Z=32 となります．YMn_2O_5 では 64 個の Mn の (μ_x, μ_y, μ_z)，つまり 192 個のパラメータを決める必要があります．まず，結晶構造解析を行っておくとスケール因子が求まるので，磁気構造因子は絶対値として求まります．測定された強度のある磁気反射は 139 個でした．このままではもちろん磁気構造は原理的に解けません．パラメータの数を減らす必要があります．磁気空間群を使うのが一つの方法ですが，磁気空間群は分かっていませんでした．磁気モーメントの波を仮定するのが常套手段ですが，ここではモデルによらない磁気構造解析を目指します．詳しい磁気反射の測定から磁気消滅則が分かります．磁気単位胞での (hkl) に対して，$h = 2n + 1, l = 2n + 1$ しか磁気反射強度が出現しませんでした．この消滅則を出すためには，$\mathbf{m}(\mathbf{r} + \mathbf{a}_0)$=$-\mathbf{m}(\mathbf{r})$, $\mathbf{m}(\mathbf{r} + 2\mathbf{c}_0)$=$-\mathbf{m}(\mathbf{r})$ の磁気対称操作が要請されます．つまり，本当の磁気単位胞は $\mathbf{a}_\mathrm{M}$=$\mathbf{a}_0 - 2\mathbf{c}_0$, $\mathbf{b}_\mathrm{M}$=$\mathbf{b}_0$, $\mathbf{c}_\mathrm{M}$=$\mathbf{a}_0 + 2\mathbf{c}_0$ となります．単位胞を**図 10.10** に示します．この単位胞では Z=8 で 32 Mn の磁気モーメントがありますが，さらに，上記の磁気対称性では反強磁性となり，独立なのは $a_0 \times b_0 \times 2c_0$ にある 16 Mn の磁気モーメントになります．つまり，16 Mn の (μ_x, μ_y, μ_z) の 48 個のパラメータを決定することになります．

少し強引な方法ですが磁気構造解析にはモンテカルロ法を使います．乱数により 48 個のパラメータを発生して磁気構造因子を計算し R-因子を求めます．もし，R-因子が小さい候補が得られるとそのパラメータの近くでランダムウォークでさらに小さな R-因子がその周りにないかを探します．そこで得られた磁気構造を初期構造として通常の最少二乗法を適用します．最終的に得られた磁気構造の R-因子は $R(F)$=6.1% でした．実際にモンテカルロ法を行うと，色々と得られる磁気構造は全て同じものとなったので，χ^2 空間の絶対最少値となった

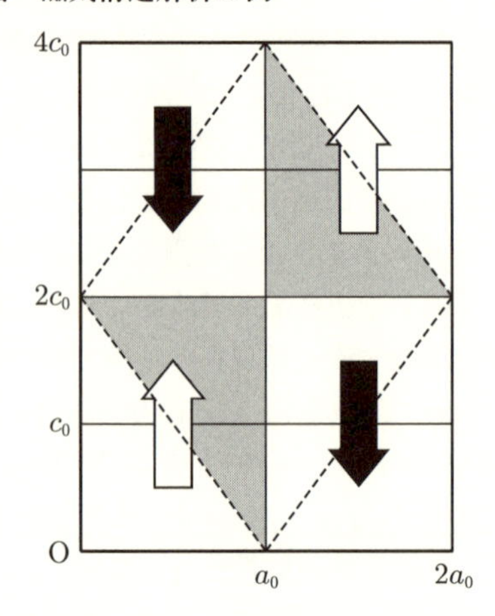

図10.10　YMn_2O_5 の磁気単位胞.

と考えられます.

得られた磁気モーメントの各成分を c 軸方向の z の関数として**図10.11** に示します.モデルフリーで解いたのですが,全てのモーメント成分は sin 波になっています.特徴として,μ_x と μ_y は位相がそろっているか π だけずれているのに対して,μ_z は位相が $\pm\frac{\pi}{2}$ ずれていることです.このような磁気構造は,横スパイラル構造とかサイクロイド構造と呼ばれます.**図10.12** に三次元での磁気モーメントを示します.最初にこのパラメータが得られたときにはサイクロイド構造に気がつきませんでしたが,後に理論でサイクロイド磁気構造により電気分極が誘起されることが示され,$TbMnO_3$[40]あるいは $(TbDy)MnO_3$[41] で sin 波の磁気構造からサイクロイド磁気構造に変化するときに電気分極が発生することが示されました.マルチフェロイック物質での磁気モーメント誘起の電気分極発生起源はこのサイクロイド構造による場合が多くを占めています.この起源は $\mathbf{S}\times\mathbf{S}$ 機構と呼ばれています.$YMn^{4+}(Mn,Ga)^{3+}O_5$ の研究から,磁歪による $\mathbf{S}\cdot\mathbf{S}$ 機構も関与していることが分かり,RMn_2O_5 では,ICM-WFE 相では $\mathbf{S}\times\mathbf{S}$ 機構のみが,CM-FE 相では $\mathbf{S}\times\mathbf{S}$ 機構と $\mathbf{S}\cdot\mathbf{S}$ 機構による ferrielectric であることも分かってきました[39].磁気構造に関しては色々と分かってきましたが,マルチフェロイック物質での結晶構造変化に関してはまだまだ研究が必要な段階です.

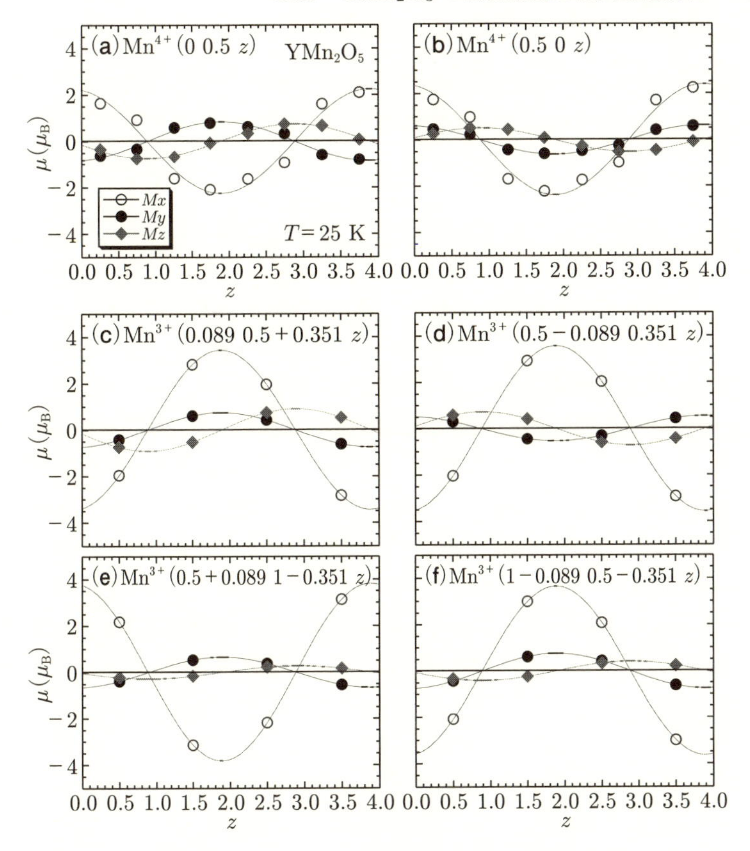

図 10.11　YMn_2O_5 の磁気モーメント[34].

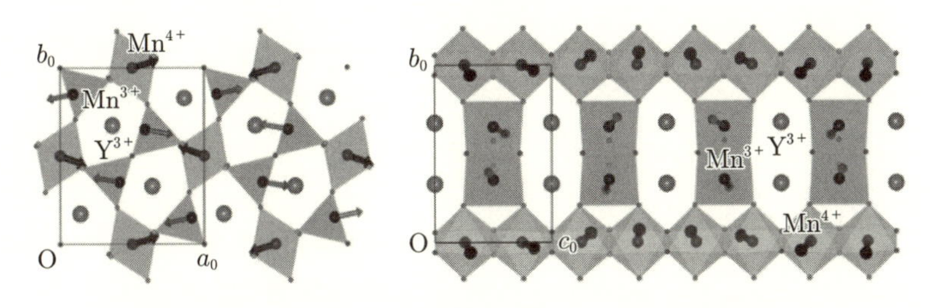

図 10.12　YMn_2O_5 の磁気モーメントの三次元図[35].

最後に磁気空間群との関係を述べておきます．図10.10に示した磁気構造は5.2節の図5.3(d)に示したNO 26.8.175–P_Cmc2_1の磁気構造と本質的に同じです．ここで大事なことは，磁気空間群のOG settingでは結晶構造に時間反転対称性を加えていることです．そこで，YMn_2O_5の強誘電–反強磁性相の磁気空間群も強誘電相の結晶構造を出発として作ります．つまり，$a_0 \times b_0 \times 2c_0$で$Pb2_1m$を出発として磁気空間群を作ります．NO 26.8.175–P_Cmc2_1の磁気構造と比較するためには軸を取り直す必要がありますので，磁気空間群はP_Bb2_1mとなります．磁気的なB底心構造ですから母格子のブラッグ反射以外に$a_0 \times b_0 \times 2c_0$格子で見た$h = (2n+1)/2$，$l = (2n+1)/2$に磁気反射が現れ，それ以外では消滅します．事実は逆で，実験でそのように観測されているのでP_Bということが分かります．$Pb2_1m$から作られる磁気構造でP_BとなるのはP_Bb2_1mだけです．今まで示したYMn_2O_5の磁気構造解析ではB底心磁気構造という性質だけを使用して，16個のMnの磁気モーメントを独立として決めています．磁気空間群P_Bb2_1mを用いると対称操作で4個のモーメントを作り出せますので4個のMnの磁気モーメントを独立として決めることになり，パラメータの数を16×3から4×3に減らすことができます．磁気空間群P_Bb2_1mでは磁気モーメントは(μ_x, μ_y, μ_z)と任意の方向をとるので，三成分必要です．

引用文献

[1] 桜井敏雄編，日本の結晶学—その歴史的展望—，日本結晶学会 (1989).

[2] W. Opechowski and R. Guccione, Magnetism, edited by G. T. Rado and H. Suhl, Vol. II, Part A, New York: Academic Press (1965).

[3] N. V. Belov, N. N. Neronova and T. S. Smirnova, Sov. Phys. Crystallogr. **2** (1957) 311.

[4] Magnetic Group Tables, edited by D. B. Litvin (2013) Part 2.

[5] O. V. Kovalev, Irresducible Representation of the Space Groups, Gordon and Breach, Science Publishers (1965).

[6] 仁田勇編著,「X 線結晶学 (上下)」，丸善 (1959).

[7] 桜井敏雄,「X 線結晶解析の手引き」 応用物理学選書 4，裳華房 (1983).

[8] C-H Lee, Y. Noda, Y. Ishikawa, S-A Kim, M-K Moon, H. Kimura, M. Watanabe and Y. Dohi, J. Applied Crystall **46** (2013) 697.

[9] T. Ohhara, R. Kiyanagi, K. Oikawa, K. Kaneko, T. Kawasaki, I. Tamura, A. Nakao, T. Hanashima, K. Munakata, T. Moyoshi, T. Kuroda, H. Kimura, T. Sakakura, C-H Lee, M. Takahashi, K. Ohshima, T. Kiyotani, Y. Noda and M. Arai, J. Applied Crystall **49** (2016) 120.

[10] 野田幸男，Arno Fey，鬼柳亮嗣，日本中性子科学会年会講演 (2010).

[11] Y. Noda, R. Youngblood, G. Shirane and Y. Yamada, J. Phys. Soc. Jpn. **48** (1980) 1576.

[12] K. Aizu, Phys. Rev. B **2** (1970) 754.

[13] Y. Yamada, M. Mori and Y. Noda, J. Phys. Soc. Jpn. **32** (1972) 1565.

[14] H. Terauchi, Y. Noda and Y. Yamada, J. Phys. Soc. Jpn. **32** (1972) 1560.

[15] Y. Yamada, Y. Noda, J. D. Axe and G. Shirane, Phys. Rev. B **9** (1974) 4429.

[16] Y. Noda, M. Mori and Y. Yamada, J. Phys. Soc. Jpn. **45** (1978) 954.

[17] M. Mori, Y. Noda and Y. Yamada, J. Phys. Soc. Jpn. **48** (1980) 1288.

[18] G. Shirane, E. Sawaguchi and Y. Takagi, J. Phys. Soc. Jpn. **6** (1951) 208.

[19] R. Ueda and G. Shirane, J. Phys. Soc. Jpn. **6** (1951) 209.

[20] G. Shirane and Y. Yamada, Phys. Rev. **177** (1969) 858.

[21] R. A. Cowly, Phys. Rev. **134** (1964) A981.

[22] R. H. Lyddane, R. G. Sachs and E. Teller, Phys. Rev. **59** (1941) 673.

[23] R. Kiyanagi, H. Kimura, M. Watanabe, Y. Noda, T. Mochida and T.Sugawara, J. Phys. Soc. Jpn. **77** (2008) 064602.

[24] R. Kiyanagi, A. Kojima, H. Kimura, M. Watanabe, Y. Noda, T. Mochida and T. Sugawara, J. Phys. Soc. Jpn. **74** (2005) 613.

[25] R. Kiyanagi, A. Kojima, T. Hayashide, H. Kimura, M. Watanabe,Y. Noda,T. Mochida, T. Sugawara and S. Kumazawa, J. Phys. Soc. Jpn. **72** (2003) 2816.

[26] Y. Noda, R. Kiyanagi, H. Kimura, M. Watanabe, A. Kojima, T. Hayaside, T. Mochida and T. Sugawara, Ferroelectrics **269** (2002) 327.

[27] R. Kiyanagi, H. Kimura, M. Watanabe, Y. Noda, T. Mochida and T. Sugawara, J. Korean Phys. Soc. **46** (2005) 239.

[28] 鬼柳亮嗣，野田幸男，持田智行，菅原 正，日本結晶学会誌 **49** (2007) 107.

[29] 野田幸男，鬼柳亮嗣，持田智行，菅原 正，固体物理 **41** (2006) 699.

[30] I. Tamura, Y. Noda, K. Kuroiwa, T. Mochida and T. Sugawara, J. Phys. C **12** (2000) 8345.

[31] Y. Noda, H. Kimura, S. Komiyama, R. Kiyanagi, A. Kojima, I. Yamada, Y. Morii, N. Minakawa and N. Takesue, Appl. Phys. A **74** Suppl. (2002) 121.

[32] H. Kimura, K. Kadoshita, Y. Noda and K. Yamada, Physica B **385–386** (2006) 133.

[33] I. Kagomiya, H. Kimura, Y. Noda and K. Kohn, J. Phys. Soc. Jpn. **70**, Suppl. (2001) 145.

[34] Y. Noda, H. Kimura, Y. Kamada, T. Osawa, Y. Fukuda , Y. Ishikawa, S. Kobayashi, Y. Wakabayashi, H. Sawa, N. Ikeda and K. Kohn, Physica B **385–386** (2006) 119.

[35] H. Kimura, S. Kobayashi, Y. Fukuda, T. Osawa, Y. Kamada, Y. Noda, I. Kagomiya and K. Kohn, J. Phys. Soc. Jpn. **76** (2007) 074706.

[36] Y. Noda, H. Kimura, M. Fukunaga, S. Kobayashi, I. Kagomiya and K.

Kohn, J. Phys.: Condens. Matter **20** (2008) 434206.

[37] H. Kimura, Y. Kamada, Y. Noda, K. Kaneko, N. Metoki and K. Kohn, J. Phys. Soc. Jpn. **75** (2006) 113701.

[38] H. Kimura, Y. Sakamoto, M. Fukunaga, H. Hiraka and Y. Noda, Phys Rev B **87** (2013) 104414.

[39] S. Wakimoto, H. Kimura, Y. Sakamoto, M. Fukunaga, Y. Noda, M. Takeda and K. Kakurai, Phys. Rev. B **88** (2013) 140403(R).

[40] M. Kenzelmann, A.B. Harris, S. Jonas, C. Broholm, J. Schefer, S. B. Kim, C. L. Zhang, S.-W. Cheong, O. P. Vajk and J. W. Lynn, Phys. Rev. Lett. **95** (2005) 087206.

[41] T. Arima, A. Tokunaga, T. Goto, H. Kimura, Y. Noda and Y. Tokura, Phys. Rev. Lett. **96** (2006) 097202.

欧字索引

O

P

Q

R

S

総 索 引

か

き

す

せ

そ

た

に

ぬ

ね

の

は

ひ

ふ

へ

ほ

ま

み

む

め

も

や

ゆ

よ

ら

り

れ

ろ

わ

MSET : Materials Science & Engineering Textbook Series

監修者

藤原 毅夫 東京大学名誉教授
藤森 淳 東京大学教授
勝藤 拓郎 早稲田大学教授

著者略歴

野田 幸男（のだ ゆきお）
関西学院大学理学部物理学科卒,
大阪大学大学院理学研究科物理学専攻修了・理学博士,
米国ブルックヘブン国立研究所,
大阪大学教養部・基礎工学部助手,
千葉大学理学部物理学科助教授・教授,
東北大学科学計測研究所教授,
東北大学多元物質科学研究所教授・副所長・評議員,
東北大学名誉教授,
韓国原子力研究所ブレインプールフェロー,
日本原子力研究開発機構客員研究員,
茨城県中性子ビームライン技術顧問,
日本結晶学会名誉会員

2017年 1月15日 第1版発行

検印省略

物質・材料テキストシリーズ

結晶学と構造物性
入門から応用，実践まで

著　者©野田幸男
発行者　内田　学
印刷者　山岡景仁

発行所　株式会社　内田老鶴圃　〒112-0012 東京都文京区大塚3丁目34番3号
電話 03(3945)6781(代)・FAX 03(3945)6782
http://www.rokakuho.co.jp/
印刷・製本/三美印刷 K.K.

Published by UCHIDA ROKAKUHO PUBLISHING CO., LTD.
3-34-3 Otsuka, Bunkyo-ku, Tokyo, Japan

ISBN 978-4-7536-2307-5 C3042　U. R. No. 630-1

結晶と電子

河村 力 著　A5・280 頁・本体 3200 円　ISBN978-4-7536-5311-9

本書は著者の 23 年におよぶ大学での講義を基に，電気・電子系，材料・化学系のどちらの読者にも共通して理解できるようにした．また式の導入，導出は最小限にとどめ，簡潔な説明を心掛けている．

I. 電子物性の基礎－結晶学的基礎／電子の基本的物性／半導体デバイスの基礎　**II. 半導体結晶と半導体デバイス**－半導体多結晶の精製と半導体単結晶の育成／半導体薄膜の形成／化合物半導体デバイス／半導体における結晶の評価と機能

結晶電子顕微鏡学　材料研究者のための

坂 公恭 著　A5・244 頁・本体 3600 円　ISBN978-4-7536-5605-9

本書は，結晶学や転位論の知識を全くもたない読者を対象に，結晶材料を電子顕微鏡で観察，解析するのに，最低限必要な知識を得ることを目的としている．

結晶学の要点／結晶のステレオ投影と逆格子／結晶中の転位／結晶による電子線の回折／電子顕微鏡／完全結晶の透過型電子顕微鏡像／面欠陥と析出物のコントラスト／転位のコントラスト／ウィーク・ビーム法，ステレオ観察等

X 線構造解析　原子の配列を決める

早稲田 嘉夫・松原 英一郎 著　A5・308 頁・本体 3800 円　ISBN978-4-7536-5606-6

本書は，X 線に関する基礎知識がほとんど皆無の学生・技術者のための入門書であると共に，X 線の基礎知識を有している研究者・技術者が本格的な材料開発研究を行う際の手引き書の両面をもつ，X 線の実践的教科書である．

ファンダメンタルコース－X 線の基本的な性質／結晶の幾何学／結晶面および方位の記述法／原子および結晶による回折／粉末試料からの回折／簡単な結晶の構造解析／結晶物質の定量および微細結晶粒子の解析　**アドバンストコース**－実格子と逆格子／原子による散乱強度の導出／小さな結晶からの回折および積分強度／結晶における対称性の解析／非晶質物質による散乱強度／異常散乱による複雑系の精密構造解析

X 線回折分析

加藤 誠軌 著　A5・356 頁・本体 3000 円　ISBN978-4-7536-5303-4

セラミックス基礎講座シリーズは，セラミックスに関係のある知識と実務技術のノウハウを公開した「実際の役に立つ本」をテーマに書かれている．本書は，X 線回折の実技を初学者にも理解できるよう易しく丁寧に解説した．本書の姉妹編「X 線で何がわかるか」と併せて読むことをお薦めする．

1. X 線入門一日コース　X 線は社会にどれほど貢献しているか／X 線の歴史／まず実験してみよう／粉末 X 線回折計による測定例　**2. X 線と結晶についての基礎知識**　X 線についての基礎知識／結晶についての基礎知識／無機化合物の結晶構造／結晶による X 線の回折　**3. X 線回折装置**　X 線発生装置／ゴニオメーター／検出器と計数記録回路／粉末 X 線回折写真装置　**4. 粉末 X 線回折の実際**　試料の作成と X 線回折計の準備／定性分析／粉末 X 線回折図形の解釈／定量分析／単位格子の形と大きさの測定／粉末法による結晶構造解析／結晶子の大きさと不均一歪／非晶質の構造解析　**5. 特殊な装置を必要とする粉末 X 線回折法**　特殊な条件下での粉末 X 線回折／特殊な状態にある試料の粉末 X 線回折／小角散乱／集合組織／応力測定　**6. 単結晶による X 線回折**　単結晶構造解析／単結晶の方位決定／X 線トポグラフ法

入門 表面分析　固体表面を理解するための

吉原 一紘 著　A5・224 頁・本体 3600 円　ISBN978-4-7536-5618-9

電子，X 線，イオン，探針と固体表面との相互作用を基礎から説明し，それらがそれぞれどのように表面分析法に応用されているのかを平易に解説している．

1. はじめに　2. 電子と固体の相互作用を利用した表面分析法　電子線の発生方法／低速電子線回折法／反射高速電子線回折法／走査電子顕微鏡／透過電子顕微鏡／電子線プローブマイクロアナリシス／オージェ電子分光法　**3. X 線と固体の相互作用を利用した表面分析法**　X 線の発生方法／X 線光電子分光法／全反射蛍光 X 線分析法／X 線回折法　**4. イオンと固体の相互作用を利用した表面分析法**　イオンビームの発生方法／イオン散乱分光法／二次イオン質量分析法　**5. 探針の変位を利用した表面分析法**　走査トンネル顕微鏡／原子間力顕微鏡

物質・材料テキストシリーズ

藤原 毅夫・藤森 淳・勝藤 拓郎 監修

共鳴型磁気測定の基礎と応用 高温超伝導物質からスピントロニクス，MRIへ

北岡 良雄 著 A5・280頁・本体4300円 ISBN978-4-7536-2301-3

物質・物性・材料の研究において学際的・分野横断的な新しいサイエンスを切り拓く可能性を秘める共鳴型磁気測定について，その基礎概念の理解と応用展開をできるだけやさしく，分かりやすく，連続性を保ちながら執筆したテキスト．

はじめに／共鳴型磁気測定法の基礎／共鳴型磁気測定から分かること（I）：NMR・NQR／NMR・NQR 測定の実際／物質科学への応用：NMR・NQR／共鳴型磁気測定から分かること（II）：ESR／共鳴型磁気測定法のフロンティア

固体電子構造論 密度汎関数理論から電子相関まで

藤原 毅夫 著 A5・248頁・本体4200円 ISBN978-4-7536-2302-0

本書は，量子力学と統計力学および物質の構造に関する初歩的知識で，物質の電子構造を自分で考えあるいは計算できるようになることを目的としている．電子構造の理解，そして方法論開発へ前進するに必携の書．

結晶の対称性と電子の状態／電子ガスとフェルミ液体／密度汎関数理論とその展開／1電子バンド構造を決定するための種々の方法／金属の電子構造／正四面体配位半導体の電子構造／電子バンドのベリー位相と電気分極／第一原理分子動力学法／密度汎関数理論を超えて

シリコン半導体 その物性とデバイスの基礎

白木 靖寛 著 A5・264頁・本体3900円 ISBN978-4-7536-2303-7

本書は半導体物理，半導体工学を学ぼうとする大学学部生の入門書・教科書から大学院や社会で研究開発する方の参考書となるよう執筆されている．シリコン半導体の物性とデバイスの基礎を中心に詳述しているが，半導体に関する重要事項も網羅する．

はじめに／シリコン原子／固体シリコン／シリコンの結晶構造／半導体のエネルギー帯構造／状態密度とキャリア分布／電気伝導／シリコン結晶作製とドーピング／pn接合とショットキー接合／ヘテロ構造／MOS構造／MOSトランジスタ（MOSFET）／バイポーラトランジスタ／集積回路（LSI）／シリコンパワーデバイス／シリコンフォトニクス／シリコン薄膜デバイス

固体の電子輸送現象 半導体から高温超伝導体まで そして光学的性質

内田 慎一 著 A5・176頁・本体3500円 ISBN978-4-7536-2304-4

学生にとって固体物理学でわかりにくい事柄，従来の固体物理学の講義や市販の専門書に対して学生が感じる物足りなさなどについて，学生，院生から著者が得た多くのフィードバックを反映している．

はじめに：固体の電気伝導／固体中の「自由」な電子／固体のバンド理論／固体の電気伝導／さまざまな電子輸送現象／固体の光学的性質／金属の安定性・不安定性／超伝導

強誘電体 基礎原理および実験技術と応用

上江洲 由晃 著 A5・312頁・本体4600円 ISBN978-4-7536-2305-1

本書は定着している古典的な知識を辿るとともに，強誘電体の新しい動向を盛り込んでいる．著者自身が強誘電体の実験的研究に取り組んできたことから，その経験に基づき実験の記述により比重を置いていることが本書の大きな特徴である．

誘電体と誘電率／代表的な強誘電体とその物性／強誘電体の現象論／特異な構造相転移を示す誘電体／強誘電相転移とソフトフォノンモード／強誘電体の統計物理／強誘電体の量子論／強誘電性と磁気秩序が共存する物質／強誘電体の基本定数の測定法／強誘電体のソフトモードの測定法／リラクサー強誘電体／分域と分域壁／強誘電性薄膜／強誘電体の応用

先端機能材料の光学 光学薄膜とナノフォトニクスの基礎を理解する

梶川 浩太郎 著 A5・236頁・本体4200円 ISBN978-4-7536-2306-8

本書は，先端光学材料を学んだり研究したりする際に避けて通ることができない光学について，第一線で活躍する著者が一冊にまとめた書である．材料の光学応答の考え方や計算方法も詳述している．

等方媒質中の光の伝搬／異方性媒質中の光の伝搬／非線形光学効果／構造を利用した光機能材料／光学応答の計算手法

表示価格は税別の本体価格です． http://www.rokakuho.co.jp/